근대부엌의 탄생과 이면

근대부엌의 탄생과 이면

제11회 심원건축학술상 수상작

심원문화사업회가 주최하는 〈심원건축학술상〉은 건축역사와 이론, 건축미학과 비평 분야의 신진학자 및 연구자의 완성된 연구 성과물 또는 저작물 중 학술적이며 논쟁적 가치가 높은 응모작을 선정하여 출판을 지원하는 프로그램으로서 2008년에 제정되었다. 이 책은 그 일곱 번째 결실이다.

근대부엌의 탄생과 이면

도 연 정 지음

일러두기

1. 이 글은 필자의 박사학위 논문인 『한국 '근대부엌'의 수용과 전개 -가사노동의 합리화 과정을 중심으로-』의 내용을 바탕으로 수정·보완한 것이다.

2. 주요 용어와 지명 및 인명은 한국어로 표기하는 것을 원칙으로 하고, 한자나 영문을 병기하였다.

3. 연도는 서기로 표기하였으나, 일본 연호는 일본어 발음에 따랐고 필요한 경우 각주로 설명하였다.

4. 인용된 글과 표는 원문 그대로 실었다. 독자의 이해가 어려운 고문체와 맞춤법은 일부 현대 문법으로 고쳤으나, 띄어쓰기를 포함하여 가급적 원문을 훼손하지 않는 범위에서 수정하였다.

5. 박길룡의 「주에 대하야 1~6」는 각주 정보를 요약하지 않고 해당 부분마다 전체 표기하였다.

6. 그림은 국문 표기를 원칙으로 하고, 이해가 필요한 경우에 한하여 괄호( )안에 생산년도를 넣었다.

7. 그림, 표의 출처 정보는 그림, 표 목차에 쪽수와 함께 표시하였다.

8. 참고문헌은 단행본인 경우, '지은이, 「논문제목」, 『책제목』, 발행처, 출판년도, 쪽수'의 순서로 표기하였고, 옛 문헌, 정기간행물, 신문에는 겹낫쇠(『 』)를, 학회지 논문은 홑낫쇠(「 」)를 사용하였다.

9. 찾아보기는 주요 개념, 인명, 장소 및 건물명의 고유명사를 기준으로 정리하였다.

00
서문

부엌의 모순

부엌의 역사는 주거의 오랜 역사와 같다. 인류의 정주공간은 불자리 중심으로 시작했으므로, 움집 아래 피웠던 모닥불은 집의 원점이었고 부엌의 시작이었다. 점차 시간이 지나면서 불을 다루는 기술은 취사와 난방이라는 기능으로 분화했다. 부엌은 집의 중심에서 점점 멀어지게 되었고, 이는 높은 신분의 주택일수록 두드러진 현상이었다. 부엌은 사람이 먹고사는 중요한 문제를 관장했음에도 불구하고 오랫동안 드러나지 않는 영역에서 제 기능에 충실히 발달해왔다. 그리하여 부엌의 역사는 주로 공간이 아닌 도구의 역사로 기록되었다.[1]

이를 단편적으로 보여주는 것이 안드레아 팔라디오(Andrea Palladio, 1508~1580)의 부엌이다. 『건축사서』 제2권 2장에서는 "부엌과 같이 생활에 꼭 필요한 부분이라도 고상하거나 쾌적하지 않은 요소라면 가능한 눈에 보이지 않는 곳에 떨어뜨려 놓아야 한다"[2]는 대목을 발견할 수 있다. 16세기 후기 르네상스의 거장 팔라디오에게 부엌은 '주택의 전체적 미관을 해칠 수 있는 존재'에 불과했다. 상류층 부엌은 하인의 영역이라서, 서민의 부엌은 너무 일상적이어서 기록되지 못했다는 점은 흥미로울 정도로 모순적이다.

오늘날 부엌을 두고 천대받는 공간이라는 인식은 없어졌지만 다른 의미에서의 모순을 확인할 수 있다. 바로 부엌에 대한 대중적 관심과 학술적 연구가 심한 불균형을 이루는 현상이다. 주택을 계획할 때 부엌이 중요하다고 말하는 건축가는 많지만, 부엌을 학문적으로 깊게 연구하려는 노력은 부족했다. 부엌의 통사 연구는 민속학의 범주로, 여성과 부엌의 관계는 여성학의 문제로, 부엌의 편리성을 모색하는 일은 가정학 분야로 일임하면서, 필요할 때마다 적절한 인용을 반복해 왔을 뿐이다. 겉으로 보이는 화려함과 달리 부엌은 건축가의 고매한 영역 밖에 머물고 있으며, 건축에서 진지한 연구의 대상이 되지 못했다.

1) モリ·ハリソン, 小林裕子 譯, 「台所の文化史」, 法政大学出版局, 1993, p.2

2) Andrea Palladio, Translated by Robert Tavernor and Richard Schofield, "Chapter Ⅱ. On The Planning of Rooms and Other Places (The Second Book)", *The Four Books of Architecture*, The MIT Press, 1997, p.78 (Originally published in 1570)

근대와 부엌

이 책은 부엌의 모든 것을 담은 역사책은 아니다. 부엌의 변천사라고 하면 떠올리는 입식화나 현대화, 여성의 가사노동 해방과 같은 이야기와도 결을 달리한다. 그것보다는 부엌이 바뀔 수 있었던 근본적 이유를 다룬다. 새로운 부엌을 만들고자 하는 사회적 갈망이 가장 집중되었던 때, 바로 '근대'가 만들어낸 부엌에 주목했다.

먼저 부엌에 대한 사회적 인식이 달라지기 시작하는 현상으로 거슬러 올라간다. 서양의 경우 19세기 후반부터 비슷한 징조를 볼 수 있다. 식재료 가공품과 가전용품, 부엌가구 등 관련 산업이 발달한 것도 같은 시기의 일이었다. 전통사회에서 부엌은 전문 디자인의 영역에 들지 못했지만, 20세기 초 부엌은 역사상 전례 없는 관심을 받았다.[3] 유럽의 여성 건축가들은 각자 새로운 부엌계획을 내놓으며 근대건축의 유명한 주거 프로젝트를 지원했다. 샬롯 페리앙의 부엌계획은 르 코르뷔지에의 유니테 다비타시옹에 도입되었고, 릴리 라이히는 미스 반 데어 로에와 함께 계획한 1931년 베를린 건축박람회에서 독신자 주택의 '키친넷(Kitchenette)'을 발표했다. 서구 근대부엌 중 가장 유명한 마가레테 쉬테-리호츠키의 프랑크푸르트 키친도 에른스트 마이가 이끈 '새로운 프랑크푸르트(Das Neue Frankfurt)'의 핵심 프로그램 중 하나였다.

20세기의 시작을 전후로 부엌에 대한 관심이 급증했던 것은 동서양 공통적인 현상이었다. 우리의 경우 일제강점기 부엌개량론으로 대표된다. 그로부터 오늘에 이르기까지 겨우 백 년 남짓한 시간에 불과했다는 점을 상기할 때, 근대부엌은 인류의 오랜 주거사에서 과히 극적인 전환점을 이루었음을 알 수 있다.

이 책에서 다루는 근대부엌은 '근대기의 부엌이자 근대적 부엌'을 말한다. 19세기 말이나 20세기 초의 어느 시기에 등장한 모든 부엌을 의미하는 것이 아닌, 그것의 '근대적' 성격을 강조하는 말이다. 한자어 근대

3) 전쟁과 전후 복구의 과정에서 주거문제는 국민 보건, 위생, 경제성까지 도모해야 하는 상황에 이르렀으며, 부엌은 주택 내부의 어느 공간보다 혁신적 변화를 기하게 되었다. 내열유리와 같은 전쟁기의 신소재 발달도 부엌 디자인 산업에 큰 토대를 마련해 주었다. (Juliet Kinchin & Aidan O'Connor, *Counter space: Design and the Modern Kitchen*, MoMA, 2011, p.13)

(近代)는 영어 'modern'의 번역어로서 19세기 말 동아시아 사회에 유입된 신조어였다. 한자 뜻 그대로는 '가까운 시대'를 의미하지만, 가까움의 정도는 관찰자에 따라 달라질 수 있다.[4] 'Modern architecture'는 '근대건축'이라 부르면서도 'MoMA(Museum of modern art in New York)'는 '뉴욕 현대미술관'이라 번역하는 것을 예로 들 수 있다. 본래 'modern'은 하나로 정의하기 어려운 복합적 의미의 단어이다.

『근대건축사』를 쓴 알란 콜쿠훈도 "근대건축이란 모호하다"라는 문장으로 서문을 시작했다.[5] "근대기에 나타난 모든 건축이 근대건축이 될 수도 있지만, 어느 특정 이념을 담은 건축을 특별히 지칭할 수도 있다"는 설명을 덧붙였다. 정확히 언제부터 언제까지를 근대로 부를 것인가의 문제는 학자와 분야, 대상과 방법 등에 따라 다양한 정의와 해석을 이어왔다. 그러나 본서에서 보고자 하는 '근대'는 빈센트 스컬리(Vincent Scully)의 말에서 합의점을 찾고자 한다. 스컬리는 "근대건축을 정의하기 위해서는 근대적 성격이 더 이상 발견되지 않는 시점으로 거슬러 올라가야 한다"고 말했다.[6]

라인하르트 코젤렉을 비롯한 개념사 연구에 따르면 '근대적'이란 다음 세 가지로 해석할 수 있다. 첫째 '현재의(now)'이다. '이전의(previous)'의 반대말이 되며, 광범위한 시공간 속에 존재하지만 그때그때 현재에 대체될 수 있는 제도를 드러내는 생각이나 대상에 적용될 수 있다. 둘째는 '새로운(new)'이라는 뜻인데, '오래된(old)'에 대응하는 말로써 한 시대를 풍미하는 '현재의(present)'를 특징짓는 의미가 된다. 세 번째는 '일시적(temporary)'이라는 뜻으로 '영원한(forever)'의 반대말이 되며, 동시대가 지나가는 짧은 순간이라는 의미로 이해할 수 있다. 한스 울리히 굼브레이트는 '근대적'의 세 번째 의미에 대해 '미래의 과거로서의 현재'라 정의했다.[7]

4) 허경, 「'새로움'과 '근대성'의 고고학」, 『세계의 문학』 37(2), 2012, p.366

5) "The term 'modern architecture' is ambiguous." (Alan Colquhoun, *Modern Architecture*, Oxford University Press, 2002, p.9)

6) 비난트 클라센, 심우갑 외 옮김, 『서양건축사』, 대우, 1998, p.188

7) 한스 울리히 굼브레히트, 원석영 옮김, 『코젤렉의 개념사 사전 13. 근대적/근대성, 근대』, 푸른역사, 2019, pp.16-17

한편, 영어 'modern'의 어원을 거슬러 올라가면 약 5세기경 라틴어 형용사 'modernus'가 등장한다. 자본주의적 근대성을 강조했던 프레드릭 제임슨은 5~6세기에 'modernus'가 두 가지 의미로 사용된 예를 밝혔다. 먼저 494~495년경 교황 겔라시우스 1세가 'modernus'를 사용했을 때, 이것은 단순히 이전 교부들의 시대와 당대를 구분하는 의미였다. '지금' 또는 '지금의 시간'이란 뜻으로 사용했으며, 시대성을 반영한 다른 특별한 의미를 부여하지는 않았다.[8] 이에 반해 로마의 정치가인 카시오도루스는 여기에 '단절'이란 의미를 부각시켰다. 카시오도루스는 '안티쿠아스(antiquas)'에 대응되는 말로 이 단어를 사용했으며, 따라서 'modernus'는 고전문화와 달라지는 일종의 '전환점'을 의미한다.[9]

이상을 정리하면 'modern'의 어원에는 '현재의(now)'와 '새로운(new)'이란 뜻이 공존한다. 흥미로운 것은 'modernus'의 명사형인 'modernitas'가 13세기경에서야 등장한다는 점이다. 이전 시대와 차별되는 '새로움'을 정의하는 명사형이 파생된 것은 처음 'modernus'가 등장한 이후 약 천 년의 시간이 지나서였다.[10] 'modernus'는 시대를 구분하는 기준으로 더 자주 사용되기 시작했다.

따라서 '근대적'이란 전통시대와는 다르게 새로운(new) 특징과 현상을 지칭하는 단어가 된다. 이전에는 존재하지 않았거나 중요하지 않았던 가치들이 등장하여 근대인의 삶에 파고들기 시작했던 것을 예로 들 수 있다. 오늘날 우리에게 익숙한 위생, 효율, 과학, 가족, 가정 등의 개념도 모두 근대적 현상이었다. 이러한 가치들은 근대인의 생활방식과 주거공간에 영향을 미쳤고, 지금도 그러하다. 부엌은 주거 안에서도 가장 기능적인 공간으로서, 근대적 개념이 발현되기에 가장 적합했다. 근대사회의 부엌은 사회와 가족을 이어주는 공간적·심상적 매개체로서 주목받기 시작했다.

8) 프레드릭 제임슨, 황정아 옮김 『단일한 근대성』, 창비, 2020, p.25
9) 프레드릭 제임슨, 황정아 옮김, 앞의 책, 2020, pp.25-26
10) 허경, 앞의 글, 2012, p.364

부엌에 대한 오해

부엌은 너무나 친숙하고 당연해서 굳이 밝힐 것이 없다고 믿는 경향이 있다. 그러나 조금만 깊게 들여다보면 부엌만큼 학문적 정의가 어려운 대상도 없다. 음식, 식사, 여성, 기술 등 부엌을 바라보는 관점도 다양하며, 옛 부엌의 모습을 정확히 알아내는 일은 더욱 어렵다. 부엌은 집에서 가장 먼저 보수·개조되는 장소이므로, 외관상 옛날 주택이라 할지라도 부엌만큼은 완전히 달라진 경우가 많기 때문이다.

따라서 도면이나 사진 등 객관적 자료보다 주로 구술에 의존해야 하는 상황이 연구에 어려움을 더한다. 만약 민속촌이나 박물관의 부엌처럼 실제로 사용하지 않는 부엌이라면, 오히려 너무 깨끗이 정비되어서 진짜 옛 모습을 분간하기 어렵다. 논리보다 감성이 덧씌워지기 쉬운 박제된 부엌과 같다.

부엌의 현대적 변모를 여성의 지위 향상과 직결시키는 해석이야말로 부엌에 대한 큰 오해 중 하나이다. 초라한 옛날 부엌이 여성의 낮은 지위를 대변했고 오늘날 부엌이 화려해진 만큼 이제 그 반대가 되었다는 주장을 쉽게 볼 수 있다. 그러나 이미 인류학이나 사회학에서 지적했듯이, 단지 여성의 영역이라는 이유로 부엌이 천대받는 공간이었다고 보기는 어렵다. 부엌의 위계가 낮았다는 인식은 상류층 주택의 부엌을 담당한 하인의 신분이 낮은 것 때문이었지, 단지 여성의 공간이기 때문만은 아니었다.[11] 미국 여성의 가사노동을 연구한 루쓰 코완도, 일본 가정의 근대적 변화와 여성을 연구한 코야마 시즈코도 '전통사회의 부엌은 가족 공동의 공간이었다'고 설명했다. 전통적 농경사회의 주택에서 부엌은 주거의 중심이자 가족이 함께 하는 일터였으며, 노동은 남녀의 상호보완적 방식을 유지했다.

조선시대 궁궐의 수라간도 남성의 공간에 가까웠다. 『경국대전(經國大典)』에 따르면 수라간의 남녀 성비는 14.2대 1로 남성이 압도적으로 많았으며, 세종 시기 수라간에 출입했던 대전노비 388명 가운데 여성은

11) 함한희, 『부엌의 문화사』, 살림, 2005, p.12

단 12명에 불과했다.[12] 부엌이 태초부터 여성의 영역으로만 존재했다는 막연한 믿음은 오히려 근대 이후에 굳어졌다. 거다 러너가 말한 "거대한 망각과 선택적 기억"[13]이란 표현을 빌리자면, 부엌의 여성성이야말로 근대인의 선택적 기억이다.

그리고 이러한 오해는 '프랑크푸르트 키친'에 대한 신화적 평가로 이어진다. 이 부엌계획은 이른바 "시스템 키친의 효시"라는 타이틀로 몇 해 전부터 한국 사회에서 유명해졌다. '위생적 기구와 가구 디자인, 효율성을 추구한 디자인이 여성을 힘든 가사노동으로부터 해방시켰다'[14]는 평가도 어느새 정설처럼 통용되는 경향이 있다.

그러나 프랑크푸르트 키친의 등장은 산업사회가 시작되는 근대적 배경을 떠나 생각할 수 없다. 근대사회는 효율성이라는 새로운 가치를 불러일으켰으며, 이것이 근대인의 주거공간에 투입되는 과정에는 경제적·정신적 단위 기반인 '가정'이 기능했다는 점도 주목해야 한다. 또한 마찬가지의 관점에서 일제강점기의 부엌개량론도 재고될 필요가 있다. 서구 근대부엌 개념의 직간접적 유입, 식민지하의 생활개선운동, 근대적 현모양처론 등의 다양한 관계 속에서 재검토되어야 할 것이다. 해방과 한국전쟁 이후의 한국 부엌도 국가재건이라는 특수 상황과 기술 발달의 복합적 관계에 따른 새로운 해석을 요한다.

부엌이 편리해진 것은 분명하지만, 그것만으로 집과 가족, 그리고 건축으로서의 부엌을 섣불리 진단할 수는 없다. 오늘날 부엌을 가구가 아닌, 건축의 관점에서 바라보는 시선도 요구된다. 화려한 가전과 인테리어에 가려진 참모습을 발견하고, 우리 주거에서 부엌의 의미에 대해 다시 한 번 되돌아볼 필요가 있다. 이 책은 동서양 부엌의 긴 역사 속에서 큰 전환점이 되는 시기와 사건에 주목했으며, 이는 한국 근대부엌의 정체성을 밝히는 과정과도 같다. 근대부엌의 탄생과 이면을 살피는 일은 나아가 한국 주거의 현재와 미래를 분석하기 위한 단계로 중요하다.

12) 양세욱, 『짜장면뎐(傳)』, 프로네시스, 2009, p.64
13) 거다 러너, 강정하 옮김, 『왜 여성사인가』, 푸른역사, 2006, p.149
14) "현대 부엌 디자인의 효시, 프랑크푸르트 부엌" (금호미술관, 『유토피아: 이상에서 현실로 展』, 2014, pp.96-126)

근대부엌과 한국 주거

이 책은 필자의 박사학위 논문인 『한국 '근대부엌'의 수용과 전개 -가사노동의 합리화 과정을 중심으로-』를 책으로 정리한 것이다. 논문 형식을 책 구성에 맞게 수정하고 부족한 자료와 그림을 보강했다. 목차는 크게 근대부엌의 정의, 수용, 전개, 특징, 갈등의 순서로 나누었다.

1장은 근대부엌이 탄생하게 된 배경과 특징을 살폈다. 근대 산업사회가 출현하면서 가족의 생활이 바뀌었고, 이에 따라 새로운 부엌을 강구하는 사회적 요구가 고조되었던 시기를 분석했다. 19세기 서구사회에서 출현했던 근대적 부엌에의 실험들을 살폈고, 최종적으로 선택된 근대부엌의 유형적·이념적 특징을 규정했다.

연구의 시작단계로 서구 사례를 먼저 다루는 것은 조심스럽지만, 결코 그들의 모더니즘을 잣대로 옳고 그름을 정의하겠다는 의도가 아님을 밝혀둔다. 현대 한국 부엌이 프랑크푸르트 키친에서 시작되었다는 인식이 이미 일반화돼버렸다면, 그것으로 대표되는 서구 근대부엌의 성격을 첫 번째 분석단계로 삼아야 했다. 이것은 곧 그 안에 담긴 근대성이 부엌을 통해 한국 주거에 이식된 것을 의미하기 때문이다. 1장의 대부분은 서구의 부엌 연구에서 이미 익숙한 주제이지만, 지금까지 한국의 부엌과 결부시키려는 연구 노력이 충분했다고 보기는 어렵다.

2장에서는 일제강점기 부엌개량론을 재고찰했다. 이때 강조한 부엌의 가치는 무엇이었는지, 서구나 일본의 사례와 비교하여 어떤 유사성과 특수성을 갖는지 분석했다. 부엌담론을 구성하는 중심적 키워들 간의 관계를 좀 더 세부적으로 보기 위해 '의미연결망 분석'이라는 컴퓨터 기반 메시지 분석법을 병행했다. 의미연결망 분석을 통해 도출된 주요 키워드들이 설사 선행연구가 밝힌 것들과 대동소이하다 할지라도, 그동안 밝혀지지 않았던 담론의 구도에 주목했다는 점에서 큰 차이가 있다.

3장은 해방 및 전후 복구와 주거 근대화 과정에서 한국 부엌의 특수성을 분석했다. 국가가 부엌개량사업을 주도했다는 점도 부엌 변천 과정의 특징 중 하나이며, 식민지기의 부엌개량에서 보았던 프로파간다와도 유사했다. 능률과 입식화로 대표되는 앞선 시기의 과제를 이어받아, 1960~70년대에는 능률적 부엌을 만들기 위한 연구와 사업이 집중적으로 일어났다. 이 과정에서 '가사노동의 합리화'라는 서구식 방법론을 비판 없이 수용했고 무조건적인 입식화를 추진했다. 결과적으로 한국 근대부엌은 아파트 부엌을 중심으로 한 일차적 모델을 형성했지만, 그것으로 '한국만의' 근대부엌을 완성했다고 보기는 어렵다.

4장은 아파트 부엌이 비로소 한국의 근대부엌으로서 정립하는 과정을 분석했다. 여기에는 본래 전통적인 한국 주거에서 식사만을 위해 분화한 공간이 없었다는 점이 특수한 배경이 되었다. 한국의 근대부엌은 그 능률과 전통적 공간 위계가 절충되는 과정을 통해 최종적으로 LDK(리빙 다이닝 키친)라는 형태를 정립했다. 지극히 평범해 보이는 LDK를 중심으로 한국 주거의 전통과 근대가 공존하는 것이다. 한국 근대부엌은 외형적으로 서구 근대부엌을 추구했지만, 비합리적이라 부정했던 전통은 한국 근대부엌의 성립과 정착에 결정적 방향을 제공했다.[15]

5장은 한국 근대부엌과 현대 생활의 관계를 다룬 내용이다. 4장까지의 내용이 한국 근대부엌의 성립 과정과 특징을 다루었다면, 그 이후의 내부적 갈등과 향후 한국 부엌의 전개 방향을 조심스럽게 제언한 것이기도 하다. 본래 박사 논문에서 제외했던 부분까지 포함해서, 6장과 함께 결론으로 다시 정리했다. 연구를 시작했던 본래의 목적에 따라, 한국 부엌에 이식된 부엌의 근대성과 현대 생활의 관계를 조명하고자 했다.

이 책의 주제는 '근대와 부엌'으로 함축할 수 있지만, 궁극적인 분석 목표는 근대 이후 한국 부엌과 주거의 변화 관계이다. 우리 주거에 이식된 '근대성과 전통성의 관계'라 바꾸어 부를 수 있다. 현재의 부엌을 지배하고 있는 계획적·이념적 논리를 근대라는 시점으로 거슬러 올라가 찾아내고, 우리 부엌에서 아직도 석연치 않은 불편함의 정체를 알고 싶었다. 부엌은 한국 주거공간을 형성해온 중요한 요소 중 하나임에도 불구하고, 과연 그만큼의 가치를 인정받고 있는가에 대한 의문도 담겨있다.

15) "비합리적이지만 다수에게 긍정적으로 수용되고 있는 전통은 규범으로서 주거·생활방향을 결정한다." (服部岑生, 「平面類型から見た住様 式の動向に関 する研 究 (1)」, 『住宅建築研究所報』, 財団法人新住宅普及会, 1980, p.19)

부엌이 집의 시작이었다는 사실로 돌아가 부엌 연구의 새로운 가능성을 환기하고자 했다.

2020년 11월

도연정

01
부엌의 근대성

산업화의 영향은 가족의 할 일을 재분배했다. 집을 둘러싼 노동은 '안과 밖'으로 분리되기 시작했으며, 이를 근대 산업사회의 '직주분리와 영역분리주의'라 부른다. 19세기 말 새로운 부엌에 대한 여러 가지 실험은 가사노동과 가정성의 충돌 현상과 같았다. 최종적으로 근대부엌은 산업사회와 가족을 보필하기 위한 사적인 형태로 귀결되었다. 부엌의 근대성은 효율성과 여성이라는 두 축을 중심으로 '가사노동의 합리화'를 불러일으켰고, 이는 지난 백 년간 부엌을 극적으로 변화시킨 원동력이었다. 근대부엌은 '최소면적의 최대효율'이라는 계획원리를 정립했다.

근대적 가사노동과 가정성

집의 '안과 밖'

산업혁명 이전의 집은 '안과 밖'의 구분이 없었다. 농업이나 전통적 수공업 사회에서 집은 휴식터이자 일터였으므로, 가족의 노동도 집의 안팎을 구분하지 않았다.[1] 기본적으로 남성이 밭일을 맡거나 가축을 돌보고 여성들이 요리와 청소, 세탁, 육아를 맡았지만, 여성도 밭에서 남성을 돕고 남성도 집안일을 도왔다.[2] 18세기 미국 사회를 예로 들면, 직물짜기, 소 젖짜기, 물 운반, 과일과 야채 껍질 벗기기와 같은 일들은 모두 남녀가 정기적으로 수행한 일이었다.[3]

따라서 전통사회의 부엌이 오로지 여성만의 영역이었다고 보기는 어렵다. 농가의 부엌은 비단 음식을 만들 때만 사용되던 곳이 아니었으며, 불을 다루는 공간으로서 가족 노동을 뒷받침했다. 반대로 중산층 이상의 가정이라면 부엌은 오히려 주인 가족의 영역과 떨어져 존재했다. 이때의 부엌은 철저히 하인의 몫이었으며 중산층 여성이 직접 그에 관여하는 일은 드물었다. 전통사회에서 부엌을 맡은 이는 하녀였거나, 때로는 어머니와 딸, 혹은 가족 전체일 수도 있었다.

그러나 산업화가 가속되면서 가족의 생활방식과 역할분담도 바뀌기 시작했다. 가내 수공업의 소규모 생산방식은 공장제 대량생산 체제에 자리를 내어줬고, 가족의 생계는 임금노동이라는 근대적 직업에 의존하게 되었다. 공장노동은 가족 중 성인 남성에 적합한 일이었다. 하류층의 경우 여성은 물론 심지어 아동까지도 노동현장에 투입되었지만, 어디까지나 남성을 보조하는 임시적 존재였을 뿐 같은 역할의 노동자로 취급받지 못했다.

점차 남성은 집 '밖'의 노동에 집중하게 되었다. 더군다나 시장에는 각종 새 상품이 쏟아져 나오기 시작했으며, 생활표준은 나날이 높아졌다.

1) 앤서니 기든스, 김미숙 외 공역, 『현대 사회학』, 을유문화사, 2002, p.295
2) 루쓰 코완, 김성희 외 공역, 『과학기술과 가사노동: 일이 더 많아진 주부』, 학지사, 1997, p.49
3) 루쓰 코완, 김성희 외 공역, 앞의 책, 1997, pp.35-37

그 상품들을 수용하기 위해 임금노동과 현금에 대한 의존도는 높아졌으며, 그것으로 과거 집안에서 남성이 담당하는 일을 대체했다.[4] 자연스럽게 집 밖의 노동은 재화 획득의 주요 수단이자 남성의 몫이 되었고, 상대적으로 생산적 의미를 잃어버린 집 '안'의 노동은 여성의 영역으로 남았다. 이러한 생각과 행동들을 19세기 산업사회에 두드러진 '영역분리주의(separate spheres)'라고 부른다.[5]

물론 산업화 이전에 남녀의 역할분담이 전혀 없었다는 것은 아니다. 하지만 직주분리와 같이 가내영역과 공공영역을 가른 위에 각각 남녀를 구분한 형태의 분업이 아니었다는 점을 눈여겨보아야 한다.[6] 직주분리는 집을 둘러싼 노동에 대한 '안과 밖'의 개념을 형성했고 근대적 성별 역할분담을 구축했다. 산업혁명은 비단 생산현장에 국한된 것이 아니었으며, 근대인의 생활방식에도 깊은 영향을 미쳤다.

가정의 모든 생산기능이 사회로 이관되었다고 믿게 되면서 여성은 경제력을 상실하고 가정에 남아있는 존재가 되었고, 경제 질서는 점차 남성 중심이 되어 갔다.[7] 집 안에서 일어나는 일들이란 '비생산적 노동'에 불과했다. 애덤 스미스가 『국부론』에서 예견한 바와 같이, 집안일은 제조공의 공장 노동과 달랐으며 가치없는 것으로 평가받았다.

"노동 중에는 그것이 투입된 대상의 가치를 올리는 노동이 있는가 하면 전혀 그렇지 못한 노동도 있다. 전자는 가치를 생산하므로 생산적인 노동이며, 후자는 비생산적 노동이라고 할 수 있을 것이다. 일반적으로 제조공이 하는 노동은 원자재의 가치, 자신의 생활비, 고용주의 이윤을 증대시킨다. 이와는 달리 하인이 하는 하찮은 집안일에는 아무런 가치도 부가하지 못한다. 고용주는 제조공에게 임금을 지급하지만, 이것이 고용주가 감당해야 할 비용으로 산정되지는 않는다. 제조공이 받는 임금은 노동이 투입된 대상이 이윤과 함께 가치가 증대되어 회수되기 때문이다. 그러나 하인을 유지하는 비용은 결코 회수되지 않는다."[8]

4) 루쓰 코완, 김성희 외 공역, 앞의 책, 1997, p.81
5) 루쓰 코완, 김성희 외 공역, 앞의 책, 1997, p.29
6) 小山静子, 『家庭の生成と女性の国民化』, 勁草書房, 1999, p.17
7) 민진영, 「지배 이데올로기로서의 '가정성'의 형성, 재현, 전유」, 『영미문학교육』 6(2), 2002, pp. 270-271
8) Adam Smith, *Wealth of Nations*, Cosimo, 2007, p.270 (Originally published in 1776)

그림 1-1

그림 1-2

그림 1-1. "옥수수 껍질 까기(Corn Shelling)" (1864)
그림 1-2. "여성의 영역(The Sphere of Woman)" (1850)

서구사회에서 '가사노동(housework)'이라는 단어가 등장하는 것도 19세기의 일이었다. 옥스퍼드 영어사전에 따르면 영국에서는 1841년, 미국에서는 1871년에 최초로 'housework'라는 단어가 수록되어 있다.[9] 또한 1851년 영국의 인구조사에서는 '주부(housewife)'라는 항목이 새롭게 도입되었다.[10] 같은 대상이 다른 호칭으로 불리는 현상은 시대 변화에 따라 새로운 정의가 대두했음을 말한다. 선원, 광부, 행상인을 제외한다면 산업화 이전 가족은 집 안팎을 크게 구분하지 않고 일했으므로, 가사노동이라는 단어로 서로의 할 일을 구분할 필요는 없었다.[11] 가사노동은 전통사회에는 존재하지 않았던 지극히 근대적 개념이었으며, 기본적으로 비생산적 노동, 그리고 집 '안'에 남겨진 여성의 임무라는 기대 속에 구축되기 시작했다.

집과 가정: House and Home

19세기 미국의 어느 부동산 광고에는 노동에 지친 한 남성에게 천사가 나타나 천국과 같은 집을 제시하는 장면이 등장한다. 이 집은 피곤한 일터에서 하루를 마친 가장에게 물리적 휴식처와 심상적 안식처로서 모두 중요한 주택(house)이자 가정(home)의 모습을 가리킨다. 근본적으로 '장터는 위험하고 비도덕적인 곳이며, 그 반대인 가정은 외부의 타락에서 구원해 줄 수 있는 도덕적 존재'라 믿는 종교적 함의를 담고 있다.[12]
19세기 초 영국과 미국 사회를 예로 들면, 경제활동이 일어나는 바깥세상은 '잔인하고 오염되었으며 위험'하고 '금전과 착취의 정신이 지배'하는 반면, 가정은 사회적 대안이자 피난처로서 '세상이 침입할 권리가 없는 성소', '진정한 애정이 존재하는 유일한 곳'으로 묘사되기 시작했다.[13] 도덕적 순결성이 보존된 존재가 있다는 생각은 산업화 초기의 불안을

9) 루쓰 코완, 김성희 외 공역, 앞의 책, 1997, p.28
10) 미셸 페로 편집, 전수연 옮김, 『사생활의 역사, 4』, 새물결, 2002, p.126
11) 루쓰 코완, 김성희 외 공역, 앞의 책, 1997, p.28
12) 미셸 페로 편집, 전수연 옮김, 앞의 책, 2002, p.125
13) 민진영, 앞의 글, 2002, p.270

잠재워주기에 충분했고, 경제적 이익과 사회적 부강을 맹목적으로 좇아가도 된다는 안심을 안겨주었다.[14] 좋은 가정은 그 안에 사는 가족도 도덕적으로 선하게 만들어 줄 것이라는 믿음과도 같았다.[15] 공적인 생활이 주는 걱정과 근심으로부터 자신을 보호해 줄 장소로서 가정이 부각되면서, 그에 대한 여성의 책임도 점점 강화되기 시작했다.

이러한 현상을 근대적 '가정성(domesticity)'의 확산이라 부른다. 서구사회에서 가정성의 계보는 가족생활에 공과 사의 개념이 발생하기 시작하는 현상으로 거슬러 올라간다. 그러나 적어도 19세기의 가정성이란 산업사회의 안정과 유지를 위한 '홈 스위트 홈'의 이데올로기로 작동했다.[16] 집 '안'을 담당한 여성에게는 가정을 성실히 유지하고 관리해야 할 의무가 부여되었고, 사회적으로도 강요되었다.[17] 중산층 여성이라면 직접적인 육체적 가사노동은 피할 수 있었지만, 가정을 완벽하게 관리하고 아이를 잘 키워야 한다는 의무감에 끊임없이 시달려야 했다. 『톰 아저씨의 오두막』으로 유명한 해리엇 비처 스토우(Harriet Beecher Stowe)가 1844년에 남편에게 쓴 편지에서 "온 집안을 정리하고, 청소하고, 아이들과 옷과 아기가 모두 동시에 나를 짓누르는 듯해요. 종종 내가 여기서 헤어날 수 없다는 근심 걱정 때문에 병이 날 것 같아요"라고 말했던 것을 통해서도 알 수 있다.[18]

집의 구매자는 남성이었고 관리자는 여성이었다는 점은 역설적이었지만 아무도 그것을 크게 문제 삼지 않았다. 집은 철저히 산업현장의 반대편에 상정되었으므로 집을 꾸미는 것은 곧 안락한 가정을 꾸미는 것을 의미했다. 여성들은 집에 관한 많은 정보가 점점 더 필요했고, 대표

14) 민진영, 앞의 글, 2002, p.273

15) 에이드리언 포티, 허보윤 옮김, 『욕망의 사물, 디자인의 사회사』, 일빛, 2004, p.137

16) 애정으로 맺어진 부부와 사랑스러운 아동이라는 개념이 생겨난 것이나 가정에서 안정감을 찾고자 하는 현상 등, 이른바 '홈 스위트 홈'에 대한 생각은 근대 이후의 변화였다. 캐서린 홀(2002)은 영국의 빅토리아 시대를 배경으로 가족의 근대적 생활을 예로 들었는데, 산업화 시대에 가정과 일터가 분리되면서 남녀의 역할 구분이 더욱 뚜렷해지고 가정에 대한 기독교적 도덕성이 강조되면서 안락한 가정에 대한 포장과 집착이 발생하는 과정을 설명했다.(미셸 페로 편집, 전수연 역, 앞의 책, 2002, pp.92-148); 근대기에 가정성에 대한 분석 중 공통적인 것은 전근대 시대에는 중요하지 않았던 가족의 '사적 영역'이 확대되어 간다는 점이다. 다음의 문헌을 참고할 수 있다. 필립 아리에스, 문지영 옮김, 『아동의 탄생』, 새물결, 2003; 이진경, 『근대적 주거공간의 탄생』, 그린비, 2011

17) Nancy F. Cott, *The Boards of Womanhood: "Woman's Sphere" in New England, 1780-1835,* Yale UP, 1977, pp.69-70

18) 루쓰 코완, 김성희 외 공역, 앞의 책, 1997, pp.53-54

적 현상으로 여성지 창간을 들 수 있다. 1883년 미국에서는 『레이디스 홈 저널(Ladies' Home Journal)』이 등장하여, 주택, 관리 방법, 가정용 제품 등 집 전반에 대한 정보를 다루었다. 레이디스 홈 저널은 스스로 "모든 미국 가정의 바이블"을 표방했으며, 1900년대에 이미 백만 부, 제1차 세계대전 이전에 2백만 부가 팔린 미국의 대표적 여성지였다. 1901년 프랭크 로이드 라이트의 '프레리 하우스(Prairie House)'가 발표된 매체도 이것이었을 정도로, '집'에 대한 여성계의 관심은 높았다.

집은 여성, 따뜻함, 도덕성의 공간이라 여겼고, 바깥세상과는 다른 형태로 꾸밀수록 가정성을 더욱 표출하는 방법으로 인식되었다. 기본적인 원칙은 집을 일터와 다르게 만들어야 한다는 것이었고, 다음으로는 안주인의 개성을 표출할 수 있기를 기대했다. 집의 아름다움을 가장 강조했고, 여성들은 이것으로 가정의 도덕적 가치를 높일 수 있다고 믿었다.

"가정을 행복하게 만드는 데 있어 가장 주의를 기울여야 할 점 중의 하나가 바로 집을 보기 좋게 꾸며야 한다는 것이다. …… 아름다움이란 강력한 힘이다. 우리는 조물주의 가장 아름다운 피조물이지만, 또한 조물주가 창조한 아름다움에 감동받는다. 아름다움은 어떤 상황 속에서도 인간의 삶을 매력적으로 만들어주는 가장 본질적 요소임에 틀림없다. …… 모든 물건에 아름다움이 가능한 많이 표현되도록 만들어야 한다." (J.Shere, "The Management of the Home", *Family Friend*, 5th Series, Vol.3 No.3, 1867, pp.201-203)

가구에 대한 관심도 점차 여성 위주로 변화했다. 이전에는 집에서 사용할 가구를 고르는 일에 주로 남자들이 관여했으나, 19세기 후반이 되면 점차 여성의 몫이 되었고 심지어 사회적으로 강요받기도 했다.[19] 19세기 들어 실내장식과 가구에 대한 안내서가 증가하는 현상도 이와 무관하지 않다. 1839년 루던(John Claudius Loudon)의 『영국의 시골집, 농장, 빌라 건축과 가구 백과사전』을 일례로 살펴보면, 글쓰기 책상, 소파, 재봉실용 긴 의자 같은 이른바 '여성용 가구' 중심인 것을 볼 수 있다. 한편으로 가구 안내서의 저자 중 여성이 많았던 점도 집을 꾸미는 일이 여

19) 에이드리언 포티, 허보윤 옮김, 앞의 책, 2004, p.133

그림 1-3

그림 1-4

그림 1-5

그림 1-6

그림 1-3. 19세기 부동산 광고 사례. 힘든 노동의 댓가로 안락한 집을 얻을 수 있다는 메시지를 전달한다.

그림 1-4. 레이디스 홈 저널(Ladies' Home Jounrnal)의 1면(1889)

그림 1-5. 1883년 런던 체스터필드 가든(Chesterfield Gardens) 7번지의 실내풍경. 19세기 후반 가정성을 표방하는 아름다운 가구 위주의 모습이다.

그림 1-6. 후지어 캐비넷(Hoosier Cabinet) 광고(1922)

성에게 더욱 적합하다는 인식을 심어주기에 충분했다.[20]

이러한 관심은 부엌가구에도 확대되었으며 산업 발달로도 이어졌다. 오늘날 유명한 포겐폴 키친(Poggenpohl Kitchen)도 1892년 설립된 부엌가구 회사였다. 1898년 미국에서 설립된 후지어(Hoosier Manufacturing Company)는 이른바 '후지어 캐비넷'이라 불리는 그릇장 겸 작업대를 제작 판매했는데, 창사 이후 1920년까지 200만 개를 판매하는 성과를 올리기도 했다.[21] 그 외 캠벨(Campbell-Smith-Ritchie Company, 1892), 콥스 브라더스(Coppes Brothers and Zook, 1914), 맥두걸(McDougal Company, 1865년경)도 모두 부엌가구 제작사로 출발했다.

당시 부엌가구 산업이 실용성보다 장식성에서 출발했다는 사실에 주목할 필요가 있다. 1883년 미국의 한 가구 잡지를 보면 "식탁과 의자는 비싼 재료로 만들어질수록 좋고, 또 편안하며 매력적이다"라는 설명도 찾을 수 있다.[22] 19세기 말 부엌에 대한 관심은 가사노동의 편리함보다 가정성 표출의 욕구가 앞섰다.

가사노동과 가정성의 충돌

19세기 중반만 하더라도 중산층 이상의 여성이라면 직접적인 가사노동은 하인의 몫으로 돌리고자 했다. 1859년 미국의 한 외과의사 부인이 쓴 글을 보면, "나는 집안일을 해서도 안되고, 내 아기를 안아서도 안된다. 그렇지 않으면 사회적 위신을 잃는다. 우리는 반드시 하인을 두어야

20) 그 외에도 찰스 이스트레이크(Charles Eastlake)의 『집 꾸미기의 요령(Hint on Household Taste(1868)』, 에디스 대령(Colonel Edis)의 『도시주택의 실내장식과 가구(Decoration and Furnishing of Town House, 1881)』, 로프티(J.W. Loftie)가 기획한 「가정에서의 예술(Art at Home)」 시리즈, 하와이즈 부인(Mrs. Haweis)의 『장식기법(The Art of Decoration, 1881)』, 팬톤 부인(Mrs. Panton)의 『교외주택과 그 장식법(Suburban Residences and How to Circumvent Them,1896)』, 왓슨(R.M. Watson)의 『집의 예술(Art of the House, 1897)』등이 있다. (에이드리언 포티, 허보윤 옮김, 앞의 책, 2004, pp.134~140)

21) Nancy R. Hiller, *The Hoosier Cabinet in Kitchen History,* Indiana University Press, 2009, p.81

22) "식탁과 의자는 비싼 재료로 만들어질수록 디자인도 훌륭하다. 최근에 나온 목재의자는 가볍고 우아하다. 앉는 부분은 목재로 만들어졌으며, 등받이는 십자모양으로 가로놓은 부재들이 의자를 받쳐줌과 동시에 미적 가치를 더한다. 의자는 마호가니처럼 광택나게 칠도 잘 되었다. 의자 또한 팔걸이가 달렸을 뿐만 아니라 아주 편안하고 매력적인 부엌가구이다." (Mary G. Humphreys, *The Decorator and Furnisher,* Vol.2 No.4, July 1883, p.124)

한다"라는 말을 볼 수 있다.[23] 19세기 미국 도시에서는 하인을 고용했는가가 경제적 신분을 구분하는 유일한 방법이었을 정도로, 중산층 이상의 가사노동은 비교적 쉬웠다.[24]

그러나 20세기를 넘어가며 하인층은 급격히 감소했다. 전통사회의 하녀는 공장 노동자가 되었고, 하녀 구하기는 점점 어려워졌다. 반대로 하류층 여성은 가사와 공장일을 병행하는 이중부담을 동시에 안았다. 이렇듯 시간이 지나면서 가사노동에 대해 여성층이 느끼는 부담은 점차 신분의 격차를 좁혀갔다.

미국 인구센서스에 따르면 1880년만 해도 전체 취업 여성의 절반이 하녀직에 종사했지만, 1890년이 되면 31.1%로, 1920년이 되면 11.8%로 급감했다.[25] 중산층 여성의 입장에서 위기라 부르지 않을 수 없는 상황이었으며, 이를 극단적으로 보여주는 증거가 하녀에 대한 호칭이 바뀌는 현상이었다. 1930년대가 되면 귀족인 척하는 미국 일부 부유층을 제외하고는 이전에 거리낌 없이 부르던 '하녀(servant girl)' 대신 '청소하는 숙녀(cleaning lady)'라 불러야 했다.[26]

이러한 변화는 여성지의 세제 광고를 통해서도 짐작할 수 있다. 1910년대까지만 해도 안주인으로서의 여성은 하녀가 하는 일을 감독하는 지위로 그려지는 반면, 1920년대 말엽이 되면 하녀 없이 주부가 혼자 세탁하는 장면으로 바뀌게 된다. 20세기 초 불과 십여 년 사이의 시간 동안 가사노동의 주체가 하인이나 하녀에서 한 명의 주부로 바뀌는 놀라운 변화가 일어났다는 것을 의미한다.[27] 중산층 여성은 과거 하인의 일로 치부했던 가사노동에 몸소 임해야 하는 상황에 직면했다.

19세기 말부터 20세기 초 가전제품 광고에서는 '전기 하인(electrical servant)'이나 '하인 없는 생활(servantless life)'과 같은 문구가 반복적으로 등장했다. 20세기 초의 한 잡지 광고는 후지어 캐비넷 앞에서 링컨을

23) Adrian Forty, *Object of Desire*, Pantheon Books, 1986, p.209

24) 루쓰 코완, 김성희 외 공역, 앞의 책, 1997, p.53

25) 김덕호, 「가내 하인에서 '전기 하인'으로: 남북전쟁 이후부터 1930년대까지 사회변화와 기술변화의 관련성에 관한 시론」, 『미국학』 39(2), 2016, p.14

26) 김덕호, 앞의 글, 2016, p.15

27) 김덕호, 앞의 글, 2016, p.16

사진을 들고 활짝 웃고 있는 주부의 모습을 실었는데, 그 아래에는 "나도 노예제를 폐지했다"는 문장을 발견할 수 있다.[28] 하인 대신 '전기를 노예처럼 부릴 수 있다'는 선전은 중산층 여성들의 소비 욕구를 자극하기에 충분했다. 마치 가사노동의 완벽한 기계화나 자동화가 가능하다는 기대를 불러일으켰으며, 당시의 절박함에 대한 대응으로도 해석할 수 있다.

"가정에서의 전기 하인. 현대적인 가정은 과학적인 공정을 따라 조직되고, 장비를 갖추며 관리되어야 한다. 오늘날의 주부들은 반드시 가정경제의 전문가가 되어야 한다. 하녀를 고용하는 데 드는 비용이 급증하는 현상은 이제 산업 경영자와 마찬가지로 주부들에게도 큰 문제가 되었다." (**"가정에서의 전기 하인", 하버쇼 전선회사의 광고.** *Saturday Evening Post,* Feb. 1, 1919)

하지만 전기 하인은 환상에 머물렀다. 19세기 후반부터 수동식 세탁기, 가스스토브, 사과껍질 벗기는 도구 등, 다양한 종류의 가전과 기구가 등장했으나 가사노동의 해방과는 무관한 일상이 이어졌다.[29] 서구사회의 산업화와 가사노동의 관계를 연구한 루쓰 코완은, 새로운 가전이 발달하면서 가족생활 표준이 빠르게 높아졌고 결국 주부에게 더 많은 일을 불러왔다고 평가했다. 가전제품은 편리했지만 모든 가사노동을 해결할 정도로 충분히 공급되거나 우수하지 못했으며, 최종적 판단은 사람이 해야 할 일이었다. 기계를 조작하고 관리하는 일은 전에 없던 형태의 작업을 만들어냈다. 언제나 편리성을 광고하는 문구만 강조되었을 뿐, 새로운 기계는 새로운 노동을 발생시켰다.

중산층 여성이 과거와 같은 조력자 없이 가사노동을 혼자 감당해야 하는 현실은 점차 피할 길이 없어졌다. 그들에게 닥친 근본적인 문제는 가사노동과 가정성의 개념적 충돌이었다. 가정은 산업사회를 지탱해주는

28) "I, too, have abolished slavery." (*The Saturday Evening Post*, 1919.02.01., p.59)

29) 산업화가 진행되면서 원재료를 직접 수확하여 가공하는 일로부터는 자유로워졌지만, 음식을 만드는 노동 자체가 소멸한 것은 아니었다. 19세기 후반 재봉틀이 출현하면서 미국의 중산층 주부들은 침모를 고용할 필요성은 없어졌지만, 주부 자신이 직접 바느질해야 하는 시간은 줄어들지 않았다. 세탁기가 발명되었지만 동시에 청결한 옷에 대한 기준도 높아져 빨래하는 횟수는 오히려 늘어났으며, 수세식 화장실이 발명되자 오히려 변기를 청소해야 하는 일이 생겼다. 산업화는 가정에 많은 신제품을 도입시켰지만, 집안을 돌보아야 할 일 은 여전히 많이 남아있었다. (루쓰 코완, 김성희 외 공역, 앞의 책, 1997, pp.54-55, 79-81)

그림 1-7

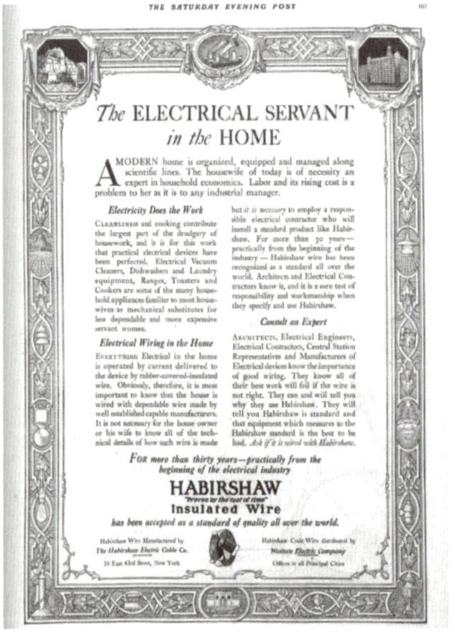

그림 1-8

그림 1-9

그림 1-7. Ladies' Home Journal의 삽화 일부. 1917년(좌)의 그림에서는 주부는 가사의 감독관으로 그려졌던 반면, 1923년(우)의 그림에서는 스스로 혼자 가사를 수행하는 성실한 주부의 모습으로 그려지는 변화를 볼 수 있다.

그림 1-8. "가정에서의 전기 하인(The Electrical Servant in the Home)"을 강조했던 하버쇼(Habirshaw)의 광고(1919)

그림 1-9. "나도 노예제를 폐지했다." 과학화된 부엌을 노예해방에 비유한 '후지어 캐비넷(The Hoosier)'의 광고(1919)

안락의 장소로 중요했지만, 가사노동은 재화를 생산하지 못하는 무가치 노동에 불과하다는 모순을 내포했다. 가정성의 존귀함을 유지하기 위해 스스로 가치 없는 가사노동에 투입되어야 한다는 상황은 어떤 방식으로든 해결책이 필요했다.

캐서린 비처의 부엌

'가정학의 선구자'라 불리는 미국의 교육학자 캐서린 비처(Catharine Beecher, 1800~1878)[30]는 19세기 중후반 미국 중산층에 가장 영향력 있는 여성으로 꼽힌다. 비처는 여성이 가정에서 수행하는 일을 진지한 학문의 영역으로 만들고자 했으며, 교사로 근무하면서 젊은 여성들에게 가정에 관한 교육을 강조했다.[31] 1841년의 저서 『가정경제에 관한 논고: 가정과 학교의 젊은 숙녀들에게 유용한 용도 (A Treatise on Domestic Economy, For the Use of Young Ladies at Home and at School)』는 당시 미국 여성계에 교과서적 존재였다. 서문에서 밝힌 서술의 목적은 '스스로 여성신학교 교사로서의 경험을 통해 느낀 바를 바탕으로, 여성들이 건강문제와 고통에서 벗어날 수 있도록 가정적 지식(domestic knowledge)에 대해 더 나은 자격을 갖출 수 있도록' 하기 위함이었다.[32]

비처는 가정경제라는 이름하에 집안의 모든 일을 주부의 전문영역으로 만들어야 하며, 이를 통해 여성의 지위를 격상시킬 수 있다고 주장했다. 19세기 미국 중산층 주부들이 겪고 있는 가사노동에의 부담을 덜기 위해서라도 지금까지와는 다른 전문적 지식과 책임을 통감했다. 특히 '주부가 해야 하는 일'에 대한 체계와 규칙성을 강조했다.

『가정경제에 관한 논고』는 가정경제, 건강, 음식, 의복, 청결, 시간관념, 준비성, 체계와 순서를 갖추는 습관, 육아, 아동의 교육, 집의 구조, 불

30) 캐서린 비처는 매우 세력있는 기독교 가문 출신이었으며, 아버지는 장로교 전도목사이자 금주 운동가였던 라이먼 비처였다. 『톰 아저씨의 오두막』을 쓴 작가 해리엇 비처 스토우의 언니이며, 목사인 헨리 워드 비처의 누나이기도 하다. 비처는 1823년 하트퍼드 여자신학교(Hartford Female Seminary)를 설립했고, 1832년에는 오하이오 신시내티에서 웨스턴여자대학(Western Female Institute)을 열었다. 1852년에는 여자사범대학을 설립하기 위해 여성교육진흥협회(The Ladies Society for Promoting Education)를 조직했다. 기타 저서로는 『여성교육 Female Education』(1827), 『국가에 대한 미국여성의 의무 The Duty of American Woman to Their Country』(1845), 『종교에 적용되는 상식 Common Sense Applied to Religion』(1857) 등이 있다. 1869년에는 동생 해리엇 비처 스토와 공저로 『미국여성의 가정 The American Woman's Home』(1869)을 발표했다. 비처의 활동에 대해서는 다음의 논문을 참고할 수 있다. 박현숙, 「캐서린 비처의 교육 개혁」, 『미국사 연구』 20, 2004, pp.1-28

31) 김덕호, 「여성, 가정 그리고 미국에서의 가정과학운동」, 『서양사론』 127, 2015, p.111

32) Catharine Beecher, *A Treatise on Domestic Economy,* Thomas H. Webb&Co., 1843, p.7 (Originally published in 1841)

의 사용, 세탁, 거실·식당·침실 및 각 방의 관리, 부엌·창고의 관리, 바느질, 정원 관리 등에 대해 총 37장으로 나누어 설명한 책이다. 그중에서 부엌은 제32장 「부엌, 지하 저장고, 창고(On the Case of Kitchen, Cellar, and Storeroom)」에 등장하는데, 부엌의 위생과 관리, 부엌일의 순서, 부엌 비품의 안내 및 사용법 등을 설명했다. 부엌을 지상에 둘 것, 벽과 바닥을 청결하게 관리할 것, 싱크대의 필요성, 설거지 순서, 유용한 용품과 사용법, 가구와 설비 등을 항목별로 다루었다. 이토록 상세한 설명이 필요했을 정도로 부엌은 당시 중산층 여성들에게 그다지 친근한 존재가 아니었다.

"만약 딸에게 가정 전반에 대해 가르치고자 한다면, 먼저 부엌을 깔끔하고 활기찬 공간으로 만들 것을 제안한다. 가능하다면 부엌은 완전히 지상에 만들면 좋고, 빛이 잘 들어와야 한다. 지하로 물이 잘 빠질 수 있도록 큰 싱크대도 갖출 수 있다면 언제나 깨끗하고 애정 어린 부엌이 될 수 있을 것이다. …… 깔끔한 외관과 깨끗한 공기를 유지할 수 있도록 벽을 자주 청소하고 말끔하게 씻어야 한다. 바닥도 물기가 스며들지 않도록 페인트칠을 해 두어야 한다."[33]

위의 글 중에서 '빛이 잘 들어야 한다'는 근대적 위생개념의 영향력을 보여준다. 19세기 중반에는 병의 원인을 '공기설(miasma theory)'이나 '발효설(zymotic theory)'로 보았고, 더러운 환경 속에서 숨을 쉬면 나쁜 공기가 몸 안에서 병을 일으킨다는 이론을 신봉하던 시절이었다.[34] 그리고 만약 위생 상태가 엉망이어서 개인이 질병에 걸리게 된다면 세균이 사회 전체로 전파된다고 믿었다.[35] 근대적 위생개념은 이미 개인적 건강 차원을 떠나 사회적으로도 중요한 규범이었다. 부엌을 지상에 배치하는 것은 채광과 통풍, 환기를 용이하게 하기 위해서였다.

여기에 '가능하다면(if possible)'의 단서를 붙인 것을 보면, 지상층의 부엌이 다소 파격적인 제안이었던 것도 짐작할 수 있다. 19세기까지만 해도 미국 주택의 부엌은 대부분 지하에 있었기 때문이다. 그러나 비처는 부

33) Catharine Beercher, 앞의 책, 1843, p.317
34) 에이드리언 포티, 허보윤 옮김, 앞의 책, 2004, pp.201-202
35) 김덕호, 앞의 글, 2015, p.122

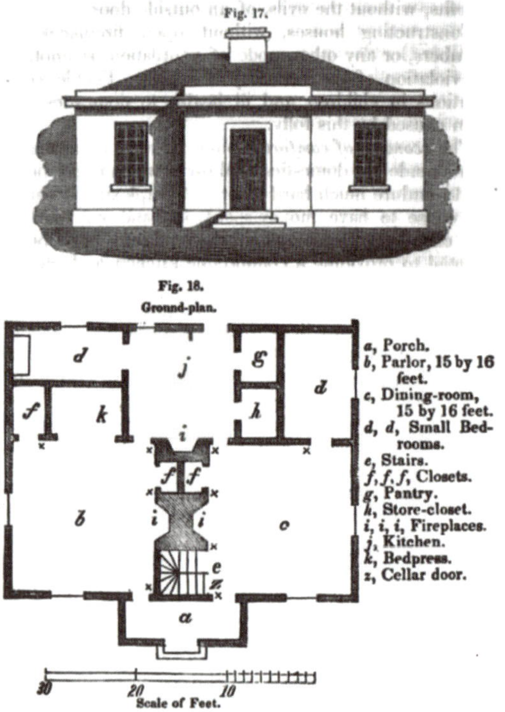

그림 1-10

그림 1-11

그림 1-10. 캐서린 비처가 '가정경제'의 관점에서 제시한 주택 평면 중 하나(1841)

그림 1-11. 『미국 여성의 가정(The American Woman's Home)』의 표지(좌), 크리스천 주택을 표현한 삽화(우)(1869)

엌을 1층 중앙 혹은 남쪽에 배치시켰고, 팬트리와 창고까지 포함하면 상당한 비중의 중요한 공간임을 피력했다. 주부가 스스로 건축가가 될 수는 없지만 '가정경제(domestic economy)'의 관점에서 유익한 주택을 생각해 볼 수 있다는 설명도 덧붙였다.[36]

미국 가정의 집과 여성에 대한 비처의 생각은 1869년의 저서를 통해 더욱 발전했다. 비처는 동생 해리엇 비처 스토우와 공동으로 발표한 『미국 여성의 가정(The American Woman's Home)』을 통해 전작의 주장을 보완했다. 이 책의 서문에서는 "가족생활을 유지하는 데 드는 모든 어려움과 희생에 대한 명예와 대가를 높이고, 그리하여 남성들이 각자의 직업 분야에서 존경받는 것과 마찬가지로 여성의 진정한 전문성을 드높인다"는 목표를 내세웠다.[37] 집(house)에 대한 지식을 갖추는 것이 가정(home)을 유지하기 위해 꼭 필요한 요건이었음을 지시한다. 비처의 사고관은 기독교적 윤리와 시민 정신에 기반한 것으로, 여성이 스스로 주어진 직분에 충실할 때 가정과 사회에서의 지위를 굳건히 할 수 있다는 주장으로 해석할 수 있다.

"신께서는 '현명한 여자는 자기 집을 짓는다'라 하셨다. '현명한' 것은 최상의 목적을 달성하기 위한 최선의 수단을 선택하는 것이다. 여성이 추구해야 할 최선의 목적은 하나님의 자녀들을 지성과 덕성, 참된 행복으로 인도함으로써 영원한 가정을 만들기 위한 훈련임을 의미한다. 그러므로 이 현명한 여성은 이 사역을 수행할 집을 구할 때, 가정적인 즐거움과 성공의 기본적 요건인 건강, 산업, 경제에 최상의 방법을 제공할 수 있도록 집을 계획하는 것을 목표해야 한다. 이를 위해 다음의 그림과 설명을 제시한다. …… 사람들이 건강, 절약, 가정의 행복을 보장받을 수 있도록 노동, 시간, 비용을 절약하는 방법을 보여주는 데에 목적이 있으며, 단지 재물이 많다고 하여 이룰 수 있는 것도 아니다."[38]

이 책의 목차는 총 38장으로 구성되며, 그중 부엌은 제2장 「크리스천 주택(A Christian House)」에 등장한다. 비처가 제시한 가상의 주택 평면에 따르면, 1층 면적은 43피트×25피트(약 99.87㎡)이었고 1층 중앙에 스토

36) Catharine Beecher, 앞의 책, 1843, pp.262-277

37) Catharine Beecher & Harriet B. Stowe, *The American Woman's Home: Principles of Domestic Science*, J.B.Ford & Co., 1869, p.13

38) Catharine Beecher & Harriet B. Stowe, 앞의 책, 1869, pp.23-24

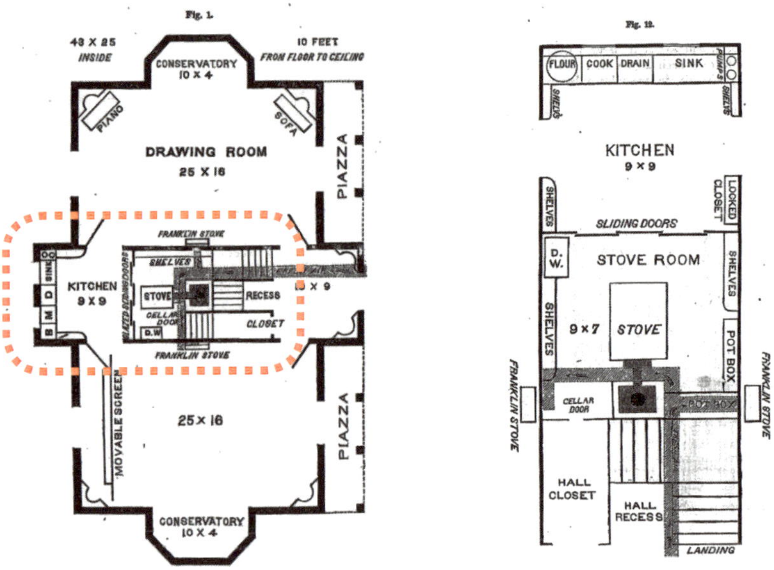

그림 1-12

그림 1-13

그림 1-12. '크리스천 주택'의 1층 평면도(좌), 부엌 확대(우)

그림 1-13. 비처가 제시한 부엌 작업대 상세

브 룸을 두었으며, 그 좌측에 부엌을 배치했다. 부엌의 크기는 약 9×9피트(약 7.52㎡)이고, 스토브 룸의 크기는 9×7피트(5.85㎡)를 제안했다. 집 전체의 환기를 위해 부엌과 스토브 룸 사이에는 슬라이딩 도어를 달았다. 스토브 룸 내부에는 좁은 선반을 달아 조리와 관련한 도구를 수납할 수 있도록 했으며, 관련 장비를 넣을 수 있도록 뚜껑 달린 상자를 나란히 배치했다.[39]

앞서 1841년 저서에서도 '커다란 싱크대(large sink)', '덤웨이터(dumbwaiter)' 등 일을 편하게 해줄 수 있는 도구 몇 가지를 소개하기도 했었으나, 1869년의 저서에는 새로운 가구와 기구 배치에 대한 자세한 설명을 보강했다. 평면도에서 부엌가구를 벽 쪽에 나란히 배치해놓은 그림을 확인할 수 있다. 작업대 부분을 확대한 그림 1-13을 보면, 싱크, 그릇 물빠짐대, 조리대, 뚜껑 달린 보관통을 작업 순서에 따라 배치했고, 선반은 모두 붙박이로 설치하고 벽 쪽에는 각종 소도구들을 걸 수 있도록 만든 것을 볼 수 있다. 지금의 관점으로 보면 일종의 일체형 싱크대에 가깝다.

붙박이 선반 사이로 보이는 두 개의 창문은 채광과 통풍을 위한 장치로써, 비처가 새로운 부엌의 기본요건으로 중시했던 위생성을 반영했다. 작업대 아래에는 쓰레기, 행주, 설거지 용품 등을 담을 수 있는 상자를 놓아서 편리성을 도모한 점도 확인할 수 있다. 싱크대에는 우물용과 빗물용의 두 개 펌프를 제안했는데, 하나는 다락층에 있는 저수조로 올려보낼 수 있도록 하여 부엌에서 쓴 물을 화장실에 다시 공급한다는 아이디어도 제시했다. 조리대 아래에는 밀, 옥수수 가루, 보리 등을 담을 수 있는 상자도 두었다. 그 아래에는 백설탕과 황설탕을 담을 통을 놓는 등, 설비부터 조리기구 종류와 배치에 대한 여러 가지 아이디어를 제공했다. 아울러 싱크대의 폭은 조리 형태와 맞추어야 한다는 설명도 덧붙였다.

1869년의 저서에서 가정경제에 관한 그의 주장이 특히 부엌에 집중되는 이유는 '부엌의 면적과 걸리는 시간의 관계'를 제시했다는 사실이다.

39) Catharine Beecher & Harriet B. Stowe, 앞의 책, 1869, pp.33-34

당시 대부분 큰 저택에서 테이블, 요리 재료 및 도구, 싱크대, 식당이 서로 멀리 떨어져 있어 시간과 노력이 두 배 이상 낭비된다는 점을 구체적으로 지적한 것이다. 부엌의 면적이 크고 또 식당과의 거리가 멀어서 음식을 할 때 오가는 거리도 길어지고 시간과 노력이 더 발생하게 되는 폐해를 고치고자 했다.

이에 대한 해결책으로 비처는 부엌의 적정한 면적을 강조했다. 비처는 '좁은 면적에서도 200인분의 요리를 만들어내는 증기선의 주방'을 예로 들었다. '요리사가 사용하는 모든 기능이 한두 걸음 정도 범위의 면적에서 모두 수용될 수 있는 점'을 본받는다는 주장이었다.[40] 작은 부엌일수록 일하기에 편리하다는 논리는 다음 절에서 논의하게 될 20세기 초의 다른 부엌계획에서도 공통적으로 발견할 수 있다. 20세기 이후 미국 사회에 등장한 여타의 부엌계획도 사실상 모두 비처의 이론에 따른 것이었다.[41]

캐서린 비처의 부엌은 침침한 지하에서 밝고 위생적인 지상으로 올라왔고, 그곳에서 일하는 이의 편리성과 전문성, 건강을 고려했다는 점에서 전통사회와는 다른 부엌을 표방했다. 근대적 주부가 부엌을 통솔한다는 새로운 개념의 등장이기도 했다.

그러나 돌로레스 헤이든이 지적한 바와 같이, 비처의 주장은 '정치와 젠더'에 모순적이었다는 평가를 피할 수 없었다.[42] 그가 평생 여성 교육에 매진한 업적과는 별개로, 여성을 가정의 권역에 가두고 가사노동에 대한 근대적 고정관념을 고착화했다는 비판은 근대부엌의 논의에서 빠짐없이 거론되는 주제이다. 캐서린 비처의 부엌은 근대기에 부상한 부엌의 여성성에 커다란 학문적 힘을 실어주었다.

40) Catharine Beecher & Harriet B. Stowe, 앞의 책, 1869, pp.32-33

41) Dolores Hayden, *The Grand Domestic Revolution: A History of Feminist Designs for American Homes, Neighborhoods, and Cities*, The MIT Press, 1982, p.58

42) Dolores Hayden, "Catarine Beecher and the Politics of Housework", *Women in American Architecture*, Whitney Library Design, 1977, p.40

공동가사와 공동부엌

공동부엌은 사적인 가족생활과 다른 특수한 환경에서 등장했다. 근대적 핵가족제를 거부하고 이상적 가족생활을 지향했거나, 혹은 종교적 신념에 바탕을 둔 공산주의적 종교 공동체에서 공동부엌의 역사적 사례를 찾아볼 수 있다. 가사노동의 공동수행과 요리·식사를 공유하는 공동부엌은 당시 전형적인 가족상을 반박하는 활동의 증표이기도 했다. 공동가족제, 다수의 가사노동이라는 점에서 사적인 가족생활과는 다른 방향을 추구했다. 따라서 이들의 공동부엌은 근대적 주부를 전제했던 비처의 부엌과 근본적으로 다르다.

공동부엌의 초기 사례는 18세기 말 19세기 초반의 종교 공동체로 거슬러 올라간다. 그들의 종교적 신념과 공동체 방침을 지킬 수 있도록 핵가족제를 거부했으며, 대규모의 공동가사노동 방식을 추진했다. 기본적으로 큰 규모의 주거시설을 지어 구성원들을 각자의 방 또는 기숙사에 살도록 했으며, 공동의 부엌과 식당 및 보육시설 등을 제안했다.[43]

대표적으로 앤 리(Ann Lee)가 이끌었던 쉐이커스(The Shakers) 공동체를 들 수 있다.[44] 이들은 1774년부터 1826년 사이에 켄터키와 마이네를 포함한 19개의 집단 공동체 주거를 건설했다. 보통 30명부터 100명까지 함께 거주했는데, 구성원들은 성별을 분리하여 기숙사에서 살았다.[45] 노동과 재산, 가사작업 전반을 공유하고자 했고, 공동부엌을 하나로 만들어 식당, 휴게, 보육시설과 연결시켰다. 공동체 운영을 위한 노동은 성별로 분리하였는데, 요리, 바느질, 청소, 세탁 등과 같은 일들은 모두 여성이 담당했다. 이들은 여성의 고립된 가사노동에 반대했지만, 그것의 여성성을 전면적으로 부인한 것은 아니었다.

쉐이커스는 가사노동을 편리하게 하기 위한 기계 발명에도 적극적이었

43) Dolores Hayden, 앞의 책, 1982, p.38

44) 쉐이커스(The Shakers)는 1747년경 영국에서 창설되어 이후 1780년대 미국에서 조직된 기독교 종파 중 하나이다. 앤 리(Ann Lee)는 1758년에 쉐이커스에 합류했고, 이후 작은 공동체의 지도자로 시작하여 "어머니 앤(Mother Ann)"으로 추종되었다.(D'Ann Campbell, "Women's Life in Utopia: The Shaker Experiment in Sexual Equality Reappraised - 1810 to 1860.", *New England Quarterly*, Vol. 51 No.1, 1978, pp. 23-38)

45) Dolores Hayden, 앞의 책, 1982, pp.38-39

던 것으로 알려져 있다. 개량 세탁기, 빨래집게, 이동식 창틀, 회전식 오븐, 사과껍질 깎는 기계 등을 고안하기도 했다. 가사노동의 공동수행방식은 오직 한 여성에게만 집중되는 경우보다 훨씬 수월했으며, 업무 배분이나 교대 작업 등 여러 가지 편리하고 합리적인 방향을 추구했다.[46]

공동부엌 사례는 19세기 '오네이다 공동체(The Oneida Perfectionists)'에서도 찾을수 있다. 이 공동체의 리더였던 존 험프리 노예스(John Humphrey Noyes)는 1847년 뉴욕주 중심부에 구성원 200명을 위한 완벽주의 종교 공동체 주거 건설을 추진했다. 1862년 『미국 사회주의자들(The American Socialist)』를 통해 선전한 "가정의 확대와 개선(the enlargerment and improvement of home)", "우리 사회 공산체제가 그대로 구현된 집"이라는 문구를 통해서도 공동가족제 방침을 파악할 수 있다.[47]

이들도 쉐이커스처럼 기사노동의 공동수행을 목표했으며, 부엌을 포함한 공동의 가사시설과 각종 편리한 도구들을 발명했다. 회전식 쟁반이나 감자껍질 벗기는 기계 특허를 출원하기도 했고, 걸레짜는 기계나 세탁기를 개량하는 데도 노력했다. 이들 공동부엌은 공동가족제에 기반하였고 가사시설과 자원의 공동화를 지향했다. 그러나 원칙적으로 사회주의적 신념이나 이상주의보다는 종교적 영감에 기반했기 때문에 처음부터 가사노동의 성적 평등을 주장했던 것은 아니었다.[48] 그들의 공동부엌이 여성 한 사람에 가중된 부담을 경감시켜주었던 것은 분명하지만, 여성이 언제나 가사노동의 주체로 지목되는 상황을 완전히 종결시키지는 못했다.[49]

이에 비해 19세기 유토피아 사회주의자[50]들의 공동부엌 사례는 여성의 가사노동을 다르게 해석했다. 앞서 종교적 공동체처럼 커다란 공동주거

46) 루쓰 코완, 김성희 외 공역, 앞의 책, 1997, pp.129-130

47) Dolores Hayden, 앞의 책, 1982, p.38

48) 루쓰 코완, 김성희 외 공역, 앞의 책, 1997, p.130

49) Dolores Hayden, 앞의 책, 1982, p.39

50) 유토피아 사회주의자(Utopian Socialist)라는 개념은 1839년 경제학자 제롬 블랑키의 저서 『정치적 경제의 역사(History of Political Economy)』에서 처음으로 생시몽과 오웬, 푸리엘의 사상을 규정하는 용어로 사용되었다. 이것을 번역하여 '공상적 사회주의자'라고 호칭하기도 하지만, 공상적 사회주의는 주로 엥겔스(Friedrich Engels)에 의해 정식화된 '과학적 사회주의'의 상대적 개념으로 비과학적 이론의 의미에 가깝다. 다시말해, 맑스-엥겔스 이전의 '초기 사회주의'로서의 가치보다는 현실성이 결여된 헛된 사상이라는 매우 폄하적인 뉘앙스를 갖는다.(박주원, 「푸리에에서 맑스로? 맑스에서 푸리에로: '팔랑쥬(Phalange)', 즐거운 노동공동체의 가능성과 한계」, 『한국정치학회보』 37(2), 2003, pp.150-152)

를 건설하고 함께 거주한 것은 비슷했지만, 반드시 여성만이 가사노동에 임해야 한다는 인식에서는 보다 자유로웠다. 이들은 성별역할분담을 그대로 받아들이기보다 처음부터 남녀의 공평한 노동분담을 추구했으며, 이는 이후 페미니스트 주거에 큰 영향을 미치게 된다.

유토피아 사회주의자들은 산업사회의 폐해를 해결하고 즐거운 노동사회를 꿈꾸었으며, 사회개혁을 달성하기 위한 중요한 수단이자 방법으로 새로운 공동체를 제안했다. 대표적으로 푸리에, 오웬과 같은 초기 사회주의자들은 새로운 주거계획을 통해 평등한 사회생활을 영위할 수 있다고 믿었고, 가사노동에 있어서도 그러했다. 여성이 남성과 동등해지려면 가사노동과 육아에 대해 공동체적 지원이 전제되어야 한다는 것이 그들의 기본적인 생각이었다.[51] 그중에서도 공동부엌은 즐거운 식사와 평등한 가사노동을 유지하는 생활의 중심으로 기능했다.

먼저 로버트 오웬(Robert Owen, 1771~1858)의 뉴 라나크(New Lanark) 계획을 들 수 있다. 오웬은 1800년~1824년 스코틀랜드 뉴 라나크에 자신이 경영했던 방직공장 노동자를 위해 주택단지를 계획했다. 1813년 지역신문에 내보낸 뉴 라나크의 부동산 광고를 보면, '상가, 공동부엌, 식당, 체육관, 학교, 강의실, 교회를 수용할 계획'이라는 기록을 찾을 수 있다.[52] 오웬과 그의 추종자들은 '새로운 도덕 사회(a new moral world)'를 실현하고자 했으며, 가사노동의 평등화를 위한 위한 공동부엌, 식당, 육아시설 등을 계획했다. 오웬의 이상적 사회에 대한 작업은 크게 두 시기로 나눌 수 있는데, 사업을 인수한 이후부터 약 1813년경까지와 본격적인 주거시설 건설을 추진했던 1813~1825년으로 구분된다.

그중에서 육아시설은 단순한 공동의 보육시설이 아닌, 교육에 대한 그의 이상이 담긴 실험적 기관이었다. 오웬은 뉴 라나크 공장의 경영권을 잡은 순간부터 자신의 교육 사상을 실행에 옮길 계획을 세웠고,[53] 1816년경 '인격 형성 기관(the Institute for the Formation of Character)'을 건립했다. 이곳은 아이가 걷기 시작할 때부터 모든 필요한 교육을 받을 수 있

---

51) 신혜경, 『여성학적 접근방법으로 본 도시주거환경의 문제점에 관한 연구』, 서울대학교 박사학위논문, 1991, p.40

52) *The Glasgow Herald*, 24 December 1813

53) G.D.H.콜, 홍기빈 옮김, 『로버트 오언』, 칼폴라니사회경제연구소, 2017, p.153

그림 1-14

그림 1-15

그림 1-16

그림 1-14. 핸콕 쉐이커 빌리지(Hancock Shaker Village) 본부 건물의 1938년경 모습
그림 1-15. 1828년 뉴 라나크(New Lanark)의 전경
그림 1-16. 로버트 오웬의 인격 형성 기관(the Institute for the Formation of Character)

는 시설이었으며, 일하는 여성의 자녀들을 대상으로 각종 발달 교육을 담당했다.[54] 생후 6~12개월에 형성되는 인격이 일생에 영향을 미친다는 오웬의 신념에서 시작한 프로그램이었다. 당장의 경제·사회적 문제와 해악을 해결하는 것보다도 다음 세대를 올바르게 훈련시키는 것을 훨씬 중요하게 간주했다.[55]

1825년 오웬은 건축가 스테드만 위트웰(Stedman Whitewell)과 또 다른 이상적인 공동체 모델을 건설할 계획에 착수했다. 인디아나 주의 뉴 하모니의 부지를 구입하여 주거시설과 공동부엌, 탁아시설, 초기적 형태의 여성조합 등을 계획했는데, 오웬은 이를 '파라렐로그램(parallelograms)'이라 명명했다.[56] 파라렐로그램의 구성원들은 모두 공동부엌과 공동식당을 이용했으며, 가사노동에 대한 부담을 줄이면서도 공동체 결속력을 다질 수 있는 핵심 프로그램으로 기능했다.

유토피아 사회주의자의 또 다른 공동부엌 사례는 샤를 푸리에(Charles Fourier, 1772~1837)의 계획에서 찾을 수 있다. 오웬의 공동체가 '새로운 도덕사회'를 표방했다면, 푸리에는 '새로운 산업사회', '새로운 성적사회'를 만들고자 했다.[57] 푸리에 추종자들은 오웬주의자보다 더 강경한 여성주의적 노선을 택했다. 만약 사회가 여성의 가사노동을 존중하지 않는다면, 남녀가 평등하거나 여성의 경제적 자립을 인정한 사회보다 훨씬 열등한 상태일 것이라 비판했다.[58] '여성해방의 정도는 한 사회의 일반적 해방을 보여줄 수 있는 척도와 같고 여성의 권리를 신장하는 것이 전체 사회를 진보시키는 근본적인 요인'이라 주장했다.

푸리에는 결혼이라는 사회적 제도가 남성에게 가족부양의 의무를 지게 하고, 자본가에게는 지속적인 이익을 보장하는 장치라 규정했다.[59] 당시의 결혼제도는 인간의 순수한 감정을 인정하지 않는다고 하며, 이를 '고립된 가정'으로 보았다. 그에 따르자면 행복한 산업사회 및 인간생활을

54) Dolores Hayden, 앞의 책, 1982, p.33
55) G.D.H.콜, 홍기빈 옮김, 앞의 책, 2017, p.153
56) Dolores Hayden, 앞의 책, 1982, p.33
57) Dolores Hayden, 앞의 책, 1982, p.35
58) Dolores Hayden, 앞의 책, 1982, p.35
59) 샤를 푸리에, 변기찬 옮김, 『사랑이 넘치는 신세계 외』, 책세상, 2007, pp.129-130

위해 가족과 주거에도 혁신이 필요했다. 푸리에에게 전형적인 '사적 주거'는 여성의 지위를 향상시키는 데 있어 가장 큰 방해요소였다. 산업노동자의 삶을 개선하기 위해 도시를 바꾸어야 했듯이, 여성의 권리 회복과 건강한 생활을 위해서는 주거 개혁도 필수적이었다.[60]

이러한 배경에서 푸리에는 자신의 이념을 실천할 공동체 주거로서 '팔랑스테르(phalanstère)'를 제안했다. 팔랑스테르는 단순히 여러 가족이 모여 사는 커다란 집이 아니라 도시와 농촌, 빈곤층과 부유층, 여성과 남성 사이의 갈등을 해결할 수 있는 일종의 건축적 발명품이었다. 푸리에주의자들에게 '단독 가계는 경제적으로 낭비이며, 인간 본성에도 신의 섭리에도 맞지 않는 악의 근원'으로 정의되었다. 주민 전체의 이익과 프라이버시를 동시에 향상시킬 수 있는 이상적 공동주거시설로 팔랑스테르를 꿈꾸었다.

"고립된 가계는 경제적 낭비이다. 이는 인간의 본성에도, 신의 섭리에도 맞지 않는 것이므로 사라져야만 한다. …… 우리가 고립된 가계를 악의 근원이라 부르는 것에 대해, 사람들은 가족간의 관계를 완전히 파괴시키려 한다고 성급한 결론을 내릴지도 모른다. …… 그러나 우리는 가정생활의 프라이버시를 모든 사람들에게 더 확장시킬 뿐만 아니라 더 신성시하는 것을 목표로 한다." (*Phalanx 1*, 8 February 1844, pp.317-319)[61]

푸리에는 사적 주거를 지양했으나 개별적 가족생활을 전부 부정한 것은 아니었다. 팔랑스테르에서 오직 공동생활만을 강요했다고 보기는 어렵다. 기본적으로 공동부엌, 세탁소, 빵집 등을 둔 기숙사와 아파트 형태를 제안했지만 개별 부엌을 갖춘 사적 주거공간을 제공받은 구성원도 있었다. 공동체만큼이나 개인적 공간의 필요성도 인정했으며, 다만 가계경제, 가사노동과 보육에 있어서는 공동수행이 바람직하다고 생각했던 것이다.

식사준비, 청소, 세탁, 가계유지, 자녀양육이 각각 특별히 고용된 공동체 구성원들에 의해 수행되었다는 점이 전통 가정생활과 큰 차이점이었

60) Dolores Hayden, 앞의 책, 1982, p.35
61) 루쓰 코완, 김성희 외 공역, 앞의 책, 1997, p.131에서 재인용

다.[62] 푸리에는 팔랑스테르의 모든 구성원이 하루 다섯 번의 식사를 즐기고, 가장 가난한 사람도 12종류의 스프와 빵과 포도주가 제공되는 공동의 식사생활을 보장받아야 한다고 생각했다.[63]

팔랑스테르 건립의 목적에서 집단 보육과 여성의 취업 향상은 큰 부분을 차지했다. 이 운동에 참여했던 유명인 중 한 사람인 막스 에지워스 라자러스(Marx Edgeworth Lazarus)가 "여성이 산업적으로 독립할 수 있다면 그녀가 평생을 한 남자의 자산에만 의존할 필요도 없다"라고 주장했던 것에서도 잘 드러난다.[64]

이후 그의 개념은 미국으로 넘어왔고, 미국의 푸리에 추종자들은 완벽한 팔랑스테르를 짓고자 했다. 1820년경 미국에서 시작된 약 15개의 공동체 건설 계획이 오웬의 영향을 받은 것이었다면, 1840년경부터 '팔랑세스(Phalanxes)'라 불렸던 30여 개의 조합 공동체는 대부분 푸리에의 영향에 따른 것으로 볼 수 있다. 메사추세츠의 록스버리 서쪽에 있었던 브룩 팜 공동체(Brook Farm community, 1841-1847)도 하나의 거대한 팔랑스테르 계획이었다. 조지 리플리(George Ripley)의 지휘에 따라 건설된 이 공동체 마을은 175에이커 면적의 농장을 갖춘 자급자족적 생활 형태를 목표했다. 그 외 공동생활이 가능한 기숙사와 작업장 등도 계획했었으나, 제대로 활용되기도 전에 큰 화재 피해를 입고 말았다.[65]

공동부엌이 팔랑스테르처럼 반드시 하나의 커다란 공동주거 계획에만 적용되었던 것은 아니었다. 조지 랩(George Rapp)이 주도한 '조화로운 사회(Harmony Society)'의 경우는 1805~1824년 펜실베이니아 이코노미에 세 개의 마을을 건설했다. 약 900명 가까이 거주했던 이 마을에는 작은 주거시설을 지원하는 각각의 부엌도 있었고, 기숙사용 대규모 공동부엌도 마련되었다.[66]

푸리에의 팔랑스테르를 전승한 것 중 가장 진보적 사례로 평가받는 것은 1859년 장 밥티스트 안드레 고댕(Jean-Baptiste André Godin, 1817~1888)

62) 루쓰 코완, 김성희 외 공역, 앞의 책, 1997, p.131
63) 박주원, 앞의 글, 2003, p.163
64) Dolores Hayden, 앞의 책, 1982, p.37
65) Dolores Hayden, 앞의 책, 1982, p.37
66) Dolores Hayden, 앞의 책, 1982, p.38

이 프랑스 기스(Guise)에 건설한 '파밀리스테르(The Familistère)'였다. 고댕은 1853년 푸리에의 제자였던 빅토르 콩시데랑(Victor Prosper Considérant, 1808~1893)과 함께 텍사스에서 팔랑스테르를 추진했다가 실패한 경험이 있었다.[67] 이후 고댕은 다시 프랑스로 돌아왔고, 몇 년 후 푸리에주의자인 빅토르 칼랑(Victor Calland, 1806~1865)과 함께 다시 팔랑스테르 건설을 논의하기 시작했다. 칼랑은 푸리에의 기획을 재발견한 인물로서, 1850년대 사회적 통합을 추진할 수 있는 새로운 주거를 만들고자 했다. 스스로 '가족궁전(Palais familial)'이라는 새로운 명칭을 붙이기도 하는 등 푸리에 이념의 실천에 열의를 보였다.[68] 칼랑이 생각한 팔랑스테르는 '노동자 가족을 위한 아파트 60가구'와 '여유있는 가족을 위한 24가구'를 포함한 총 84가구의 주택단지였다. 칼랑은 자신과 함께 가족궁전을 계획했던 알버트 르느와르와 기스를 방문하는 등 구체적인 작업을 추진하기도 했다.

그러나 최종적으로 기스에서 실현된 푸리에의 이상은 고댕의 계획안에 따랐다.[69] 고댕은 1858년에 토지를 취득하고 1859년부터 먼저 주거동 건설 계획을 실천에 옮겼다. 콩시데랑이 푸리에의 이론을 대중화시키는 데 공헌했다면, 고댕은 현실적인 건설사업을 추진한 인물이었다. 고댕은 자본과 노동의 결합을 추구한 주거 실험단지로서 파밀리스테르를 건설하기 시작했다.

기스의 파밀리스테르는 세 개의 주거동과 부속시설군으로 구성되었다. 주거동 중에서 119세대를 수용할 수 있는 좌측 건물이 1860년에 먼저 준공되었고, 1865년에는 350세대를 수용하는 중앙 건물, 1879년 89세대를 수용하는 마지막 우측 건물이 완공되었다. 1883년에는 그동안 늘어난 공장노동자와 가족들이 살 수 있는 별동의 주거동이 세워졌으며, 1862년부터 1870년까지 탁아소, 유치원, 베이커리 공장, 식료품점, 카페, 학교, 극장, 세탁장, 수영장 등의 부속시설도 마련되었다. 본래 수용인원은 약 1,800명에서 2,000명 정도로 계획되었는데, 1880년을 기준

67) 백승관, 「고댕의 파밀리스테르에 나타나는 건축적 특성에 관한 연구」, 『대한건축학회논문집 계획계』 28(4), 2012, p.6

68) 미셸 페로 편집, 전수연 옮김, 앞의 책, 2002, p.525

69) 백승관, 앞의 글, 2012, p.6

으로 1,770명이 거주했던 것으로 알려져 있다.[70]

파밀리스테르의 부엌은 '완전히 준비된 음식을 제공하는 요리 작업장'이었다.[71] 각 주거에는 개인 부엌도 있었지만, 기본적으로는 공동부엌과 식당, 카페, 보육시설 등을 앞세웠다. 그 외에 다양한 식료품과 생필품을 가장 낮은 가격으로 판매하는 소비조합도 운영했다. 공동부엌은 부속 건물에 마련되었으며, 식사는 가족 단위가 아니라 주민 모두가 함께 먹도록 계획했다.[72]

기스의 파밀리스테르는 세간의 관심을 끌었다. 고댕은 "가난한 가족을 편리한 거처에 자리 잡게 하는 것, 이곳에 부자들이 누리고 있는 온갖 방편과 이점을 마련해 주는 것, 이 거처를 조용하고 쾌적하며 쉴 수 있는 장소로 만드는 것, 부자들이 하인들에게서 받는 서비스를 공동체적인 제도에 의해 받게 하는 것"을 희망했다.[73] 페미니스트적 관점에서 보자면 이러한 공산주의적 운영은 가사노동을 사회화시키고 주부가 가정에 고립되는 상황을 해결하는 데 어느 정도 기여했다고 볼 수 있다.[74]

그러나 파밀리스테르가 모든 사람들의 공감을 얻을 수 있었던 것은 아니다. 자본주의적 보수주의자들이나, 심지어 같은 사회주의자들 중에서도 이러한 주거시설과 프로그램에 반대하는 이가 많았다. 1866년 쥘 무로(Jules Moureau)는 파밀리스테르의 주민이 주거에 대한 선택권도 없거니와 어머니로서의 양육권도 보호받지 못한다며 '단지 호기심 거리에 지나지 않으며, 일반화될 수 없는 주거형태'라 비판했다.[75] 파밀리스테르를 직접 방문했었던 에밀 졸라(Emile Zola)는 "유리의 집, 이웃의 의심, 고독의 부재, 자유의 부재. 하지만 모험과 위험에 대한 바람은? 자유롭고 모험에 가득한 인생에 대한 바람은? 모든 인생을 똑같은 틀에 넣지 말 것"이라는 평을 남겼다.[76] 공동의 생산, 공동의 소비, 공동의 생활이라는 이상은 높았지만, 기본적인 사적생활에 대한 개인의 희생이 없다면 이 또한 성립할 수 없다는 점을 지적한 공격이었다.

70) 백승관, 앞의 글, 2012, p.8
71) 미셸 페로 편집, 전수연 옮김, 앞의 책, 2002, p.529
72) 백승관, 앞의 글, 2012, p.7
73) 미셸 페로 편집, 전수연 옮김, 앞의 책, 2002, p.530
74) Dolores Hayden, 앞의 책, 1982, p.39
75) 미셸 페로 편집, 전수연 옮김, 앞의 책, 2002, p.530
76) 미셸 페로 편집, 전수연 옮김, 앞의 책, 2002, p.531

그림 1-17

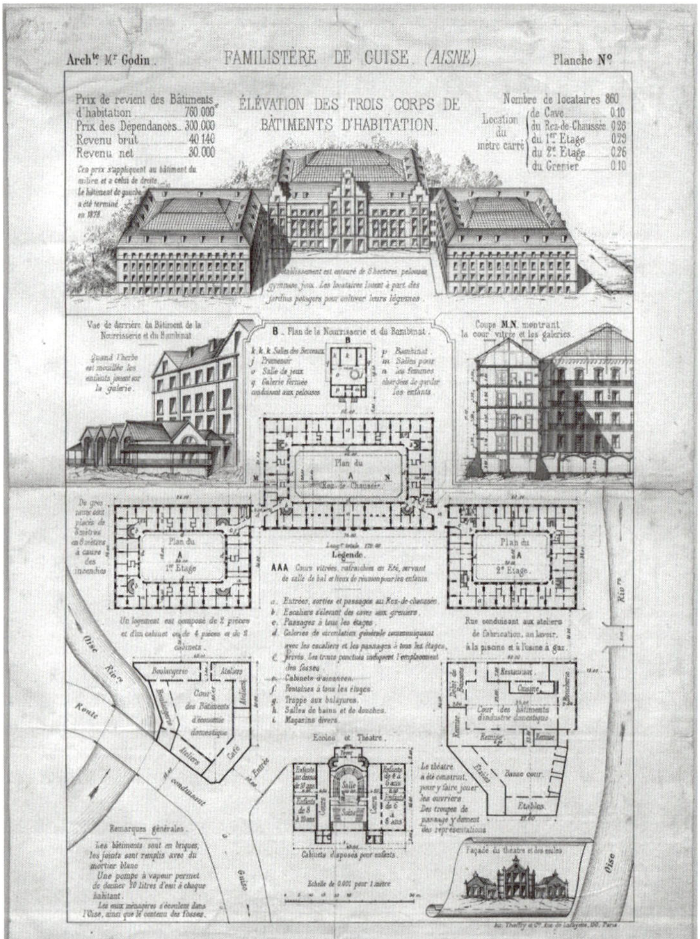

그림 1-18

그림 1-17. 고댕(Jean-Baptiste André Godin)이 1859년부터 건립한 프랑스 기스의 파밀리스테르

그림 1-18. 기스의 파밀리스테르의 전경과 평면도. 부엌은 오른쪽 부속동에 있으며 단지 규모에 비해 면적은 작은 편이었다.

실제로 1840년대 미국에서 다양하게 시도되었던 여타의 팔랑스테르 건설도 종국에는 실험에 그쳤다는 점에 주목할 필요가 있다. 팔랑스테르에 지분을 투자했던 많은 지식인들이 푸리에가 주장한 '즐거운 노동'을 실감하지 못했고 다시 투자금을 회수하는 등의 일이 벌어졌으며,[77] 푸리에가 꿈꾸었던 이상적 사회주의와 공동체 생활은 일정한 한계를 보였다. 푸리에의 팔랑스테르는 산업사회의 폐해에 대해 '자유로운 노동'을 해결책으로 제시했지만, 개인과 공동체의 완벽한 공존에 대해서는 보다 근본적인 성찰이 필요했다.

협동가사관리와 부엌없는 집

협동가사관리(Cooperative Housekeeping)는 1868년 멜루시나 페이 퍼스(Melusina Fay Peirce, 1836~1923)가 주창한 개념으로, 전형적인 가사수행과 주거형태를 비판하고 가사노동에 대한 정당한 보상을 요구했던 운동을 일컫는다. 퍼스는 가사노동을 직접 수행하는 것이 아닌 조합의 형태로 공동 운영하는 것이 바람직하다고 믿었다.

앞서 유토피아 사회주의자들의 사례가 급진적 개혁가들의 활동이었다면, 퍼스의 주장은 상당히 일반적인 중산층(혹은 상류층)이 이끄는 운동이었다.[78] 퍼스는 미국의 철학자이자 하버드 교수였던 찰스 샌더슨 퍼스의 아내였으며, 자신과 같은 캠브리지 교수 부인들과 조합을 만들어 이 개념을 실현시키고자 노력했다. 여성이 고립되는 방식의 가사노동은 부정했으나, 가정성을 거부한 것은 아니었다.

구체적인 운영방식은 12~50명 정도의 여성들이 가사노동 협동조직을 구성하고, 본부 건물에 요리, 재봉에 필요한 기계도 갖추어 놓고 조합을 유지해나가는 시스템이었다. 필요한 회비는 남편이 충당할 것을 요구했으며, 조합의 운영을 통해 얻은 여유만큼 여성이 자기계발 또는 자녀교육에 더욱 집중할 수 있기를 바랐다. 본부로 쓰일 건물을 임대하고, 1층

77) 박주원, 앞의 글, 2003, pp.163-164

78) 루쓰 코완, 김성희 외 공역, 앞의 책, 1997, p.132

에는 집계실, 판매실, 컨설팅 룸, 피팅룸, 2층에는 작업장, 3층은 덤웨이터를 갖춘 식당, 체육관, 독서실을 두는 등의 구상을 시작했다. 퍼스는 기본적으로 이 모든 시설이 잘 연결되어 있어야 하며 1, 2층에는 각각 드레싱룸, 라운지, 안락의자, 화장실을 갖추는 등, 위생적이고도 수준있는 건축물이 될 것을 주장했다.[79]

조합에서 일하는 노동자는 전직 하인 또는 기술자이며, 오네이다 공동체 구성원들이 입었던 유니폼과 유사한 복장을 갖춘다는 계획도 세웠다. 또한 이곳에서 일하는 여성 노동자가 모두 남성과 동등한 임금을 받아야 한다는 조건도 내세웠다. 이때 각 조합원의 개인 주거로 구상한 것이 '부엌없는 집(the kitchenless house)'이었다. 퍼스는 원만한 가족생활을 위해 특히 여성 건축가들이 부엌없는 집의 구상에 적극적으로 나서줄 것을 강조했다.[80]

그러나 그녀의 야심찬 계획과는 달리 협동가사관리 운영은 성공적이지 못했다. 이에 대한 여론도 그다지 좋지 않았다. 대다수의 자본주의자들은 이러한 조합 형태의 공동가사노동에 동의하지 않았다. 수익을 발생시키지 않는다는 이유였다. 특히 영역분리주의를 고수하는 보수적 계층은 협동가사관리를 일종의 페미니즘적 활동으로 간주했고, 퍼스의 주장에 극렬히 반대했다.[81] 1869년 12월에 운영회를 구성하고 본부 건물에 세탁소, 빵집 등의 조합 가게를 열었으나, 재정난으로 인해 1871년 문을 닫았다. 협동가사관리 본부의 부엌은 아예 열어보지도 못하고 폐쇄되었다.[82]

실패의 일차적 원인은 재정적 문제였다고 알려져 있지만, 퍼스의 실험을 분석한 루쓰 코완은 조합원의 내부 분규를 근본적 원인으로 지적했다. 협동가사관리의 조합비는 대부분 남편의 수입으로 충당하는 것이었는데, 이들은 외부인이 만들어주는 식사를 싫어했으며, 반대로 자신의 부인이 다른 가족의 식사를 만든다는 점도 탐탁히 여기지 않았다. 그들에

79) Dolores Hayden, 앞의 책, 1982, p.77
80) Dolores Hayden, 앞의 책, 1982, p.67
81) Dolores Hayden, 앞의 책, 1982, pp.88-89
82) Dolores Hayden, 앞의 책, 1982, p.81

게 부엌은 가족이 아닌 타인과 공유하기에 너무나 사적인 공간이었다.

"경제적인 문제는 단지 부분적인 것에 불과했다. 종종 몇몇 조합원들이 이탈하기도 했으며, 젊은 세대가 부모의 협동조합노선을 거부한 경우도 있었다. 비교적 온건한 조합원들도 모든 협동방식에 찬성한 것은 아니었다는 점도 실패의 원인일 수 있다. 예를 들어 어떤 남편은 자기 부인이 다른 여성의 남편을 위해 식사준비를 한다는 사실을 싫어했고, 요리사들이 서로의 식사준비 방식을 용납하지 않는 경우도 발생했다."[83]

비록 퍼스의 실험은 실패했지만, 이후 그는 이론가로서 미국뿐 아니라 영국, 독일에도 협동가사관리 개념을 전파했다. 1869년 영국 저널인 『코퍼레이터(The Cooperator)』에 기고했고, 1870년에는 런던과 에딘버러에서 『가정경제에서의 낭만(Romance in Domestic Economy)』라는 제목의 책을 출판했다.[84]

1870년대 중반 퍼스는 유럽을 여행하면서 영국협동운동(The British coopertative movement)의 리더인 토마스 휴와 E.O. 그리닝을 만나 런던의 협동조합 가게들을 방문했으며, 또 베를린의 저소득층을 위한 공공부엌(public kitchen)을 설립한 프라우 리나 모르겐스테른과도 교류했다. 다시 미국으로 돌아와서는 1880년 가을 일리노이 사회과학협회(Illinois Social Science Association)에 초대받아 『협동가사(Cooperative Housekeeping: How Not to Do It and How To Do It, A Study in Sociology)』란 제목으로 연설했고, 1884년에는 동명의 저서를 출간하기도 했다. 19세기 후반의 많은 사회개혁가들이 퍼스의 협동가사관리 개념에 관심을 보였다. 전형적인 가사노동 공간에 반대한 그의 파격적 개념은 전원도시론을 주창했던 에벤에젤 하워드의 주거계획에도 큰 영감을 주었다.[85]

83) 루쓰 코완, 김성희 외 공역, 앞의 책, 1997, pp.135-136

84) Dolores Hayden, 앞의 책, 1982, p.82

85) 에벤에젤 하워드는 퍼스 이후 협동가사개념의 노선을 지향했던 에드워드 벨라미, 마리 하우랜드와 같은 미국 개혁가들의 의견에 큰 관심을 보였다. 레이몬드 언윈, 베리 파커와 함께 '협동 쿼드앵글(Cooperative Quadrangle)'을 발표했고, 1909년에는 홈스가르스(Homesgarth)를 통해 '부엌없는 집'을 계획에 옮겼다. 1915~1924년에는 레치워스에서 '미도우 웨이 그린(Meadow Way Green)'을, 1922년에는 웰윈에 '구센 코트(Gussens Court)'를 건설했으며, 모두 '부엌없는 집'의 형태로 계획했다. 기본적으로 입주자의 사적생활은 충분히 보장하되, 식사는 중앙의 식당에서 하거나 개인 주거로 받을 수 있었다.(Dolores Hayden, 앞의 책, 1982, p.230-237)

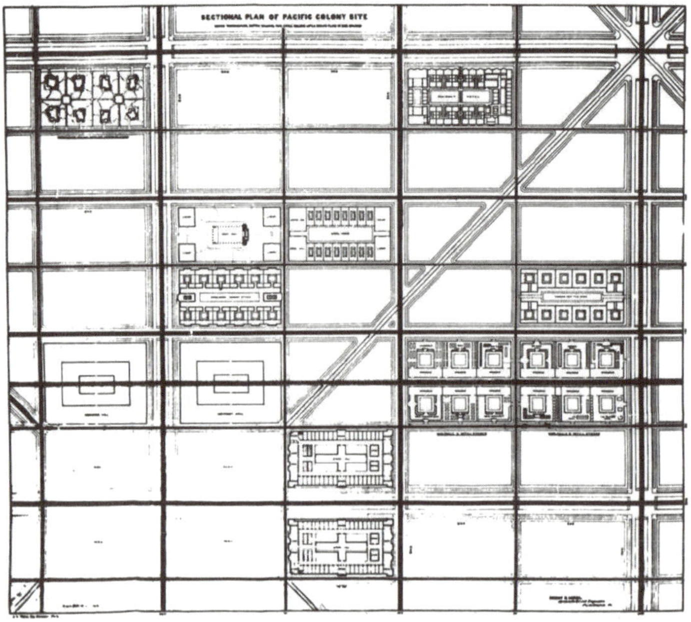

그림 1-19

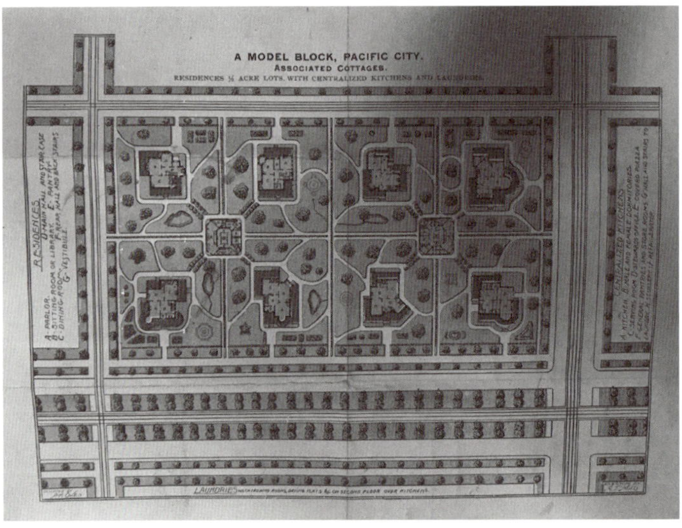

그림 1-20

그림 1-19. 하우랜드와 디리, 오웬이 설계한 1885년 토폴로밤포의 계획안 중 일부. 레지덴셜 호텔, 연립주택, 전원풍의 단독주택과 다양한 공동체 시설들이 집합되었다.

그림 1-20. 토폴로밤포 주거유형 중 전원풍의 단독주택 블록. 그림 1-19의 좌측 윗 블록에 해당한다. 단독주택 8채로 거대블록을 구성하고, 4개마다 공동가사 시설을 공유했다.

퍼스가 제안했던 '부엌없는 집'을 적용한 대표적 사례로 마리 하우랜드와 알버트 킴지 오웬의 '토폴로밤포 계획안'을 들 수 있다. 마리 하우랜드(Marie Stevens Howland, 1836~1921)는 1850년대 후반부터 급진적 푸리에리스트들과 조우하면서 단일 가계와 전통적인 성도덕에 반대하며 여성인권을 주장했던 페미니스트였다.[86] 공산주의적 사회주의 입장에서 모든 개별적 가정 활동을 거부하고 중앙 집중식 가사시설을 갖춘 주거계획을 발전시키고자 했다. 가사노동을 주부 한 명이 전담하지 않고 외부의 서비스 형태로 영위해야 한다는 주장에서 퍼스와의 유사성을 찾을 수 있다.

하우랜드는 1860년 기스의 파밀리스테르를 경험했던 것을 바탕으로 부엌없는 집의 실현에 나섰다. 프랑스에서 돌아온 이후 첫 번째 구상을 1874년 소설 『아빠의 사랑하는 딸(Papa's Own Girl)』을 통해 발표했는데, 때마침 멕시코 토폴로밤포(Topolobampo)에 협동주거를 계획하고 있었던 알버트 킴지 오웬(Albert Kimsey Owen, 1848~1916)이 이 소설에 등장하는 파밀리스테르에 큰 관심을 표했다. 1874년 알버트 오웬은 건축가 존 디리(John J. Deery)와 함께 공동작업을 제안했고, 하우랜드는 본격적인 구상에 착수했다.

토폴로밤포의 계획은 흡사 19세기 초 푸리에의 팔랑스테르를 19세기 후반의 미국 사회로 옮긴 것처럼 보였다. 전체적으로 격자 가로에 대각선 가로를 합친 블록 단위로 구성하고, 주거 타입은 세 개로 제안했다. 마치 수십 채의 레지던스 호텔과 안뜰(patio)을 가진 연립주택, 그리고 수백 채의 전원풍 단독주택이 결합된 도시계획과 같았다.

이 계획안에는 대규모 보육시설, 호수, 정원, 협동조합가게, 공장, 요양원, 도서관, 콘서트홀, 여가시설 등이 집결되어 있었다. 연립주택 블록에는 중앙정원, 공동의 응접실, 도서관, 부엌, 식당, 세탁소 등이 있었으며, 단독주택에서도 공동부엌, 세탁소, 베이커리, 시설관리자 사무실에 접근할 수 있도록 계획했다.[87] 기본적으로 개별적인 부엌은 두지 않고, 대

86) Dolores Hayden, 앞의 책, 1982, p.91

87) Dolores Hayden, "Two Utopian Feminist and Their Campaigns for Kitchenless Houses", *Signs*, Vol.4 No.2, 1978, pp.277-278

신 가사노동은 공동시설에서 분담하거나 철저하게 외부로부터 서비스 받는 형태인 '부엌없는 집'의 조합이었다.

그러나 불행하게도 하우랜드의 계획은 공동체 대다수 구성원들의 동의를 얻지 못했다. 또한 자유연애를 지지했다는 이유로 "문란한 여성(loose woman)"으로 낙인찍히기도 했다. 비록 하우랜드의 꿈은 실현되지 못했지만, 미국과 영국의 이상적 주거계획에 큰 영향을 미쳤다.[88]

이와 같은 개념을 도입한 또 다른 페미니스트는 샬롯 퍼킨스 길먼(Charlotte Perkins Gilman, 1860~1935)이었다. 길먼은 19세기 말에서 20세기 초 미국에서 '페미니즘'이라는 현상을 주도한 이론가이자 활동가로서 유명하다. 길먼은 성별역할분담이 가족생활의 불평등을 초래한다고 보았으며, 여성이 결혼과 동시에 남성의 경제력에 의존하게 된다는 점을 근본적 원인으로 지적했다. 여성의 경제적 독립 및 가사와 모성의 사회화라는 개념을 주장하면서, 여성의 참정권보다 '더 큰 페미니즘'을 촉구했다.[89]

길먼의 1898년 『여성과 경제학(Women and Economics)』은 남녀불평등의 근원을 경제적 불균형의 문제로 분석한 책이었다. 남성의 외부 활동과 재화 획득에 대해 여성이 훌륭한 지원군 역할을 담당하고 있음에도 불구하고, 그 경제적 가치를 인정하지 않는 사회적 부조리를 비판했다. 부자의 아내와 가난한 이의 아내라는 구분 없이 모두 집과 가족을 위해 일하는 만큼의 정당한 보상을 받아야 한다는 것이었다.[90] 책의 부제인 "사회진화의 요소로서 남녀 간의 경제적 관계에 대한 연구(A Study of the Economic Relation Between Men and Women as a Factor in Social Evolution)"가

88) 1888년 에드워드 벨라미(Edward Bellamy)는 『Looking Backward: 2000-1887』이라는 베스트셀러 소설을 발표했다. 이 소설은 2000년을 무대로 부엌없는 아파트와 단체에 의해 운영되는 공동부엌이 있는 이상적 도시에 관한 내용이었다. 많은 비평가들이 이 소설에서 하우랜드의 토폴로밤포 계획안과의 유사성을 언급했다. (Dolores Hayden, 앞의 글, 1978, p.280)

89) 1910년대 페미니즘이라는 신조어가 미국에 수용되었을 때, 길먼은 특히 스웨덴 페미니스트 엘렌 케이(Ellen Key, 1849-1925)와의 페미니즘 논쟁을 주도적으로 이끌면서 새로운 페미니스트로서의 면모를 선명하게 보여주었다. 길먼은 자신이 여성주의 페미니스트들과 근본적으로 다르다는 점을 강조했으며, 이러한 입장을 반영하는 뜻에서 스스로를 '페미니스트가 아닌 휴머니스트'라 칭하기도 했다. (김정화, 「샬럿 퍼킨스 길먼(1860-1935)의 '급진주의' 페미니즘 -여자만의 나라를 상상하다」, 『역사와경계』 104, pp.41-44, p.50)

90) Charlotte Perkins Gilman, *Women and Economics: A Study of the Economic Relation Between Men and Women as a Factor in Social Evolution,* G.P. Putnam's Son, 1908, pp.12-13 (Originally published in 1898)

말해 주듯이, 현재의 불공평한 남녀 경제활동 구도를 직시하면서 행복한 가정생활로 돌아갈 방법을 찾고자 했다.

길먼은 여성의 노동영역을 가정으로만 한정시키는 것은 사회적 낭비이며 진보 지향적 역사에도 어긋나는 방향이라 비판했다. 19세기 영역분리주의를 정면으로 반박했고, 궁극적으로 남성과 여성의 일을 내외로 구분하는 개념에 반대했다. 길먼은 '부엌없는 가정(kitchenless home)'을 통해 여성의 삶이 더욱 윤택해질 수 있다고 보았다.

"집에서 부엌을 없애고 어떤 형태로든 바꿀 수 있도록 남겨둬라. 그 자리가 항상 '살림살이'로 가득차야 하는 것도 아니다. 이러한 생활을 유지한다면 개인의 인격과 취향을 이전과 다른 수준으로까지 꽃 피울 수 있을 것이다. 각 가정은 마침내 진정한 자신들만의 개성을 표현할 수 있을 것이며, 결혼이란 관계를 통해 맺어진 이들도 더 이상 외부적 시스템에 구속받지 않고 매일 섬세하고도 새로운 애정을 쌓아갈 수 있을 것이다. 평생의 자유로움과 자기존중, 한 가정의 평화가 지속되는 데에 많은 도움이 될 것이며, 나아가 사회관계를 강화시키고 확장시킬 수 있다."[91]

길먼은 남성에게 집이 그러하듯, 여성에게도 집이 휴식의 장소가 되어야 한다고 생각했다. 여성의 완전한 경제적 독립이 스스로 여성 자신을 위한 길이 될 뿐 아니라, 한 가정의 어머니로서도 바람직한 방향이라는 것이다. "만약 한 가정의 어머니가 경제적으로 자유로워질 수 있다면, 가정의 하인이 아니라 세계의 훌륭한 일꾼이 될 것이며, 아이들에게도 훨씬 더 중요한 존재가 될 수 있다"[92]고 말한 바와 같이, 여성의 경제활동은 궁극적으로 행복한 어머니, 평화로운 가정에도 도움이 되는 길이었다.

이를 위해 가사노동은 항목별로 전문화된 인력이 담당할 것을 제안했다. 주부 한 사람이 모든 가사노동을 담당하는 것보다 잘할 수 있는 한 가지 일에 집중하는 편이 유익하다고 본 것이다. 하루 중 가사노동에 투입되는 비중을 줄일 수 있다면, 가정을 위한 시간으로 더욱 건전하게 쓰일 수 있다는 설명이었다.

91) Charlotte Perkins Gilman, 앞의 책, 1908, p.299
92) Charlotte Perkins Gilman, 앞의 책, 1908, p.269

여성이라고 하여 요리, 청소, 바느질 등 모든 가사노동에 전문적인 것은 아니라는 주장은 충분히 설득력이 있었다. 가사노동의 각 분야 전문가를 찾아 '분업화(Division)'하고 '특성화(Specialization)'시키는 것이야말로 진짜 시간과 비용을 절약하는 방편임을 강조했다.

길먼은 집집마다 부엌을 두지 않는 대신 식사를 배달받을 수도 있다는 생각을 보여주었다. 음식 만드는 일에 각자의 시간을 허비하지 않고, 전문화된 서비스를 이용하는 것이 더욱 음식의 질을 향상시키고 비용 절감의 효과도 있다고 본 것이다. 또한 부엌과 고용인을 집 안에 두는 것보다 외부 서비스를 받는 편이 가족의 사생활 보호에도 유리하다고 판단했다.[93] 교외 주택을 몇 개 단위로 묶어 서비스를 시행하는 방식을 생각했는데, 공동식당도 두어서 집에서 복도로 연결된다는 계획도 제시했다.[94] 하지만 스스로 인정한 바와 같이, 이 책에 등장하는 '부엌없는 가정'은 구체성이 부족한 개념적 구상이었다.[95]

"만약 우리 대도시 중에서 어디든 전문직 여성들을 위한 안락한 아파트가 들어선다면, 그곳에는 당장이라도 사람들로 가득찰 것이다. 그 아파트에는 부엌이 없을 것이다. 그 대신 각자의 방이나 공동식당에서 먹을 수 있도록, 음식을 만드는 별도의 부엌이 마련된다. 이 아파트 안에서는 가족이 개별적으로 고용한 사람 대신 효율적으로 일하는 일꾼이 청소를 담당할 것이며, 탁아소, 유치원, 옥상정원에서 전문 간호사와 훌륭한 교사가 아이들을 성실히 보살필 것이다. 이러한 시설에 대한 수요가 매일 증가하고 있다는 점을 감안한다면, 하숙집, 숙박소, 호텔, 식당 같은 임시적 시설보다 지속적으로 여성들에게 서비스를 제공할 수 있는 방편을 찾아야 한다. 이것은 사업적 차원에서 검토되어야 할 것이며, 이미 사회적으로 그 필요성이 증가하고 있다."[96]

길먼이 자신의 아이디어를 본격적으로 전개한 것은 그로부터 몇 년 뒤 출간한 소설을 통해서였다. 1909~1910년의 연재소설, 『다이앤서가 한 일(What Diantha Did)』에서는 전작에서 주장한 음식 배달 서비스와 공동

93) Charlotte Perkins Gilman, 앞의 책, 1908, p.242

94) Charlotte Perkins Gilman, 앞의 책, 1908, p.255

95) "이렇듯 유용하고 쾌적한 방법을 비록 정확한 형태로 증명할 수는 없지만, 나날이 증가하는 사회적 요구를 고려한다면 가정에 필요한 산업과 적절한 기계가 등장할 것이다."(Charlotte Perkins Gilman, 앞의 책, 1908, p.243)

96) Charlotte Perkins Gilman, 앞의 책, 1908, p.242

식사공간에 대한 구체적 설명을 찾아볼 수 있다. 비록 소설을 통한 주장이었지만, 오히려 이야기의 특성을 빌려 더욱 적극적인 가능성을 펼칠 수 있는 기회가 되었다.

『다이앤서가 한 일』에서 길먼은 캘리포니아 어느 마을의 여성 사업가 다이앤서 벨(Diantha Bell)을 등장시켰는데, 그는 레스토랑, 케이터링, 각종 가사 지원 서비스를 운영하고자 했다. 그리고 다이앤서의 재정적 지원자인 비바(Viva)는 건축가 이사벨(Isabel)과 함께 다이앤서의 사업에 맞는 완벽한 환경으로써 숙소형 호텔과 스무 개의 '부엌없는 집'을 제안하게 된다. 호텔 델 라스 카사스(Hotel del las Casas)라는 레지덴셜 호텔에는 아름다운 정원, 당구장, 카드방, 독서실, 휴게실, 댄스룸 등도 마련되었다. 식사는 언제든 집으로 주문할 수 있었으며, 원한다면 레스토랑에서 함께 먹을 수 있는 구성도 생각했다.

『다이앤서가 한 일』에 등장하는 가사노동의 수행방식은 퍼스의 협동가사관리 개념과 유사했지만 한편 또 달랐다. 퍼스가 부엌 서비스를 조합을 통해 직접 운영하는 것을 제안했다면, 길먼은 퍼스의 협동가사관리가 전적으로 실패했다고 생각했다.[97] 기본적으로 주부 한 명이 가사노동을 홀로 담당하지 않는다는 입장은 같았지만, 길먼은 주부들이 직접 조합을 운영하는 것보다 모두 전문가에게 맡겨 철저하게 사업화할 것을 주장했다. 이를 가리켜 그는 "가사 산업의 사회화(Socializing the Household Industries)"이라 명명했다.[98]

또 하나의 '부엌없는 집' 사례로서 1915년 앨리스 오스틴(Alice Constance Austin, 1862~1955)의 '라노 델 리오 계획안(Llano del Rio Project)'[99]을 들 수 있다. 앨리스 오스틴은 에벤에젤 하워드와 샬롯 퍼킨스 길먼의 개념에 깊게 공감했던 인물이었으며, 미국에서 활동했던 유토피아 사회주의자들의 공동체 주거와 같은 프로그램을 실현하고자 했다.[100]

97) Dolores Hayden, 앞의 책, 1982, p.188

98) Charlotte Perkins Gilman, 앞의 책, 1908, pp.243-247

99) 로스엔젤레스의 변호사이자 사회당 멤버였던 잡 해리먼(Job Harriman)은 1911년 시장 선거에서 낙선한 이후, 그를 따랐던 지지자들과 노동자, 농부, 소상공인들과 함께 로스앤젤레스의 앤텔롭 계곡 근처에 공동체 주거 건설을 추진했다. 라노 델 리오 공동체 단지는 1914년 5월 1일에 정식 출범하여, 호텔, 식당, 교회, 학교 등을 포함한 공동체 주거를 운용했으나 자금과 수도공급부족으로 인해 1918년 폐쇄되었다. 해리먼은 앨리스 오스틴을 초청하여 사회주의 공동체 건설에 대한 이상을 공유했으며, 1915년경부터 오스틴도 합류하여 페미니스트적 관점과 사회주의적 이상도시를 담은 주거계획을 추진했지만 실현되지 못했다.(Dolores Hayden, 앞의 글, 1978, pp.274-290)

100) Dolores Hayden, 앞의 책, 1982, p.242

그림 1-21

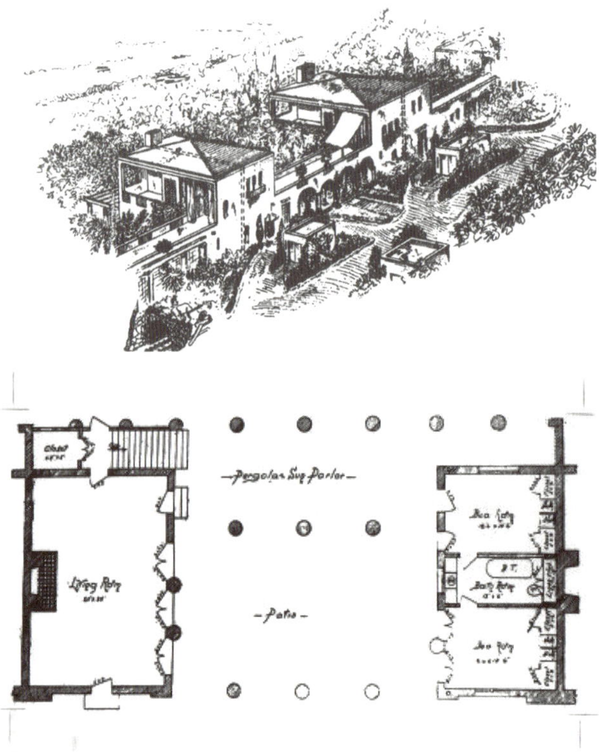

그림 1-22

그림 1-21. 1916년 '라노 델 리오' 모형과 계획안을 설명하고 있는 앨리스 오스틴
그림 1-22. '라노 델 리오'에 계획했던 '부엌없는 집'의 전경(위)과 주택 사례(아래)

라노 델 리오는 중정식 주택이 모인 연립주택단지 계획이었다. 규칙적인 열을 이루는 배치였는데, 공동체의 결속력을 표현하는 방법이자 모든 집으로 평등하게 접근할 수 있다는 의도를 강조한 것이기도 했다. 각각의 부엌없는 집은 지하 터널과 같은 네트워크를 따라 중앙 부엌과 연결되어 있었다. 매끼 따뜻한 식사를 중앙 부엌에서 만들고, 각각 컨테이너에 담아 식사용 안뜰(dining patio)로 배달하고 식사가 끝나면 빈 그릇을 수거해가는 시스템을 제안했다.[101] 각 주호에서 공동부엌으로의 접근이 용이해야 한다는 점은 앞서 마리 하우랜드의 계획과도 유사하다. 그러나 식사 배달 서비스 같은 가사노동의 사회화 방침은 분명히 길먼의 영향이었다.

또한 주거 단지의 중앙에 공동부엌과 돌봄센터를 배치했었는데, 이 시설들은 경우에 따라 테니스장이나 수영장, 사우나, 리크리에이션 공간 등으로 활용될 수 있다고도 제안했다.[102] 입주 대상으로 한부모 가정, 맞벌이, 노인가구 등을 상정했던 것을 보면, 당시 개념으로 보편적인 가정에 걸맞지 않은 구성원을 설정했다는 점도 특징적이었다.

비록 라노 델 리오가 그의 계획안대로 실현되었던 것은 아니었지만, 그 경험을 통해 자신의 이념을 담은 이상도시 연구를 계속했다. 1935년의 저서 『그다음 단계(The Next Step: How to Plan for Beauty, Comfort, and Peace with Great Savings Effected by the Reduction of Waste)』를 통해 신념을 이어나가고자 했다.

앨리스 오스틴은 건축가, 페미니스트, 사회주의자로서, 여성들만 수행하는 가사노동과 이를 뒷받침하듯 존재하는 전형적인 주택 형태를 비판했다. 당시와 같은 구조라면 그 안에서 주부는 '1년 동안 1,095회의 식사를 준비하고 청소해야 하며, 그만큼의 돈과 시간, 에너지가 낭비된다'고 주장했다. 그의 표현을 빌자면 전통적인 부엌이란 '혐오스러울 정도의 단조로운 집안일이 발생하는 장소'에 불과했다.[103]

101) Dolores Hayden, 앞의 글, 1978, pp.286
102) Dolores Hayden, 앞의 글, 1978, pp.289
103) Dolores Hayden, 앞의 글, 1978, pp.286

근대적 가족과 사적 부엌

19세기를 전후로 본 새로운 부엌 논의는 '가사노동과 가정성의 충돌'로 거슬러 올라간다. 전통부엌과는 다른 사용방식이나 운영시스템을 고민했던 양상에서도 알 수 있듯이, 근대부엌의 출현은 '부엌을 담당하는 이가 누구인가'에 대한 고민에서 출발했다. 근대기의 부엌은 위생 차원을 넘어 가족의 문제로 더욱 중요했다. 부엌은 여성과 가정의 관계를 풀 수 있는 상징적 공간으로 상정되었다. 19세기 후반부터 20세기 초 사이에 등장했던 새로운 부엌에 대한 실험은 크게 네 가지 관점으로 정리할 수 있다.

첫 번째는 '가사노동의 가치화'였다. 캐서린 비처의 주장으로 대표되며, 가성의 중요성을 강조하고 가사에 대한 여성의 전문성을 부각시키는 방법으로 사회적·심리적인 가치화를 추구했다. 여성에게 주어진 근대적 가사노동이라는 임무를 직시하고 책임감을 가진다면, 어머니로서의 지위를 확보하고 궁극적으로 가정의 행복을 영위할 수 있다는 믿음이었다. 이를 보장하기 위해 부엌은 지하층 하인의 영역에서 지상층 주부의 영역으로 올라왔고, 밝고 깨끗하며 편리한 부엌이라는 차별성을 내세웠다. 캐서린 비처의 부엌은 가족의 건강과 가정의 행복을 지탱해주는 공간으로의 재편을 의미했으며, 철저히 한 가족을 위한 '사적 부엌'을 추구했다.

두 번째는 가사노동의 공동수행이었다. 전통적 가족제도를 떠나게 되면서 누군가 가사노동을 맡아야 할 필요성은 인정했으나 그것이 반드시 개별적 가정이라는 테두리 안에서 발생한다고는 보지 않았다. 앞서 살폈던 종교적 공동체나 유토피아 사회주의자와 같은 공동체 주거생활을 말하며, 그 속에서 공동부엌과 공동식당이라는 새로운 운영방식이 등장했다. 가사노동을 공동으로 해결할 때 노동의 질은 높이고 한 사람이 감당해야 할 일의 양은 줄일 수 있다는 논리를 표방했다. 음식을 만들고 식사를 하는 것도 모두 함께 이루어지는 편이 경제적으로도 합리적이라 생각했으며, 개별적 가계활동이 아닌 공동체 경제생활하에서만 가능한 생활이었다.

다만 그중에서도 서로 차이가 있어, 공산주의적 종교 공동체보다는 유토피아 사회주의자들의 공동부엌에서 훨씬 여성주의적 관점을 읽을 수 있다. 푸리에, 오웬과 같은 초기 사회주의자들은 자본주의 산업화의 비인간성과 빈부격차를 비판하고 이를 해결할 수 있는 유토피아를 꿈꾸었으며, 근대적 핵가족제를 지양했다. 이는 이후 마르크스주의에도 영향을 미쳤다. 엥겔스는 여성이 남성에게 종속되는 가족형태가 자본주의적 계급사회의 산물이라 주장했으며, 자본주의를 철폐하여 여성 억압을 끝낼 수 있다는 전망을 제시하기도 했다.[104]

그러나 이들 공동체는 산업화나 도시 발달과 속도를 맞추지 못했고, 이상사회를 쫓아 현실을 떠나야 한다는 가정을 배제하지 못했다. 푸리에의 팔랑스테르도 처음부터 도심과 단절된 전원에 세워질 수밖에 없었다. 외부인들의 방문이 금지된 것은 아니었지만 언제나 개방된 시설도 아니었다. 특정 종교나 굳은 사회적 신념으로 뭉쳐 살아가는 경우가 아니라면 공동체 주거도 공동부엌도 완벽할 수 없었다. 유토피아 사회주의자들의 이상이 자본주의적 현실을 넘어설 수 없었던 이유와 같다.

기스의 파밀리스테르를 방문했던 에밀 졸라의 평가에서도 짐작할 수 있듯이, 공동체 생활은 모든 구성원의 생활방식을 충족시키지 못했다. 특히 음식과 관련한 생활은 가장 사적인 욕구 중의 하나로, 이론만큼 간단히 표준화하거나 일반화시키기 어려웠음이 분명하다. 공동부엌을 통해 가사노동의 양은 감소시킬 수 있었다 하더라도 이것이 곧 이상적 부엌으로 자리잡기는 불가능했다. 19세기 공동부엌은 특수한 이념을 공유한 집단생활에 국한된 사례였다는 점을 부인할 수 없다.

세 번째, 가정성의 중요성은 인정하되 육체적인 가사노동은 거부했던 사례이다. 행복한 가정을 위한 여성들의 노력은 필요하지만 육체적 가사노동까지 같은 범주로 포함시키지 않는 관점에 입각했다. 멜루시나 페이 퍼스의 '협동가사관리'처럼 주부들의 조합을 이루어 식사, 빨래, 세탁 등의 가사노동에 전문적인 인력을 운용하려 했던 노력을 말한다. 이

104) 콜론타이·체트킨·레닌·트론츠키, 정진히 엮음, 『마르크스주의자들의 여성해방론』, 책갈피, 2015, pp.14-17

를 통해 주부들이 하루 중 육체적 가사노동에 들이는 시간을 줄일 수 있다면, 어머니와 아내로서 소양을 갖추기에 더 유리할 것이며 가정을 위해서도 바람직한 길이라 생각했다. 앞서 비처의 주장과 비교하면 '가사노동의 전문성'이라는 공통점도 발견할 수 있다. 그러나 캐서린 비처는 주부의 직접적 수행 능력을 강조했던 반면, 퍼스는 고용인을 두고 가사노동을 운용할 전문성을 표방했다. 무엇보다 사적 부엌의 필요성에 대한 입장 차이가 컸다.

네 번째는 19세기 영역분리주의를 반대했던 관점이었다. 전형적인 가족 유형과 가정성이 만든 여성상에 반발한 페미니스트들이 탐구했던 '부엌 없는 집'을 말한다. '부엌없는 집'은 퍼스의 협동가사관리에서 먼저 주창되었지만, 이후 페미니스트들의 이상적 주거계획에서 더욱 자주 등장했다. 기본적으로 여성을 가정의 영역에 가두는 것부터 여러 가지 불평등과 불행을 초래한다고 보았으며, 부엌이 바로 그 공간적 매개체가 된다고 간주했기 때문이다. 퍼스의 협동가사관리 개념이 조합으로 운영되는 가사노동을 생각했다면, 길먼의 경우는 산업으로 발전시킬 수 있는 '가사노동의 사회화'를 주창했다는 차이가 있다.

그러나 '부엌없는 집'은 실현되지 못했다. 가사시설을 조합단위로 공동 운영하거나 사업화한 서비스로 이용할 수 있다는 제안은 상당히 진보적이었지만, 현실성이 부족했다. 구체적인 사업의 방식까지 피력했던 길먼의 구상도 언제나 소설 속에서만 가능했다.

공동부엌과 부엌없는 집은 시간과 비용 등을 절약할 수 있는 경제적·논리적 합리성을 내세웠으나, 식사를 조건 없이 공유하는 것에 대한 심리적 불편함을 간과했다. 산업사회를 지탱하는 가정성의 이데올로기가 작용하는 한, 가족의 범위를 벗어난 식사방식은 평범한 생활로 인식되기 어려웠다. 근대 산업사회는 자본주의적 가족제도와의 공생관계 속에 발전해왔고, 새로운 부엌을 만들자는 사회적 공감대는 언제나 '가족을 위한다'는 암묵적 구호 속에 성립했다. '가족의 부엌'이란 가족이 공동으로 일하는 부엌이었다기보다 '타인의 손을 빌리지 않는 사적인 부엌'을 의미했다.

과학적 관리법과 효율성

과학적 관리법(Scientific Management)은 20세기 초 미국을 중심으로 국제적인 영향을 미쳤던 산업공학이자 경영이론이었다. 이 분야에서 가장 유명한 프레데릭 윈슬로 테일러(Frederick Winslow Taylor, 1856~1915)의 이름에 따라 테일러리즘(Taylorism), 혹은 테일러 시스템(Taylor system)이라는 명칭이 일반적이기도 하지만 테일러 자신은 '과학적 관리법'이란 용어를 더욱 선호했다.[105]

과학적 관리법의 등장은 19세기 말 미국 자본주의 산업사회로 거슬러 올라간다. 1870년대 중엽부터 1890년대 중엽까지 미국 사회는 물가하락과 낮은 성장률의 불황을 겪었고, 이에 대응하기 위한 미국 기업들은 기업집중을 통해 기업 간 경쟁을 통제하고 생산비의 절감과 생산성 제고를 통한 이윤증대 등을 전략으로 내세우기 시작했다.[106] 기업이 거대해짐에 따라 경영자와 노동자의 역할 구분이 뚜렷해졌으며, 거대 기업에 맞는 새로운 경영방식도 필요했다.[107] 생산과정을 조정하는 임무는 주로 기계기사들이 담당했는데, 이들은 1880년 미국기계기사협회(American Society of Mechanical Engineers)를 설립하여 '체계적 관리운동(Systematic management movement)'을 전개했다.[108] 이러한 움직임의 일환으로 등장한 것이 과학적 관리법이었으며, 처음에는 '성과급제(piece rate system)'나 '과업제도(task system)'등으로 불리다가 1910년의 동부철도회사의 운임인상 사건을 계기로 '과학적 관리'라는 용어로 정착되기 시작했다.[109]

당시 관행적으로 이어져 내려오던 노동자의 태업(怠業)을 근절하고 생산성을 높이기 위해, 경영진은 노동자를 파악하고 적극적으로 관리할 방

105) 송성수, 「테일러리즘의 형성과정에 있어서 기술의 위치」, 『한국과학사학회지』 16(1), 1994, p.67
106) 송성수, 「테일러리즘의 형성과정, 1878-1901」, 『한국과학사학회지』 15(1), 1993, p.116
107) 김석회, 「테일러의 관리이론에 관한 소고」, 『사회과학연구』 1, 1985, p.50~55
108) 송성수, 앞의 글, 1993, pp.116-117
109) 송성수, 앞의 글, 1994, p.67

법이 필요했다. 이에 대해 테일러는 철강회사의 직공장으로 직접 일했던 경험을 바탕으로 노동의 과학적 관리와 생산성 증대와의 관계를 주장했다.[110] 테일러는 1904년부터 다수의 논문을 발표하기 시작했으며, 이를 정리하여 1911년 『과학적 관리법의 원칙(The Principles of Scientific Management)』을 출간했다. 생산에 필요한 작업형태와 필요시간 등을 분석하고 단위시간 안에 최대의 생산량을 얻을 수 있다는 방법과, 노동의 양과 질을 측정하는 것뿐만 아니라 성과급과 같은 광범위한 관리법도 포함했다.[111] 숙련공과 비숙련공을 구분하여 적재적소에 배치하는 방식이나 작업을 도와줄 수 있는 기계의 투입 등, 노동의 양과 시간을 구분하고 통제하는 방법론도 다루었다. 과학적 관리법, 혹은 과학적 경영에서는 노동의 표준화 및 기능화가 중요했으며, 이는 곧 대량생산 체제의 기본으로 자리매김했다.

테일러 외에도 20세기 초 과학적 관리법에 동참한 인물로서 헨리 간트(Henry L. Gantt), 길브레스 부부(Frank B. and Lillian Gilbreth), 해링턴 에머슨(Harrington Emerson) 등 동시대 여러 전문가가 있었다. 특히 길브레스 부부의 경우 '동작연구(Motion Study)'에 업적을 남긴 것으로 유명하다. 노동자의 동작과 동선을 과학적으로 수치화하고 분석함으로써 어떤 직종에서든지 노동을 조정하고 효율화할 수 있다고 주장했다.

"동작연구란, 불필요하거나 제대로 지도받지도 못했거나 비효율적인 동작에서 야기되는 낭비들을 제거하는 과학이다. 동작연구의 목적은 노동에 있어서 낭비를 최소화하기 위한 체계를 발견하고 영구화시키는 데 있다. 동작연구를 통해 우리는 여러 직종의 개혁을 이룰 수 있었다. 동작연구의 원칙들을 적용함으로써 모든 기술과 상업에서 생산량은 두 배로 증가할 수 있었다."[112]

110) "테일러는 철강회사인 미드베일社의 노동자로 시작하여 사무원, 기계공을 거쳐 1878년 말에는 선반조 조장이 되었다. 노동자들의 생산고가 가능한 산출의 1/3에 불과하다고 판단했던 그는 노동자들에게 더욱 열심히 일할 것을 요구했으나 전혀 반응을 보이지 않았다. 그 후 테일러는 생산고를 제한했던 노동자들을 해고시키거나 임금을 삭감하는 등의 방법도 써보았지만, 노동자들은 기계를 파손하는 것으로 대응했다. 2년간의 대립 끝에 결과적으로는 테일러가 승리했으나, 이 일은 후에 과학적 관리라는 제도 없이는 생산량을 증대시키는 것이 불가능하다는 것을 깨닫게 되는 큰 계기가 되었다." (송성수, 앞의 글, 1994, p.74)

111) 크게 ①저능률의 원인과 개선책, ②전문화, ③근무분석과 최적방법의 대체, ④과업과 작업방법의 규정, ⑤유인(誘因)의 제도, ⑥작업의 개인화, ⑦작업원의 동기부여, ⑧종업원의 능력, ⑨노조에 대한 이해, ⑩종업원에 대한 태도, 등의 내용을 다루었다. 과업은 하루의 공정한 작업(a fair day's work)을 뜻하며, 이를 설정하기 위하여 기계장치와 작업에 관한 시간연구(time study)를 수행했다. (송성수, 앞의 글, 1993, p.117)

테일러의 '시간연구(Time Study)'도 이와 비슷한 개념이었지만, 길브레스 부부의 동작연구는 훨씬 정교한 분석법을 추구했다. 일명 크로노포토그래피(Chronophotography)라 불리는 사진 기법을 이용한 것으로, 사람의 몸에 전구를 붙여 작업 행로를 일련의 사진으로 기록하고 분석하는 방법이었다.[113] 대표적으로 1916년 저서 『피로연구(Fatigue Study)』을 들 수 있는데, 길브레스 부부는 생체구조, 습관, 생활양식 등 15개의 노동자변수, 의복, 조명, 난방 등 14개의 환경변수, 길이, 방향, 가속 등 13개의 동작변수를 제시했다.

과학적 관리법의 파급력은 20세기 초의 미국 산업계는 물론 광범위한 분야로 확산되었다. 이 방법론을 생산현장에 적용한 대표적 사례가 '포드주의(Fordism)'라고도 불리는 포드사(社)의 생산시스템이다. 건축분야도 예외가 아니어서, 대표적 예로 프랭크 로이드 라이트의 실험적인 프리패브리케이션 주택 사업을 들 수 있다. 라이트는 1911년부터 공장에서 미리 제작한 표준화 부재로 주택을 조립하는 시스템을 고안했으며, 수백 개의 계획안을 모아 1917년 『미국의 시스템 건설 주택(American system-built houses)』이라는 책으로 내놓기도 했다. 그러나 대대적인 사업 마케팅에도 불구하고 1910년대 미국 주택시장에서 이러한 주택 사업은 크게 관심을 끌지 못했다.[114]

과학적 관리법의 건축적 적용에 대해서는 오히려 유럽의 모더니즘 건축가들이 더욱 적극적인 반응을 보였다. 르 코르뷔지에는 1917년에 테일러의 『과학적 관리법의 원칙』을 접했으며 그의 이론에 큰 공감을 표했다.[115] 처음에는 "미래로 가기 위해 소름 끼치지만 피할 수 없는 길" 정도의 애매한 입장을 취했지만, 이윽고 과학적 관리법이야말로 건축에 새로운 기술을 적용하고 체계적인 시장을 열 수 있는 길이라 깨달았다

112) Frank Gilbreth, *Primer of Scientific Management,* D. Van Nostrand Company, 1914, p.8

113) 송성수, 「역사속의 여성 엔지니어를 찾아서: 릴리언 길브레스의 사례」, 『공학교육연구』 17(3), 2014, p.72

114) 이러한 개념은 1920년대 후반에 이르러서야 프랑크푸르트와 같은 주거개념의 주요한 잣대로서 유럽의 디자인에서 재부상하게 되었다. (Juliet Kinchin & Aidan O'Connor, 앞의 책, 2011, p.6)

115) 테일러리즘이 유럽의 모더니즘 건축에 미친 영향에 대해서는 다음의 논문을 참고할 수 있다. Mauro F. Guillén, "Scientific Management's Lost Aesthestic Architecture, Organization, and the Taylorized Beauty of the Mechanical", *Administrative Science Quaterly,* Vol 42 No.4,1997, pp.682-715

그림 1-23

그림 1-24

그림 1-23. 프레데릭 테일러와 『과학적 관리법의 원칙(The Principles of Scientific Management)』 1911년 첫 출판되었으며, 오른쪽 사진은 1919년판 표지이다.

그림 1-24. 컨베이어 벨트를 이용한 포드(Ford)의 자동차 조립 공정(1928)

고 전해진다.116

과학적 관리법이 20세기 초 근대사회에 남긴 가장 큰 파급력은 '효율성(Efficiency)'의 전파였다. 효율성은 노동 투입 대비 생산성을 판단하는 데 있어 가장 명확한 기준으로 환영받았으며, 모든 종류의 생산성 향상을 위한 수단이자 목표가 되었다. 전통사회에는 없었던 '시간'의 가치가 부상하는 순간이었다.

가사노동의 과학적 관리

과학적 관리법을 일상생활과 주거공간에 도입할 수 있다는 생각은 20세기 초 미국의 가정학자들에 의해 먼저 포착되었다. 1910년대 초중반부터 '가사노동의 과학적 관리', '가사공학', '가정에서의 효율성'과 같은 주제가 잡지와 책 등에 등장하는 것을 볼 수 있다. 대표적 사례로 크리스틴 프레데릭(Christine Frederick, 1883~1970)의 『가사공학: 가정에서의 과학적 관리(Household Engineering: Scientific management in the home, 1915)』, 매리 패티슨의 『가정 경영 사업: 가정공학의 원리 (The Business of Home Management: The Principles of Domestic Engineering, 1915)』, 조지 보인튼 차일드의 『효율적 부엌: 근대적 노동 절약형 부엌의 계획, 배치, 장비에 관한 명확한 방향(The Efficient Kitchen: Definite Directions For the Planning, Arranging and Equipping of the Modern Labor-Saving Kitchen, 1914)』 등을 들 수 있다.

부엌은 근대적 효율성을 가정의 영역에서 공간화하기에 최적의 대상이었다. 캐서린 비처가 가사노동의 전문성을 주장했던 것에서 발전하여, 후대의 가정학자들은 과학적 관리라는 시대적 과제를 부엌을 통해 구현하고자 했다. 가사노동의 효율성이라는 새로운 가치는 중산층 여성들에게 근대적 주부라는 새로운 자격을 고무시켰다. 이 과정에 가장 큰 활약을 했던 인물로 크리스틴 프레데릭을 먼저 살펴볼 필요가 있다.

116) Mauro F. Guillén, 앞의 글, 1997, p.690

크리스틴 프레데릭은 1912년 『레이디스 홈 저널(The Ladies' Home Journal)』에 연재한 글을 통해 가사노동의 과학적 관리를 주장했다. 이것을 책으로 정리한 것이 1913년의 유명한 『새로운 가정관리(The New Housekeeping: Efficiency Studies in Home Management)』였으며, 이를 더욱 발전시킨 저서가 1915년의 『가사공학: 가정에서의 과학적 관리』이다. 프레데릭은 바야흐로 가사공학의 시대가 도래했음을 선언하며, 가정생활에서의 효율성을 강력히 촉구했다.

"'효율성(Efficiency)'. 수화기 너머의 사람이 수십 번도 넘게 그렇게 말하는 것을 들었다. '표준 실행(standard practice)', '동작연구(motion study)', 그리고 '과학적 관리(scientific management)', 반복해서 말하고 또 말했다. 나는 그 개념들이 너무나도 흥미로워서 나도 모르게 빠져들지 않을 수 없었다. …… 왓슨씨가 말하길, "에머슨과 테일러를 포함한 몇몇 사람들이 사업과 제조업에 '효율 공학(efficiency engineering)'이란 말을 끌어들이고 있어요. 그들은 가게나 공장현장에 가서 사람들이 일하는 모습과 동작을 관찰하고 이를 연구합니다. 혹시 일하는 과정에 쓸모없는 낭비나 잘못된 동작들이 일어나지는 않는지 파악하는 거랍니다. 그리고 나서는 현장에 '효율성'이 정립될 수 있도록 도와주고, 사람들이 일하는 시간도 줄이고 무용하게 버려지는 부분도 없이 생산성을 높일 수가 있죠. 그렇게 된다면 더 적게 일하고 월급은 더 많이 받으면서도 훨씬 좋은 조건에서 일하는 셈이 됩니다." …… 나는 이것을 나를 포함한 중산층이 매일 직면하는 어려움에 대입해보기로 했다."[117]

'새로운 가정관리가 가능하다면 주부의 영역도 위대한 전문직이 될 것'이라는 말은 마치 선언과 같았다.[118] 전통적인 하인층이 점점 사라지면서 육체적인 가사노동까지 맞닥뜨리게 된 주부층에게는 새로운 돌파구처럼 받아들여졌다. 프레데릭은 부엌을 아름답게 꾸미려고만 하는 현상을 비판하면서, 부엌이야말로 과학적 관리의 원칙을 가장 먼저 적용할 장소라 주장했다. 1915년의 저서 『가사공학: 가정에서의 과학적 관리』에서는 주부들이 하루 중 70퍼센트의 시간을 부엌에서 보낸다고 하며 부엌의 효율성을 재차 강조했다. 과학적 관리법을 공장에 적용할 때처

117) Christine Frederick, *New Housekeeping: Efficiency Studies in Home Management*, Doubleday, Page&Company, 1913, pp.3-13

118) Christine Frederick, 앞의 책, 1913, p.22

럼, 부엌도 적절한 작업 환경과 도구 및 기구 배치가 필요하다고 본 것이다. 프레데릭은 부엌을 '음식을 만드는 곳'으로 정의하면서 그 밖의 작업들은 모두 배제시켰다.[119]

"부엌이란 무엇인가? 부엌은 음식을 준비하는 곳이다. 세탁처럼 부엌과 관계없는 작업들은 가능하면 부엌에서 모두 치워야 한다. 예전에 부엌을 세탁이나 일반적 작업장과 같이 두었을 때보다 지금은 훨씬 작게 구성할 필요가 있다."[120]

특히 부엌의 효율성을 이루기 위한 첫 단계로써 '면적을 집약시킬 것'을 강조했다.[121] 앞서 부엌의 기능을 음식 조리에 국한시킨 것도 같은 목적의 일환이었다. 부엌을 작게 만들면 일단 건설비용을 줄일 수 있을 뿐 아니라 부엌일의 프로세스를 단축시킬 수 있다고 보았기 때문이다. 이는 1913년과 1915년 저서에서 공통적으로 찾을 수 있는 주장이다. '작업동선의 단축(short-cut)', '시간의 절약, 적은 노력(to save time, less effort)'과 같은 문구가 반복적으로 등장하는 것에서도 그 의도를 읽을 수 있다. 평면은 기본적으로 약간 직사각형이거나 정사각형으로 만들 것을 권장했고, 적절한 규모로는 9×11피트(약 9.20㎡), 11×13피트(약 13.28㎡), 14×16피트(약 20.81㎡)를 제시했다. 만약 규모가 큰 집의 경우라면 18×18피트(약 30㎡)도 무방하다고 보았다.[122]

"나는 과학적 관리의 목적이 시간과 노력을 절약하고 모든 작업을 더욱 원활하게 수행하기 위함이라는 것을 알았다. 적은 노력과 비용뿐 아니라 여러 가지 손실을 줄이면서도 작업을 단축할 수 있는 목적을 말한다."[123]

프레데릭은 부엌공간의 재편에 따른 효율성 향상을 잘 설명하기 위해 '동선 다이어그램(그림 1-25)'을 도입했다. 『새로운 가정관리』에서 처음 제

119) Christine Frederick, 앞의 책, 1913, pp.46-47

120) Christine Frederick, 앞의 책, 1913, p.19

121) Christine Frederick, 앞의 책, 1913, pp.46-47

122) Christine Frederick, *Household Engineering; Scientific management in the home*, American School of Home Economics,1925, p.20 (Originally published in 1915)

123) Christine Frederick, 앞의 책, 1925, p.8

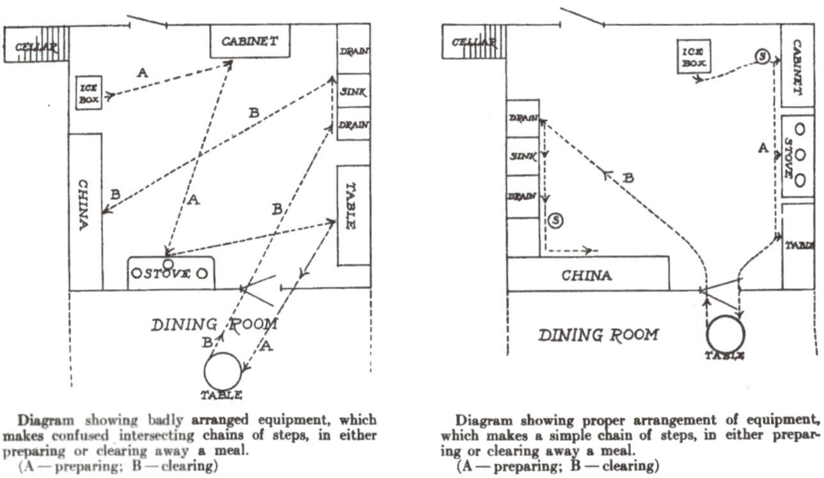

그림 1-25

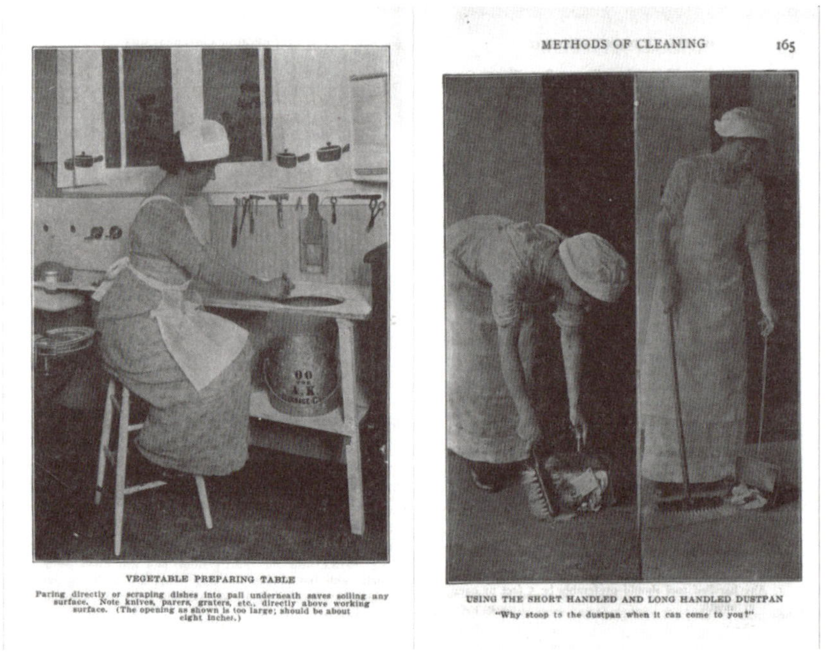

그림 1-26

그림 1-25. 크리스틴 프레데릭이 『New Housekeeping』에서 제시했던 부엌 동선에 대한 초기 다이어그램(1913)

그림 1-26. 부엌일에 편리한 작업대와 적절한 도구 사용의 중요성을 설명하는 사진(1915)

시했던 이 그림은 평면도라고 부르기에는 다소 미흡했지만, 부엌의 효율성 향상을 설득력 있게 전달하기에는 충분했다. 불필요하고 복잡한 지그재그식 동선이 그어져 있는 부엌과 간단명료한 동선으로 정렬된 부엌을 비교하는 식이었다.

이 개념은 1915년의 저서 『가사공학: 가정에서의 과학적 관리』을 통해 주부층으로 더욱 확산되었다. 부엌의 동선은 크게 음식준비(A)와 청소(B)로 나누었으며, 각각 4개의 작업이 따르는 것으로 설정했다.[124] 만약 부엌 도구와 작업대를 원칙에 따라 배치하지 않는다면 작업동선이 엉망으로 얽히게 될 것이며 시간과 노력을 낭비하게 된다고 설명한다. 아울러 도구를 다룰 때 동작의 중요성도 강조했는데, 키가 서로 다른 세 명의 여성에게 손잡이가 다른 빗자루와 쓰레받기를 사용해보도록 하고 각기 시간을 비교하는 방식으로 설명했다. 짧은 손잡이의 빗자루를 쓰는 것보다, 긴 손잡이를 썼을 때가 동작이 더욱 간단하고 빗질에 걸리는 시간도 줄어든다는 것을 예로 들었다.

그런데 이들 다이어그램에서는 부엌일을 단순히 2가지 경로로 나누고 각각 경로의 동작을 4종류로만 설정했다는 오류를 찾을 수 있다.[125] 그 외의 노동행태는 기록되지도 분석되지도 못했다. 그웬돌린 라이트가 지적했던 것과 마찬가지로, 프레데릭은 '과학적 관리에 열중한 나머지 가정생활에 딸린 기본적인 문제에 대한 분석을 간과'했다.[126] 가사노동의 과학적 관리는 주부의 가사노동을 기계처럼 통제할 수 있다는 확신을 내세웠지만, 부엌일의 세세한 과정까지 효율화한다는 것은 처음부터 이상에 불과했다. 프레데릭의 해결책은 도구와 수치, 그리고 다이어그램상에 존재했으며, 이것만으로 가사노동 부담이 줄어들었다고 보장하기는 어렵다.

이러한 불완전성에도 불구하고 프레데릭의 이론은 이후 근대부엌의 행보에 큰 영향을 미쳤다. 뒤에서 다시 다루겠지만, 프레데릭의 영향을 받았다고 알려진 다른 여성 건축가의 부엌계획에서도 같은 방식의 동선

124) Christine Frederick, 앞의 책, 1925, p.21

125) Nicholas Bullock, "First the Kitchen – then the Facade", *Journal of Design History,* Vol. 1 Issue 3-4, 1988, p.188

126) 스피로 코스토프 편저, 우동선 옮김, 『아키텍트』, 효형출판, 2011, p.413

표 1-1. 크리스틴 프레데릭의 부엌계획에서 제시한 작업동선의 구분

A. 음식준비(Preparing food)		B. 청소(Cleaning away)	
동선 구분	작업 위치	동선 구분	작업 위치
(1) 수집(Collect): 재료를 창고나 냉장고, 팬트리에서 가져오는 것	창고, 팬트리, 냉장고	(1) 치우기(Remove)	접시 올려두는 곳(싱크대 우측)
(2) 준비(Prepare): 재료의 손질과 배합	준비대 또는 찬장	(2) 싱크대로 옮기기(Scrape)	싱크대
(3) 음식 조리 (Cook)	스토브 또는 그밖의 조리장치	(3) 설거지(Wash)	물빠짐대(싱크대 좌측)
(4) 배선(Serve food)	식탁, 주방 수레, 그밖의 서빙 도구	(4) 정리정돈 (Lay away)	찬장 또는 선반(물빠짐대 좌측)

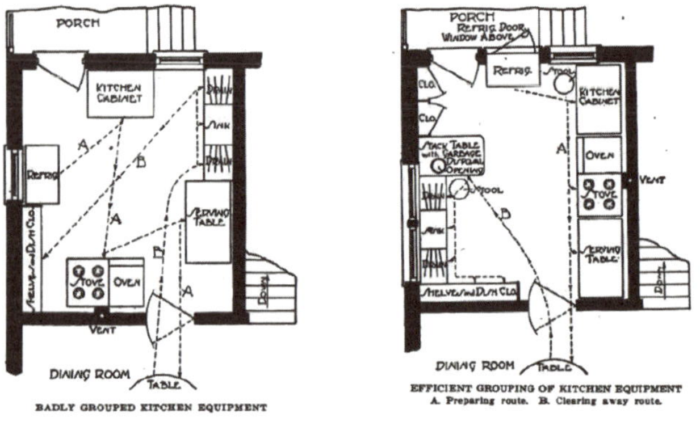

그림 1-27

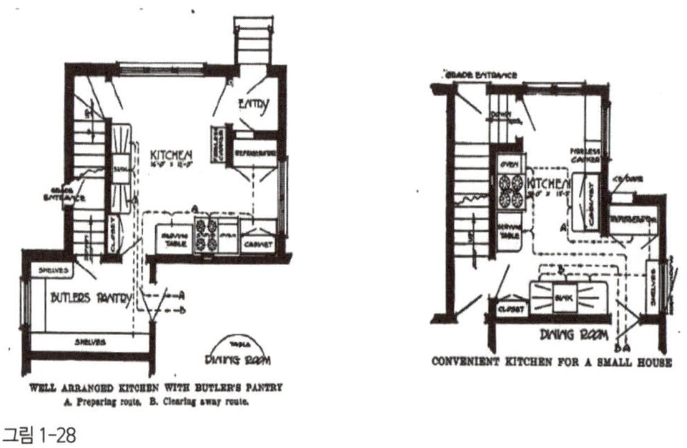

그림 1-28

그림 1-27. 크리스틴 프레데릭의 부엌 동선 다이어그램. 부엌 장비의 비효율적 배치(좌)와 효율적 배치(우)(1915)

그림 1-28. 버틀러 팬트리가 있는 부엌의 계획(좌), 작은 주택의 편리한 부엌 계획(우)(1915)

다이어그램을 반복적으로 찾아볼 수 있다. 다만 다이어그램은 이미 19세기 말 위생과 가정관리를 다룬 참고서적이나 매뉴얼북에서 등장하기 시작했던 것으로, 이것이 공간설계에 도입된 정확한 기원을 밝히는 것은 불가능하다.[127] 비록 다이어그램적 설계 기법을 프레데릭의 독창성으로 단정하기 어렵지만, 그의 주장은 산업현장의 효율성이 부엌이라는 공간, 즉 주거의 일부로 들어오는 과정에 대한 가장 유명한 증거가 되었다. 가구와 기구를 작업 순서에 맞게 배치하고 그 동선이 단순해질수록 효율성이 상승한다는 인식은 근대부엌의 큰 틀을 마련했다.

프레데릭의 가사공학은 비처의 주장에 이어 '가사노동의 가치화'를 뒷받침했다. 주부가 스스로 노동을 '과학적'으로 관리할 수 있다는 주장은 그동안 무가치하게 여겨졌던 가사노동에 효율성이라는 근대적 가치를 부여했다. 아울러 실제 사용목적에 맞게 주부가 직접 부엌의 재편작업에 참여해야 하며 '단지 건축가의 손에만 맡겨둘 수 없다'는 대목도 찾을 수 있다.[128] 당시의 건축가들이 모두 남성이라서 가사노동을 이해할 수 없다는 뜻으로 해석되기도 하지만, 부엌을 철저히 주부의 영역으로 관철시키려는 의도로도 판단된다. 효율성이 도입된 부엌은 주거에서 가장 '근대적' 공간이 되었으며, 그 안에서 주부는 마치 사회적 생산 활동에 임하는 것과 같은 보람을 느낄 수 있었다.

가사노동의 합리화

크리스틴 프레데릭의 책은 1920년대 초 독일어로 번역되어 유럽의 가정학자들과 건축가들에게 큰 주목을 받았다. 프레데릭의 『새로운 가정관리』를 최초로 번역하여 유럽 사회에 소개한 이는 1921년 아이린 뷔테(Irene M. Witte)였으며, 이에 고무되었던 에르나 마이어(Erna Meyer, 1890~1975)는 1926년 비슷한 제목의 「새로운 가사(Der neue Haushalt)」을 발표하기도 했다. 마이어의 저서는 출간 직후 단 2년 만에 29쇄를 돌파

127) 배형민, 박정현 옮김, 『포트폴리오와 다이어그램』, 동녘, 2013, pp.210-213
128) Christine Frederick, 앞의 책, 1925, p.22

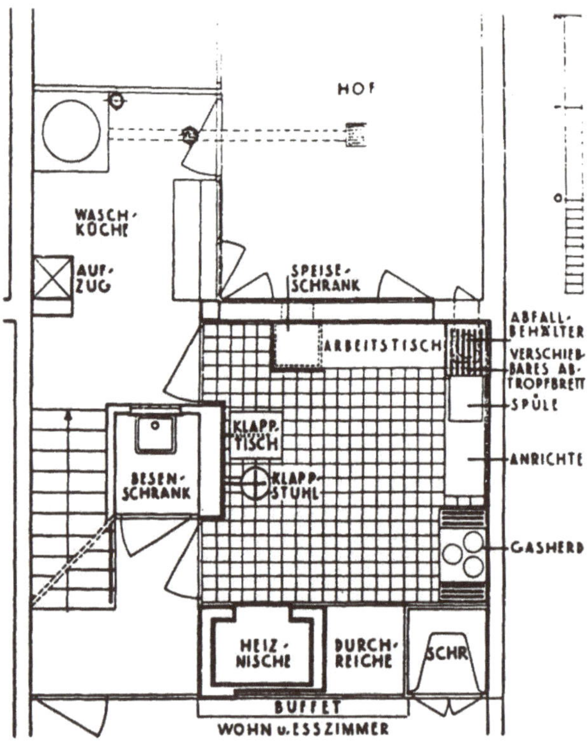

그림 1-29

그림 1-29. 바이젠호프 주택단지 중 J.J.P.오우드 주택의 부엌. 에르나 마이어와 함께 설계했다.(1927)

했고 1932년에는 40쇄에 돌입, 4만 부가 팔릴 정도로 큰 반향을 불러일으켰다.[129]

"만약 주부가 이 모든 일상적 일들을 완벽하게 마스터하는 법을 배울 수 있다면, 자신이 진정으로 바랬던 자기존중과 가정에서의 일에 대한 높은 존경심 같은 기분을 성취할 수 있을 것이다. 더불어 책임감과 능력에 대한 지식을 갖출 수 있을 뿐만 아니라 자신의 일에 새로운 즐거움을 누리게 될 것이다. 일상을 갈고 닦는 일은 즐겁기 그지없는 창조적인 일이 될 것이며, 이로 인해 주부의 일도 다른 직업과 같은 가치가 있다는 것을 느낄 수 있다."[130]

미국에서 넘어온 '가사노동의 과학적 관리'는 유럽 사회에서 '가사노동의 합리화(The Rationalization of Household)'를 불러일으켰다.[131] 바이젠호프 주택단지(Weissenhof Seidlung, 1927)에서 J.J.P. 오우드(Jacobus Johannes Pieter Oud)는 에르나 마이어의 자문을 받아 새로운 부엌을 선보이기도 했다. 아이노 알토(Aino Alto), 릴리 라이히(Lilly Reich)와 같은 젊은 여성 건축가들이 모두 자신만의 부엌계획을 발표한 것도 모두 같은 움직임의 일환이었다.

그중에서도 '프랑크푸르트 키친'은 당대 가장 영향력있는 모델로 손꼽힌다.[132] 1926년 마가레테 쉬테-리호츠키(Margarete Schütte-Lihotzky, 1897~2000)[133]가 설계했으며, 이듬해의 전시회를 통해 국제적 명성을 얻게 되었다. 처음 계획안은 약간씩 차별성을 둔 세 개의 모델을 기본으로 약 12,000개 정도 보급했는데, 그중 가장 보편적이고 경제적인 버전을 현재 뉴욕 현대미술관(MoMA)이 소장하고 있다.[134]

---

129) Nicholas Bullock, 앞의 글, 1988, p.182

130) Erna Meyer, *Der neue Haushalt: Ein Wegweiser zu wirtschaftlicher Hausführung*, Franckh'sche Verlagshandlung, 1926, p.3

131) Nicholas Bullock, 앞의 글, 1988, p.178

132) 프랑크푸르트 키친의 탄생 배경과 계획에 관해서는 다음의 논문에서 자세히 다루고 있다. 이병철, 「주거문명의 사회사」, 『서양사론』 102, 2008, pp.125-156; 이란표, 「초창기 모더니즘 건축가 마가레테 쉬테-리호츠키에 관한 연구」, 『한국실내디자인학회논문집』 14(3), 2005, pp.20-27; 전남일, 「'레드 빈' 시대 쉬테-리호츠키의 주거 계획 개념에 대한 연구」, 『한국실내디자인학회논문집』 26(6), 2017, pp.135-144

133) 마가레테 쉬테-리호츠키는 오스트리아의 첫 공인 여성건축가이며, 1차 대전 중에 빈 예술종합학교(Kunstgewerbeschule Wien)를 졸업했다. '붉은 빈(Rotes Wien)'의 시기에 아돌프 로스와 함께 1차 세계대전 참전용사들을 위한 주택단지 계획에 참여했으며, '가계 합리화', 주택의 '정형화' 등을 깊게 연구했다. (이병철, 앞의 글, p.148); 1938년에는 나치 독일의 오스트리아 침략에 저항하며 '오스트리아 공산당'에 가입하기도 했다. 1940년에 독일군에 체포되었으나 1945년 석방되었다. (주자네 헤르텔 편집, 김명찬 옮김, 『나는 미치도록 나에게 반한 누군가가 필요하다』, 들녘, 2004, p.238)

134) Juliet Kinchin & Aidan O'Connor, 2011, 앞의 책, p.21

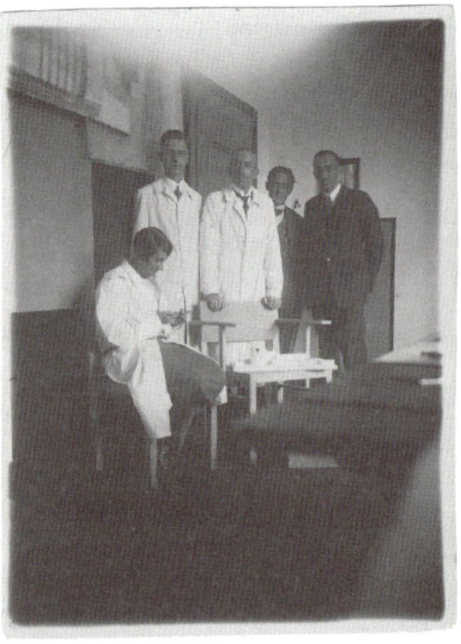

그림 1-30

그림 1-31

그림 1-30. 프랑크푸르트 건설국 사무실에서 동료들과 마가레테 쉬테-리호츠키(좌), 프랑크푸르트 키친(우)(1927)

그림 1-31. 금호미술관에 전시된 프랑크푸르트 키친(2014)

당초 프랑크푸르트 키친은 에른스트 마이(Ernst May, 1886~1970)의 주거 프로젝트를 위해 디자인되었다. "새로운 프랑크푸르트(Das Neue Frankfurt)"라는 구호 아래 진행된 이 사업은 근대적 산업생산과 표준화를 도모하는 실험적인 주거 프로그램이었다. 에른스트 마이는 1925년부터 1930년까지 프랑크푸르트의 건설국장으로서 이를 지휘했다.[135] 기본적으로 저임금 노동자의 수입범위 안에서 월 임대료를 낼 수 있는 수준을 목표로 한 주거계획이었다. 가스, 전기, 온수, 라디오 수신료 등의 사용료를 해결할 수 있는 범위로 산정했고, 프리캐스트 콘크리트 패널을 이용하여 15,000세대 이상을 보급하고자 했다. 이 프로젝트 덕분에 프랑크푸르트 인구의 10퍼센트 이상이 5년 만에 새로운 주거시설을 누릴 수 있었다.[136]

프로젝트의 시행에 앞서 마이는 프랑크푸르트 주거계획의 부엌설계 담당자로서 쉬테-리호츠키를 채용했다. 각 주호에 들어갈 부엌으로 합리적·경제적이면서 대량생산이 가능한 표준형 모델이 필요했기 때문이다. 쉬테-리호츠키는 빈에서 아돌프 로스와 함께 1차 세계 참전용사들의 주거 프로그램과 부엌 디자인을 담당했었는데, 마이는 그 기능적 명료함에 감탄했다고 전해진다.[137] 쉬테-리호츠키는 마이가 이끄는 국제 건축가 그룹의 유일한 여성이었다.

쉬테-리호츠키는 새로운 주거에 필요한 부엌이 '여성의 경제적 독립과 개인적 성장을 위해서 가사노동을 합리화'할 수 있는 공간이라 주장했다.[138] 먼저 부엌 면적을 3.44m×1.90m의 유닛으로 최소화하고, 이에 맞추어 부엌 용품들도 벽걸이나 서랍형으로 수용될 수 있도록 규격화했다. 작업대의 아랫단에는 설탕, 쌀, 밀가루처럼 쏟기 쉬운 것들을 한 번에 담을 수 있도록 18개의 알루미늄 서랍을 설치했다. 자잘한 도구들을 벽에 걸 수 있는 갈고리를 달고, 접이식 다림질판도 설치했다. 그 외 가스 스토브, 수납장도 포함되었으며, 가구와 도구는 주부가 일하는 동선 안에서 모든 순서가 연결되도록 배치했다.

135) 손세관, 『집의 시대』, 도서출판 집, 2019, pp.86-87

136) Juliet Kinchin & Aidan O'Connor, 2011, 앞의 책, pp.19-20

137) Mary McLeod, "Charlotte Perriand, Grete Lihotzky, and Elizabeth Denby", *Modern Women: Women Artists at The Museum of Modern Art*, MoMA, 2010, p.181

138) Juliet Kinchin & Aidan O'Connor, 2011, 앞의 책, p.20

색채는 단순하면서도 강한 쪽을 택했다. 특히 작업대, 선반과 문에는 회색빛이 도는 푸른색을 칠한 것이 특징적인데, 쉬테-리호츠키는 이 색깔이 파리를 쫓아주는 효과가 있다고 믿었다.[139] 그 외 부엌 벽과 환풍용 후드는 빛을 반사하는 하얀색으로, 리놀륨으로 된 조리대, 스토브, 바닥 타일 등은 검은색으로 처리했다.

프랑크푸르트 키친은 식당과 분리되었다. 두 공간의 사이에는 슬라이딩 도어를 설치했지만, 부엌에서 거실의 식사 장소까지는 3m가 넘지 않도록 했다. 한편으로 어머니는 부엌에 있는 동안 아이들의 노는 모습을 살필 수 있어야 하고, 다른 한편으로는 식탁에 앉은 가족으로부터 고립되지 않아야 한다는 생각이었다.[140] 두 공간을 문으로 적절히 가리는 방식은 부엌일의 수치스러움을 들키지 않고 머무르기에도 유용했다.[141]

프랑크푸르트 키친은 좁은 면적에서 가구가 차지하는 부분을 최소화하면서 일의 순서를 원활하게 연결할 수 있다는 장점을 부각시켰다. 1927년에 제작된 홍보 필름을 보면, 이렇게 새로운 부엌을 갖추었을 경우 그동안의 불필요한 시간과 노동을 얼마나 줄일 수 있는가를 강조하는 내용이 이어진다. 과거 부엌에서 주부가 종종 걸음을 하는 거리가 거의 90미터였다면, 이를 무려 8미터로 단축할 수 있다는 설명이었다.

"새로운 건축을 통한 노동과 예산의 절약. 옛날 부엌에서는 어떻게 일해야 했습니까? 재료를 준비하고 불 위에 올려놓기까지 얼마나 많은 시간이 낭비됩니까? 일단 땔감을 잘게 부수고, 테이블 서랍에서 종이를 꺼내야 합니다. 불이 날 수도 있습니다. 깨지기 쉽거나 가루가 날릴 수 있는 향신료도 꺼내 와야 하지요. 식재료를 담아놓은 상자는 스토브에서 멀리 떨어져 있고, 매번 분주하게 왔다갔다 해야 합니다. 심지어 부엌에는 빨 수도 없는 천을 깔아놓아서 더럽기까지 하지요. 조리할 때 석탄을 사용하는 것은 깨끗하지도 건강하지도 않습니다. 이것들을 다 치우려면 너무 힘이 듭니다. …… 도시주거에 도입한 새로운 '<u>프랑크푸르트 키친'을 통해 주부들은 시간과 비용을 절약할 수 있습니다.</u> 냄비를 그저 나무 바닥에 방치하는 것이 아니라 손잡이 달린 받침대에 둘 수도 있습니다. 조리한 음식은 스토브 옆에 마련된 요

139) Mary McLeod, 앞의 책, 2010, p.182
140) 주자네 헤르텔 편집, 김명찬 옮김, 앞의 책, 2004, p.253
141) "거실과 부엌 사이 미닫이문은 전통적으로 하인의 영역에 들어와 있다는 수치스러움을 은폐할 수 있는 장치였다." (이병철, 앞의 글, 2009, p.152)

리함에 두면 되고, 필요한 물건과 재료는 알루미늄 서랍에 넣어 둘 수 있습니다. 쓰레기는 부엌과 복도에서도 손닿을 수 있는 쓰레기통에 넣으면 됩니다. 더러운 접시는 좌측에 두고 왼손으로 집고, 설거지를 마친 후에는 다시 물빠짐대에 놓으면 됩니다. 다리미판도 간단한 손잡이가 달려있어서 접고 펼칠 수 있습니다. 점선으로 표시한 선은 주부가 부엌에서 하루 종일 움직이는 경로를 보여줍니다. **(약 90미터)** 마치 공장이나 사무실의 작업처럼 최소한의 노력으로 최대한의 수행을 도모한다는 것이 집안에서 일어나는 모든 작업의 목표가 되어야 합니다. 이렇게 하면 전체 경로의 길이를 약 8미터로 줄일 수 있습니다." (**「프랑크푸르트 키친(Die Frankfurter Küche)」**, 1927)

이 작고 효율적인 부엌계획은 당시 유럽을 횡단하던 미트로파 기차 식당칸의 작은 부엌에서 힌트를 얻은 것으로도 유명하다. 쉬테-리호츠키는 작은 식당칸 부엌도 편도에 대략 182인분의 점심 식사, 60인분의 아침 식사, 60인분의 저녁 식사, 그 외 식음료 서비스 등 모두 400명 이상을 위한 요리를 모두 만들 수 있다는 점에 착안했다.[142]
그러나 이 아이디어는 앞서 살펴본 캐서린 비처의 '증기선의 주방'을 상기시킨다. 위에 언급한 영상의 내레이션도 크리스틴 프레데릭의 주장과 크게 다르지 않다. 실제로 쉬테-리호츠키는 프레데릭의 저서를 1921년 첫 독일어판으로 접했으며 이를 자신의 '바이블'이라 부를 정도로 신봉했다.[143] 프랑크푸르트 키친 계획에서 제시했던 효율성 비교 다이어그램을 통해서도 그 영향력을 짐작할 수 있다. 부엌을 '음식을 준비하고 만드는 장소'로 정의하고 1인의 작업장으로 집약시킨 것도 마찬가지였다. 부엌의 목적이 요리에 맞추어질수록 주부의 동작범위를 더욱 집약적으로 설계하기 유리했기 때문이다. 1920~30년대 독일의 전형적 노동자 주택이 식사와 조리가 같은 공간에서 이루어지는 '생활 부엌(Wohnküche)'이었던 것에 반해, 프랑크푸르트 키친은 순수한 '작업 부엌(Kochküche)'으로 규정되었다는 사실도 주목할 필요가 있다.[144] 이 부엌은 일인용 작업실로서 최소한으로 작아야 했다.[145]

142) 이란표, 앞의 글, 2005, p.25
143) Mary McLeod, 앞의 책, 2010, p.180
144) 'Live-in Kitchen'과 'Working Kitchen'의 논의에 대해서는 다음의 글을 참고할 수 있다. Michelle Corrodi, "On the Kitchen and Vulgar Odors", *The Kitchen*, Birkhäuser, 2006, pp.35-39
145) 이병철, 앞의 글, 2009, p.150

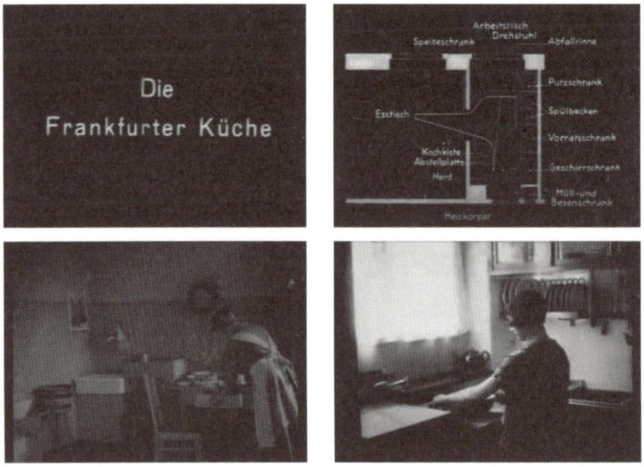

그림 1-32

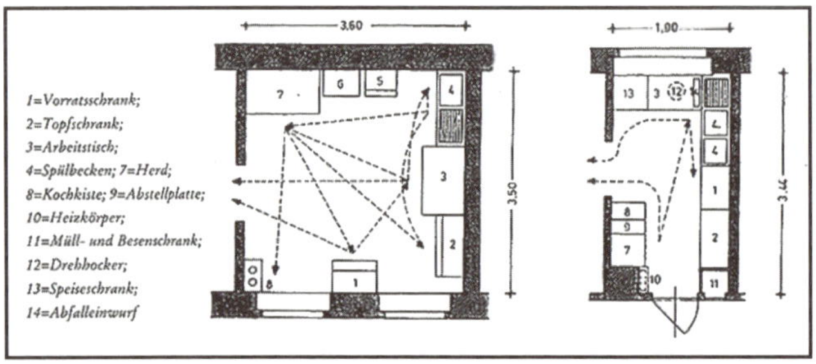

그림 1-33

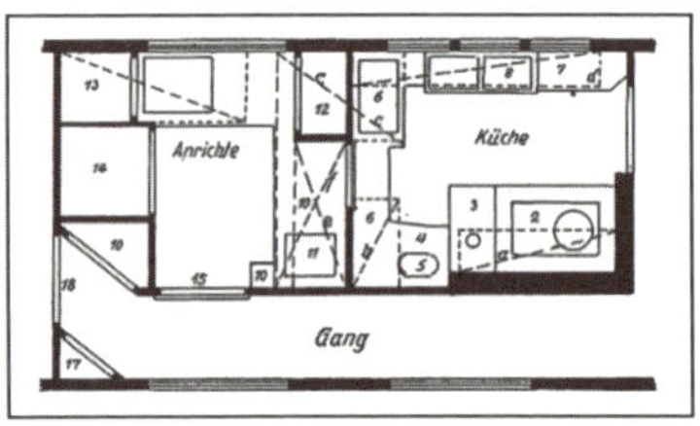

그림 1-34

그림 1-32. 「프랑크푸르트 키친(Die Frankfurter Küche)」. 1927년 프랑크푸르트 키친의 홍보 필름

그림 1-33. 전통적 부엌의 나쁜 효율성 동선(좌)과 프랑크푸르트 키친의 효율적 동선(우)를 비교한 그림

그림 1-34. 미트로파 식당칸의 부엌

릴리언 길브레스와 순환작업공간

릴리언 길브레스(Lillian Moller Gilbreth, 1878~1972)는 미국의 경영심리학자이자 산업공학자로서, 남편 프랭크 길브레스와 함께 '동작연구'의 탐구에 매진했던 인물이다. 특히 1914년 『경영심리학(The Psychology of Management)』은 산업경영에 있어서 인간적 요소를 이해하는데 최초로 기여한 책으로 평가받기도 한다.[146, 147] 1910년대 크리스틴 프레데릭이 '가사노동의 과학적 관리'에 대한 주장을 활발하게 펼치고 있었을 무렵 릴리언은 산업현장의 과학적 관리법 연구에 몰두하고 있었다.

릴리언이 본인의 전공을 가사노동에 접목시키는 방향으로 선회한 것은 1920년대 중반이었다. 1924년 남편이 사망하면서 릴리언이 길브레스 회사의 사장을 맡게 된 이후로는 여성 지향적 컨설팅을 내세워, 여성 노동자를 많이 고용했거나 여성 전용 제품을 생산하는 기업에 자문하는 사업을 추진했다.[148] 대표적 예로 1926년에 존슨 앤 존슨의 컨설팅 사업을 들 수 있는데, 월경이 여성노동자의 피로에 미치는 영향을 분석하여 여성 노동자들의 작업시간을 융통성 있게 조절할 것을 제안하기도 했다.[149]

릴리언은 1920년대 중반부터 본격적으로 가정학, 공학, 경영학을 전공하는 여자 대학원생들을 모아 공동연구를 시작했고, 부엌에서 사용하기 편리한 발명품을 다수 선보이기도 했다. 오늘날 많이 쓰는 페달 달린 휴지통이나 냉장고 문 안쪽에 양념병 등을 보관할 수 있도록 디자인한 것도 모두 릴리언 길브레스의 발명이었다.[150]

---

146) M. M. Trescott, "Lillian Moller Gilbreth and the founding of modern industrial engineering", J. Rothschild,ed. *Machina Ex Dea: Feminist Perspectives on Technology,* Pergamon Press, 1983, p.26

147) 송성수(2014)는 릴리언 길브레스가 산업심리학에서 최초의 박사학위 수여자이긴 하지만, 산업공학에 심리학을 적용한 시도 자체가 길브레스로부터 시작되었다는 것은 재고해야 한다고 보았다. 길브레스 보다 조금 앞선 1912년에 독일 출신의 미국 심리학자인 뮌스터베르크(Hugo Münsterberg)가 이미 『심리학과 경제생활(Psychologie und Wirtschaftsleben)』이라는 독일어 책을 발표한 바 있었으며, 1913년에는 『심리학과 산업효율(Psychology and Industrial Efficiency)』라는 영문본도 나와 있었기 때문이다. (송성수, 앞의 글, 2014, p.72)

148) Graham(1999)은 릴리언 길브레스의 이러한 변화를 두고 '1924년 남편의 갑작스런 사망 이후 11명의 아이들의 생계를 책임지고 회사의 부도마저 막아야 했던 상황에서의 묘책'으로 분석했다.(Laurel D. Graham, "Domestic Efficiency: Lillian Gilbreth's Scientific Management of Homemakers, 1924-1930", *Signs,* Vol.24 No.3, 1999, pp.633-634)

149) 송성수, 앞의 글, 2014, p.73

150) 송성수, 앞의 글, 2014, p.71

그러나 1912년 공동연구자인 남편 프랭크가 「가사에서의 동작연구(Motion Study in the Household)」라는 논문을 발표한 적이 있었던 것을 보면,[151] 1920년대까지 가사노동에 대한 릴리언의 연구 경험이 전무했다고 단정할 수 없다. 릴리언은 이전까지의 가사노동 연구가 효율적 작업에 대한 전체적인 심리학, 사회학, 도덕적 보상을 전체적으로 포괄할 수 있는 기회를 놓치고 있다고 보았다. 본격적인 가사공학 분야로 진출하기에 앞서, 선행연구와 차별되는 본인의 장점 세 가지를 부각시켰다. 첫째는 산업현장에서 자신이 쌓은 실무경험, 둘째 심리학 박사학위, 마지막으로 가장 호응을 불러일으킨 '11명의 자녀를 둔 어머니'라는 점이었다.[152]
여성을 대상으로 한 연구와 사업에 뒤늦게 참여했다고 할지라도, 가사노동 연구에 대한 기본적 생각은 남편과 생전에 공동으로 몰두했던 동작연구(motion study)의 연장선에 있었다. 산업현장에서의 노동력 효율성 향상에 적용하던 논리를 가정의 부엌으로 정확히 옮기고자 했다. 가사공학자로서의 연구 행보는 크리스틴 프레데릭보다 조금 늦게 시작한 편이었지만, 연구의 방법론과 제안은 더욱 정교했다. 예를 들면 크리스틴 프레데릭이 가사노동을 '3분의 1'로 줄일 수 있다는 다소 애매한 주장밖에 할 수 없었던 반면, 릴리언은 '주부들이 설거지하는데 일 년 동안 90마일을 걷는 것을 26마일로 줄일 수 있다'는 식의 설명이 가능했던 것이다.[153]
그러나 반드시 어려운 학문적 입장만 고수한 것은 아니었다. 릴리언은 산업현장에서 쓰던 동작연구의 이익계산이나 통계 수치를 주부들에게 강조하는 것은 크게 설득력이 없다고 생각했으며 가급적 간단한 방법을 도입하고자 했다. 과거 동작연구에 사용했었던 활동 사진기 대신 간단히 실과 핀으로 걸음걸이를 분석하는 방법도 선보였으며, 주부들이 각자의 작업 루트와 돌아선 지점을 마킹하는 식으로 자신들의 동작을 분석할 수 있도록 했다. 릴리언은 설거지, 빨래, 청소 등과 같은 가정주부의 노동을 기본동작으로 분해했으며, 이를 통해 '모든 잘못된 동작을

151) Frank B. Gilbreth, "Motion Study in the Household", *Scientific American,* Vol.106 No.15, 1912, pp.328-342
152) Laurel D. Graham, 앞의 글, 1999, p.651
153) Laurel D. Graham, 앞의 글, 1999, p.652

고칠 수 있다'고 믿었다.[154]

가사노동에 대한 릴리언의 동작연구가 부엌계획으로 연결될 수 있었던 것은 브루클린 보로우 가스(Brooklyn Borough Gas)의 자문을 맡으면서부터였다. 이 회사의 사장이었던 메리 딜런(Mary E. Dillon)이 1927년 시카고의 미국가스협회(American Gas Association)에서 그의 연설을 들었던 것이 직접적인 인연이 되었다. 딜런은 만약 릴리언의 주장에 가스 산업이 적용될 수 있다면 새로운 부엌 산업 시장을 개척할 수 있으리라 생각했다.[155] 그 결과 1929년의 '키친 프랙티컬(The Kitchen Practical)'이 탄생했으며, 가사노동에 대한 길브레스의 동작연구를 부엌으로 구현한 결과물이었다.[156] 이 부엌계획은 1929년 9월 여성박람회(Women's Exposition) 전시를 통해 큰 명성을 얻게 되었고, 길브레스는 이후 40년 이상 미국의 부엌계획 분야에서 독보적 자리를 유지할 수 있었다.[157]

키친 프랙티컬의 핵심개념은 '순환작업공간(circular work space)'이었다.[158] 냉장고에서 조리대를 거쳐 가열대까지 걸음이 한 번도 끊어지지 않고 원활하게 연결되는 공간을 말한다. 릴리언은 기본적으로 스토브-작업대-냉장고로 이루어지는 L자형 배치를 만든 다음 그 앞에 바퀴 달린 이동식 작업대를 하나 더 놓고, 이 작업대들을 순환하면서 일할 수 있는 동선을 정립했다. 이런 식으로 부엌의 중심에 순환작업공간을 만들어 넣을 수 있다면, 주부가 한자리에서 많이 걷지 않고도 재료의 손질, 조리 및 가열, 배선까지 원활히 수행할 수 있다는 개념을 선보였다.[159] 1930년 뉴욕 트리뷴 연구소에서 수행한 부엌모델 개발에도 같은 개념을 적용했다.[160]

브루클린 가스의 부엌 자문연구를 마친 이후 릴리언은 1935년부터 퍼듀 대학의 교수로 재직했다.[161] 이때 순환작업공간을 좀 더 발전시킨 개

154) Laurel D. Graham, 앞의 글, 1999, p.618

155) Laurel D. Graham, 앞의 글, 1999, p.618

156) Alice E. Smith, *Women in Industrial and Systems Engineering: Key Advances and Perspectives on Emerging Topics*, Spring Nature, 1929, p.15

157) Laurel D. Graham, 앞의 글, 1999, p.620

158) Laurel D. Graham, 앞의 글, 1999, p.663

159) Laurel D. Graham, "Lillian Gilbreth's psychologically enriched scientific management of women consumers", *Journal of Historical Research in Marketing*, Vol.5 No.3, 2013, p.363

160) Laurel D. Graham, 앞의 글, 2013, p.363

161) 릴리언 길브레스는 1925년부터 퍼듀대학 기계공학과에서 동작연구를 강의하기 시작했고, 1935년부

그림 1-35

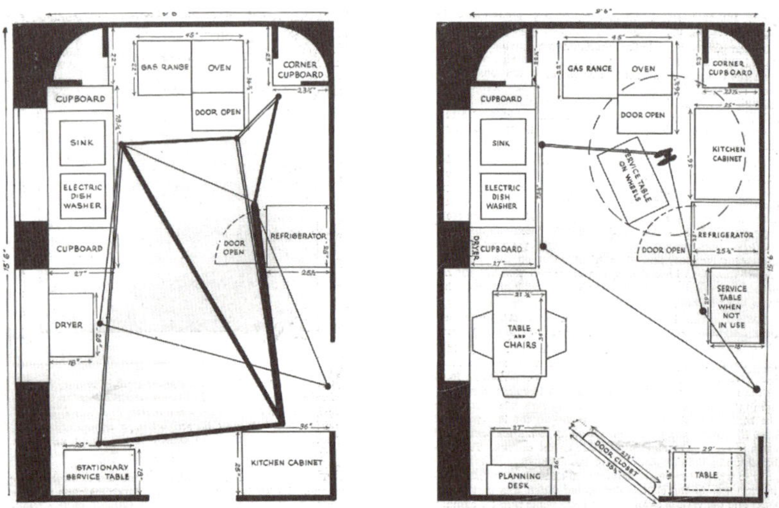

그림 1-36

그림 1-35. 키친 프랙티컬(The Kitchen Practical, 1929)의 순환작업공간. 왼쪽부터 '스토브 - 작업대 - 냉장고' 로 이루어지는 L자형 배치를 만들고, 그 앞에 이동식 작업대를 놓았다.

그림 1-36. '순환작업공간(circular work space)'을 비교하여 설명한 다이어그램. 오른쪽 평면도에서 점선의 원이 순환작업공간을 의미한다. 릴리언은 평균 사이즈의 부엌에 보통 가정에서 많이 사용하는 기구를 배치한 경우(좌)와 순환작업공간(우)을 비교하여 부엌의 효율성 개선을 설명했다.

념이 오늘날에도 잘 알려진 '작업 삼각형(Working Triangle)'이다.[162] 식품을 꺼내어, 준비하고, 가열하는 세 점을 연결한 동선이 삼각형을 이루는 것을 말하며, 오늘날 '부엌 삼각형', 또는 '부엌의 삼각동선' 등으로도 호칭한다. '냉장고, 싱크, 가스레인지를 이루는 세 점이 짧으면 짧을수록 좋다'[163]는 이 이론이 오늘날 부엌 계획에 통용된다는 점을 보아도, 현대 부엌에 미친 릴리언의 영향력을 가늠할 수 있다.

그러나 릴리언의 부엌계획에서는 다음 두 가지의 한계를 찾을 수 있다. 첫째, 순환작업공간의 효율성은 단 한 명의 가사노동을 전제로 성립된다. 이는 앞서 살펴본 '사적 부엌'의 계보를 잇는 것으로, 릴리언도 가사노동와 여성의 관계에 대해 비처와 동일한 관점을 유지했다.[164] 가사노동에 관한 첫 번째 책인 『가정주부와 그녀의 일(The Home-maker and Her Job)』(1927)에서 그의 기본적 입장을 읽을 수 있다. 이 책은 가사노동의 원칙과 적합한 장소, 과학적 과업의 실행 시기와 장소, 방법과 계획 등을 다루었는데, 릴리언은 '가정은 가족 구성원들의 휴식처가 될 뿐 아니라 그들의 창의적인 개성이 발현되는 곳'[165]이라 규정했다. 또한 가정을 경영하는데 '예술적이고 창의적인 노동'이 필요하다는 것을 강조하기 위해 '주부(housewife)'보다는 '가정관리자(home-maker)'라는 용어를 내세웠다.

둘째, 인간을 기계로 은유한 과학적 관리법의 태생적 한계를 벗어나지 못했다.[166] 순환작업공간이 부엌 면적 집약화에 대한 여타의 논리를 가장 명쾌하게 요약한 것은 분명하지만, 노동을 표준화하고 단순화시켰다

터 방문교수를 거쳐, 1940년에 정식교수가 되었다. 미국 공과대학에서 여성이 교수가 된 최초의 사례였다.(송성수, 앞의 글, 2014, p.73)

162) Laurel D. Graham, 앞의 글, 1999, p.667

163) "냉장고, 싱크 및 레인지 등 세 점을 이어주는 3각 평면의 변의 총 길이가 짧을수록 좋고, 동일한 길이의 주방시설을 갖추었다고 하면 결과적으로 주방 소요면적이 적을수록 가장 정제적인 평면형이 된다고 할 수 있다."(이광노 외, 『건축계획』, 기문당, 1998, pp.38-39)

164) 또 하나의 예로 1928년 노스 어메리칸 리뷰(North American Review)에 기고한 「여성은 왜 사업에 성공하는가?(Why Women Succeed in Business?)」라는 글을 들 수 있다. 이 글에서 릴리언은 직장을 가진 여성이 성공하기 위해 갖추어야 할 태도로 목적, 능력, 가치, 자기성찰 등을 주장했다. 그러나 여성의 일이 꼭 사업적인 일이 되어야 하는 것은 아니며, 가정에서의 성공도 사업상의 성공만큼이나 보람있는 것이라고 글의 마지막에 강조했다. (Lillian Gilbreth, "Why Women Succeed in Business", *The North American Review*, Vol. 226 No. 2, pp. 158-166)

165) Lillian Gilbreth, *The Home-maker and Her Job,* D.Appletone, 1927, pp.5-9

166) 인간 기계라는 수사를 구현하기 위해, 릴리언 길브레스는 신체의 개념과 연관된 두가지 원칙을 고안했다. 첫 번째는 '기능화', 두 번째는 '표준화'의 원칙이었다.(배형민, 박정현 옮김, 앞의 책, 2013, pp.213-214)

는 동일한 오류를 범했다. 릴리언이 처음 가사노동에 동작연구를 접목하고자 했을 때의 목표는 개인의 동작을 분석하여 각자에 맞는 효율성을 제안한다는 것이었으나, 결과적으로 모든 노동이 표준화된 부엌을 만들어냈다. 키친 프랙티컬의 팜플렛에서는 '가족의 라이프스타일까지 반영할 수 있는 맞춤형 부엌'임을 선전했지만, 주부의 키에 맞추어 작업대 높이를 조절할 수 있다는 것 말고는 모두 표준 규격을 따르는 것에 머물렀다. 키친 프랙티컬은 본래의 의도와 달리 상업적 방향과 지나친 표준화에 치우치고 말았다는 평가를 피할 수 없었다.[167]

167) Laurel D. Graham, 앞의 글, 1999, pp.668-669

최소면적의 최대효율

서구 근대부엌에 관한 연구는 크게 두 가지 흐름이 존재한다. 하나는 근대부엌을 20세기 기술적 진보에 따른 순차적 결과물로 해석하는 관점이다. 지그프리트 기디온의 『기계화가 지휘하다(Mechanization Takes Command)』처럼 전기와 새로운 기계의 발달이 인간 생활을 편리하게 했다는 설명을 대표적으로 들 수 있다. 기디온은 여러 가전의 등장을 열거하면서 근대 이후 가사노동이 얼마나 편리해졌는가를 피력했다.[168] 지금까지의 한국 부엌 연구에서 주목한 '부엌의 근대화'도 이와 유사하다. 근대부엌의 등장에서 기술 발달의 측면을 주로 강조하며, 마치 부엌의 기계화가 완벽히 실현되었다는 분석으로 이어진다. 이 과정에서 가정성 이데올로기나 여성주의적 해석이 전혀 거론되지 않았던 것은 아니지만, 공간과 담론은 별개의 분석 대상으로 취급되는 경향이 있다.

다른 하나의 흐름은 부엌의 기술 발달보다 그에 앞선 사상적 배경이나 사회적 필요성을 먼저 고찰하는 관점이다. 근대기에 들어 부엌에 관심이 급증하면서 기술적 변화가 뒤따랐다면, 애초에 그러한 관심을 불러일으킨 원인은 무엇인가를 먼저 조명해야 함이 옳다. 수요와 공급의 측면에서 본다고 해도, 아무런 사회적 요구 없이 독자적인 기술 변혁만 가능했으리라 보기는 어렵다. 돌로레스 헤이든이 『가사대혁명(The Grand Domestic Revolution)』에서 살핀 바와 같이, 근대 이후 산업사회는 가사노동의 수행방식과 공간에 대해 새로운 필요성과 실험을 제안했다. 헤이든은 미국의 중심으로 한 실험적 가사노동 시설들을 분석했으며, 결론적으로 근대 이후의 부엌은 정치적이자 정책적 산물임을 밝혔다. 근대부엌은 전통부엌과 오늘을 가르는 큰 전환점을 이루는 것과 동시에, 근대와 산업, 국가, 가족이라는 복잡한 관계 속으로 주거를 위치시키는 역할을 담당했다.

이 두 관점의 가장 큰 차이는 근본적으로 부엌의 여성성을 전통적 고정관념으로 인정하는가, 아니면 근대적 현상으로 해석하는가에 따른다.

168) Sigfried Giedion, *Mechanization Takes Command,* University of Minnesota Press, 2013, pp.513-547 (Originally published in 1948)

전자의 경우는 부엌이 태초부터 여성만의 영역으로 존재해왔다는 굳건한 믿음에 바탕을 둔다. 여성의 문제를 제외하고 근대부엌의 긍정적 측면만 강조했던 연구는 그 안에 담긴 인간과 사회의 관계에 대해 크게 주목하지 않았다. 반면 후자의 경우는 부엌이 근대를 거치면서 더욱 여성의 분야로 결속되었다는 역사적 사실을 밝히고자 노력했다. 기본적으로 새로운 부엌을 바란다는 사회적 요구가 강하지 않았다면 기술적 해법도 뒤따르지 못했을 것은 당연하다.

본 장에서 고찰한 내용은 후자의 관점에 가깝다. 여성만의 가사노동이라는 개념도, 산업 발달에 따라 가사노동의 표준이 점점 높아지는 것도 모두 근대적인 현상이었던 것을 살펴보았다. 그로부터 여성을 해방시키거나 혹은 반대로 더욱 공고히 하기 위한 새로운 부엌에의 실험도 찾아볼 수 있었다. 결과적으로 가장 파급력을 보였던 프랑크푸르트 키친이나 키친 프랙티컬 등은 모두 근대적 가족을 대상으로 하나의 프로토타입을 성립시켰으며, 이후 상업적 모델로 분화했다. 자본주의 산업화, 직주분리, 영역분리, 가정성, 가사노동, 과학적 관리, 효율성이라는 개념은 모두 서구 근대부엌을 탄생시킨 중요한 기틀이 되었다.

가정성은 여성성을, 과학적 관리와 효율성은 합리화를 표방했다. 부엌의 효율성은 여성의 가사노동을 더욱 당연한 것으로 받아들이게 하는 기제로 작동했다. 이러한 노선은 19세기 영역분리주의 통념을 크게 거스르지 않는 범위 내에서 여성의 지위를 보장받고자 한 전략적 선택이었을지 모르나, 결과적으로 가사노동을 영원히 여성의 영역으로 각인시켰다는 모순적 한계를 넘지 못했다.

부엌을 바꾸자는 사회적 논의나 각종 가전제품이 등장할 때는 언제나 여성을 위한다는 피상적 이유로 포장되었다. 동시에 '가족을 위해서'라는 감성을 자극하기도 했다. 새로운 부엌과 가사노동의 과학적 관리는 흥미롭게도 '가족'을 매개로 원활히 전개될 수 있었다. 페미니스트들의 '부엌없는 집'이나 종교 공동체 및 유토피아 사회주의자들이 제안했던 공동부엌이 지속되지 못했던 이유도 여기에 있다. 세대를 거쳐 부엌을 이어줄 '가족'이 부재했기 때문이다. 공동부엌이나 부엌없는 집과 같은 시도는 한때의 실험에 그쳤고, 살아남았다 하더라도 소수집단의 드문 사례로 회자될 뿐이었다.

물론 캐서린 비처의 부엌도 책에 실린 하나의 계획안에 지나지 않는다. 그러나 오히려 실현되지 않은 원안(元案)으로 더욱 중요하게 평가받는다. 효율성이라는 개념이 등장하기 전부터 체계적 배치와 부엌의 집약적 면적을 강조했으며, 크리스틴 프레데릭의 가사공학, 프랑크푸르트 키친, 순환작업공간에도 비처의 영향력이 여실히 드러나기 때문이다. 이들을 거쳐오면서 발달한 근대부엌은 노력, 비용의 손실이 일어나지 않도록 주부의 작업 효율성을 높인다는 목표에 맞추어졌고, 오늘날의 부엌도 여전히 그러하다. 부엌 면적을 집약시키는 것은 도시의 제한된 주거면적을 운용하는 데에도 유리한 방편이 되었다.

이들의 성과에는 한가지 원칙이 두드러진다. 바로 부엌의 면적은 작고 동선은 짧을수록 효율적이라는 원리, '최소면적의 최대효율'이다. 이 원칙 안에서라면 부엌에서 일하는 이는 철저하게 한 명이라는 사실을 벗어날 수 없다. 그웬돌린 라이트가 지적했듯이, 릴리언 길브레스의 부엌 계획도 '노동자 한 사람의 효율성을 기준'으로 했을 뿐이며 여성의 일반적 복지는 애초에 고려대상이 되지 못했다. 일하는 여성과 전업주부의 차이를 고려하지 않았고 왜 여성이 혼자서 모든 가사를 돌보아야 하는지도 묻지 않았으며, 부엌일을 효율적으로 수행할 수 있는가에만 주목했다.[169] 근대적 가사노동이 여성의 업무로 규정되었듯이 부엌의 효율성은 여성을 전제로 성립한 근대적 개념이었다.

다른 한편으로는 부엌을 하나의 유닛처럼 취급하여 마치 갈아 끼울 수 있는 부품처럼 인식하는 결과를 초래했다. 주부 한 사람을 위한 최소면적의 최대효율적 공간이 대량생산 상품으로 개발·보급되었으며, 주거에 언제든 탈부착이 가능한 존재로 평가절하되었다. 부엌을 주거 전체의 공간적 관점에서 보지 못하고 싱크대 주변으로만 한정짓는 부작용을 낳았다. 동작과 동선을 집약시켜 효율성을 높인다는 개념은 명확했지만, 오히려 부엌을 건축의 영역에서 앗아갔다고 보아도 무방하다.

169) 스피로 코스토프 편저, 우동선 옮김, 앞의 책, 2011, p.414

02
부엌개량론

한국 근대부엌의 등장은 산업사회의 영향으로만 설명되지 않는 특수한 배경으로 거슬러 올라간다. 일제강점기 부엌개량론의 중심에는 위생, 능률보다 '여성'이 존재했으며, 이는 근대에 들어 강화된 부엌의 여성성을 보여준다. 부엌개량론은 근대적 주부를 소환하는 프로파간다로도 존재했다. 1920~30년대의 부엌개량론은 '여성의 위생'에서 시작하여 '여성의 능률'로 귀결되었다. 능률 개념은 같은 시기 서구 근대부엌과의 분명한 접점으로 볼 수 있겠으나, 그 안에서 자발성과 강제성의 양면을 발견할 수 있다. 여기에서 비롯된 '능률과 입식화'는 이후 세대로 이어지는 부엌의 지향점이 되었다.

부엌개량론 재고의 필요성

20세기 초의 한국 사회에서도 부엌의 변화를 촉구하는 움직임을 발견할 수 있다. 건축가, 의사, 교육자 등의 지식인들이 신문과 잡지를 통해 부엌개선책을 논의하기 시작했으며, 부엌의 비위생성과 불편함, 전통적 식생활 문화의 부조리함 등을 비판했다. 1920~30년대에 집중되었던 이러한 현상을 가리켜 '부엌개량론' 혹은 '부엌개량운동'이라 부른다.

부엌개량론도 우선적으로는 산업사회와의 관련성을 추정해 볼 수 있다. 그러나 우리의 경우 서구 근대부엌과 같은 배경으로만 그 원인을 찾기는 어렵다. 일제강점기 말까지만 해도 농업 비율이 70%가 넘었으며 상업은 6.5%에 불과했다.[1] 20세기 초의 한국은 실질적으로 농업사회에 가까웠으며, 또한 당시 우리가 처했던 식민지적 특수성을 완전히 배제할 수 없다.

선행연구들이 주목한 부엌개량론의 주요 배경은 '근대적 위생 사상과 서구적 가족 개념이 유입되고, 건강하고 단란한 가족생활과 가사노동의 편리함을 추구하면서부터'라는 설명으로 요약할 수 있다. 그러나 이러한 근대적 현상이 출현하게 된 전후 상황을 다룬 연구는 일부에 국한된다.[2] 그동안 건축분야에서는 주로 부엌의 '근대성'보다 '근대화'에 주목했으며, 부엌을 중점적으로 다루었다기보다 대부분 주택개량운동의 일부 사례로 조명해왔다.

이러한 이유로 부엌개량론에 대한 해석은 건축과 건축 이외 분야에서 큰 차이가 발견된다. 건축 분야에서 '부엌개량론이 부엌의 근대화를 촉

1) 일제강점기 조선의 농림업 비율은 1917년 85.1%에서 1940년 72.7%로 감소했지만 여전히 국민경제의 70% 이상을 차지했다. 상업은 1917년 5.4%에서 1940년 6.5%로 성장했을 뿐이었다. (김혜경, 『식민지하 근대가족의 형성과 젠더』, 창비, 2006, p.92)

2) 부엌만 분석한 연구 사례는 아니지만, 주택개량론이 실제적으로 '주택 자체를 개량하려고 했다기보다 가족제도 개편의 목적으로서 주택을 매개로 한 생활방식의 근대적 재편을 겨냥했다'는 분석이나(김명선·심우갑, 2002), 1930년대 여성지의 가정탐방기가 '남성들이 기획한 여성훈육기제'로 작용했다는 점을 피력한 연구(박철수, 2006)를 참고할 필요가 있다. 김명선, 심우갑, 「1920년대 초 '개벽'지에 등장하는 주택개량론의 성격」, 『대한건축학회논문집계획계』 18(10) 2002, pp.115-122; 박철수, 「1930년대 여성잡지의 '가정탐방기'에 나타난 이상적 주거공간 연구」, 『대한건축학회논문집계획계』 22(7), 2006, pp.39-48

진시키는 계기가 되었다'[3]고 긍정적으로 결론 내린 것과 달리, '아직 근대적 주의식(住意識)이 확산되지 않은 식모 공간에 가깝다'[4]는 여성학 분야의 해석은 부엌개량론에 대한 동상이몽이 아닐 수 없다.[5] 근대부엌이 부엌의 긴 역사에서 큰 전환점이 되었다는 점을 감안할 때, 일제강점기 부엌개량론을 근대성의 관점에서 고찰할 필요성은 크다. 이 장에서는 부엌개량론의 담론적 구도를 보다 객관적 방법으로 분석하는 것을 시작으로, 20세기 초 한국 부엌에서 중요 개념의 등장과 의미에 대한 재고찰을 시도했다.

의미연결망 분석으로 본 부엌개량론의 구도[6]

의미연결망 분석(Semantic Network Analysis)은 사회 시스템 구조를 파악할 때 행위자 사이의 관계를 중시하는 '사회연결망 분석(Social network analysis)'을 커뮤니케이션 메시지에 적용시킨 방법이다.[7] 개념적으로는 추출된 단어의 전(前)처리 여부에 따라 '텍스트 네트워크'와 '언어의미 네트워크'의 방법론으로 나뉘지만, 영어로는 '시멘틱 네티워크(Semantic network)'라 쓰고, 한글로는 '언어 네트워크 분석'으로 통칭하는 경향이 있다.[8] 언어 네트워크 분석의 방법론은 '의미 네트워크 또는 의미연결망, 개념 네트워크, 단어 네트워크, 텍스트 네트워크, 키워드 네트워크, 동시단어분석' 등의 이름으로 불리며, 사회과학 분야뿐 아니라, 의학, 교육, 정책 분야

3) "특히, 여성지식인들이 요구했던 재래식 부엌의 개선점들을 건축가들의 주택개량연구에 반영되어 부엌의 근대화를 촉진시키는 계기가 되었으며, 주택 기술의 발달과 더불어 변화를 거듭해 온 현대의 주방과 그 유사점을 생각해 볼 때, 매우 발전적인 논의였다고 평가할 수 있다." (김용범, 「일제강점기 여성지에 나타난 생활개선 담론의 경향 고찰 -주생활 및 부엌개량의 내용을 중심으로-」, 『한국주거학회논문집』 44(2), 2011, p.61)

4) 김혜경, 앞의책, 2006, pp.263~264

5) "부엌 공간의 합리화가 여성의 사회진출을 위해서가 아니라 가족 건강 유지라는 차원에서만 논의되고 있던 것도 이런 근대화 담론의 제한성에서 연유한다고 하겠다." (박진희, 「일제하 주택 개량 담론에서 보여지는 근대성」, 『담론 201』 7(2), 2005, p.105)

6) 이 절의 내용은 2016년 대한건축학회에 발표했던 논문을 요약한 것으로, 자세한 분석방법은 다음의 논문에서 확인할 수 있다. 도연정, 전봉희, 「의미연결망 분석을 통한 1920-30년대 부엌담론에 관한 연구」, 『대한건축학회논문집계획계』 32(7), 2016, pp.29-36

7) 최윤정, 권상희, 「'빅데이터' 관련 신문기사의 의미연결망 분석」, 『사이버커뮤니케이션학보』 31(1), 2014, p.250

8) 이수상, 「언어네트워크 분석 방법을 활용한 학술논문의 내용분석」, 『정보관리학회지』 31(4), 2014, p.50

의 연구에도 많이 활용된다.[9] 전통적인 내용분석 방법론이 노동집약적이고 연구자의 주관적 해석을 배제할 수 없다는 단점이 있는 반면, 의미연결망 분석은 컴퓨터 분석에 기반하므로, 자의적 해석을 미연에 방지할 수 있다는 장점이 있다.[10]

먼저 기사에 등장하는 단어들의 빈도와 한 문장 안에서 동시에 사용되는 단어들의 관계를 통해 신문 보도의 의미화 패턴을 분석했다. 정보 단위가 되는 단어를 각각의 노드(node)로 놓고 이를 연결하는 링크(link)로 나타내었을 때 단어들의 '공동출현(co-occurrence)' 관계를 기준으로 해석하는 방식이다.[11] 공동출현이란 어떤 키워드가 특정한 기준의 범위 내에서 동시에 출현하는 것을 말한다.

공동출현 관계의 주요 분석지표로는 기본속성 분석(밀도, 지름 등), 중앙성 분석(연결정도 중앙성, 인접 중앙성, 사이 중앙성, 위세 중앙성) 등이 있다. 쉽게 말해 어떤 단어가 관계의 중심에 위치하는가, 어떤 단어가 영향을 주거나 받고 있는가를 나타내는 방식이다. 예를 들어 '아궁이'라는 단어가 있다면 이것이 어떤 다른 단어들과 주로 함께 등장하는가를 각각 분석지표로 확인할 수 있다. 신문기사에서 '아궁이'가 가지는 중요도는 이 단어에 링크(link)된 다른 단어(node)의 연결강도(strength)로 파악할 수 있다. 이러한 공동출현 관계는 수치로도 읽을 수 있고, 네트워크 분석도구를 통해 소시오그램으로 시각화할 수도 있다.[12] '아궁이'와 관련된 단어가 많을수록 연결강도 수치는 높아지며 소시오그램에서도 더 굵은 선으로 나타난다.

의미연결망의 분석 자료로는 1920~30년대 동아일보에 실린 부엌 관련 기사를 수집했다. 『동아일보』는 1920년 『조선일보』와 동시에 창간되어 1940년 강제 폐간되기까지 일제강점기 생활개선운동의 주요한 창구역

9) 박치성, 정지원, 「텍스트 네트워크 분석: 사회적 인식 네트워크 분석을 통한 정책이해관계자 간 공유된 의미 파악 사례」, 『정부학연구』 19(2), 2013, pp.77~78

10) 최윤정, 권상희, 앞의 글, 2014, p.250

11) 최윤정, 권상희, 앞의 글, 2014, p.251

12) "네트워크 분석도구에는 UCINET, Pajek, NetMiner, SPSS 같은 프로그램이 주로 사용되고 있다. UCINET은 다양한 연결망 분석 기법을 활용할 수 있는 종합프로그램이다. UCINET은 프로그램 자체에서 연결망을 시각화하지 못하지만 NetDraw, Mage, Pajek 의 시각화 프로그램으로 연동이 가능하다. 1원 행렬의 결점수가 50개 이하인 경우에는 NetDraw를 권장하고, 결점수가 50개 이상이면 Mage, Pajek을 권장한다."(김용학, 『사회연결망 분석』, 박영사, 2011, p.68)

할을 담당했던 인쇄 매체였다.[13] 동아일보의 발행 부수는 1920년 창간 직후 약 1만 부였으나 1924년에는 2만 부로 증가했는데, 당시 2만 부는 시국 동향에 관심을 가진 일반인이라면 거의 구독계층이었다고 볼 수 있을 정도의 양이었다.[14] 여성지가 주부를 특정한 것에 반해 신문은 보다 광범위한 대상을 다루었다는 점에서도 20세기 초 부엌에 대한 대중적 생각을 파악하기에 유용한 자료이다. 부엌개량론에서 가장 대표적으로 언급하는 박길룡의 「주(廚)에 대하야」가 1932년 8월 동아일보 지상에 연재된 것을 보아도, 공론의 장으로서 당시 신문의 위력을 짐작할 수 있다.

먼저 1920년대와 30년대의 동아일보에서 '부엌, 부억, 주방'을 검색어로 총 2,252건의 기사를 검색했다. 우선 1920년대보다 1930년대에 부엌 관련 기사가 증가했다는 점도 일차적인 특징이었다. 부엌을 개량해야 한다는 목소리가 그간 더욱 커졌다는 증거이기도 하다. 이 가운데 부엌 개량론과 직접 관련되지 않는다고 판단되는 것은 제외하고 총 115건의 기사를 대상으로 삼았다.

의미연결망 분석은 텍스트를 구성하는 모든 단어가 아닌, 키워드로서 자질(feature)이 있는 단어들만 선택한다는 점에서 텍스트 네트워크 분석과 차별된다.[15] 분석대상인 키워드는 1차 추출 단계, 2차 클렌징 단계를 거쳐 최종 선정했다. 클렌징(cleansing)은 단어의 교정·품사형태 변경·약어·띄어쓰기 등의 전처리 과정을 거쳐 분석에 쓰일 키워드를 최종 선정하는 작업을 말한다.

1차로 추출된 단어는 모두 192개였으나, 그중 '살풍경·입체적·증오·권태·피땀' 등과 같이 빈도수가 1 이하인 것은 제외시켰고 유사한 군은 같은 단어로 산정하는 등 클렌징을 실시했다. 예를 들면, '주부·부인·여성·여자·아내·여학생' 등은 모두 '여성'으로, '더러운·불결'은 모두 '불결'로, '병균·미균·세균' 등은 모두 '세균'으로 분류하는 방식이다. 한

13) 1928년 총독부 경무국 조사에 따르면, 『동아일보』의 발행부수가 40,968부, 『조선일보』가 18,320부였다. 『동아일보』는 생활개선과 관련된 지식인들의 논설들을 다른 신문사들보다 더 활발하게 게재했다. (박용환, 『근대주거론』, 기문당, 2010, p.270)

14) 동아일보사, 『동아일보사사(東亞日報社史) 제1권』, 동아일보사, 1975, p.123

15) "키워드로서의 자질이란 주로 해당 텍스트의 주제적 특성을 나타내는 것이므로, 주로 단어의 출현빈도를 기초로 판단한다." (이수상, 앞의 글, 2014, p.55)

표 2-1. 의미연결망 분석 대상 키워드와 빈도

순서	키워드	빈도
1	위생	69
2	소독	45
3	생활	34
4	가정	33
5	가족	32
6	개량, 여성	28
7	책임, 여성교육	26
8	가사	22
9	능률, 정리정돈, 건강	16
10	경제	15
11	온돌	14
12	부뚜막	13
13	함실이궁이, 아궁이, 연료	12
14	식모, 마루, 바닥, 설비	11
15	불결, 청결	10
16	합리	9
17	문화, 주택	8
18	식사, 식당, 소제	7
19	병균, 전등, 안방, 과학, 연구	6
20	습기, 노력, 통풍, 채광, 설거지, 찬방, 마당, 벌레	5
21	컴컴한, 연기, 찬장, 병	4
22	냄새, 조선, 사회, 기계	3
23	봉사, 역사	2
총 기사의 수		115
추출된 키워드의 수		54
키워드의 총 빈도수		681

편 '청결·습기·불결·벌레' 등의 단어는 위생의 하위 범주에 들 수 있지만, 모두 위생으로 통합시키지는 않았다. 이상의 단어들은 '위생'이라는 개념적 단어에 대한 구체적 행동 지침을 전달하기 때문이다.

표 2-1은 192개의 단어 중 1·2차 클렌징을 거쳐 최종적으로 선정된 54개의 키워드와 빈도를 정리한 것이다. 표에 따르자면 1920~30년대 동아일보의 부엌 관련 기사에 가장 많이 등장하는 키워드는 '위생'이었다. '소독'도 같은 범주에 속한다. 지금까지의 선행연구도 '위생'을 부엌개량론의 주요 개념으로 해석했다.

그러나 전술한 바와 같이, 의미연결망 분석은 단순히 빈도만으로는 알 수 없는 키워드 간 관계를 중심성 지수(centrality)로 가시화하여 담론의 구도를 파악한다는 점에서 차별적이다. 의미연결망을 분석해서 만약 '위생'이 다른 키워드보다 중심성이 떨어지는 결과로 드러난다면, 선행연구에서 밝히지 못했던 새로운 해석을 기대할 수 있다.

의미연결망 분석의 첫 단계로, 위의 키워드를 날짜별 기사에 따라 0, 1로 기입한 매트릭스를 정리했다. 이러한 「날짜×키워드」의 2원 행렬(2 mode matrix)을 UCINET 프로그램을 이용하여 공동참여연결망(affiliation network)으로 변환한다. 공동참여연결망은 키워드간의 공동출현 관계를 보여주며 2원 행렬을 1원 행렬로 변환한 준연결망(quasi network)이다.[16] 이것은 모든 연결수를 시각화 한 소시오그램과 중앙성 지수를 근거로 단어들의 영향관계를 나타내준다. 여기에서 중앙성(centrality)은 공동참여연결망에서 어떤 단어가 전체 네트워크에서 중심적인 위치를 차지하고 있는지 숫자로 보여주는 개념이다.

그다음 단계로, 선정한 키워드의 영향관계를 넷드로우(NetDraw)를 이용하여 소시오그램으로 표현했다. 넷드로우는 키워드의 중앙성 지수를 그물망 구조로 나타내주는 프로그램 중 하나이다. 그림 2-1과 같이 긴밀한 공동참여연결망의 구조는 모든 키워드가 예외없이 서로 관련되어 있음을 의미한다.

16) 기사와 키워드의 관계로 만들어진 행렬에서 실제로 키워드와 키워드 간의 인위적인 관계를 설정해 줄 수 있다. 이렇게 실제적인 상호작용을 측정하지 않고 연결을 가정해 주고 분석 가능한 연결망을 구축한 것을 준연결망(quasi network)이라고 한다. (김용학, 앞의 책, 2011, pp.89-97)

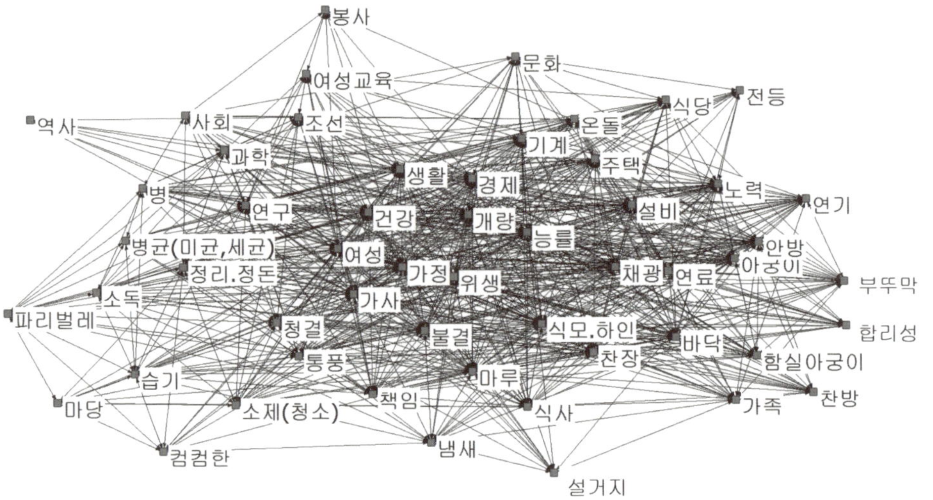

그림 2-1

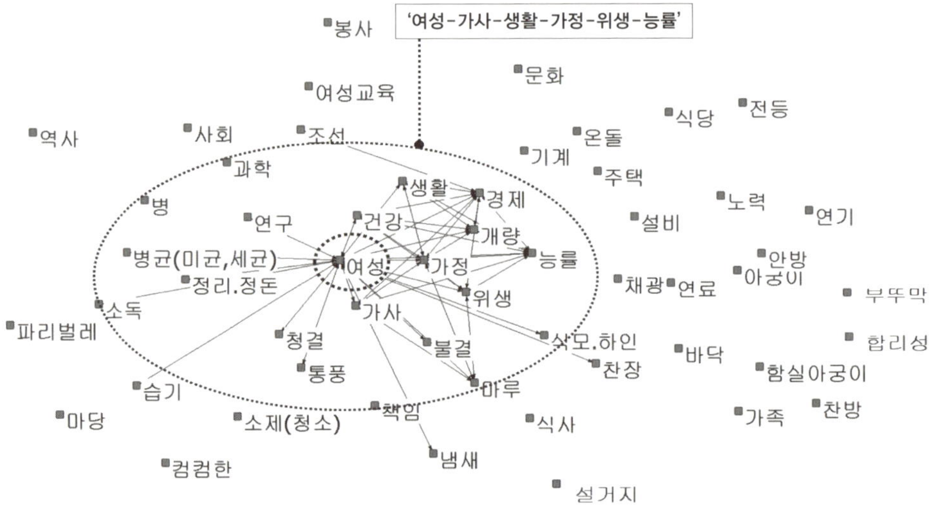

그림 2-2

그림 2-1. 부엌 관련 기사의 공동참여연결망(전체)

그림 2-2. 부엌 관련 기사의 공동참여연결망(link≥8)

그러나 거미줄처럼 촘촘한 구도에서 키워드 간의 관계를 파악하기는 어려우므로, 연결 개수인 링크(link)가 낮은 것을 제외시키고 가장 많은 연결성을 보유한 단어 위주로 그림을 변환했다. 그림 2-2와 같이, 유효 연결망의 수를 높여보면서 연결망을 그려보는 것은 약한 연결고리들을 배제하고 주요한 연결망들의 집합을 파악하는데 유용하다.[17] 이렇게 하면 복잡한 연결망 그림의 중심에 위치하는 단어를 쉽게 확인할 수 있다.

결과적으로 전체 관계망의 중심에 '여성'이 위치하는 것을 볼 수 있다. 앞서 빈도를 기준으로 할 때 '위생'이 담론 구도의 중심에 속할 것이라 예상했던 것과는 다른 결과를 드러낸 것이다. 만약 부엌이 본래 여성의 영역이었다고 일축해 버린다면 이 구도에 담긴 근대적 현상을 읽어내지 못할 것이다. 그러나 전술한 바와 같이 부엌의 여성성은 동서양 공통적으로 근대에 이르러 부각된 개념이었다. 따라서 이 공동참여연결망은 1920~30년대 동아일보의 부엌 관련 기사가 여성과 부엌의 관계를 의도적으로 강조하는 방향이었음을 의미한다.

특히 중앙의 '여성'을 기준으로 왼쪽 그룹은 '소독·정리·병균·습기·청결·통풍'이며, 이들은 모두 위생과 관련된 단어로 볼 수 있다. '여성과 위생'의 연결 구도는 '위생을 연구하고 실천할 책임이 여성에 있다'는 기사를 나타낸다.[18] 한편 '여성'의 오른쪽으로 연결된 '건강·생활·경제·개량·능률·가정·불결' 등의 키워드는 여성의 역할을 가족의 건강·생활의 개량 및 가계 경제로 확장한 담론과 관련된다.

이러한 여성 중심 구도는 각 키워드의 중앙성 값으로도 증명할 수 있다.[19] 연결정도 중앙성과 사이 중앙성 값이 높을수록 중심 위치를 차지하는 키워드이기 때문이다. 단 인접 중앙성 값은 거리(farness)로 표

17) 김승범, 「연결망 분석을 이용한 동대문디자인플라자의 대중담론 연구」, 『대한건축학회 논문집』 29(8), 2013, p.64

18) "한 가정의 건강의 원천인 부엌의 위생은 한 가정 사람들이 모두 연구(하고) 고려치 아니하면 아니 될 문제이지만은, 더구나 그 가정의 주부된 사람에 있어서는 누구보다도 책임이 중하다고 아니할 수 없습니다." (「정결한 부엌은 건강의 첫거름」, 『동아일보』, 1927.07.16)

19) 중앙성은 공동참여연결망에서 어떠한 단어가 전체 네트워크에서 중심적인 위치를 차지하고 있는지를 보여주며, 연결정도 중앙성(degree centrality)·사이 중앙성(betweenness centrality)·인접 중앙성(closeness centrality)이 있다. 연결정도 중앙성은 하나의 키워드가 연결망의 중심위치에서 얼마나 많은 노드(키워드)와 연결되는가를 보여주는데, 이것이 높다는 것은 그 노드가 핵심적 영향력을 가지고 있음을 말한다. 사이 중앙성은 한 노드가 다른 노드들 사이에서 일종의 브리지(bridge) 역할을 하는 정도를 말한다.인접 중앙성은 다른 점들 사이의 인접성을 말한다. 경로거리의 합(farness)이 가장 작은 노드가 전체 중앙성이 가장 높은, 즉 네트워크 전체의 중심을 차지하는 단어가 된다. (김용학, 앞의 책, 2011, p.89)

표 2-2. 중앙성 지수(centrality)의 순위(top15)

연결정도 중앙성		사이 중앙성		인접 중앙성	
여성	447	여성	69	여성	53
가정	285	가정	53	가족	56
개선	249	가사	43	가사	58
경제	232	건강	33.7	위생	59
능률	225	위생	33.4	건강	59
위생	209	개선	33	능률	60
건강	205	경제	30	개선	61
가사	192	능률	28	경제	62
생활	179	마루	25	불결	64
마루	174	불결한	21.7	마루	65
불결	126	연구	21.2	식모	66
청결	125	청결	21.1	생활	67
식모	119	생활	19	청결	67
연구	104	식모	15	설비	68
설비	99	설비	14	연구	68

표 2-3. 1920년대와 1930년대 주요 키워드의 사이 중앙성 순위 변동 비교(top 15)

순위	1920년대 사이 중앙성 (Betweenness centrality)		1930 사이 중앙성 (Betweenness centrality)		순위차
1	**여성**	108	**여성**	86	-
2	**위생**	98	가정	83	△1
3	가정	68	가사	65	△7
4	청결	45	건강	46	△2
5	개선	42	개선	43	-
6	건강	40	경제	41	△1
7	경제	39	마루	37	진입
8	**능률**	23	**능률**	35	-
9	온돌	22	생활	31	△2
10	가사	14	설비	26	진입
11	생활	14	정리정돈	23	진입
12	연료	13	식모	22	진입
13	연구	13	불결	18	△2
14	식사	11	채광	17	진입
15	불결	11	**위생**	17	▼13

시되기 때문에 이 수치가 낮을수록 인접 중앙성은 높은 것으로 해석한다. 표 2-2를 보면 '여성'의 중앙성 세 값이 모두 높은 것을 확인할 수 있다.

그렇다면 이와 같은 상황이 1920년대와 30년대에서 차이를 보이지는 않는지, 연대를 나누어 다시 분석해 보았다. 부엌개량론이 1930년대에 보다 활발했었던 사실을 감안한다면 주요 키워드의 관계도 그 사이에 분명한 변화를 보였을 것이다. 특히 사이 중앙성은 전체 네트워크의 비교적 상위 위계에서의 영향력을 보여주는 지표로 활용되는 값이다. 1920년대와 1930년대 부엌과 관련한 주요 키워드의 사이 중앙성 값 상위 15개를 정리하면 표 2-3과 같다.

먼저 '위생'의 순위 하락이 가장 두드러진다. '여성·능률'은 각각 1위와 8위로 제자리를 지키고 있는 것과 달리 '위생'은 1920년대 2위에서 1930년대에는 15위로 사이 중앙성 값이 떨어졌으며, 같은 의미의 '청결'은 아예 순위 밖으로 밀려났다. 즉 1930년대의 의미연결망에서 '위생'의 절대적 중요성이 감소하고 '능률'과 관련한 단어들이 증가하는 양상이 발견된다. 또 '온돌, 연료, 연구, 식사'의 경우도 1930년대에는 15위 밖의 순위로 낮아진 것을 볼 수 있다. 그 대신에 '마루, 설비, 정리, 식모, 채광' 등 능률과 연관된 단어가 새로 등장하는 것도 특징이다. 전반적으로 1920년대에 비해 1930년대에서 위생의 비중은 감소하고 능률에 집중되는 경향을 읽을 수 있으나, 전체 담론 구도의 중심에는 항상 '여성'이 존재하는 것을 다시 한번 확인했다.

위의 내용을 넷드로우를 통해 소시오그램으로 나타내면 다음 두 그림의 공동참여연결망으로 나타난다. 단, 명확한 구도 확인을 위해 링크 5 이상으로 조정했다. 먼저 1920년대의 공동참여연결망(그림 2-3)은 크게 좌우의 두 그룹으로 구분되는데, 가운데에 '여성·위생·능률·경제'를 공유한다. 이 중에서도 우선 '여성과 위생'의 굵은 연결강도(strength)를 확인할 수 있다. '여성'에 연결된 키워드는 ①'통풍·습기·찬장·소독·냄새·병균·개량'이며, 다음으로 ②'위생·능률·건강·가정·경제'가 소그룹을 형성하는 양상을 보인다. ①과 ②그룹 모두 '여성'을 구심점으로 하

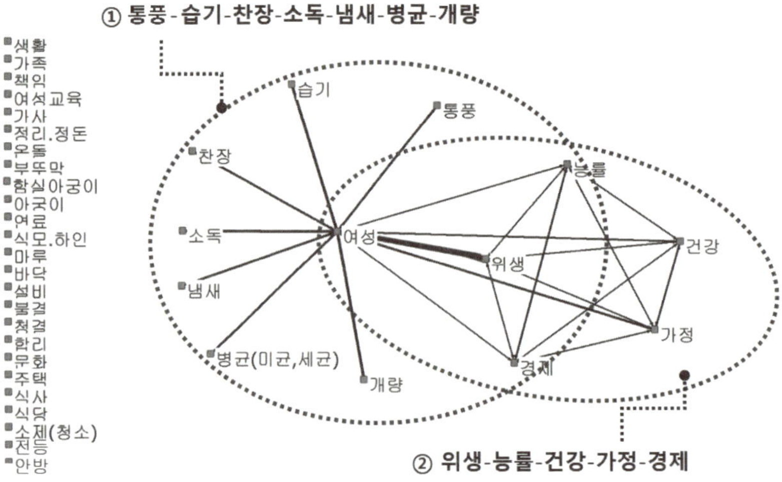

그림 2-3

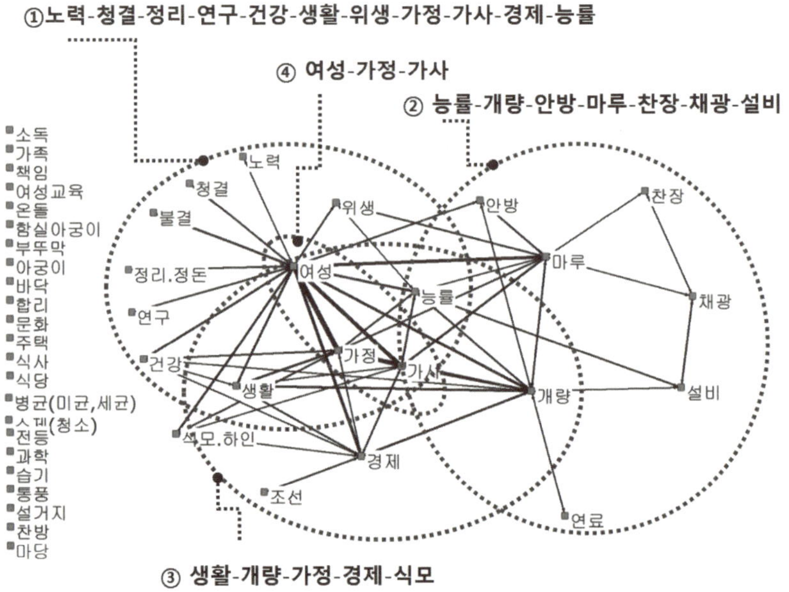

그림 2-4

그림 2-3. 1920년대 부엌 관련 기사의 공동참여연결망(link≧5)

그림 2-4. 1930년대 부엌 관련 기사의 공동참여연결망(link≧5)

는데, ②그룹이 능률, 위생, 경제와 같이 개념적 단어의 집합체인 반면, ①그룹은 소독, 냄새, 찬장과 같이 구체적·실천적 행동을 촉구하는 단어들로 볼 수 있다. 이것은 곧 부엌에서 위생과 능률을 모두 여성의 책임과 역할로 강조하고 이에 대한 실천을 촉구하는 구도를 보여준다.

이에 반해, 1930년대 부엌 관련 기사의 공동참여연결망(그림 2-4)은 전체적으로 1920년대보다 좀 더 복잡한 양상 구도로 드러났다. 여성의 키워드가 중심이 된다는 점은 1920년대 구도와 같지만, 1930년대에는 능률 및 그와 관련한 단어들(노력, 정리, 정돈, 연구, 식모, 하인, 마루, 찬장, 설비, 연료 등)이 더 구체적으로 부각된다.

그림 2-4는 ①'노력·청결·정리·연구·건강·생활·위생·가정·가사·경제·능률', ②'능률·개량·안방·마루·찬장·채광·설비', ③'생활·개량·가정·경제·식모', ④'여성·가정·가사'로 구분할 수 있다. 가장 굵은 선의 ④그룹이 전체 연결망의 맨 가운데에 위치한다. 특히, ②그룹 중에서 '안방·마루·찬장·채광·설비'는 능률에 대한 실천적 개념이었다. 안방과 마루는 부엌 동선을 단축시키는 장치로 자주 거론된 단어였으며, 찬장·채광·설비는 부엌의 어떤 부분을 고쳐야 하는가에 대한 구체적 논의 상황을 나타낸다.

한편 '식모'는 1930년대의 식모폐지론과 연관된다. 식모는 신분제 붕괴에 따라 전통적 하인이 임금제 고용인으로 바뀌는 과정에 등장한 직업군이었다.[20] 당시 대부분의 가정은 대가족 제도와 전통적인 주거생활을 유지하기 위해 식모를 두지 않을 수 없었다. 대략 1920년대 후반에 식모층이 급증했다고 알려져 있는데, 흥미롭게도 1930년대에는 식모폐지론과 식모교육이라는 상반된 필요성이 동시에 제기되는 현상을 볼 수 있다.[21]

1920~30년대 동아일보만 대상으로 한 것이지만, 부엌 관련 기사의 의미연결망 분석은 그동안 크게 밝혀지지 않았던 부엌개량론의 숨겨진

20) 이아리, 『일제하 주변적 노동으로서 '가사사용인'의 등장과 그 존재양상』, 서울대학교 석사학위논문, 2013, p.26

21) "당시의 현실적 생활은 대가족 제도와 전통적인 주택설비 등으로 인하여 식모를 두지 않을 수 없는 상황이었다. 식모를 폐지하자는 신문지상의 주장은 현실과는 동떨어진 것이었으며, 다른 한편으로는 하녀나 식모에 대한 교육의 필요성이 제기되기도 했다. 실제로 경성에서는 20일 단기훈련의 식모학교가 운영되기도 했다." (김혜경, 앞의 책, 2006, p.262)

구도를 보여준다. 여기에 등장하는 위생, 능률, 여성, 가정, 가사, 개량과 같은 키워드들이 이전의 선행연구에서 언급되지 않았던 것은 아니나, 근대부엌의 여성성을 입증할 수 있는 담론 구도를 밝혔다는 차이가 크다.

그 중심을 유지한 채, 보다 자세하게는 1920년대의 '위생'에서 1930년대의 '능률'로 이행한다고 정리할 수 있다. 일제강점기 부엌개량론은 크게 '위생, 여성, 능률'을 주요 키워드로 존재했음을 확인했으며, 다음 절에서는 각각 키워드가 의미하는 바를 신문기사와 연결하여 분석해 보기로 한다.

위생과 가정

위생 권력과 전통부엌

부엌개량론 구도에 드러난 '위생'의 키워드는 근대적 위생개념의 등장을 나타낸다. 위생은 전통사회에는 존재하지 않았던 개념이었지만, '세균학', '병인체론(病因體論)'과 같은 근대의학이 발전하면서 동서양의 근대사회에 막강한 영향력을 발휘했다. 질병이 잡귀나 악령에 의해서 생기는 것이 아니라 세균에 의해 발생한다는 지식이 보급되면서, 병의 예방과 치료의 핵심은 보이지 않는 작은 벌레와의 전쟁처럼 받아들여졌다. 위생개념은 19세기 말 20세기 초 동아시아 전체를 휩쓸었으며, 개항 이후의 주거담론도 위생을 축으로 형성되었다.[22]

한국의 주거위생담론은 한말 개화파 관료들의 저술에서 처음 찾아볼 수 있다. 김옥균의 「치도약론」과 서재필이 주관한 『독립신문』은 모두 문명개화의 척도로 위생을 전면에 내세웠다.[23] 이때의 위생은 한 개인의 신체적 건강을 초월한 국가적 과제였으며, 강건한 나라를 만들기 위한 수단이자 목표로 강조되기 시작했다.

"일기가 차차 더워 오기에 백성들이 병 안 나기를 위하여 요긴한 말을 조금 하노라. 집에 병이 없으려면 정(淨)한 것이 제일이니, …… 첫째 몸을 정하게 하여야 할 터인데, 몸 정케 하기는 목욕이 제일이라. … 날이 더워지면 그 물 속에 각색 생물이 있는데, 그 생물은 서양말로 박테리아라 하는 것이라. 이 물건이 사람의 속에 들어가 각색 병을 모도 만나는데, …… 병 아니 나도록 하는 것이 병난 후에 고치는 일보다 더 소중한 일이니, 백성이 병이 없어야 나라가 강해지고 사농공상이 흥할터이니, 우리 하는 말을 별도로 주의하야, 말대로 시행하기를 바라노라."(「**논설**」, 『**독립신문**』, 1896.5.19.)

근대적 위생담론은 한 사회의 흥망성쇠를 좌우하는 기준으로까지 부상했다. 미셸 푸코는 근대 위생의 개념을 '19세기에 등장한 권력에 의한 생명의 중시'라 명명했다. 근대 이전의 권력 군주가 신민을 '죽게 만들거

22) 김명선, 『한말(1876~1910) 근대적 주거의식의 형성』, 서울대학교 박사학위논문, 2004, p.204
23) 박진희, 앞의 글, 2005, p.86

나 살게 내버려 두는 권리'를 행사했다면, 19세기에 등장한 새로운 권리는 사람을 '살게 만들고 죽게 내버려 두는 권리', 바로 위생이라는 이름의 권리였다.[24] 위생은 깨끗하고 건강하자는 선택의 문제가 아니라 사람의 죽고 사는 문제를 관장하는 위치에 올랐다. 죽음의 공포 앞에서 위생은 거부할 수 없는 규범이 되었고, 근대인의 생활 전반을 통제하는 헤게모니를 형성했다.

일례로 1907년과 1909년의 콜레라 사건은 질병과 예방이라는 이름으로 단행된 맹목적인 위생행정의 일면을 보여준다. 1907년 통감이었던 이토 히로부미는 10월 예정된 일본 황태자의 방한에 대비하여 군대를 동원한 무단적 방역활동을 펼쳤는데, 지역을 강제로 소독하고 우물을 폐쇄하는 것은 물론 비위생적이라고 판단되는 주민들을 이주시키고 철저한 감시와 봉쇄 등을 조치했다.[25] 방역활동은 개인 권익의 보호보다 오로지 콜레라가 전파되지 못하는 것에 집중되었으므로, 심한 경우에는 콜레라 감염 여부를 의학적으로 검사하고 소독한다는 명분을 들어 경찰에 구인된 사람을 다섯 차례씩 목욕시키기도 했다.[26]

'청결 대 불결'의 대립구조는 곧 '선과 악'이라는 메타포를 만들어냈다.[27] 무조건 깨끗해야 했고, 소독·손씻기 같은 개인 위생과 주변 환경의 청결이 무엇보다 중요해졌다. 깨끗하지 않거나 정돈되지 않은 모든 것은 나쁘게 인식되었으며 바꾸어 마땅한 대상이 되었다. 위생은 마치 문명의 척도와 같았다.

이와 같은 배경에서 가장 시급히 개량할 주택문제로 부엌과 변소가 거론된 것은 당연한 수순이었다. '조선 부엌은 집안에서 가장 더럽다'[28]고 평가되기까지 했다. 음식을 만드는 장소로서 부엌이 깨끗할 것은 당연했지만, 부엌의 위생은 단순히 청결의 문제를 벗어난 시대적 과제로 확대되었다. 위생은 가족의 건강, 나아가 가정의 안녕과 국가의 부강으로

24) 미셸 푸코, 김상운 옮김, 『사회를 보호해야 한다』, 난장, 2015, p.287-289
25) 천병철, 「우리나라 감염병관련 법률 및 정책의 변천과 전망」, 『감염과 화학요법』, 43(6), 2011, p.476
26) 박윤재, 『한말 일제초 근대적 의학체계의 형성과 식민지배』, 연세대학교 박사학위논문, 2002, p.
27) 고미숙, 『위생의 시대』, 북드라망, 2014, p.30
28) "현재 조선부엌은 부인들이 어는 곳이 될뿐더러 온 집안 중에 가장 더러운 곳이 됩니다. 가장 깨끗해야 할 부엌이 지금 제도는 도저히 깨끗하게 할 수가 없습니다. …… 다만 부인네들에게 고생이 될뿐더러 부인네의 건강에 여간 악영향이 있을 것 아니니 결코 조그마한 문제가 아니라고 생각합니다." (「겨울과 조선부엌, 불완전한 부엌이 부인위생에 큰 해」, 『동아일보』, 1926.11.01.)

직결되는 영향력을 발휘했기 때문이다. 가정 위생을 민족의 범주로 규정한 구도는 1921년 제중원 의사 홍석후의 글에서도 잘 나타난다.

"이 가정 위생은 그 민족에게 중대한 관계가 있다고 하겠습니다. … 조선 사람의 곳칠 것은 조선의 가옥 제도입니다. …… 제일로 폐지할 것은 조선의 행랑방이니 손이 차저 오드래도 불결한 행랑방이 있는 것이 비상히 불쾌할지며 행랑방을 지나서 들어서면 안마당에서 안부엌이 보이고 또는 수채가 보이며 뒷간도 보입니다. 이것도 위생에 좋지 못하고 또 조선 부엌은 매양 안방에 달려 있음으로 안방 뒷문 밖이 부엌이 되옵니다. 그리하여 내여 버린 더러운 것이 그곳에서 썩어 악취를 발할 뿐 아니라 겨울이 되면, 그것이 얼어 붙었다가 봄이 되면 그것이 풀리어서 그 습기가 전부 방으로 들어오기 때문에 조선 사람들은 그 습기로 인하여 「류마치스」 같은 병에 걸리는 일이 많습니다. …… 우리네의 집도 같은 제도라도 위치만 변경하여, 문간은 정결하게 하고 안방과 건넌방을 대문 안에 두고 부엌과 행랑방은 집 뒤로 붙이고 변소는 보이지 않는 뒤편에 떼어 지었으면 좋겠습니다." (**홍석후, 「가정생활의 개조, 긴급한 위생문제」, 『동아일보』**, 1921.04.03.)

특히 '물과 공기'는 질병을 예방하는 생활에서 매우 중요한 개념이었다. 신문기사에서는 '부엌에 습기가 없고 통풍이 잘 되도록 주부가 신경써야 한다'는 글을 찾아볼 수 있다.[29] '부엌 구석이 밝고 조금이라도 컴컴한 데가 없도록 천정에 조명'[30]을 할 것, 부엌의 환기가 용이하도록 굴뚝을 높이거나 창을 달거나, 먼지가 나지 않도록 시멘트 등으로 바닥을 바르는 법 등도 강조했다. 모두 채광, 통풍, 습기 등을 조절하기 위한 방편이었다. '우선 하얀 종이로라도 천정과 벽을 바르자'[31]는 제안에서는 청결에 대한 강박관념마저 느껴진다.

"똥 싼 기저귀와 오줌에 젖은 자리들이 그대로 널브러지고 부엌에는 발 들여놓을 틈이 없도록 밥 먹은 그릇이 벌려 놓여 있습니다. 그 꼴을 가장되는 이가 보고야 어찌 낯을 찡그리지 않으며, 비록 마음이 순하여서 그대로 보기로 그의 낯에서 웃음이야 나올 수가 있겠습니까." (**「생활개선의 제일보로」, 『동아일보』**, 1924.01.01.)

29) "부엌일에는 주부가 세밀한 주의를 해야 할 것입니다. 그중에도 제일로 부엌의 습기가 없게 하고 공기 유통을 좋게 할 것입니다."(「식기소독보다 행주를 깨끗게」, 『동아일보』, 1929.07.14.).
30) 「최신 유행의 광축, 빛나는 벽과 기둥」, 『동아일보』, 1931.11.01.
31) 「명량한 첫여름 기분에 맞추자면 방안은 어떠케 꾸밀까(3)」, 『동아일보』, 1933.05.21.

"그중에도 안방, 마루, 부엌 같은 곳이 더욱 심한데, 안방은 부인, 소아, 남자들이 상거하는 곳이니만큼 일광을 잘 받아서 밝고 공기유통이 잘 되어야 할 곳인데, …… 공기 유통이 잘되지 않고 불결하기 짝이 없으며,(이하 생략)" (「돈 덜들이고 새롭고 편리한 집을 지은 이야기」, 『별건곤』 16·17, 1928.12.)

"재래생활방법 중에 제일 고통되는 것은 주방입니다. 우리 가정 주방은 암실에 가깝습니다. 일광이라고는 얻어 볼 수 없고 따라서 불결한 음식물을 먹게 되는 것이 제일 고통이 아닐 수 없습니다." (「생활 부인 남녀 교제문제와 여자각계방면의견, 재래 생활방식 가운데 제일 고통되는 것이 무엇입니까」, 『동아일보』, 1930.04.05.)

"주방 같은 것을 약간 개량하려면 …… 우선 물 다루는 곳과 먼지가 일지 않게 마루를 놓거나 '세멘트'를 발라 현금(現今)보다 훨씬 청결하게 할 수 있는 동시에 위생상으로나 또는 우리의 질병문제에까지도 효과가 있으리라고 생각합니다." (박희도, 「생활개선안제의」, 『별건곤』, 16·17, 1928.12.)

"굴뚝을 높이 뽑아 아궁이에서 불이 내지 않게 하고 … 부엌 벽은 전부 흰 회로 도배하야 깨끗하게 하고 벽의 중부 이상은 전부 유리창을 들이고 부엌문은 언제든지 닫아 두도록 하야" (이상조, 「부엌은 규모있게」, 『동아일보』, 1927.04.15.)

1931년 박동진이 주택개량에 관해 쓴 글을 보면, '우선 불구'의 부엌이란 표현이 눈길을 끈다. 건축가 박동진이 바라본 당시의 한국 부엌은 '생명을 위협'하거나 '배리적(背理的)'인 존재였다. 위생을 기준으로 볼 때 박동진에게 한국 부엌은 장점보다 단점뿐인 존재에 불과했고, '우리 생활을 더럽게 만들 수 있는' 공간이었다.

"상수는 잠깐 그만두고라도 주방(廚房)에서 배수하는데 대한 설비는 전무하다. 이 설비야말로 주택이나 일반건축에 대하야 필요불가결한 배수기관이라고 볼 수가 있는데, 이 기관이 결여한 주택부터도 우선 불구라 할 것이다. 배수대는 우리 재래의 가옥에서라도 제일 먼저 설치해야 할 것이다. 그러고 대개 우리의 주방은 출입문 외에는 환기, 채광의 목적에 충할 창이 없었다. 환기공 같은 것은 두었다 하더라도 물리적 완전한 작용을 못하는 것이다. 그렇기 때문에 엄동설한 계절에라도 주방에서 일을 하려면 문을 열어 놓아야 하든가 그렇지않으면 모든 불편과 고통을 감내해야 하는 것이다. …… 그러고 주방은 다른 방과 반대로 천정이 낮게 되었다. 안방에서 쓰도록 벽장과 다락을 취하기 때문에, 여기는 할 수 없이 양보한 기현상(奇現像)을 정한 것이니, 주방자체로 볼 적에 얼마나 배리적이냐. 또 이 주방 바닥은 의연히 흙바닥 그대로여서 더러운 신발이라도 그대로 출입하게 되었으니 얼마나 불결한 것이냐 말이다." (박동진, 「우리 주택에 대하야, 八」, 『동아일보』, 1931.03.26.)

"이제 찬장을 살펴보자. 그 용도는 식기, 반찬 등을 겸용으로 두게 된 가구인데, 이것이야말로 사용 목적에는 아주 배리적(背理的)이다. 그 형태라든가 기능에 있어서는 거의 무가치일 뿐만 아니라 위생적 가구로 될 이 찬장은 도리어 우리 생활을 더 더럽게 만들어주며 우리의 생명을 위협하고 있다. 쌀 뒤지를 보자. 그 형태와 재료사용법은 여간만 무겁고 튼튼해보이는 것이 아니다. 그 얼마나 못생긴 형태냐? 우둔하고 고집스럽고 비루해보이는 악감정을 준다. 본래 쌀 뒤지는 가구로서의 방에 배치하는데 형성될 성질을 가지지 못한 것이다. 이런 것을 마루방의 일우(一隅)에 배치하여서 그 귀중한 마루방의 면적을 죽이고 이제 그 주부는 가장 정리되고 조화된 가구를 자만하는 것처럼 무심하게 지내니 나는 충심으로 고소를 참을 수 없어한다." (박동진, 「우리 주택에 대하야, 十」, 『동아일보』, 1931.03.28.)

그런데 엄밀히 말해 20세기 초 주거의 위생문제가 비단 한국 사회에 국한되었다고 보기는 어렵다. 같은 시기 유럽의 농촌과 도시지역도 여전히 심각한 위생문제를 앓고 있었으며, 도시와 농촌이 동등한 위생 관념을 받아들이게 된 것은 제2차 세계대전 이후에나 가능했기 때문이다.[32] 따라서 부엌 위생에 대한 위와 같은 비판은 전통부엌에 대한 스스로 부정적 사고가 더 크게 작용했다고 보아도 무방하다. '개량(改良)'이라는 한자 뜻 그대로 '고쳐서 좋게 한다'는 인식에 기반했다. 새로운 부엌의 정답을 반드시 '외부'에서 찾아야 한다는 믿음으로, 전통부엌의 장점보다는 단점에 집중한 담론 구도가 더욱 강화되었다.

가족과 가정

본래 '가족'이란 가문의 구성원을 총칭하는 개념이었다.[33] 전통사회에서

32) 미셸 페로 편집, 전수연 옮김, 앞의 책, 2002, p.508
33) 권보드래, 「가족과 국가의 새로운 상상력」, 「현대문학연구」 10, 2001, p.28

그림 2-5

그림 2-6

그림 2-5. 일본의 1920년대 생활개선 포스터 - "주인본위의 주택"
그림 2-6. 일본의 1920년대 생활개선 포스터 - "가정의 개량은 먼저 부엌설비로부터"

는 결혼, 출산, 육아 등도 결코 개인적 생활이 아니었으며, 공동체가 함께 축하하고 참여했다. 그러한 흔적으로 남아있는 것이 오늘날 돌잔치, 성인식과 같은 행사이다.[34] 근대 이전의 가족은 친족 공동체 속에 살았고, 대가족 제도가 뒷받침하는 생산활동에 임했다. 이때의 '가족'이란 부부 한 쌍을 중심으로 하는 오늘날의 가족과는 사뭇 의미가 달랐다.[35] "우리가 자연적이고 보편적인 형태라고 믿는 '가족'은 역사적으로 근대에 기원한 것으로 가족의 '자명성'은 근대라는 시대의 산물"이라는 말처럼, '근대가족'은 근대의 출현과 함께 등장한 새로운 가족유형을 지칭한다.[36] 가장 큰 변화는 핵가족을 중심으로 한 생활방식의 재편이었다. 근대 산업사회에서 가족은 각자의 경제적 필요에 따라 분가하게 되었으며, 이것을 '사적존재로서 가족의 변화'라 지칭한다.[37]

대표적 예로 일제강점기 주택개량론에서 자주 등장하는 '가족본위(家族本位)의 주거'라는 문구를 들 수 있다. 여기에서의 '가족'이란 근대적 핵가족을 지칭하며, 이는 과거의 봉건적 주거 질서와는 단절된 가족생활을 의미했다.[38] 같은 시기 일본의 생활개선운동 포스터 중 '주인본위(主人本位)'라는 표현도 동일한 취지이다. 다시 말해 '접객 중심'에서 '가족 중심'의 생활로 변화하자는 뜻으로, 친족 중심의 전통적 생활에서 탈피할 것을 촉구하는 표어였다. '주부실', '아동실', '응접실' 혹은 '서재' 등이 등장한 것도 부부와 자녀 중심의 생활을 권장하는 사회적 움직임에서 비롯되었다.

전근대 농경사회에서는 대가족의 테두리가 굳건했지만, 점차 그 필요성과 의무감이 약화되면서 가족은 국가와 이전보다 더 가까운 관계를 형성했다. 과거 공동체에서 제공받던 생산, 교육, 육아 등을 이제 국가적 시스템에 의존하게 된 것이다. 국가도 국민으로서의 가족을 직접 파악하고 통제하고자 했으며, 이를 단적으로 보여주는 예가 호적제도의 창

34) 小山静子, 앞의 책, 1999, p.12
35) 권보드래, 앞의 글, 2001, p.28
36) 김혜경, 앞의 책, 2006, pp.33~43
37) 小山静子, 앞의 책, 1999, pp.11-15
38) "가족본위 주거사상의 확립은 봉건성의 붕괴와 같은 맥락에 있다. 과거 전통적 생활양식에서는 사랑채에서의 접객 기능이 중요시되었으나, 도시주거의 형성과 함께 이들의 중요성이 사라지고 가정생활을 중심으로 주거를 영위하자는 가족본위의 주거사상이 성립하게 되었다."(김용범, 『한국 도시주거의 변천과정에서 나타난 주거사상의 변화에 관한 연구』, 한양대학교 석사학위논문, 2001, p.81)

출이다. 한국에서는 1922년 12월 조선총독부령 제154호 「조선호적령」이 발표되고 이듬해 7월 1일부터 호적제가 실시되었다. 1922년 조선호적령에 따른 호적제도는 신분관계를 공증하는 제도로서 민적법을 보완한 것이었다.

호적에는 본적, 호주, 친족 등의 항목이 기재되었다.[39] 원칙적으로 호주 및 기타 신고 의무자의 신고나 보고, 신청, 등본이나 재판을 바탕으로 기록하며, 신고사항은 출생, 인지, 입양, 파양, 혼인, 이혼, 친권과 후견, 사망과 실종, 호주상속, 친족입적, 분가와 폐가, 개명, 가칭의 상실, 전적과 취적 등 신분 변동에 관한 모든 것을 포함했다. 한 개 호(戶)는 조세를 부과하는 1차 단위였으며, '가족'이라는 기초 단위의 국민이었다.

'국가(國家)'라는 단어는 나라와 집을 동시에 연상시켰다. 국가를 집에 비유하거나 하나의 거다란 가족으로 인식하는 양상도 증가했다. 국가와 가족을 연결하는 상상력은 '좋은 가정을 합하면 좋은 나라가 된다'는 주시경의 글에서도 잘 드러난다.

"나라라 하는 것은 여러 가정을 합한 것이라. 좋은 가정이 합하면 그 나라도 좋고 좋지 못한 가정이 합하면 그 나라도 좋지 못하나니, 이러므로 나라를 다스리는 도는 반드시 가정에서 시작할 것이요 가정을 다스리는 도는 실로 혼인에서 시작할 것이라." **(주시경, 「일찍 혼인하는 폐」, 『가정잡지』 4, 1906)**

본디 '가정(家庭)'은 원래 집안을 가리키는 동시에 중앙 뜨락을 일컫는 말이었다.[40] 하지만 1920~30년대의 '가정'이란 영어 'home'의 번역어로서 서구적 가정의 상징처럼 받아들여졌으며,[41] 근대적 가족생활과 안락함을 강조하는데 사용되기 시작했다. 전통적인 대가족 제도가 아닌 부부와 자녀의 애정을 중심으로 결합된 이른바 '스위트 홈'의 개념이 하나의 유행처럼 확산되었다.[42] 1906년 대한매일신보에 실린 다음의 글을 보

39) 장영아, 「호적제도의 개선방안에 관한 연구」, 『학술지여성연구』, 1996, pp.31-32

40) 권보드래, 앞의 글 2001, p.37

41) '가정(家庭)'은 일본을 경유해 들어온 서구적 근대가족의 개념이다. 고지마 우수이(小島鳥水)가 「확산되는 홈(広大なるホーム)」이라는 글에서 "가정이라는 당시 특히 유행하는 신조어는 처음에 누군가가 영어의 home을 번역한 것"이라고 말한 것처럼 '가정'은 'home'의 번역어로 출현한 근대어였다. (홍선영, 「한·일 근대문화 속의 〈가정〉 -1910년대 가정소설, 가정극, 가정박람회를 중심으로-」, 『일본문화학보』 22, 2004, p.254)

42) 최윤정, 「'스위트 홈'에 대한 환상과 근대 아동문학에 나타난 '모성'연구」, 『한국아동문학연구』 23, 2012, p.227

아도, 이때의 '가정'이 이전과 차별되는 의미로 최근에 유행하기 시작한 것임을 알 수 있다.

"가정이라는 말이 시작된 연유. 서양가정과 동양가정의 차이. …… 서양에서는 가정을 어떠한 의미로 쓰는지 알지 못하나, 동양에서는 가정이라는 문자를 쓰게 된 것은 최근의 일이요, 그 연원을 찾아보건대 난공자(亂孔子) 시대에 시작된 자(字)이라. …… 가정의 모든 일은 여례기에 본받은 것이니 겨우 구라파의 조백을 맛보고 공연히 가정을 의논함은 경솔하다 이르겠도다." (『대한매일신보』, 1906.08.01.)

가정 개념의 확산에 따라 안락한 가족생활과 심상적 공간을 상징하는 글과 그림도 발달했다. 일터로 출근하는 아버지와 집에서 어머니와 자녀가 이를 배웅하는 모습이 스위트 홈의 상징처럼 그려졌다. 그리고 행복한 가정의 중심에는 항상 '어린이'가 자리했다. 어린이는 차세대의 생산을 담당할 국민으로 중요했으며, 교육이라는 이름으로 국가와 가족이 더욱 돈독한 관계를 다질 수 있는 매개체였다. 어린이를 위한 노래나 책, 아동복이나 어린이방이 필요하다는 주장이 등장한 것도 같은 의미의 근대적 현상이었다.[43] 1900년대에 대대적으로 유행했던 '가정교육'[44]이라는 말도 가정과 아동, 그리고 국가를 연결시키는 고리였다. 가족과 국가가 함께 애호하고 교육해야 할 존재로 어린이를 주목한 것은 근대 이후 동서양의 공통적 현상이었다.[45]

어머니와 아내로서 여성의 역할을 강조하는 담론도 이와 맞물려 일어났다. 가정의 관리 주체로서 여성은 근대적 주부라는 새로운 사명감에 직면했으며, 자녀를 잘 양육하고 교육하여 훌륭한 국민으로 키워낼 임무도 부여받았다. 이 시기 일본 사회에서 '양처현모(良妻賢母)'라는 표현이 유행했던 것과 같다.[46] 우리의 경우 신사임당을 모델로 하는 현모양

43) 小山静子, 앞의 책, 1999, p.131

44) 권보드래, 앞의 글, 2001, pp.36-37

45) 필립 아리에스에 따르면, '보호받고 양육되어야 할 존재'로서 '사랑스러운 아이'라는 인식이 지금과 같이 굳어진 것은 근대 이후의 변화이다. 중세 유럽 사회에서 아동들은 일상적 무관심과 거친 처벌에 의해 길들여진 존재였지만, 근대적 아동이라는 개념이 대두함에 따라 어린이는 전근대와는 판이한 위상을 갖게 되었다.(필립 아리에스, 문지영 옮김, 앞의 책, 2003, pp.645-651)

46) "양처현모라는 단어를 창조하여 여성에게 가정의 아내와 어머니로의 역할을 부여하여 국민생활의 기반을 짊어지게 하고, 다음 세대의 국민을 생산하는 역할로 고정시켰다."(와카쿠와 미도리, 건국대학교 대학원 일본문화·언어학과 옮김, 『황후의 초상: 쇼켄황태후의 표상과 여성의 국민화』, 소명출판, 2007, pp.21~23)

처(賢母良妻) 상이 구축되었던 것도 1920~40년대의 일이었다.[47, 48]

근대적 주부와 부엌

근대적 가정은 근대적 주부를 필요로 했고, 부엌은 근대적 가정담론을 펼치기 가장 적합한 장소였다. '가정(家庭)' 혹은 '가정(家政)', '주부(主婦)'라는 신조어가 등장하고 가사(家事)를 교육·위생·경제 등으로 전문화하고 조직적인 통제의 필요성을 제기한 것도 이 시기에 두드러진 현상이었다.[49] '주부'는 구식 여성의 봉건적 부덕이 아닌 근대적 규범과 지식이 필요한 새로운 직분이었으며, 구(舊) 가정과 단절을 상징하는 명칭이었다.[50]

"반만년 내려오며 모녀가 상전(相傳)하던 그 살림 그 방식 변개(變改)하면 오히려 큰 변같이 꼭 그대로 전해왔던 것이다. 음식에 대한 영양가를 모르고 의복에 대한 지식이 없으며, 주택에 대한 위생적 관념이 박약하고, …… 그러나 시대는 날마다 새로워간다. 세계가 한 집에서 섞여 산다. …… 우리는 비로소 새 정신이 번쩍 들었다. 그리하여 급선무가 생활개선인 줄 깨닫는 동시에 전문적 과학적 지식을 가진, 시대에 적합한 주부를 요구하게 되었다."(최마리아, 「가사전문 이야기」, 『이화』 4, 1929)[51]

47) 16세기 신사임당에 관한 기록은 화가 '신씨'로서 재주를 칭송하는 소수에 불과하지만, 오히려 이후 수세기를 거쳐 각기 다양한 목적에 따라 신화와 같은 이미지를 구축했다. 18세기 송시열과 노론학파들이 신사임당을 율곡 이이의 어머니로서 부각시키고자 했으며, 율곡의 탄생과 관련한 태몽 등 각종 일화도 18세기 문헌에서부터 등장했다. (이숙인, 「신사임당 담론의 계보학(1): 근대이전」, 『진단학보』 106, pp.1-31);신사임당은 1900년대 애국계몽기와 1920-30년대 신지식인 계층의 담론장에 등장하게 되는데, 역사속의 여성인물 중의 하나로 발굴되었다. 1943년부터 1945년까지 신사임당은 "황민의 자질이 조선의 과거에 존재했음을 입증하는 역사적 인물로 소환"되어 '군국의 어머니'상으로 조명되었다. 1960-70년대 정책에 있어서는 국가 영웅화 사업의 주도하에 전통의 이름을 부여받은 현모양처이자 근대화를 수행하는 여성 주체의 사표로 자리잡았다. (김수진, 「전통의 창안과 여성의 국민화 - 신사임당을 중심으로 -」, 『사회와 역사』 80, 2008, p.215-255)

48) 창조된 신사임당 신화는 1960-70년대 경제개발기 여성의 국민화 동원에도 다시 이용되었다. 다음의 논문을 참고할 수 있다. 김수진, 앞의 글, 2008, pp.215-255; 홍양희, 「현모양처의 상징, 신사임당」, 『사학연구』 122, 2016, pp.155-190; Younjung Do& BongHee Jeon, "Place-making for The Nationalization of Women: the Myth of Shin-Saimdang In the Image of Wise Mother/Good Wife", *IASTE*, 2012

49) 권보드래, 앞의 글, 2001, p.42

50) 김수진, 『1920-30년대 신여성담론과 상징의 구성』, 서울대학교 박사학위논문, 2005, p.346

51) 김혜경, 「가사노동담론과 한국 근대가족 - 1920, 30년대를 중심으로」, 『한국여성학』 15(1), 1999, pp.154-155에서 재인용

"교양없고 향상이 없이 부엌에서 밥이나 해먹기에 몰주한 어머니한테서 우수한 아들을 낳기는 애초부터 기대를 마십시오." (**「민족융성의 열쇠는 여성이 잡고 있다(완)」, 『동아일보』**, 1937.08.18.)

이에 비하면 조선시대 여성의 덕목에 있어서 직접적인 가사노동에 대한 책임은 크게 강조되지 않았다. 그보다는 가문을 유지하기 위한 며느리로서 책임, 즉 '효'와 관계된 항목을 성실히 수행할 것이 더 중요했다.[52] 송시열의 『계녀서(戒女書)』를 예로 들면, 시집보내는 딸에게 아버지는 시부모 섬기는 도리, 형제간 잘 지내는 도리, 친척과 화목하는 도리, 자식 교육하는 도리, 제사 받드는 도리, 손님 대접하는 법, 투기하지 않는 도리, 말조심, 재물 쓰는 도리, 병환 모시는 도리, 의복·음식 만드는 법, 노비 부리는 도리 등을 당부했다.[53] 조선시대 양반가 여성의 역할이 어떠했는가를 잘 보여준다.

따라서 한국 전통주거에서 부엌이 여성 혼자만의 공간으로 이어져 왔다고 단정하기는 어렵다. 조선시대에도 식사준비가 여성의 일이라는 인식은 있었지만, 남성이 부엌일에 전혀 관여하지 않았던 것도 아니다. 떡치기나 기름 짜기, 두부 만들기, 절구질과 같은 행위나 물방아를 찧어오는 일도 주로 남성이 담당했다.[54] 내외법이 엄격했던 양반가에서도 가장(家長)이 식생활을 관리했다는 기록을 찾을 수 있다. 오희문(1539-1613)의 『쇄미록』 일기에는 양반 남성이 음식 재료를 마련하고 조리 작업과 기구 관리를 지시하는 내용이 적혀있다. 비록 부엌에서 직접 일한 것은 아니었지만 양반가의 남성이라도 부엌살림에 전혀 무관했다고 볼 수는 없다.

"막정이 돌아왔는데 함열태수가 벼 10두 · 닭 1마리 · 새우젓 2되 · 참기름 1되 · 꿀 3홉 · 찹쌀가루 5되 · 목미 3되 · 콩 2되를 보냈다. …… 또 이웃에 소를 잡아 파는 자가 있는데, …… 집이 궁한 것도 계교하지 않고 보리 8두를 주고 쇠머리와 포 만들 고기 세 덩어리와 내장 조금을 사다가 아랫집과 함께 먹었다. …… 먹는 솥이 깨져서 밥을 짓지 못한다 하므로, 어제 장에 부득이 벼 2두 5승을 주고 솥을 사 왔는데 한 말 밥은 짓는다고 한다." (**오희문, 『쇄미록』, 「갑오일록」, 6월 15일, 7월 7일**)[55]

52) 김혜경, 앞의 책, 2006, p.250
53) 김혜경, 앞의 책, 2006, p.250
54) 김성희, 『한국여성의 가사노동과 경제활동의 역사』, 신정, 2002, p.43
55) 오희문, 이민수 옮김, 『쇄미록 1』, 사단법인 올재, 2015, p.434, 442

양반가의 안주인은 하인과 하녀의 관리 감독을 맡았을 뿐 직접 부엌에 드는 일은 의외로 흔치 않았다. 『세종실록』에 임박이라는 사람은 "시집 가지 않은 누이에게 종이 없다면 누가 장가들려고 하겠는가, 한평생 제 손으로 물도 긷고 방아도 찧고 하겠으니 참으로 불쌍하다"며 시집가지 않은 누이에게 여종 3명을 모두 주었다고 했다.[56] 이덕무[57]의 『사소절』에는 "요즈음 풍속에는 사대부의 부인들이 밥 짓는 것을 알지 못한다"라고 할 정도로, 노비가 있는 양반가의 부인이라면 몸소 밥을 짓지 않았다.[58] 일제강점기 초기만 하더라도 하인을 두는 것이 흔한 일이었으며, 상노(밥상 나르는 일 따위의 잔심부름꾼), 동자치(부엌일하는 여자), 반빗간치(반찬하는 여자), 차집(살림을 돌보는 여자) 등 그 업무도 다양했다.[59]

그러나 20세기에 들면서 안주인이 집안일을 하인에게 맡기는 데 대한 비난이 늘어나기 시작했다. 특히 1930년대로 접어들면서 '식모'라 불렸던 하인층의 폐지를 주장하는 목소리가 높아졌는데, 이른바 '식모폐지론'이라 불리는 담론이 부엌개량론에 편입되기 시작했다.

부엌이 좀처럼 개량되지 않는 것을 두고, 주부들이 부엌살림을 식모에게 맡겨버리고 적극적으로 개선하려 노력하지 않기 때문으로 보는 현상 등을 예로 들 수 있다. '집안일을 주부가 스스로 하지 않고서는 집안꼴이 될 수 없다'[60]는 직설적 비난도 빈번했다. 신문에서는 식모층을 가리켜 '짐생처럼 아무리 설명을 해줘두 모른다'[61]거나 '일일이 감독을 해야' 하며, 가스 사용법을 가르쳐주어도 '숯불 쓰도록 마구 써대는' 무식하고 양심 없는 존재로 묘사되었으며,[62] 식모에게 집안일을 맡기는 행태가 주부의 무책임하고 위험한 행동으로 평가되기도 했다.

---

56) 『세종실록』 제38권 세종9년 12월 갑술일 (김성희, 앞의 책, 2002, p.72에서 재인용)

57) 이덕무(李德懋, 1741~1793)는 조선 후기의 북학파 실학자이다.

58) 김성희, 앞의 책, 2002, p.43

59) 1894년 갑오경장으로 공식적인 노비제도는 사라졌지만 여전히 중상류층 가정에는 가사를 도와주는 고용인이 존재했다. (김성희, 앞의 책, pp.130-132)

60) "어떻든 주부가 스스로 나와서 일을 하지 않고는 집안꼴이 될 수가 없습니다."(송금선, 「마루, 겨울이면 무용지물. 이용방도는 무엇」, 『동아일보』 1935.01.01.)

61) 박순천, 「고난 속을 가는 여성:가정생활을 중심으로」, 『女性』, 1939.10., p.29

62) 「식모를 토론하는 좌담회」, 『女性』, 1940.1., pp.36-41

"부엌은 주부가 몸 담어있는 제일 가까운 곳임에도 불구하고 부엌을 볼 때에는 살풍경이라는 느낌이 없지 아니한 것은 대체로 주부가 하인에게만 밀어두고 모든 것을 시키기만 하니까 책임없는 하인들이 그다지 안타깝게 깨끗이 할 것을 생각지 아니함에 있다고 봅니다. …… 주부들이 좀 더 부엌과 친해져야 하겠고 인습으로 내려오는 부엌구조를 조금도 개량할 생각이 없이 요새같이 새로 집을 짓는 이가 허구많으되 부엌구조는 여전히 그대로 두고 ……(이하 생략)." (「**단연! 하인을 폐지합시다. 부엌개량하면 됩니다.**」, 『**동아일보**』, 1935.05.25.)

"근자에 신여성이라는 분들이 부엌과는 인연을 끊고 사니 어찌 부엌이 한 가정이 중심이 될 만한 일을 할 수 있겠습니까. 그러니 식모를 두지 말고 주부가 부엌을 내방이라고 인식하고 나와야 자연히 고칠 것도 깨달어 질 것이요, 깨끗도 하야 질 것입니다."(**방신영**, 「**우리의 부엌과 마루를 이상적으로 고치자면**」, 『**동아일보**』, 1935.01.04.)

주부가 위생에 대한 소양을 갖출 것도 반복적으로 강조되었다. 청결하고 위생적인 부엌을 유지하는 일은 주부의 근대적 임무 중 가장 먼저 요구된 일이었다.[63] 부엌 위생이 가족의 건강과 직결된다는 점도 사람들의 각성을 크게 불러일으키기 충분했다. 신문기사에는 주부를 대상으로 청결과 소독지식에 관한 정보가 정기적으로 소개되었고, 이를 모른다는 것은 '주부의 수치'가 되었다.

"소독이라는 관념은 과학의 지식이 발달된 뒤에 생긴 관념이외다. 모든 병의 원인이 사람의 눈에 보이지 않는 미균으로 인하야 온다는 것이 발견된 뒤로 우리 일상 생활에 병균에 대한 지식과 소독방법의 지식 없어서 아니될 것이 되었습니다. …… 더욱이 부엌을 맡아 다스릴 여자들에게 이 지식이 크게 필요하다 하겠습니다. …… 일광소독. 부엌과 침실을 일광을 쏘이게 하는 필요가 여기 생깁니다." (「**가정에 필요한 소독법의 지식, 미균의 침입을 막을 줄 모르면 주부의 수치가 된다.**」, 『**동아일보**』, 1927.04.06.)

앞서 확인한 의미연결망 분석의 '여성' 중심 구도는 이러한 가정담론을 반영한다. 20세기 초의 이러한 생각들은 전통사회의 안주인과 다른 근대적 주부를 소환했으며, 부엌을 오히려 과거보다 더 '여성의 영역'으로

63) 박진희, 앞의 글, 2005, p.89

인식하게 만들었다. 근대적 가사노동은 하인이나 식모와 같은 타인이 아닌 주부가 남편과 아이를 위해 하는 정서적 활동으로 재편되었다.[64] 자연스럽게 부엌도 근대적 가사노동과 가정생활을 실천할 장소로서 담론의 장에 부상했다. 부엌은 곧 가정이었으며, 부엌개량은 가정개량의 첫 단계를 표방했다. 부엌에 투영된 가정과 주부 역할의 중요성은 아지노모도(味の素)와 같은 조미료 광고에도 등장할 정도의 보편적 개념이 되어갔다.[65]

64) 김혜경, 앞의 책, 2006, p.277

65) "가정의 보물. 가정이 큰 것이라는 것을 생각하여 여자의 큰 책임있음을 생각할 때에 이 아지노모도가 가정의 보물에 하나가 됩니다. 모든 음식을 맛있게 하는 아지노모도"(동아일보 광고, 1929.6.10.)

일본의 부엌개량운동

위생적이고 편리한 서양식 입식부엌

일본사회에서 부엌개량에 대한 관심은 메이지기(明治期, 1868~1912)부터 시작되었다. 처음에는 위생적 개선을 강조했으며, 1907년에 발간한 『부엌개량(台所改良)』의 서문에서도 이를 확인할 수 있다. 본받아야 할 사례로서 서구 부엌에 대한 정보가 조금씩 유입되던 시기였다.

"위생적 음식을 요리하기 위해서는, 곧 위생적 부엌의 설비를 갖추어야 한다. 어두침침하고 불결한 텐보시대(天保時代)[66] 부엌의 개량을 촉구하는 것도, 필경 이를 위한 것으로, 그 개량의 참뜻이라 할 수 있으며, 실로 청결과 편리와 채광을 어떻게 갖출 것인가와 같다. 그러나 그 것에는 순서와 방법이 있는 까닭으로, 부엌을 개량하는 이들에게 이 글을 전해서 하나의 연구 자료가 될 수 있다면 더할 나위 없이 만족스러울 것이라 생각한다." (天野誠斎, 『台所改良』, 博文館, 1907, 서문)

특히 메이지 후기에 회자되던 고관대작의 부엌은 이때의 일본 사회가 선진 주거문화에 대해 느꼈던 선망을 보여주는 일면이다. 당시의 이상적 부엌은 위생적 설비와 입식부엌가구를 갖추는 것이었으며, 상류층을 중심으로 서양부엌을 모방하고자 하는 사례가 늘어났다. 그중 가장 유명한 사례가 이른바 '동경하는 부엌(憧れの台所)'으로 화제를 모았던 오쿠마 시게노부(大隈重信)[67] 백작가의 부엌이었다. 1903년 『식도락(食道楽)』에 소개된 오쿠마 저택의 부엌을 보면 밝은 유리창과 가지런히 정리·정돈된 기구, 가스레인지와 같이 일본 전통부엌에는 없었던 신식 설비를 볼 수 있다.

"권두그림을 들자면, 현재의 상류사회부엌의 모범이라 불릴만한 와세다 오쿠마 백작가의 부엌으로서, 야마모토 마츠타니씨가 세밀하게 표현한 것이다. 백작이 화양의 요리에 맞춘 최신식 설비를 두었다. 그

66) 天保時代, 1831~1845

67) 大隈重信(1838~1922)는 사가현 출신의 무사이자 메이지기의 정치가, 교육자였다. 그의 세력을 말해주듯, 새로 주택을 지으면서 당시 카구라자카(神楽坂)까지 밖에 설치되어 있지 않았던 가스를 와세다까지 끌어와서 부엌에 가스레인지와 가마를 모두 설치한 것으로 유명하다.

그림 2-7

그림 2-8

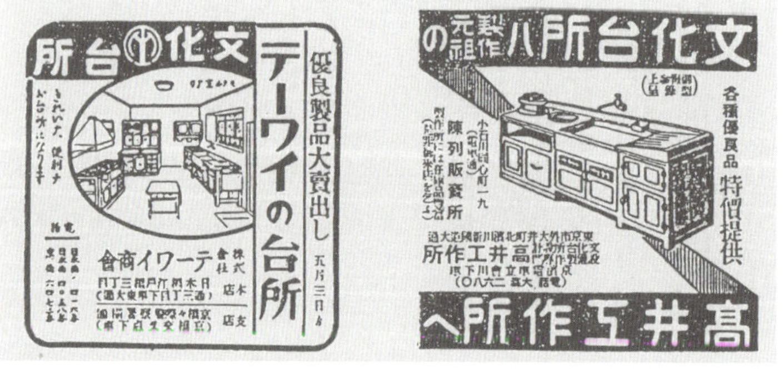

그림 2-9

그림 2-7. 오쿠마 시게노부(大隈重信) 저택의 부엌(좌-1903년의 그림, 우-1907년의 사진)

그림 2-8. 1920년대 일본에서 유행했던 '스즈키식 고등취사대'

그림 2-9. '문화부엌(文化台所)'이라고도 불렸던 스즈키식 고등취사대 광고(1929)

면적은 25평 정도, 마루의 절반은 시멘트의 도마(土間)로 하고, 천정에는 4평짜리 유리천장이 있다. 지극히 청결하며, 기구배치의 정리, 입식의 편리함, 쥐가 들어올 수 없게 되어 있는 등, 전체적으로 위생적인 것이 가장 특징이다. 권두그림을 펼쳐보는 사람들은 도마의 중앙에 커다란 스토브가 놓여있는 것을 볼 수 있는데, 이것은 영국에서 들여온 가스 스토브로서, 높이 4척, 길이 5척, 폭 2척으로, 그 가격은 백오십 엔이라고 한다. 스토브 옆에는 대소의 큰 가마가 두 개 있고, 가마 저쪽에는 주방담당이 도마에 서서 항아리를 놓고 있고, 그 앞 마루로 둘러싸인 가운데에는 가스 가마를 3개 두고, 중앙의 찬장에는 야채류를 두었다.(이하 생략)" (『食道樂』, 明治36年, 春·夏號)

서양 부엌의 특징은 가스 스토브나 시멘트 바닥 같은 새로운 기구와 환경이기도 했지만, 가장 근본적인 차이는 바로 '입식'이라는 점이었다. 입식부엌은 서구식 최신 부엌의 대명사로 통용되었으며 일본 주부들이 소망하는 부엌가구로 인기를 얻기 시작했다. 1920년대에는 '스즈키식 고등취사대(鈴木式高等炊事台)'와 같은 일체형 부엌가구가 유행하기도 했다. 1922년 일본의 『주부지우(主婦之友)』 9월호에서 초기 사례를 찾아볼 수 있으며, 가열대·개수대·조리대를 합친 것으로써 지금의 싱크대와 유사했다. 냉장고의 전신인 냉장기(冷藏器)까지 포함된 모델이 등장하는 등,[68] '문화부엌(文化台所)'으로 불리며 큰 인기를 얻었다.

효율과 능률

영어 'Efficiency'는 우리말로 효율 또는 능률로 번역할 수 있지만, 이 두 단어는 분명히 미묘한 어감의 차이가 있다. 표준국어대사전에 따르면 '효율은 들인 노력과 얻은 결과의 비율'이며, '능률은 일정한 시간에 할 수 있는 일의 비율'이라는 정의를 찾아볼 수 있다. 사회학 사전에서 효율은 '최소한의 투입으로 주어진 기대 또는 산출을 얻는 것'을 말하고 능률은 '일정한 시간에 해낼 수 있는 일의 분량이나 비'를 말한다. 다시 말해 효율이 투입 대비 결과를 고려한 생산성이라면, 능률은 그

68) 内田青蔵, 「戦前期におけるキッチンセットの成立と展開」, 『生活学 : 台所100年』, ドメス出版, 2004, pp.197-199

생산성을 도출하기 위한 수단적 의미를 내포한다. 일반적으로 '능률적'은 '능동적'과 비슷하게 인식되며, 효율보다 '실천적' 행동력을 촉구하는 개념이다.[69]

일본 사회에 효율성의 개념이 유입된 것은 1910년경, 이른바 '능률학'을 설파한 우에노 요이치(上野陽一, 1883~1957)의 역할이 컸다.[70] 반면 일본 산업계에서 '과학적 경영법(科學的 經營法)'이라는 명칭이 통용된 것은 1920년경부터라고 볼 수 있다.[71]

그러나 이 개념을 일본의 부엌계획에 도입하는데 앞장 섰던 인물로 미스미 스즈코(三角錫子, 1872~1921)를 논하지 않을 수 없다. 일본의 교육자이자 토키와마츠 여학교의 교장을 지냈던 그는 '동작경제(動作經濟)'라는 개념을 주창했다. 이는 프레데릭 윈슬로 테일러의 '시간연구'나 길브레스 부부의 '동작연구'를 상기시키는 명칭이기도 하다. 미스미는 평소 일본 부엌이 불필요한 움직임이 많고 동선이 얽히고 비체계적이라고 생각했으며, 일본 주부가 부엌에서 일하는 것에 대한 문제점을 다음과 같이 분석했다.

"예를 들면 나물을 삶을 때에도 밖에서 씻어서 다시 집에 들어와 도마에 얹고, 썰고, 한참 떨어진 가마도(**아궁이**)로 가져가 삶는 것처럼, <u>왼쪽에서 오른쪽으로 동선이 지켜지지 않기 때문에 상당히 능률이 떨어진다.</u> …… 두 칸 사방 정방형 부엌의 모든 면을 다 걷는다고 치면 여덟 칸을 걸어야 하지만, 둥글게 걸으면 여섯 칸 일 척 칠 부에 지나지 않으며, 삼각으로 걸으면 여섯 칸밖에 되지 않는 차이가 있다. 그렇다면 <u>나가시(**개수대**), 찬장, 가마도(**아궁이**), 출입구 등은 삼각형의 위치에 놓는 것이 우선적으로 동작을 경제적으로 하는 것이 된다.</u> 한번 움직이는데 두 칸의 경제가 생기므로, 아침 점심 저녁 세 번 이 부엌을 삼십 번 움직인다고 치면 하루에 육십 칸, 즉 일정(一町), 일 년이면 삼백육십오정, 즉 십리하고도 오정이나 노동이 낭비된다. 그에 따른 시간, 짚신, 기모노 자락이 닳는 것까지 생각하면 얼마나 큰 손실인가."[72]

69) 이에 따르자면 과학적 관리법의 'Efficiency'도 '효율' 보다는 '능률'로 번역할 수 있다. 그런데 과학적 관리법을 논한 대부분의 책에서는 이를 '효율'로 번역했다. 이 책에서는 서구 근대부엌의 '효율성'과 일본과 한국의 부엌개량의 '능률'로 구분하기로 한다. '능률'은 효율성이 한국 사회에 도입되고 전개되는 과정에서 보이는 특징을 대변한다.

70) 内田青藏, 『日本の近代住宅』, 鹿島出版社, 1992, p.83

71) 木村健二, 「植民地下朝鮮における'科學的經營法'の導入」, 『經營學論集』 43(1), 2003, pp.46-58

72) "母校のルーツを知る." トキワ松学園. https://tokiwamatsu.ac.jp/school_info/our-history/roots/ (접속일: 2016.12.16)

이와 같은 미스미의 논리는 '가사노동에서 쓸모없는 동작과 동선을 골라내어 시간과 피로를 절약하자'는 서구 근대부엌의 계획원리를 연상시킨다. 일본의 전통적 부엌에서는 동작경제를 실현할 수 없기 때문에 부엌을 바꾸는 데 적극적으로 노력해야 한다는 설명도 덧붙였다. 부엌개량에는 돈이 들지만 그 이상의 능률을 높일 수 있으므로, 궁극적으로는 가계경제에 도움이 되는 길이라 설득했다. "경제가 허락하는 한에서 문명의 이기를 이용하는 것이 동작의 경제를 얻는 길이며, 따라서 부엌의 설비를 바꾸는데 드는 비용도 낭비가 아니라 충분히 의미가 있는 것"[73]이라는 주장이었다.

이를 반영한 계획안으로서 1917년 당대의 유명 여성지인 『주부지우(主婦之友)』의 기고문에서 자신의 신축주택 부엌을 소개했는데, 식탁과 의자를 부엌 내부에 들여놓은 일종의 다이닝 키친이었다. 일본에서 다이닝 키친(DK)이 정착한 것이 전후(前後)의 현상이었음을 고려할 때[74] 당시로서는 꽤 진보적인 아이디어였음을 알 수 있다.

그러나 미스미의 활동만이 테일러리즘적 효율성을 일본 부엌에 적용시키는 유일한 창구는 아니었던 것으로 보인다. 1920년대에는 서구 근대부엌 개념을 직접 소개하는 사례도 늘어났다. 일본과 한국을 오가며 활동했던 건축가 윌리엄 보리스(William Vories)는 1923년 저서 『우리집의 설계(吾家の設計)』를 통해 부엌계획과 효율적 동선의 관계를 설명했다. 그의 책에 등장하는 '효율성이 좋은 부엌과 나쁜 부엌'의 그림 설명은 앞서 보았던 프레데릭의 다이어그램과도 유사했다. 1927년 토미오카 코센(富岡皷川)도 『부엌과학: 주부의 능률 증진(台所科学:主婦の能率增進)』에서 크리스틴 프레데릭의 『새로운 가정관리(New Housekeeping)』를 직접 소개했다. 또한 일본여자대학 교수였던 이노우에 히데코(井上秀子)는 1930년의 저서 『부인업서 가정편(婦人業書 家庭篇)』에서 '노력의 경제'라는 개념을 들어 '시간과 노력을 절약하는 일상생활이 진보한 생활'임을 강조한 바 있다.[75]

73) 內田青藏, 앞의 책, 1992, pp.80-81
74) 일본 전후 사회의 다이닝 키친에 대해서는 이 책의 4장에서 다루기로 한다.
75) 內田青藏, 앞의 책, 1992, p.81

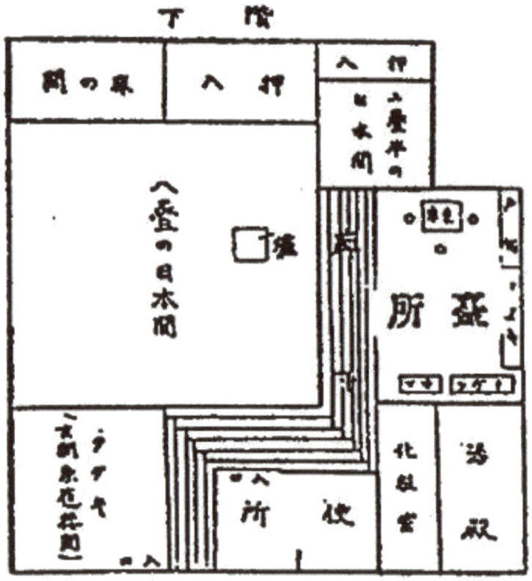

그림 2-10

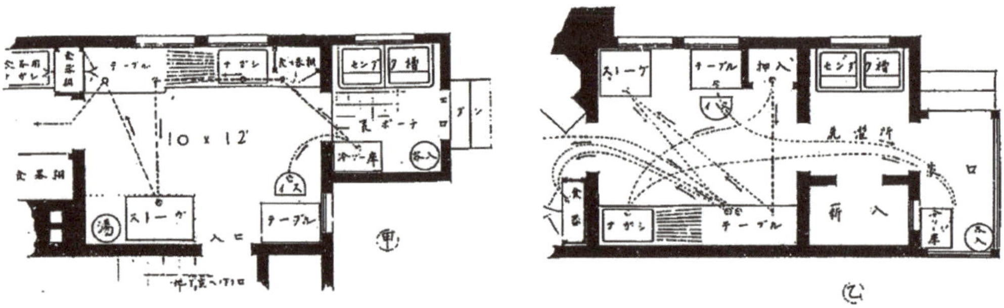

그림 2-11

그림 2-10. 1917년 『주부지우(主婦之友)』에 실린 미스미 자택(三角自宅)의 평면도

그림 2-11. 윌리엄 보리스가 소개한 효율적 부엌(좌-효율성이 좋은 부엌, 우-효율성이 나쁜 부엌)

이 과정에서 '효율(efficiency)'은 '능률'로 통용된 것으로 추정된다. 미스미의 글을 다시 살펴보면 '능률'은 효율성의 행동적·실천적 측면을 부각시키는 기제로 활용됨을 알 수 있다. '망각은 동작경제의 적이며, 물건 둔 곳을 몰라 시간을 낭비하는 일을 가장 주의하라'[76]라는 설명처럼, 능률성 향상은 곧 성실한 주부생활을 의미했다.

주택개량회의 「부엌연구호」

'능률'이라는 이름으로 수용된 효율성은 일본의 주택개량운동에도 큰 영향을 미쳤다. 대표적 사례로 하시구치 신스케(橋口信助, 1879~1928)의 '주택개량회(住宅改良会)'를 들 수 있다. 아메리카야(あめりか屋)의 사장이었던 하시구치는 미스미로부터 직접 동작경제에 관한 설명을 듣게 되었는데, 그는 '재래주택은 능률적 생활을 실천하기에는 여러 가지 문제가 있으므로 주택을 능률적인 생활 방향에 맞추어 계획해야 한다'는 미스미의 주장에 주목했다.[77] 본래 하시구치가 운영했던 아메리카야는 서양식 주택을 지어 판매하는 회사였으나 동작경제 개념과 조우하면서 바뀌기 시작했다. 하시구치는 기존의 사업 확장 노선을 대폭 수정했고, 재래주택의 문제점을 해결하는 계몽활동에도 앞장서게 되었다.[78]

하시구치는 1915년 주택개량회를 창설했고 1916년부터는 일본의 주택개량을 주로 다루는 건축잡지 『주택(住宅)』을 발행했다. 주택개량회는 "이중생활의 폐지(二重生活の廢止)"라는 기본방향을 설정하고, 바깥 사회가 근대화되는 것과 마찬가지로 일상생활도 바뀌어야 하며 주택 또한 이에 걸맞게 계획되어야 할 것을 주장했다.[79] 흥미롭게도 『주택(住宅)』이 모델로 삼은 것은 1883년 창간된 『레이디스 홈 저널』과 1905년의 『주택과

76) "忘却は動作経済の敵です。忘れることによって探し物をする、これは一所懸命工夫して作り出した時間を棒に振って、しみじみ腹が立つものです。私は今一番これを注意しています。" ("母校のルーツを知る." トキワ松学園. https://tokiwamatsu.ac.jp/school_info/our-history/roots/(접속일: 2016.12.16))

77) 内田青藏, 앞의 책, 1992, pp.83-84

78) 内田青藏, 앞의 책, 1992, pp.83-84

79) 内田青藏, 앞의 책, 1992, p.84

표 2-4. 1918년과 1938년 『住宅』의 「부엌연구호」 목차

연도	권	호	연호	내용	저자명
1918	3	1	大正7	台所研究,科学的設備を望む	池田 稔
	3	1	大正7	台所研究,台所改良案	櫻井 ちか子
	3	1	大正7	台所研究,台所整理法	桜田 節彌
	3	2	大正7	台所研究,現代の台所虐待を排す	佐藤 功一
	3	2	大正7	台所研究,初めて使ってみた日本の台所	ホームス
1931	16	4	昭和6	趣味の台所	岩村 春彌
	16	12	昭和6	台所の研究,台所の設計	葛野 壮一郎
	16	12	昭和6	台所の研究,組み合わせ式台所の研究	岡田 孝男
	16	12	昭和6	台所の研究,整備した台所	大谷木 廣
	16	12	昭和6	台所の研究,小型台所二種	西村 千代子
	16	12	昭和6	台所の研究,台所を簡単に改善するには	徳永 安喜子
	16	12	昭和6	台所の研究,台所には金をかけよ	鈴木 仙治
	16	12	昭和6	台所の研究,多数客のための調理室	H記者
	16	12	昭和6	台所の研究,台所についての感想	中村 音羽
	16	12	昭和6	台所の研究,封川居縦横談	F記者
	16	12	昭和6	台所の研究,貸家を建てる人に望みたい台所の関心	浦川 ます子

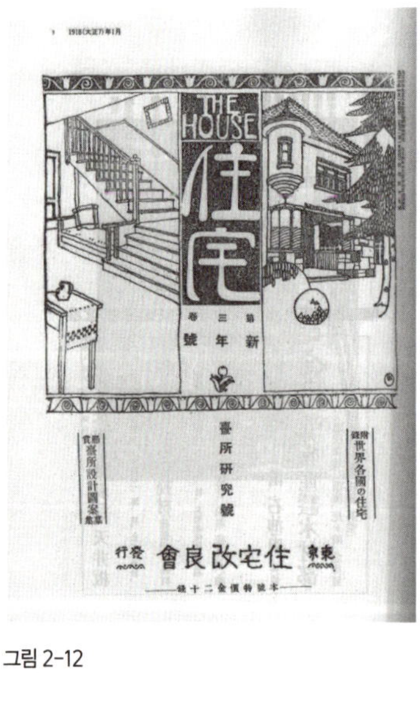

그림 2-12

그림 2-12. 하시구치 신스케의 주택개량회가 발간한 『주택(住宅)』의 1918년 신년호 및 「부엌연구호」

정원(House and Garden)』이었다.[80] 이는 주택개량에서 주부층의 참여가 얼마나 중요했는지를 보여준다. 1916년 창간호에서 '주부층도 읽을 수 있는 가정잡지이며 향기가 나는 주택전문잡지'라는 하시구치의 발간사를 통해서도 그 의도를 충분히 짐작할 수 있다.[81]

창간호의 또 다른 기사로 「주택개량잡감(住宅改良雜感)」이라는 제목의 글에는 '적어도 부엌만큼은 서서 일할 수 있도록 해두면 얼마나 편리할까' 라는 의견도 볼 수 있다. 1910년대 중반 이후 부엌은 주택개량에서 중요한 문제로 부상했으며, 입식화는 부엌개량의 목표이자 수단으로 주목되었다. 일본 다이쇼기의 주택개량을 연구한 기무라 노리쿠니는, 메이지기 중류주택개량의 목표가 '접객실의 입식화'였다면 다이쇼기에는 '좌식부엌의 입식화'로 정리된다고 설명했다.[82] 입식부엌은 곧 능률적 주택의 표상이었으며, 근대화된 생활을 보여주는 가장 상징적 장소였다.

일본의 주택개량회가 부엌개량에 주목한 것은 이러한 배경에 따른다. 1916년부터 1937년까지 『주택(住宅)』에서 부엌의 개량, 개조, 설비, 연구 등을 논하는 약 70건의 글을 찾을 수 있다. 1918년과 1931년에는 「부엌연구호(台所研究號)」를 특별호로 발행하기도 했는데, 이를 통해 당시 일본 건축계가 전통부엌의 문제점으로 파악한 주요사항을 확인할 수 있다.[83] 비과학적인 점, 무질서하고 정돈되지 않은 점, 나가시(개수대)가 너무 낮게 달려있는 점, 응접실이나 객간(客間)의 화려함에 비해 부엌은 그렇지 못한 점, 부엌을 업신여기는 점, 부엌정리에 대한 개념이 없는 점, 도마(土間)[84]가 너무 크다는 점, 일광의 문제, 앉아서 일하는 습관 등이 주로 거론되었다. 부엌연구호에 참여했던 집필진은 공통적으로 좌식의 작업방식을 가장 단점으로 꼽았다. 전통적 도마(土間)는 흙먼지가 날리는 것도 문제거니와 신발을 신고 또 벗어야 하는 문제점도 있었는데, 이를 해결하기 위해 도마 높이를 올려 마루를 깔거나 시멘트로 마감할 것을 제안하기도 했다.

80) 内田青藏, 앞의 책, 1992, p.86

81) 김대년 외, 『여성의 삶과 공간환경』, 한울아카데미, 1995, p.166

82) 木村德国, 「大正時代の住宅改良と居間中心形住宅様式の成立」, 『北海道大學工學部硏究報告』 18, 1958, p.55

83) 1918년 부엌연구호의 전문번역은 부록에 싣는다.

84) '도마(土間)'는 일본 전통주택 부엌에서 마루보다 낮은 흙바닥 부분을 말한다. 현관의 돌바닥이나 흙바닥 부분도 도마(土間)라고 한다.

표 2-5. 1910~20년대 일본의 부엌현상설계

연도	명칭	주최
1916	오사카 아사히신문사 부엌설계도안(大阪朝日新聞社台所設計図案)	오사카 아사히신문사 (大阪朝日新聞社)
1918	부엌설계도안 현상모집(台所設計図案懸賞募集)	주택개량회(住宅改良会)
1928	부엌현상경기설계(台所懸賞競技設計)	생활개선협회(生活改善協会)

표 2-6. 1918년 주택개량회 주최 「부엌설계도안 현상모집 (台所設計図案懸賞募集)」 개요

구분	내용
목표	주택개량의 이상을 실현하기 위한 계획의 하나로 일상생활에 가장 관계 깊은 부엌의 설계도안을 현상으로 모집함.
제출도안	평면도, 실경도(실내투시도), 설명서
결과발표 및 상금	심사의 종결은 대정7년 2월말(1918년 2월말)이며, 당선도안의 공개는 『住宅』 4월호 지상에 게재함. 1등 1명(30엔), 2등 2명(각 10엔), 3등 각5엔
기타 주의 사항	-모집하는 『부엌(台所)』은 아래의 평면도를 갖는 집에 들어가는 것으로 한다. -이 집은 현재 가마쿠라에 지어져있는 어떤 주택의 별저에 다소의 변경을 가한 일반적 (유형)이다. -설비에 대해서는, 수도, 전등, 와신(기스), 어디까지 사용하는 것은 가능하다. -부엌과 식당과의 사이에선 배선실을 두는 것은 자유롭게 한다.
심사위원	쯔카모토 야쓰시(塚本靖, 동경제국대학 교수, 공학박사) 사토 고이치 (佐藤功一, 와세다대학 교수) 마에다 마츠오토(前田松韻, 동경고공 교수) 고칸 키구노(後閑菊野, 동경여자고등사범학교 교장) 이노우에 히데코(井上秀子, 일본여자대학 교수) 하시구치 신스케(橋□信助, 주택개량회 회장)

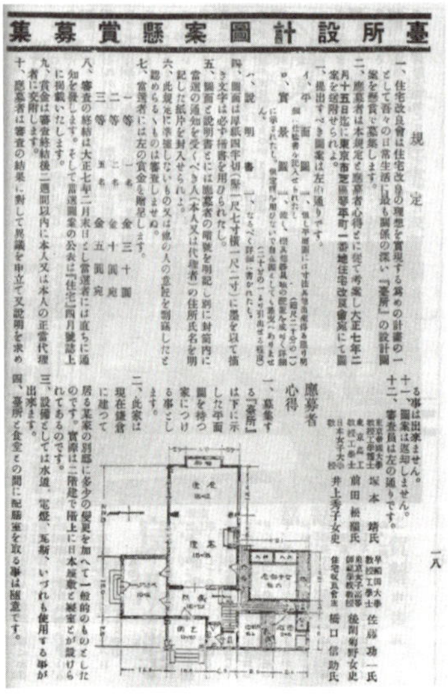

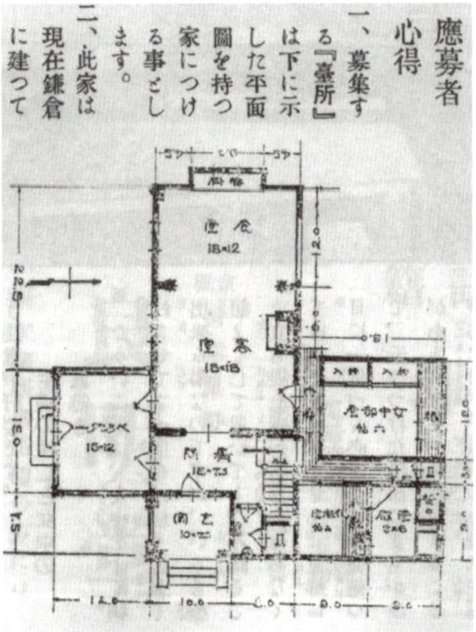

그림 2-13

그림 2-13. 주택개량회 주최 「부엌설계도안 현상모집 (台所設計図案懸賞募集)」 공고(좌) 및 평면 확대(우) (1918년 1월)

『주택(住宅)』 1920년 1월호에서 동작경제를 주창했던 미스미의 글을 다시 찾아볼 수 있는데, 그는 특히 부엌 입식화와 면적이 능률에 미치는 영향을 강조했다. 동경부엌의 '앉아서 일하는 습관'을 먼저 지적했고, 반대로 농촌의 부엌은 '서서 일하도록' 되는 점은 편리하지만 또한 너무 넓은 것도 비능률적이라는 설명이었다. 능률적 부엌을 만들기 위해서는 부엌의 적절한 면적과 입식화가 중요했다.

"동경의 부엌은 좁은데 잘 되어있고, 다만 앉아서 일해야 한다. 시골의 부엌은 넓고 서서 일하도록 되어 있으나 너무 넓다. …… 4첩 반에서 6첩 정도가 적당하다. …… 나가시의 위치를 높게 할 것. 나가시와 조리대는 직선으로 연결 할 것. 나가시 하부, 방의 뒤 공간을 충분히 이용할 것, 부엌과 식당을 수평으로 연결할 것. 쯔께모노(漬物, 장아찌)나 탄(炭)을 넣을 곳을 만들 것." **(미스미 스즈코, 『주택(住宅)』, 1920년 1월호)**

능률성의 구현은 당시 일본의 생활개선운동과도 결부된 주제였다. 일본에서는 1920년 1월 생활개선동맹회가 설립되었는데, 설립 이듬해인 1921년에는 『주택의 배치 및 설비의 개선(住宅の間取及設備の改善)』을 발간했다. 이 지침의 11장에서 「부엌 욕실 및 변소(台所浴室及便所)」의 항목을 발견할 수 있는데, '부엌의 나가시는 입동식(立働式)으로 하고 방수 재료로 고칠 것'으로 명시한 부분을 찾을 수 있다.[85] '입동식'은 입식화를 의미하며, 부엌의 입식화는 능률적 부엌 만들기이자 나아가 능률적 생활을 추진하는 방편이었다.

부엌현상설계를 통해 본 능률적 부엌

1910~20년대 개최된 세 차례의 부엌현상설계는 일본의 주택개량에서 부엌이 차지했던 비중과 주요지침을 파악할 수 있는 중요한 자료가 된다. 십 년 남짓한 기간 동안 부엌현상설계가 세 번이나 개최되었다는 것은 부엌개량에 대한 일본 사회의 남다른 관심을 보여주는 증거이기도 하다.

85) 古管桂子, 「にっぽん台所文化史」, 雄山閣, 1991, pp. 176~177

표 2-7. 「부엌설계도안 현상모집 (台所設計図案懸賞募集)」 의 결과 요약

<table>
<tr><th>구분</th><th colspan="4">응모안의 유형</th></tr>
<tr><td rowspan="10">면적구성</td><td colspan="3">규모</td><td>응모수</td></tr>
<tr><td>1</td><td colspan="2">3평 이하</td><td>5</td></tr>
<tr><td>2</td><td colspan="2">3평 이상 4평 이하</td><td>6</td></tr>
<tr><td>3</td><td colspan="2">4평 이상 5평 이하</td><td>10</td></tr>
<tr><td>4</td><td colspan="2">5평 이상 6평 이하</td><td>13</td></tr>
<tr><td>5</td><td colspan="2">6평 이상 7평 이하</td><td>12</td></tr>
<tr><td>6</td><td colspan="2">7평 이상 8평 이하</td><td>9</td></tr>
<tr><td>7</td><td colspan="2">8평 이상 9평 이하</td><td>10</td></tr>
<tr><td>8</td><td colspan="2">9평 이상 10평 이하</td><td>2</td></tr>
<tr><td>9</td><td colspan="2">10평 이상의 것</td><td>3</td></tr>
<tr><td rowspan="9">계획방식 분류</td><td colspan="2">구분</td><td colspan="2">해당 응모수</td></tr>
<tr><td>1</td><td>나가시(流し)</td><td colspan="2">벽에 붙임(68),중앙배치(2)</td></tr>
<tr><td>2</td><td>가마도(竈)</td><td colspan="2">벽에 붙임(66), 중앙배치(4)</td></tr>
<tr><td>3</td><td>출창(出窓)</td><td colspan="2">나가시의 전면 혹은 측면 (21)</td></tr>
<tr><td>4</td><td>창밖의 선반(棚)</td><td colspan="2">일광 소독이 가능한 선반을 둔 것(13)</td></tr>
<tr><td>5</td><td>저장고(物置)</td><td colspan="2">지하(3),지상(7)</td></tr>
<tr><td>6</td><td>쓰레기통(塵芥箱)</td><td colspan="2">쓰레기통의 소재를 도면에 표기한 경우 (23)</td></tr>
<tr><td>7</td><td>냉장기(冷藏器)</td><td colspan="2">냉장기 장소를 도면에 명기한 것(38)</td></tr>
<tr><td>8</td><td>청소기구의 도입</td><td colspan="2">도면에 명기한 것(17)</td></tr>
<tr><td rowspan="7">도마(土間) 구성 분류</td><td colspan="3">구분</td><td>해당 응모수</td></tr>
<tr><td>1</td><td colspan="2">부엌 내에 전혀 도마(土間)를 두지 않는 것</td><td>9</td></tr>
<tr><td>2</td><td colspan="2">게다를 벗기 위한 도마를 두는 것(재래 동경풍)</td><td>31</td></tr>
<tr><td>3</td><td colspan="2">가마바(釜場) 및 나가시를 위해 비교적 큰 도마를 누는 것 (재래 농가 형식)</td><td>23</td></tr>
<tr><td>4</td><td colspan="2">가마바(釜場)부분의 비교적 넓은 도마를 취한 것</td><td>3</td></tr>
<tr><td>5</td><td colspan="2">나가시 부분의 비교적 넓은 도마를 취한 것</td><td>1</td></tr>
<tr><td>6</td><td colspan="2">전부를 도마로 한 것</td><td>3</td></tr>
</table>

가장 먼저 1916년의 「오사카 아사히신문사 부엌설계도안(大阪朝日新聞社台所設計図案)」은 중류 가정을 대상으로 한 부엌개량안을 모집했다. 이 설계 경기의 주요 지침은 "가능한 작은 면적으로 하되 편리, 위생, 경제의 3요점"을 갖출 것이었다. 또한 "신시대가 요구하는 중류 주택의 이상적 부엌, 가족 4~5인, 월수 백엔 이내의 가정을 표준으로"라는 비교적 구체적 조건을 내세워 현실성 있는 부엌설계안을 요구했다.[86]

1918년 1월에는 주택개량회가 「부엌설계도안 현상모집(台所設計図案懸賞募集)」을 공모했다. 모집 요강에 명시한 현상설계의 목표는 "주택개량의 이상을 실현하기 위한 계획의 하나이며, 우리의 일상생활과 가장 관계 깊은 부엌을 만들기 위해서"였다. 설계조건으로는 가상의 주택 평면을 제시했는데, 설계부지는 '가마쿠라(鎌倉)[87]의 어느 주택'이라고만 가정했다. 이 평면의 일정 부분을 이용하여 부엌을 계획하는 조건이었다. 수도, 전등, 가스 등 기본 인프라는 갖춰진 것으로 가정했으며, 오사카 아사히신문사 경우와 같이 중류 가정이 대상이었다. 그 외 주요 요강과 심사위원 구성은 표 2-6과 같다.

당선 결과는 같은 해 4월호를 통해 발표했다. 총 응모작은 70점이었으며, 그중 1등 1명, 2등 2명, 3등 5명과 입선 5명을 선발했다. 입상작의 규모는 주로 4~9평이 많았고, 대부분 너무 작지도 크지도 않은 면적을 선호했다.(표 2-7) 부엌 안에는 주로 나가시(流し, 개수대), 가마도(かまど, 아궁이), 출창(出窓, 돌출된 창문), 선반 등을 배치했는데, 주로 나가시와 가마도는 벽 쪽에 붙여 설치했다. 응모작의 반 이상이 음식을 보관하는 용도로 냉장기를 제안했으며, 약 25~30% 정도는 냉장기 대신 돌출창과 창밖의 선반에 음식을 보관할 수 있는 안으로 계획했다. 창 쪽에 선반을 다는 방식이 당시 유행했기 때문이었으며, 그릇을 일광·소독하기에 유리하다는 인식에서 비롯된 현상이었다.

특히 도마(土間)의 처리문제는 일본 부엌의 가장 전형적 모습을 '낯선 것'으로 바꾸어야 하는 데 대한 고민을 보여준다. 전통적인 일본 부엌은 마룻바닥과 그 밑에 푹 꺼진 흙바닥으로 구성되는데, 도마는 그 흙바

86) 木村徳国, 앞의 글, 1958, p.101

87) 일본 가나가와현 미우라 반도의 서쪽에 위치하는 도시이며, 도쿄에서 자동차로 약 1시간 정도 떨어진 위치에 있다.

표 2-8. 「부엌설계도안 현상모집(台所設計図案懸賞募集)」에 출품한 70개 부엌계획안의 평면형 분류

번호	배치 유형	해당작의 수	번호	실배치 유형	해당작의 수
1	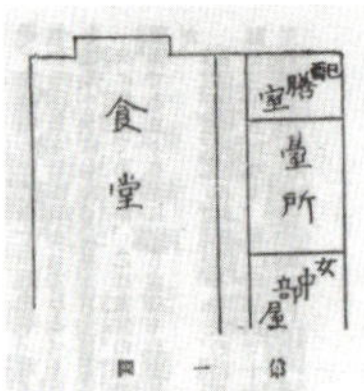	31	4	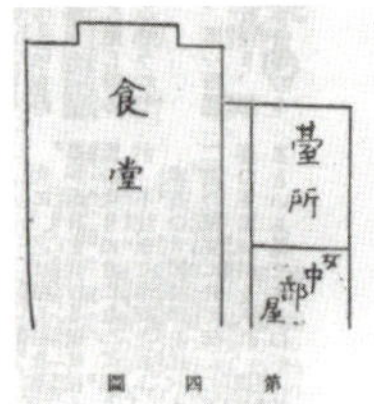	9
2	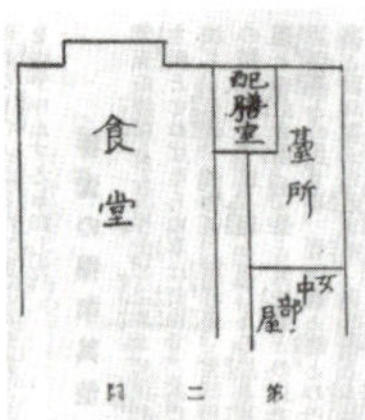	15	5	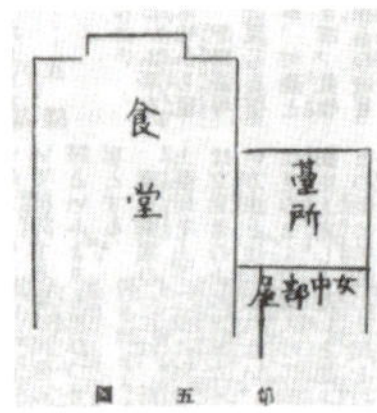	3
3	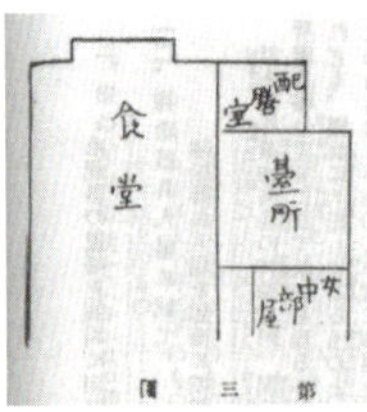	10	6		2

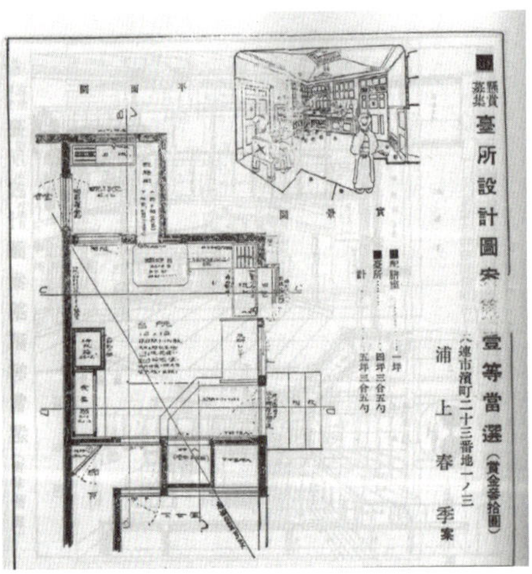

그림 2-14

그림 2-14. 1등 당선안 – 5.35평(배선실 1평, 부엌 4.35평)

닥 부분을 가리킨다. 부엌에 들어와 도마까지는 신발을 신은 채 일하지만, 마루부터는 다시 벗고 올라가야 하는 구조였다. 전체 출품작은 도마를 아주 크게 두는 계획안부터 신발을 벗을 정도의 공간만 겨우 허락한 것까지 다양했지만, 당선된 안들은 공통적으로 도마를 작게 계획했다. 미스미가 지적한 것과 같이, 신발을 신고 벗는 등의 비능률적 행태를 최소화한다는 의도를 읽을 수 있다.

전체 70개 응모작을 부엌 배치 유형으로 분류하면 표 2-8과 같이 6종류로 나눌 수 있다. 식당과 부엌 영역이 복도로 단절되었는가, 아니면 배선실로 연결되는가가 가장 큰 차이였고, 그다음으로 배선실의 크기와 위치가 달랐다. 부엌은 주로 북쪽에 둔 것을 볼 때, 전통적인 부엌의 위치를 벗어난다는 과감한 시도는 없었던 것으로 보인다.

이 중 1등 당선안은 유형 3에 해당하며, 배선실을 포함한 부엌 면적은 5.35평이었다. 심사위원이었던 이노우에 히데코가 "1등 안이 딱히 특색 있는 것은 아니지만 평균적으로 잘 정리되었다" 정도로 평가했던 것을 보면, 적절한 면적과 집약적 설비배치가 큰 가산점이 되었던 것으로 추정할 수 있다.

당선작을 포함한 전체 심사평을 보면, 첫째 입식화, 둘째 적정한 면적, 셋째 도마의 처리문제, 넷째 식모방과 식당과의 연계성, 다섯째 선반 등의 가구설치를 통한 정리정돈 등으로 요약할 수 있다. 심사평은 당초 모집공고가 실렸던 부엌연구호의 내용과 대부분 일치했다. 그 외에도 작업대 사이 거리를 너무 멀지 않게 할 것, 실내 방화재료, 바닥은 콘크리트나 나무로 할 것, 일광을 잘 이용하는 부엌, 입식의 작업대, 선반을 많이 달아서 편리하게 만들 것 등의 내용도 찾아볼 수 있다.

처음부터 끝까지 일관되게 강조된 항목은 부엌의 입식화였다. 메이지기에 수용된 서구식 부엌은 오직 고관대작만이 소유할 수 있는 동경의 대상이었지만, 부엌의 입식화가 이루어진다면 누구 부럽지 않은 서구식 신식 부엌의 편리함을 누릴 수 있다는 기대를 나타낸다.

그러나 서구 근대부엌이 주부 1인의 효율성을 목표했던 것에 반해 여기서의 능률이란 그 주체가 명확하지 않다는 점을 살필 필요가 있다. 입식부엌은 근대적 주부의 공간이었지만 현실적으로는 식모의 작업장이었으므로, 능률의 대상을 좁히는 일은 쉽지 않았다. 1918년의 「부엌연구호」에서 '부엌 일부를 꾸며서 식모의 휴식 공간을 조금이라도 만들어 보자'고 하는 글을 통해서도 식모의 존재를 파악할 수 있다. 부엌현상설계의 1등안도 식모방을 계획했는데, 복도를 통해 부엌과 식모방의 연락관계를 배려한 것도 당선 이유의 큰 부분을 차지했다. 부엌의 입식화가 능률의 방편이었던 것은 분명하지만, 경우에 따라 주부와 식모를 혼동하는 현상을 드러냈다.

과학, 합리, 능률

과학화와 문명화

'과학'은 능률과 더불어 부엌개량론에 자주 등장하던 키워드였다. 부엌은 음식을 만드는 장소이므로 얼핏 생각해서는 영양, 위생과 같은 과학적 용어와 당연히 결부될 것으로 생각하기 쉽다. 그러나 부엌개량론에서 언급되었던 과학이란 자연과학이나 과학기술과 같은 의미로 보기 어렵다. 이 단어는 순수한 학문의 범위를 벗어나 일종의 계몽 수단으로도 통용되었기 때문이다.

사전적 의미의 '과학'은 보편적인 진리나 법칙의 발견을 목적으로 한 체계적인 지식을 뜻한다.[88] '과학'은 17~18세기에 서구에서 형성된 지식 체계, 혹은 분과로서 학문적 명칭으로, '근대화를 이끈 합리적 사유'를 통틀어 규정하는 명칭이었다.[89] 이것은 17세기의 자연 철학자들이 중심이 되어 공론화시킨 과학적 합리성(Rationality)을 근대의 기원과 가치로 보고 있는 것으로서, 이후 18세기 서구사회에서는 인문적 '합리성(Reasonable)'보다는 자연과학의 '과학주의'가 근대성을 대표했다.[90]

그런데 한자문화권에서 통용되는 '과학(科學)'이란 단어는 처음부터 쉽게 'science'의 번역어로 등장하지 않았다. 19세기 말 한자문화권에 있어 '철학'과 '과학'은 동양의 유학과 대비되는 서구의 신학(新學)이며 근대적 지식이었다. 아시아에서 '과학'이라는 단어는 메이지기의 학자 니시 아마네(西周, 1829~1897)가 1874년 『명육잡지(明六雜誌)』에 연재한 「지설(知說)」에서 처음으로 등장하는데, 여기에서 니시는 'science'를 '학(學)'으로 번역했다.[91] '과학'은 '소위과학(所謂科學)'이라는 용어로 등장하여, '학'의 의미를 알아가는 단계에서 학(學)과 술(術)을 구분하는 의미로 쓰인 것을 볼 수 있다. 일본에서 'science'의 의미는 메이지기를 전후로

88) 허재영, 「근대 계몽기 과학담론 형성과 일제강점기 '과학적 국어학'」, 『코기토』 78, 2015, p.121

89) 김우필, 최혜실, 「식민지 조선의 과학·기술 담론에 나타난 근대성 – 인문주의 대 과학주의 합리성 논의를 중심으로 –」, 『한민족문화연구』 34, 2010, p.252

90) 김우필, 최혜실, 앞의 글, 2010, pp.251~252

91) 김성우, 「일본의 메이지 사상계와 '科學'이라는 용어의 성립과정」, 『한국과학사학회지』 25(2), 2003, p.132

'學問, 學, 術, 理學, 科學, 知識, 熟練, 博學, 考究, 窮理, 學藝, 智慧, 道'와 같이 다양하게 번역되었다. 다른 문화권의 언어인 'science'를 한자 문화권에서 알맞은 단어로 번역하는 것은 근대적 사상담론을 구축하는 것과 같았다. 결과적으로 채택된 '과학'이라는 단어도 인문적 합리성보다 과학적 합리성에 가까웠다.[92]

그러나 점차 신학(新學)을 '철학'과 '과학'으로 구분하고 '과학'은 이용후생의 학문으로 수용하고자 하는 의지가 커지면서, 아시아에서의 '과학'은 사상적 담론의 기능을 상실한 채 사실상 '과학·기술'에 집중하게 되었다. 더 나아가 과학을 갖춘 쪽은 과학을 갖추지 못한 쪽을 문명화시켜 줄 수 있다는 정당성으로 포장되었다. 과학의 이식은 문명화를 강력하게 추진하는 수단이 되었으며, '과학에 의한 문명화'는 식민국의 전통과 고유문화를 말살하는 보편주의적 이데올로기로 자리잡기 시작했다. 한반도에 처음 설립된 1925년 '은사과학기념관(恩賜記念科學館)'이라는 명칭에서도 잘 드러난다. '은사'란 '과학문명이 천황으로부터 받은 은물(恩物)'이라는 이데올로기가 관철되었으며, 식민통치를 과학을 통한 문명화로 정당화했던 방법론이었다.

아이러니하게도 이것은 식민지배의 상황을 탈피하기 위한 수단으로 역이용되었다. 근대의 과학과 기술을 습득하고 연구하는 것이 조선의 발전과 직결된다고 보았던 당시 지식사회는, 가까운 일본의 근대 과학기술이라는 문명을 수용하고 습득하는 것으로 해답을 찾고자 했다.

물론 일제강점 이전의 조선에서 과학 기술에 대한 관심이 없었던 것은 아니다. 1906년 이후의 애국계몽운동의 결과 사립학교에서 실시한 과학교육을 보아도 근대적 과학기술에 대한 사회적 관심은 이미 고조되어 있었다. 그러나 1910년 한일병합 이후 기초적인 과학교육보다는 실용적인 기술교육에 치중하는 쪽으로 방향을 돌리게 되었고, 과학의 의미도 불분명해지기 시작했다. 과학이 기술로 대체되면서 기술이 과학을 대신했고, 과학과 기술을 혼동하여 이해하기 시작한 시점이기도 했다. 1922년 12월 안창남의 모국방문비행사업을 계기로 동아일보가 이른바 "과

92) 김우필, 최혜실, 앞의 글, 2010, p.254

학운동"을 전개했고, 1924년에는 발명학회와 과학문명보급회가, 1928년에는 고려발명학회가 창립되었다.[93]

"우리는 과학에 각성해야 하겠다. 학생들은 과학에 힘을 쓰고 각 학교는 과학교육에 특별히 힘을 쓰고 각종 언론기관과 단체에서도 과학의 선전을 성대히 해야 할 것이다. …… 전족일치로 전력을 다하야 '조선의 과학화' 운동을 해야 할 것이다. …… 우리는 이런 과학을 목표로 한 기관들이 건전히 발달되기를 심축하며 동시에 우리 민족이 과학에 각성하기를 절규하지 아니할 수 없다." (**「과학과 민족의 운명」, 『동아일보』**, 1923.10.24.)

"우리가 과학의 문으로 향하며 조선으로 하여금 과학화함에는 제일 먼저 과학적 태도를 가져야겠다. 과학적 태도가 무엇이냐하면 우리가 과정에 대하여 주의하는 것이요, 인과(因果)의 신념을 가지는 것이다. 이 과정과 인과를 무시하고서는 진보가 없으며 향상이 있을 수 없다." (**이헌구, 「금일의 조선과 자연과학의 사명(속)」, 『동아일보』**, 1924.04.21.)

일제의 공업화가 적극적으로 전개되었던 1930년대에는 기술의 중요성을 강조하는 한편, 민족갱생을 목표한 대중운동으로서의 과학화 운동도 전개되었다.[94] 조선발명학회는 1934년 4월 19일을 '제1회 과학데이'로 정했고, 「과학지식에 대하야」, 「과학의 가치」, 「과학의 개념」, 「산업과 발명」, 「화학공업의 최신 경향」등 다양한 연설문과 평문을 라디오와 신문, 잡지를 통해 발표하기도 했다.[95] 1934년 7월 5일에는 서울의 태서관에서 과학지식보급회 창립총회가 개최되었다.

과학의 중요성은 국가 차원에서의 기술 개발과 더불어 '과학화'의 유행을 불러일으켰다. 과학은 문명의 연출 장치로서 아주 강력한 설득력과 파급력을 보였다. '과학화'는 곧 서구화, 문명화와 같은 개념으로 통용되었으며, 과학화되지 않은 것은 미개한 것과 같았다.

93) 우동선, 「과학운동과의 관계로 본 박길룡의 주택개량론」, 『대한건축학회논문집계획계』 17(5), 2001, p.82

94) 1930년대 조선에서는 기초과학에 대한 연구나 논의보다 당장 실리를 창출하는 가벼운 발명품 따위에 사회적 관심이 더욱 조장되었다. 과학데이의 창설, 과학잡지의 발간 등 민족갱생을 위한 자체적인 발전적 성격의 운동도 전개되었지만, 실용적인 기술중심의 과학담론에 주로 치중하면서 과학주의적 근대성으로 의식을 심화시키지 못했다.(김우필, 최혜실, 앞의 글, 2010, pp.260-261)

95) 현원복, 「1930년대의 과학기술학진흥운동」, 『민족문화연구』 12, 1997, pp.239-240

생활의 과학화

'생활의 과학화'는 1916년 일본의 교육자이자 동경박물관(현 국립과학박물관) 초대 관장이었던 타나하시 겐타로(棚橋源太郎, 1869~1961)에 의해 처음 시작되었다. 타나하시는 '과학은 곧 선(善)·문명이며, 비과학은 악(惡)·원시적 상태'라 했고, "나날이 발전하는 사회에 비해 가정은 아직도 비과학적이고 유치한 상태에 머물러있다"는 주장 아래, 생활의 과학화를 추구했다.[96]

이를 실천할 주체는 주부로 상정되었다. 주요 관련 행사들이 대부분 '과학'이라고 할 때 떠올리는 물리학·생물학이 아닌 가정생활의 위생·능률·경제성 등이었던 것에서도 알 수 있다. 일본에서는 1916년부터 1924년까지 총 18회에 걸쳐 과학사상을 대중에 보급하기 위한 특별전람회가 개최되었는데, 주로 위생·건강·가사의 과학화·계량을 장려하는 주제의 행사였다.

1917년 일본에서 창간된 여성잡지 『주부지우』는 이학박사나 기사가 기재하는 계절과 관련된 자연현상을 논하는 「과학동화란」을 만들기도 했고, 냉장고·선풍기와 같이 가전 도구를 자주 소개했다. 1921년에 창간된 『과학지식』도 전문가를 대상으로 어려운 내용보다 일반인을 대상으로 과학을 쉽게 다루었다. 과학지식이라는 제목과는 달리, 음식·식물·영양·상수도·소독·연료문제·가정용전열기 등 주로 의식주에 관련된 기사를 실었다. 그 외 단행본으로도 '생활의 과학화'나 '가정과학'을 다루는 출판물도 많아지기 시작했고, 가정생활에 필요하다고 생각되는 모든 지식을 총망라한 『가정과학대계』라는 수십 권의 시리즈가 발간되기도 했다.[97]

생활의 과학화는 한국에서도 동일하게 전개되었다. 식민지배의 상황을 고려할 때, 동일한 표어의 관련성을 완전히 부인할 수는 없을 것이다.

96) 山本珠美, 「生活の科学化'に関する歴史的考察」, 『生涯学習·社会教育学研究』 21, 1997, pp.47-50

97) 야마모토 타마미(1997)는 1920년대 일본사회에서 유행했던 생활의 과학화의 복합적 의미를 여섯 가지 유형으로 분석했다. 첫째 계량 중시형, 둘째 능률화·합리형, 셋째 위생·건강 추구형, 넷째 구미모방 및 구습타파형, 다섯째 객관적 정신을 중시하는 형, 여섯째 생활의 지혜형을 말한다. 생활의 과학화가 의미하는 대상과 주체는 가정과 주부였다. (山本珠美, 앞의 글, 1997, pp.47-55)

주거, 생활습관 등 모든 대상에 과학이 결부되어 본래의 의미보다 더욱 복합적이고 다양한 의미로 통용되기 시작했다. 1930년대 한국에서 '생활의 과학화'라는 문구를 공론화시킨 이는 건축가 박길룡이었다.[98]

"생활의 과학화! 과학의 생활화! 이것은 현대과학의 정예를 깨닫는 사람은 어느 나라 어떠한 사람이나 다같이 부르짖는 부르짖음이다. 최근에 이르러 조선 민중도 살기를 애쓰는 중에 있으며 살기를 애쓰는 까닭에 과학을 요구하게 된 바는 당연한 일이라고 생각한다. …… 진정한 의미하에 과학과 그 응용을 우리의 생활에 응용하여 생활을 간편화하며 모든 동작, 모든 업무에 과학적 처리법을 이용함이 필요한 소이를 절실히 느끼게 된 것은 비교적 근자부터의 일이라고 생각한다." **(박길룡, 「생활의 과학화에 대하야」, 『동아일보』, 1935.04.19.)**

부엌은 '생활의 과학화'를 실천하기에 가장 좋은 장소였다. 부엌에서의 과학적 활동은 영양가 있는 식사를 가족에게 제공하는 길이었으며, 남편은 사회적 생산활동에 전념하고 자녀들은 건강하게 자라 차세대의 일꾼이 된다는 논리에도 부합했다. '구미의 가정처럼 과학적 부엌'을 만들어야 한다는 생각은 근대적 주부가 되고자 하는 이들에게 실천적 각성을 촉구했다.

"미국에서 중산계급의 부인들은, …… 부엌 같은 데에도 과학을 응용했음으로 그 가정생활은 극히 합리적이고 과학적이고 경제적이라 합니다. 조선여자와 같이 무엇을 배웠다하면 그대로 뇌에만 넣어 두어서 썩히는 일이 없이 그들은 매우 실행적이어서. **(이하생략)**" **(「모범할 만한 아메리카의 부인과 그 가정」, 『동아일보』, 1926.01.19.)**

"과학이 발전한 구미의 각 가정을 살피어보면 그 주방에 설치된 과학적 장치를 선용하여 가장 합리하게 처리하도록 한 바에 놀라지 아니할 수가 없는 것이다." **(박길룡, 「생활의 과학화에 대하여(속)」, 『과학조선』, 1935년 8-9월호, 13)**

98) '생활의 과학화'란 1934년 창설한 '과학지식보급회'의 목표이자 발기문인 "생활의 과학화, 과학의 생활화"에서 온 것이다. (우동선, 앞의 글, 2001, p.83)

'신여성이라면 과학으로 사물을 비판하고 해부하는 과학의 인(人)'이 되어야 했고, '되잖은 연애소설을 책상머리에 장식해 놓는 것보다 실지에 소용될 과학 한 마디나 더 연구하고 아는 것'이 더 중요하다는 주장도 늘어갔다.[99] 주부들은 생활의 과학화에 부응하기 위한 노력으로 실용적 지식을 습득하는 이점도 있었다. 그러나 한편으로는 한 번도 들어본 적이 없는 낯선 용어를 익히고 외우고 실천해야 한다는 어려운 난관에 부딪혀야 했다.[100]

생활의 합리화

'합리'는 1930년대 유행했던 과학, 능률, 경제 등의 단어와 함께 부엌개량론에서 반복적으로 강조된 키워드였다. 다음의 기사는 1932년 10월 28일부터 8일간 경복궁 경내에서 경성우회(京城友會) 주최로 열렸던 『가정생활 합리화전』[101]에 대한 소감문의 일부이다. 경성우회는 일본의 교육자 하니 모토코(羽仁もと子, 1873~1957)가 펴낸 저서의 애독자와 일본 여성지 『부인지우(婦人之友)』가 모여 결성한 단체였다. '생활의 합리화'는 주부층을 대상으로 확산된 표어였으며, 낭비를 막아 가정경제를 도모하고 올바른 자녀양육과 식생활 문화를 추진하자는 내용 등이 주로 논의되었다.

"가정생활을 합리화하라! 이것은 가정경제 아니 소비경제에 그리고 부인향상에도 중대한 영향이 있을 것입니다. 경제뿐만 아니라 하루의 대부분 일생의 대부분을 가정에서 보내는 주부에게 이것은 반드시 생각해 보아야 하고 연구해보아서 실행하는 것은 가장 필요한 일이요 또 여러분 주부들의 큰 의무라고도 생각합니다. 이러한 의미에서 금번 '우회(友會')에서 개최한 가정생활합리화전람회는 매우 의의있는 것이라고 생각합니다. …… 주부의 노력의 경제와 낭비를 조절하는 것과 주택합리화, 아동양육문제, 식물(食物)의 합리화, 주부의 사교소비조합 같은 것은 한번 보고 우리 가정주부들도 생각할 필요가 있으

99) 연구공간 수유+너머, 『신여성: 매체로 본 근대 여성 풍속사』, 한겨레신문사, 2005, p.234
100) 연구공간 수유+너머, 앞의 책, 2005, p.235-236
101) 「경성우회 주최로 가정생활합리화전」, 『동아일보』, 1932.10.27.

리라고 생각했습니다." (「**가정생활합리화전을 보고, 우리 가정에 응용하고 싶은 것 몇 가지**」, 『**매일신보**』, 1932.11.3.)

합리화가 강조되었던 1930년대에는 부엌과 안방의 위치에 대한 논의에서도 약간의 변화를 찾아볼 수 있다. 부엌개량론의 초기에는 위생적 관점에서 부엌을 가급적 보이지 않는 곳으로 이동시키거나 가리기에 급급했다면, 1930년대에 들어서면 부엌의 '합리적' 위치를 찾으려는 움직임이 등장한다. 일례로 1923년 1월 1일 건축사 이훈우[102]의 기고문에서는 부엌을 무조건 눈에 띄지 않는 곳으로 이동할 것을 주장했는데, 이는 사용상 편리성보다 미관상의 이유와 위생적 관점이 앞서 있었다. 그러나 1930년대가 되면 부엌과 다른 방과의 연락관계를 고려하는 여성계의 목소리도 높아진 것을 알 수 있다.

"부엌을 안방에 가깝게 함은 음식 만드는데 직접 관계가 있는 부인이 안방에 있게 되는 등 여러 가지 관계와 편리를 얻으려는 까닭이나 실상 이것이 위생상에도 좋지 못할 뿐만 아니라 집 전체의 미(美)를 없이하는 것이외다. 그러니까 이 부엌을 집채의 뒤쪽에 둔다하면 드나드는 사람에게도 보이지 아니하고 앞뜰이 깨끗하여 질 것이외다."(**이훈우**, 「**주택은 여하이 개량할까?**」, 『**동아일보**』, 1923.01.01.)

"부엌만은 제도와 형식을 변하여 마루에 뒤 안방쪽으로 찬방과 부엌에 좌처를 앉히고 (**마루와 면하도록**), 신을 신지 않고도 연락하게 구조를 만들 것이다. (1)신을 신지 않고 일을 하도록 하며, (2) 음식물에 관한 것은 찬방에 장치하야두되 방식을 미화시킬 일, (3)식사는 될 수 있는대로 찬방에서 하게 하여 가족과 늘 접촉하게 할 일"(**송금선**, 「**마루, 겨울이면 무용지물, 이용방도는 무엇**」, 『**동아일보**』, 1935.01.01.)

부엌에서 가장 고질적인 비합리성으로 주목되는 것은 '아궁이' 문제였다. 더욱이 나무를 주된 연료로 사용한다는 점 때문에 조선총독부도 아궁이 개량을 강권해오던 바였다.[103] 연기, 그을림, 습기 등의 비위생적

102) 여기서 '건축사'는 '건축기사(建築技師)'를 의미한다. 동아일보 기사에도 '건축사(建築士)'가 아닌 '건축사(建築師)'로 기재되었다.

103) 1930년대 초 신문기사에 따르면, 군(郡)단위로 아궁이 개량사업을 추진했고 또한 그 목적이 임산연료를 절약하기 위해서였음을 알 수 있다. "연료절약코저 분구 개량, 이년간 실시 만 칠천호"(『동아일보』, 1933.09.09), "개량온돌분구 오만개 지급"(『동아일보』,1933.10.17.), "온돌매구개량, 울산군에서"(『동아일보』, 1932.01.29.)

문제는 물론이거니와, 부뚜막 높이만큼 무조건 부엌 바닥이 낮게 만들어질 수밖에 없는 구조도 문제였다. 아궁이 한 곳에 불을 때서 취사와 난방을 겸하는 구조가 연료 사용면에서는 여러모로 유리했지만, 그로 인해 발생하는 불편한 구조와 자세는 언제나 '비합리적'이었다.[104] 아궁이 때문에 바닥이 마당보다 낮게 만들어질 수밖에 없고, 따라서 상을 들고 무릎 높이의 문지방을 넘어 다녀야 하고 설거지할 곳이나 상을 차릴 공간이 없는 문제 등, 다방면의 '노력과 시간의 불경제'를 초래하는 것으로 비판받았다.

"긴급히 고쳐야만 할 문제는 조선 부엌의 문지방입니다. 부엌이 좁고 올려놓고 할 곳이 대개 없는 조선 부엌은 흔히는 부엌바닥에서 음식을 놓고 만드는데, <u>문지방은 높아서 긴 치마자락으로 건너다닐 때마다 먼지가 몹시 날려서 음식 만드는 데에 떨어집니다.</u> 밥상을 보아서도 부엌 바닥에 놓고 문지방을 건너 다닐 때는 모든 먼지가 날려서 상으로 갑니다."(**방신영, 「부엌 문지방을 없이 하시오」,** 『新家庭』 1(8), 1933, p.18)

"설거질 하는 대(臺)가 없이 부뚜막 구석에나 아무 데나 엎드려 설거지를 하게 되는 것과 그 밖에 무슨 일이든지 앉거나 엎드려서 하게 되므로 일의 능률이 없는 것이 탈입니다. <u>배선대(配膳臺)가 없이 마루 끝에서 상을 보게 되니까 노력과 시간의 불경제와 외관상으로 불미한 점이 있고</u> 겨울에는 음식이 식는 것 등의 결점이 있습니다. 솥에 밥을 짓는 것이 경제상으로 보아서는 방을 덥게 하는 것과 음식 끓이는 것을 겸하게 되므로 이익이라 하겠지만 위생상으로는 석탄이나 재가 날리는 것이 큰 흠이라고 볼 수 있습니다."(**조계은, 「설거질 대와 상차리는 선반」,** 『新家庭』 1(8), 1933, pp.14-15)

부엌의 작업영역이 마당, 우물, 마루, 장독대까지 확장되어있는 점도 문제시되었다. 기본적으로 부엌에서 아궁이가 가장 큰 면적을 차지하고 있어서, 거기서 필요한 도구나 공간이 어쩔 수 없이 부엌 밖으로 나오게 된다는 것도 큰 단점이었다. 이에 대해 박길룡은 "한국 부엌이 불완전하며 오직 부뚜막만 있을 뿐"이라 묘사하기도 했다.[105] 1931년 동아일

104) "솥거는 것은 굽흐리고 밥을 짓게 되며 또는 아궁이를 들여다 보려면 머리를 부엌바닥에 대어야 들여다 볼 수가 있게 되었으니 이것은 시급히 고쳐야만 할 것입니다." (방신영, 「부엌 문지방을 없이 하시오」, 『新家庭』 1(8), 1933, p.18)

105) "재래의 주방은 완전 주방이라 할 수 없고, 다만 온돌에 불을 때이는 화구 '부뚜막'이 있을 뿐이다."(박길룡, 「새살림의 부엌은 이렇게 했으면」, 『女性』 1(1), 1936, p.34)

보에서는 한국 부엌이 체계적이지 못한 부분을 지적하는 글을 볼 수 있는데, 이때 우리의 부엌은 '부엌', 서양의 부엌은 '주방'이라는 용어를 사용하는 점도 주목된다. '주방(廚房)'의 어원은 정확하게 밝혀지지 않았으나, 일반적으로 가정집 부엌보다 크고 넓은 부엌을 가리킬 때 사용되는 경우도 많았다.[106]

"보십시오. 우리들의 부엌은 대개 일본식 부엌보다 넓지만은, 부엌에 소용되는 찬장, 쌀뒤주 무엇무엇이 모두 마루 광으로 널어놓았고 솥이나 걸렸고 물독, 장갑 같은 것을 두는 외에는 대부분이 유용하게 이용되지 못합니다. 일본집이나 서양집 주방에를 가보면 우리 부엌보다 좁은 것을 가지고서도 부엌에 소용되는 것은 전부 다 정리해 놓고 마루 밑까지 소용있게 만들어 채소 같은 것이라도 잘 간수할 수 있게 되었고 숯이나 장작 같은 것도 어떻게 감쪽 같이 보이지 않게 정돈을 해놓도록 만들어놓았습니다."(**월암 여사, 「가정상식 제이소비절약편. 특히 주부를 중심으로(육)」, 『동아일보』**, 1931.05.08.)

1936년 11월 23일에 열린 『신가정(新家庭)』 주최 주택개선좌담회는 주택개량문제 중에서도 부엌개량을 논의하기 위한 토론장이었다.[107] 주요 참석자는 이만학(연전 수물과 강사), 박길룡(건축가), 김메불(이전 가사과 교수), 고봉경(협성여신 교장), 송금선(동덕여자 교사), 손정규(여자고보 교사)였다고 기록되어 있다. 사회자로 변영로, 황신덕, 박승호, 최영수가 참석했는데, 주로 아궁이와 취사난방의 분리 문제가 중점적으로 거론되었다. 아궁이가 부엌 문제에 큰 부분을 차지하여도 현실적으로 온돌문화를 완전히 배제하기 어렵다는 점이 주요 내용이었다. 취사와 난방을 분리하는 화덕구조를 만들 수 있다면 합리적일 것이라는 의견이 대부분이었지만, 박길룡의 경우, 이것 또한 전통적 생활방식과 맞지 않아 좀처럼 실현되지 않는다는 현실을 토로했다.

106) 한국 주거문화에서 '주방'이라는 용어가 보편화된 것은 1970년대 후반부터로 볼 수 있다. 아파트를 중심으로 싱크대와 같은 서구식 부엌이 확산되고 식탁 보급률이 증가하면서 이전의 부엌과 차별성을 두기 위한 명칭으로 불리기 시작했다. '주방'은 1900~1930년대를 배경으로 하는 『토지』 제1권에 처음 등장했는데, "절간의 주방만큼 넓은 최참판댁 부엌은…"에서 사용되었다. 이는 일반주택의 부엌이 아닌 절의 넓은 부엌을 일컫는 용어였던 것을 알 수 있다. (조경하, 「'부엌' 계열 어휘의 변화에 대한 일 고찰」, 『한국문화연구』 16, 2009, pp.37-39)

107) "(변영로) 오늘 이 모임은 우리의 당면문제인 주택문제에 대하야 말씀을 드리려려는 것입니다. 실현가능한 범위 안에서 개량할 점에 대하야 특별한 관심을 가지신 대로 말씀해주셨으면 감사하겠습니다. 저의 생각 같아서는 주방(廚房), 즉 부엌에 대하야 개량할 점이 많은 줄 아는데 그것에 대해서 좀 말씀해주십시오." (「주택문제좌담회」, 『新家庭』 4(1). 1936, pp.60-61)

"**(박길룡)** 조선집은 방마다 불때는 아궁이와 연기나오는 굴뚝이 있는 고로 비록 취사겸용이 아니라도 불편한 점이 한 두가지가 아닙니다. 부엌얘기가 나왔으니 말이지요만 부엌이 먼 감도 있습니다. …… 말하자면 문화정도가 얕은 것이지요. 요컨대는 부엌에서 아궁이를 떼내는게 문제이겠죠. …… 문제는 어데로 '아궁이'를 가져갈 것이냐인데 그것을 해결하기에 조선가옥은 너무도 어렵단 말입니다. **(황신덕)** 그러면 온돌은 폐지할 수 없다는 것을 전제로 하고 하시는 말씀이지요. **(박길룡)** 그렇죠. 조선사람은 밑이 더워야만 하니까 온돌을 폐지할 수는 없을 것입니다. …… **(이만학)** 중국사람의 호떡굽는 화덕이 비교적 합리적인 것 같아요. **(손정규)** 부엌에서 취사하는 것을 따로 뗀다는 것은 좋은데 박길룡 선생의 말씀대로 한다면 좀 경제적으로 과대한 비용이 나지 않을까요? 도무지 일반부녀들은 습관의 고집을 부리니까 말이에요. <u>**(박길룡)** 혹 집을 지어달란 부탁을 맡고 개량할 점을 충분히 고려하야 설계도를 그려가지고 가면 꼭 주부되는 이가 불평을 하고 오히려 재래식이 편하다고 하야 그대로 실시되지가 않더군요."</u> (**「주택문제좌담회」**, 『新家庭』 4(1), 1936, pp.61-63)

그 외 장독대의 문제도 거론되었으나, 박길룡은 장독대는 위치 변경이 용이하니 크게 어렵지 않다고 말하는 대목도 찾을 수 있다.[108] 그러나 기본적으로 당시 지식인들의 장독대에 대한 인식은 상당히 부정적이었다. 장독대 폐지에 대한 논의는 1934년 『신가정』에서도 확인할 수 있는데, 마당의 가장 좋은 위치를 장독대가 차지하고 있는 것도 잘못이지만, 필요 이상의 면적을 낭비한다는 점도 문제시되었다. 일부 여성 지식인들은 "마당에는 장독대를 두지 말고 정원으로 꾸며야 한다"고 보거나, 장독대에 많은 공간을 할애하는 주거문화를 사람들의 허례허식이라 비판하기도 했다.

"**(송금선)** 장독대는 현시대에 있어서는 의의없는 존재라고 밖에 할 수 없습니다. 화초 한포기라도 더 심을 곳에 독과 그릇을 늘어놓아 냄새와 파리나 끓게 하는 것은 아무 점으로 보아도 신통치 못합니다. …… **(정찬영)** 가정중심으로 삼다시피 뜰 전부를 장독대에만 사용하여 가지고 장치할 필요는 없지요. 장독을 많이 늘어놓고 훌륭히 장치하여 놓으면 만족이 여기고 부자집인 줄로만 생각하니, 그것은 다 옛날 낡아빠진 이상입니다."(**「가정생활의 합리화 운동-장독대를 폐지하자」**, 『新家庭』2(9), 1934, pp.40-41)

108) "(변영로) 장독대는 어떡했으면 좋을까요. (박길룡) 그거야 다른데로 돌릴 수가 있으니까 문제없지요." (「주택문제좌담회」, 『新家庭』 4(1), 1936, p.63)

그 외 다른 신문기사에서도 "일 한가지에 최단거리를 생각하고, 일을 시작할 때는 계획이 있어야"[109] 한다던가, "쓸데없이 넓은 집은 부엌에서 일일이 신을 벗고 마루로 오르내리는 노력과 쓸데없이 시간을 허비하게 된다"[110]는 내용을 볼 수 있다. "바닥을 마루나 시멘트로 해서 신발이 필요 없도록 하고, 간단한 기구가 있을 자리에 늘 규칙적으로 놓여있어야 할 것"[111]이란 기사도 부엌일의 체계성을 강조했다. 재래부엌의 비합리성은 비능률성과 같은 뜻으로 통용되었으며, 생활의 합리화는 곧 생활의 능률화를 의미했다.

생활개선운동과 전시체제의 능률

일제강점기 부엌개량론은 1920~30년대의 생활개선운동을 어떻게 정의할 것인가에 따라 다르게 해석될 수 있다. 부엌개량론을 다룬 선행연구에서도 생활개선운동과의 관련성을 언급하지 않았던 것은 아니지만, 그동안 건축과 역사 분야가 내린 해석은 서로 차이를 보여왔다. 역사 분야에서는 생활개선운동이 '식민지 계몽과 전시체제를 대비한 근검절약운동'이라 평가했던 반면,[112] 건축 분야의 연구는 식민지배 상황을 벗어나기 위한 '자발적 개선운동'으로 보는 경향이 짙었다. 더욱이 '생활개선운동', '생활개선론', '생활개선의 논의' 등 다양한 용어로 사용하는 등, 일제강점기 생활개선운동의 정체를 파악하고 부엌개량론에 미친 사상적 영향을 판단하기는 어려운 측면이 있다.

대표적 사례로 "생활개선론은 열강의 침탈에서 오는 위기감과 열등감을 극복하기 위한 몸부림이자, 진보된 세상으로 나아가기 위해서 꼭 겪어야만 하는 수순"[113], "민족적 자각을 통한 자기반성과 실력 양성을 통한

109) 「과로를 피할 수 있는 가정에서의 노동 (2)」, 『동아일보』, 1939.05.24

110) 「쓸데없이 노력들이는 가사처리의 진단(상)」, 『동아일보』, 1938.10.28

111) 「우리의 부엌과 마루를 이상적으로 고치자면」, 『동아일보』, 1935.01.04

112) 소현숙, 「근대에의 열망과 일상생활의 식민화」, 『일상사로 보는 한국근현대사』, 책과함께, 2006; 小関孝子, 『生活合理化と家庭の近代 – 全国友の会による'改善'と'婦人之友'』, 勁草書房, 2015; 山口昌伴, 「生活同盟会を解読する」, 『生活学 : 台所の100年』, ドメス出版, 1999

113) 손영민, 『한국 근대도시주거 평면변천에 나타난 주거사상에 관한 연구』, 한양대학교 석사학위논문, 2008, p.49

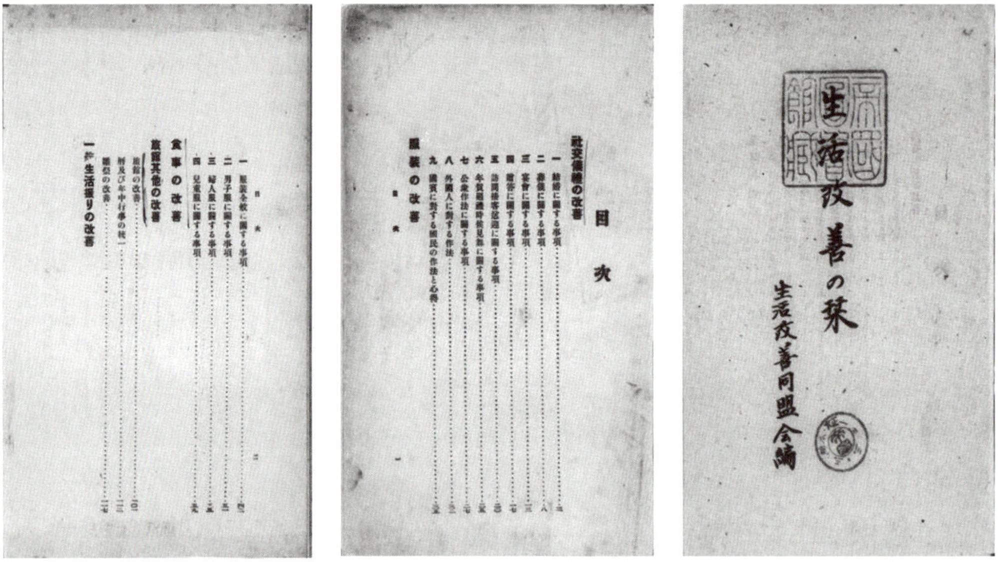

그림 2-15

표 2-9. 한국과 일본의 생활개선운동 지침

일본 생활개선동맹회(1920년 설립)	한국 생활개선동맹회(1924년 설립)
『생활개선의 규칙』 (『生活改善の栞』, 1924)	「생활개선십이항」 (『동아일보』, 1925)
〈목차〉 1. 사교의례(社交儀禮)의 개선 : 결혼, 장례, 연회, 방문접객, 연하상, 공중작입, 외국인을 대하는 지세, 국빈에 대한 국민의 자세 2. 의복(服裝)의 개선 : 전반에 대한 것, 남자옷, 부인복, 아동복에 관한 사항 3. 식사(食事)의 개선 : 식사지식, 식재료의 가격, 조리법, 쌀대체식, 분식장려(빵), 식품성분 등 4. 여행기타(旅行其他)의 개선 : 여관의 개선, 달력 및 연중행사의 개선, 마쯔리(축제)의 개선 5. 일반생활(一般生活)의 改善 : 기타	1. 집회시간을 여행(勵行)할 것 2. 특히 초대 외는 음식물을 대접치 말 것 3. 가급적 연회를 폐할 것 4. 정자상부두의 송영(送迎)은 친근지(親近者)에 지(止)할 것 5. 결혼과 의식을 질소(質素)히 할 것 6. 회장(會葬)은 친근자(親近者)에 지(止)할 것 7. 형식적인 증답(贈答)을 폐할 것 8. 연하장(年賀狀)을 폐할 것 9. ○○은 질소(質素)히 할 것 10. 음식물 기타 일용품의 낭비를 피할 것 11. 가급적 생산품을 쓰고 기제품(旣製品)을 이용할 것 12. 매월 상당(相當)한 저축을 여행(勵行)할 것 (*○○은 원본이 훼손된 문자)

그림 2-15. 1924년 일본생활개선연맹 발간 『생활개선의 규칙(生活改善の栞)』

애국계몽운동의 토대 위에 전개된 것"[114]이라는 해석을 들 수 있다. "생활개선운동은 조선인 자국민의 실력양성을 통해 독립국가를 이룩하고자 했던 사회적 분위기 속에서 일어났던 사회운동 중의 하나"[115]라는 정의도 볼 수 있다.

이와는 다른 관점으로 "1920년대의 주택개량운동과 생활개선운동은 일제의 문화정치가 부추긴 개조론"으로서 독립의지를 상실한 개량론적 서구화와 자본주의화가 1920년대 주택개량운동의 배경으로 작용했다고 보는 견해도 있었다.[116] 또한 주택개량론이 실제적으로 주택 자체를 개량하려고 했다기보다 가족제도 개편의 목적으로서 주택을 매개로 한 생활방식의 근대적 재편을 겨냥했다라는 해석도 주목할 필요가 있다.[117] 부엌개량론의 재고를 위해서는 생활개선운동의 정체에 대해 깊게 알아보고, 그 안에 혼존했던 자주적 발전의지와 식민지배 상황을 모두 고려해야 한다.

더욱이 1920년대 중반 이후 한국에서 '생활개선운동'이라는 이름으로 전개된 일련의 움직임은 조선총독부 산하의 '생활개선동맹회'가 주도한 사회운동이었다는 점을 간과할 수 없다. 이 단체는 1920년 설립된 일본의 생활개선동맹회를 본받아 1924년 설립되었다. 1924년 일본의 생활개선동맹회가 『생활개선의 규칙(生活改善の栞)』을 발표했고, 한국에서는 1925년 동아일보를 통해 「생활개선십이항(生活改善十二項)」이 게재되었다. 당시 동아일보에서 "생활개선동맹회가 내무성 내에 사무소를 설치하고 국민 생활 개선사항을 시달한다"는 기사를 확인할 수 있다.[118] 동아일보에 실렸던 생활개선 지침은 비록 열두 줄 정도의 간략한 내용이었지만, 일본의 『생활개선의 규칙』 목차와 대동소이했다. 사교, 혼인, 의복의 간소화 같이, 허례허식을 금지하고 자원과 시간을 아낄 것을 강조하는 등 유사점을 찾을 수 있다.

114) 최소영, 『생활개선논의를 통해 고찰한 한인건축가들에 의한 주택개량론 연구』, 한양대학교 석사학위논문, 2009, p.27

115) 김용범, 앞의 글, 2011, p.51

116) 안성호, 『일제강점기 속복도형 일식주택의 이식과 영향에 관한 연구』, 부산대학교박사학위논문, 1997, pp.128-129

117) 김명선, 심우갑, 「1920년대 초 '개벽'지에 등장하는 주택개량론의 성격」, 『대한건축학회논문집계획계』 18(10), 2002, p.122

118) "내무성 내에 사무소를 설치한 재단법인 생활개선동맹회는 국민생활의 개선사항으로 좌기십이조를 선정하야 기실행을 촉성하야오는바 총독부에서는 각 도에 차의 장려를 통달하였는데 경기도에서도 관내부군(府郡)에 시달한다더라."(「생활개선십이항」, 『동아일보』 1925.03.16.)

사실상 일본의 생활개선운동은 제1차 세계대전 이후 전시체제를 대비한 국민동원 수단이었다. 1928년 발간된 『일본가정대백과사휘(日本家庭大百科事彙)』에 따르면, 생활개선운동이란 '근검절약하고 성실 강건한 나라를 만들기 위한 국민개조운동'이었다.[119]

"생활개선운동은 현재의 생활방법을 고쳐, 보다 바람직한 생활양식에 근거하고자 하는 운동이다. 여기에는 현재의 생활양식개선에 역점을 두는 소극적 운동과 보다 바람직한 생활태도를 살고자 하는 적극적 운동의 두 종류가 있다. …… 그 발단(發端)을 대정8년 내무성의 민력함양운동(民力涵養運動)을 시작으로 본다."(**『일본가정대백과사휘(日本家庭大百科事彙)』**, 1928)[120]

한국에서의 생활개선운동도 일상적 행위에 관한 모든 것의 절약을 촉구했다. 일상생활의 시간관념, 위생관념, 경제관념 등 정신적 생활 자체를 고칠 것에 대한 지적부터 술잔 돌리기 폐지, 요강 폐지, 백의(白衣) 폐지, 다듬이질 폐지, 규칙적인 식사 등 아주 사소한 행위에 대한 것까지 '생활개선'이라는 이름으로 포섭되었다.[121] 생활개선회에 가입하여 "금보다 귀한 시간을 아끼고, 술과 담배를 끊고, 허례허식을 폐지할 것" 등이 강조되었다.

"아껴라, 아껴라, 금보다 귀중한 시간을. 그리고 약조한 대로 시간을 꼭 지킵시다. 한 사람의 게으름이 우리 전체의 손해이다. 알아라, 알아라, 내 살림 내 것으로 하기를. 먹고 입고 쓰는 것은 우리 것으로만 하자. 이리하여야 너도 살고 나도 살 것이다. 끊어라, 끊어라, 술과 담배들을. 우리 고을 일년 술값이 오십원 담배값이 십만여원이다. 폐합시다, 폐합시다, 모든 허례를. 이것이 우리의 참된 생활을 할 근본이 된다. 합시다, 합시다, 누구나 더 금합시다. 장래의 내 살림 편하게 하기 위하여, 이리하여야 우리 생활이 잘될 것이오. 이리 하려면 '생활개선회'에 드시오." (**「평북 강계군 생활개선회 선전문」, 『동아일보』**, 1923.04.09.)

119) 생활개선운동은 행정적 발상이었으며, 생활문화의 향상보다 근검절약하는 국민생활을 강조했다. 크게는 민력이 곧 전력(戰力)이라는 생각으로, 보다 경제적인 국민생활을 요구했다. 일본에서는 절미운동이나 생활개선전람회가 개최되었고, 생활개선동맹회, 낭비방지회, 국민절약회 등이 조직되기도 했다. 1921년부터 1924년까지 소비 절약 정신을 선전하고 근검을 장려하는 운동이 정부에 의해 기획되기도 했다. (山口昌伴, 앞의 책, 1999, p.139)

120) 山口昌伴, 앞의 책, 1999, p.139에서 재인용

121) 소현숙, 앞의 책, 2006, p.125

1920~30년대 부엌개량론도 생활개선운동의 영향권에서 자유롭지 못했다. 앞서 살펴본 과학, 합리, 능률의 키워드도 더 아끼고 더 줄여야 한다는 구호의 다른 표현에 가까웠다. 1930년대의 '능률적 생활'은 시간·자원·비용면에서 낭비없는 생활을 의미했으며, 이는 부엌개량론이 식모폐지론과 결부되었던 현상을 통해서도 파악할 수 있다.

"집에서 크게 생각할 문제가 있으니 식모를 두어서 그 손득이 어떠한가 하는 것입니다. 얼른 경제적으로 들어나는 손으로 보아도 한달에 오원씩. …… 부엌을 개량하고 주부가 부엌으로."(**「가정의 큰문제, 우리생활을 좌우하는 식모문제는 크다」**, **『동아일보』**, 1935.10.08.)

"식모두는 돈으로 주택을 개량하여 주방을 편리하게."(**「절름바리생활을 청산하고 수입지출의 합리화」**, **『동아일보』**, 1940.01.08.)

총독부 산하의 생활개선운동은 조선인들의 의식주와 풍속, 습관을 변화시켜 근면과 절약을 생활 속에서 실천하고, 이를 통해 생산력을 증가시키고 식민지 지배체제에 동조시키려는 의도를 품었다. 동시에 조선 지식인들 사이에서는 근대화에 뒤처진 민족의 생활방식을 고쳐 문명국가의 국민과 동일한 선상에 선다는 목표도 혼재했다.[122] '더 나은 생활을 기한다'는 막연한 구호 아래 가려진 능률성이었다.

생활개선운동은 나아가 1930년대 후반 일본의 대륙침략과 맞물리면서 본격적인 전시동원 체제를 만드는 데 이용되었다.[123] 능률은 국가에 대한 여성의 의무를 부각시키는 담론을 만들어내기도 했으며, 그러한 메시지를 전달하기에 부엌은 여전히 좋은 도구였다. 이 시기 신문기사에 등장하는 부엌은 "민족융성의 열쇠를 쥔 여성이 들어갈 장소"로 묘사되거나 "여자라는 이름을 갖게 된 이상 마땅히 들어가야 할 장소"가 되었다. 가족의 건강은 국가의 흥망성쇠를 좌우한다는 표현에까지 이르렀고, 부엌일은 여성의 '숭고한 봉사'에 비유되기도 했다. 이를 기만하는

122) 소현숙, 앞의 책, 2006, p.126

123) 김미정, 『1920~30년대 대중매체를 통해본 근대 주거문화 수용양상에 관한 연구』, 서울시립대학교 석사학위논문, 2009, p.33

그림 2-16

그림 2-17

그림 2-16. "하인두고 손해되는 것을 보라. 오년에 팔백원돈이 소모된다. 식모를 두는 손득은 어떠한가."(「가정의 큰 문제, 우리 생활을 좌우하는 식모문제는 크다.」『동아일보』, 1935. 10. 08.)

그림 2-17. "역사는 부엌에서 창조된다." (「국가성쇠와 부엌관계」, 『동아일보』, 1939.02.20.)

행위는 "여성으로서 자기 할 일을 하지 못하는 수치"가 되었다.[124]

"우리들은 여자라는 이름을 갖게 된 이상에는 부모를 공경하고 남편을 섬기고 아이들을 기르는 중한 책임을 면할 수는 도저히 없느니만큼 먼저 부엌으로 들어가야만 하겠다." (「**여성시론(23) 먼저 부엌으로 들어가자**」, 『**동아일보**』, 1935.08.07.)

"어두운 부엌에서 미숙한 잠을 억제해가며 그들을 위해 바치는 아침밥은 그들의 뼈와 살을 육체적으로 봉양함보다도 한 사회를 끌고 가는 그들의 정신적 건전을 향한 숭고한 봉사일 것이다."(**모윤숙, 「여성시론(1) 남성사회촌감(上)」**, 『**동아일보**』, 1935.07.03.)

생활개선운동과 전시체제하에서의 '능률'은 노동 자체의 효율성보다 주부층에 대한 프로파간다에 가까웠다. 부엌개량의 문제가 여성의 사회진출이나 가사노동의 합리화가 아닌 가정개량의 차원에서 강조되었던 것도 이를 입증한다.[125] 단편적인 예로 1931년 '부엌을 개량하지 않았다는 이유로 삼림조합당국이 부녀를 폭행했던 사건'을 보아도,[126] 일제강점기 부엌개량론이 처음부터 하나의 순수한 목적으로 전개되었다고 판단하기는 어렵다.

124) "부엌은 여성의 직장이자 고유한 경제영역, 이를 등한시하는 것은 자기가 할 일을 하지 못하는 수치" (김종순, 「여성시론(18) 여성과 직업」, 『동아일보』, 1935.07.27.)

125) 박진희, 앞의 글, 2005, p.103

126) "순창삼림조합당국자는 지난 이십팔일 별항 보도한 바와 같이 부엌개량을 하지 않았다고 갖은 난폭한 행동을 자행하였다 한다. 우리는 종종 삼림조합당국이 삼링령이라는 법령을 들어 민중과 거리가 현저히 멀어지는 경향을 모았으나 금번은 부엌개량문제로 일어난 부녀만 있는 집에 들어가 부엌의 파괴, 거주권의 위협 등을 한 사실은 너무나 언어도단이라고 아니할 수 없다. 더욱이 피해자의 질문에 부엌 파괴 같은 것은 다반사와 같다 답변하였음에랴! 우리는 부엌개량에 노력하는 삼림당국에 절대의 찬의를 표한다. 화재의 미연방지와 온돌을 온난케 할 수 있는 까닭이다. 그러나 이것을 장려함에는 이해와 순리로써 할 것이요, 결코 강제폭행으로 할 것이 아니다. 민중의 이익을 위하여야 일할 제군이 금반(今般) 행동한 바와 같이 민중을 위협함은 민중생활의 파괴가 아닐까?" (「삼림당국의 폭행」, 『동아일보』, 1931.11.01.)

박길룡의 「주에 대하야」

건축가 박길룡은 일제강점기에 활약한 한국인 건축가이자 부엌개량론에 대해 가장 적극적인 활동을 펼쳤던 인물이었다. 특히 1932년 8월 동아일보에 6회로 연재한 「주에 대하야」는 지금까지 부엌개량론을 다룬 선행연구에서 가장 많이 언급한 자료였다. 그러나 그중 몇 개의 그림을 발췌하여 부엌개량론의 대표격으로 소개하는 정도에 머물렀으므로, 이를 근대성 관점에서 재고찰할 필요성은 충분하다.

본 절에서는 「주에 대하야」를 필두로 부엌개량에 대한 박길룡의 기본적인 주장을 종합하고, 그가 제시한 개량부엌의 특징과 차별성 혹은 한계를 살펴보고자 한다. 만약 선행연구처럼 박길룡의 부엌개량론을 한국의 근대부엌이라 부를 수 있다면, 오늘날 한국 부엌에 이르는 파급력을 입증할 수 있어야 할 것이다.

잘 알려진 바와 같이, 박길룡의 주택개선은 부엌에서 시작했다.[127] 주택개량에서 부엌을 제외하는 행위는 "개선의 근본 의의를 망각한 것이며, 화가(花街)의 매춘부가 자기의 병독을 현대의 화장법으로 감추어보겠다 하는 것과 그다지 차이가 없는 것"[128]이라고 말한 것에서도 잘 드러난다. 주택개량은 부엌에서 시작할 것을 강조하기도 했다.[129] "주방은 생활을 지지하는 식료를 취급하는 중대한 장소라기보다는 기관",[130] "보건상에 절대로 완전을 기할 필요",[131] "불완전한 주(廚)는 가족의 보건을 기필치 못할 뿐 아니라 주부의 행복을 유린하는 것이니, 곧 가정생활을 불행케 하는 것"[132]이라는 주장을 볼 수 있다. 그에 따르자면 부엌은 "식료를 조리하는 장소니 주택에는 없지 못할 가장 중요한 부분이며, 주거 발생의

127) 우동선, 앞의 글, 2001, p.86
128) 박길룡, 「주에 대하야 1」, 『동아일보』, 1932.08.08.
129) "주택을 개선함에 당하야 제일 먼저 착수할 문제는 주방개선문제라 할 수 있다."(박길룡, 『재래식 주가 개선에 대하야. 제1편』, 1933, 자비출판, p.23)
130) 박길룡, 「주에 대하야 3」, 『동아일보』, 1932.08.11.
131) 박길룡, 「주에 대하야 1」, 『동아일보』, 1932.08.08.
132) 박길룡, 「주에 대하야 3」, 『동아일보』, 1932.08.11.

근원을 보아도 제일 처음에 생긴 부분"[133]이었다.

박길룡이 주택개량에 대해 쓴 글은 『조선일보』 9건, 『동아일보』 17건, 『실생활』 11건, 『신동아』 2건, 『조광』 2건, 『중앙』 1건, 『녹기(綠旗)』 1건, 『신가정』 3건, 『신여성』 1건, 『가정지우』 1건, 『여성』 2건, 『조선(朝鮮)』 3건, 『조선과 건축(朝鮮と建築)』 14건, 『조선실업구락부(朝鮮實業俱樂部)』 1건, 『조선사회사업(朝鮮社會事業)』 1건으로 간추릴 수 있다. 그 외 2권의 저서[134]와 미발표원고[135]도 주로 주택개량문제를 다루었다. 그중 평면도나 투시도 등을 통해 부엌개량에 대한 그의 생각을 비교적 구체적으로 확인할 수 있는 자료는 모두 23개(표 2-10)였으며, 이를 다음과 같이 정리할 수 있다.

첫째, 부엌의 향과 적정면적을 제시했다. 계획안을 살펴보면 주로 북동, 북서, 남동, 동향 등 다양하게 설정했으나, 종합해보면 북동이 많았다. 「주에 대하야」에서 남향이 좋다고 했던 것과 차이를 보인다. 면적은 대략 2.25평이었는데, 건축면적에 따라 부엌 크기를 다르게 했다기보다 개량부엌의 기준 면적으로 평균 2~3평을 염두에 두었던 것을 알 수 있다. 이는 서구 근대부엌이나 일본의 부엌개량운동에서 부엌 면적이 너무 큰 것을 지양했던 것과 공통적인 면모이다.

둘째, 부엌의 기능적 역할을 중시했다. 부엌이 음식 만드는 일 외에 다른 기능이 얽혀있는 상황은 옳지 않다고 보았다. 일례로 함흥지방의 '정지간'을 설명했는데, 정지간은 부뚜막 부분을 온돌처럼 넓게 마련한 구조를 말한다. 이에 대해 박길룡은 "추운 지방에서 능률적일 수 있으나 다른 영역과 공간사용을 구분하지 않은 원시적 형태"라 평가했다. 한 개의 방이 수면, 식사, 육아 등 여러 용도를 겸하는 것은 원시시대의 거주형식이므로, 아직 진화하지 않은 단세포 생물의 형태와 같다고 비유했다.[136]

133) 박길룡, 「주에 대하야 1」, 『동아일보』, 1932.08.08.

134) 『재래식 주가개선에 대하야. 제1편』 (자비출판, 1933), 『재래식 주가개선에 대하야. 제2편』 (以文堂, 1937)

135) ① 소액수입자 주택시안, ②노무자 주택시안, ③ 주택영단에 기대, ④재래식 온돌구조, ⑤온돌개선에 관해서, ⑥시국과 주택건축, ⑦시국과 주택설계에 관해서. (박순애, 「박길룡의 생애와 건축에 관한 연구」, 홍익대학교 석사학위논문, 1981, pp.132~149)

136) "이 한 개로 된 거주형식이 인류문화의 진전을 따라 복잡한 조직을 가진 거주형식으로 진화하야 온 것이다. 이것이 마치 생물진화형태에 있어 최초에 단세포 생물이 차차로 진화되어 복잡한 조직과 체계를 가진 고등동물에 달한 것과 같은 진화행정이다."(박길룡, 「주에 대하야 1」, 『동아일보』, 1932.08.08.)

표 2-10. 박길룡의 작품과 기고문 중 부엌계획을 알 수 있는 자료

	매체	날짜	제목	향	부엌 면적 (평)	건축 면적 (평)	비고
1	조선일보	1926.11.09.	우리 주가계획에 대한 나의 고찰(2-4)	북동	-	-	평면도
2	조선일보	1926.11.10.	우리 주가계획에 대한 나의 고찰(2-5)	북서	-	-	평면도
3	조선	1928.10	개량소주택의 일안	북동	2.25	11~12	평면도
4		1929.01	K군 주택의 '스켓취'	남동	2.25	22.66	평면도
5	조선	1929.02	L씨 저의 설계개요	북북서	-	40.11	평면도
6	실생활	1932.01	개선의 소주택안	북동	-	-	평면도
7		1932.06	소주택설계안(1)	남동	2.25	16.5	평면도
8		1932.07	소주택설계안(2)	남서서	2.25	26.25	평면도
9		1932.08	소주택도안(3)	북동	2.5	16.5	평면도
10		1932.09	개량소주택의 일안(4)	남남동	2.25	11~12	평면도
11		1932.10	개량소주택의 일례(5)	북동동	약2칸	10칸 반	평면도
12		1932.11	개량소주택의 일례(6)	북동	-	22	평면도
13		1932.12	개선의 소주택안	북서	2.5	17	평면도
14		1933.01	개량소주택의 일안	북서	3(찬마루 포함)	18.25	평면도
15		1933.02	개량주택안	동동	-	-	평면도
16		1933.03	개량주택안	동동	3.75	24.5	평면도
17	동아일보	1932.08.08~14.	주에 대하야1~6	남향	1.52	7.63	평면도, 단면도, 실내투시도
18	여성	1936. 04	새살림의 부엌은 이렇게 했으면	-	-	-	실내투시도

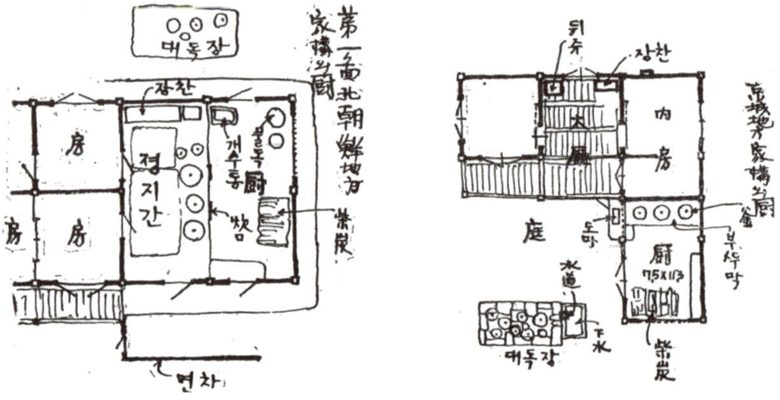

그림 2-18

그림 2-18. 박길룡이 설명한 함흥지방의 정지간(좌), 경성지방의 부엌(우)

"얼른 생각하면 대단히 편리하다. 몸을 그다지 움직이지 아니하여도 모든 일을 다하게 되는 가장 능률적이라고 하겠다. …… 주방은 주방, 식당은 식당, 침실은 침실 다 각기 사용목적이 서로 다름을 따라 구성이 특수할 것이다. 그러면 주방을 가지고 여러 가지 목적에 겸용한다 함은 불완전함은 물론이다. 이것은 원시시대의 형태가 그대로 남아있는 것으로 볼 수밖에 없다. 또 이 함흥지방의 '정지간'은 다른 지방의 '부뚜막'(**솥 걸린 곳**)을 뒤로 넓게 한 것으로 볼 수가 있으니, '정지간'에서 자고, '부뚜막'에서 먹는 것으로 볼 수밖에 없다. …… 아모리 생각하여도 '부뚜막'에 앉은 것 같다. 부뚜막에서 사는 셈이다."(**박길룡, 「주에 대하야 1」, 『동아일보』**, 1932.08.08.)

경성지방(京城地方)의 부엌도 불편하고 능률적이지 못한 점이 문제였다. 함흥지방의 부엌이 '편리하지만 원시적 형식'이라면, 경성형은 '편리하지도 못한 원시적 형식'이라 평가했다.[137] '함흥지방의 정지간이 부엌에서 사는 셈'이라면, 경성지방의 부엌은 '부엌에 필요한 요소들(장독대, 뒤주, 찬장 등)이 여기저기 있으니 이 역시 집 전체를 부엌으로 만든 것이나 마찬가지이고 마치 부엌에서 사는 것'[138]과 같다는 것이다. "주방은 주방, 식당은 식당, 침실은 침실이며, 각기 사용 목적이 서로 다름을 따라 구성이 특수하다"[139]는 생각에서 건축가로서 기능주의 관점을 엿볼 수 있다. 부엌은 음식 조리에 충실한 곳이어야 하는 만큼, 식당(내실), 배선을 위한 공간(찬마루), 고용인과의 연락 관계(식모방)의 세 영역으로 둘러싸인 능률적 공간이 될 것을 강조했다.[140]

셋째, 취사·난방의 부분적 분리를 주장했다. 부뚜막과 아궁이는 부엌의 비위생성 문제에서 가장 빈번하게 거론되었으나, 박길룡은 원칙적으로 아궁이의 전면 철거보다는 부분적 분리를 주장했다. 먼저 1932년 「주에 대하야」에 따르면, "난방법이 온돌인 이상 내방과 직접 연속케 하는 것이 필요조건"이라고 하며, 취사·난방 겸용의 아궁이 3구를 배치했다. 그 외에 입식화덕을 제안했는데, "하계(夏季)에 밥 짓는 곳이니 솥 한 개 정도를 걸고, 앞쪽에는 생선이나 육류를 굽고 찌개도 끓일 수 있다"

137) 박길룡, 「주에 대하야 2」, 『동아일보』, 1932.08.10.
138) 박길룡, 「주에 대하야 2」, 『동아일보』, 1932.08.10.
139) 박길룡, 「주에 대하야 1」, 『동아일보』, 1932.08.08.
140) "하녀실, 식사실과 직접 연락이 되는 관계로 주방은 언제든지 내방과 연접하게 할 필요가 있다." (박길룡, 「주에 대하야 3」, 『동아일보』, 1932.08.11.)

고 설명했다. 입식화덕은 흡기구도 달려있는 신식의 형태였으나, 한국인의 식생활 문화를 고려해서 아궁이와는 별개의 보조적인 용도로 제안한 것이었다.

그러나 나중에는 결국 아궁이를 없애는 방향으로 바뀌게 되었다. 1936년 이후 계획안부터는 난방용 온돌을 함실아궁이로 전향하고 부엌에는 입식화덕만 두는 계획으로 전환했다.[141] 부엌 아궁이는 불가피하게 마루와 부엌과의 바닥 높이차를 만들게 되므로, 이를 그대로 두고는 능률성을 완성할 수 없다는 한계를 인식한 때문으로 이해된다.

넷째, 장독대의 필요성은 유지하되 그 위치는 반드시 옮겨야 한다고 주장했다. 장독의 개수가 필요 이상으로 많고 마당의 한가운데를 차지하고 있는 것은 문제점이지만, 생활양식을 고려했을 때 완전히 없애는 것도 비현실적이라 판단했기 때문이다. 다만 꼭 필요한 면적으로 축소하고 부엌 가까이에 두되, 마당에서 잘 보이지 않는 곳으로 옮길 것을 촉구했다. 장독대의 비합리성에 대한 최대한의 '합리성'을 찾으려는 노력을 엿볼 수 있다.

"경성형(서울집)의 주가구성은 중정을 중심으로 각 실이 배열되고 중정의 중앙되는 곳에 '장독대'가 배치되어 있다. 장독대는 지반보다 1척2·3부정도의 높은 고대(高臺)로 그 위에는 크고 적은 독, 항아리 등 그릇이 열을 맞추어 칠팔개 이상 수십 개가 배열되어 있으니, …… 필요 이상으로 쓸데없는 빈 그릇을 수많이 늘어놓아 자기의 가세를 과장하는 습성이 있어 이 장독대를 잘 보이는 중정에 설치하고 여러 사람에게 보아 달라는 수단이 되고 아무리 생각하여도 이 장독대가 바라볼만한 미적 대상이 된다든지 중정 가운데 놓아서 사용에 편리하다든지 하는 이유는 조금도 없다. …… 이 의식없는 장독대에 점령을 당하게 하는 점이라든지 장독대가 앞뜰에 있어 주방과 연락을 무시하게 된 점이라든지 여하간 장독대는 어떠한 방법으로나 처분할 필요가 있다. …… 생활양식으로나 사회제도로나 이 장독대를 전폐(全廢)하기에는 여러 가지로 지장이 있을 것이다. …… 첫째 절대로 필요한 정도로 축소하고 위치는 뜰 가운데 두지 말고 주방 가까운 곳으로 뜰에서 잘 보이지 아니하는 곳에 설치하여 주방과 직접 연락하게 할 것이다."(**박길룡, 「八. 장독대(서울집에 대하야)」, 『재래식 주가개선에 대하야. 제1편』**, 1933, pp.15-16)

141) 박길룡, 「새살림의 부엌은 이렇게 했으면」, 『여성』 1(1), 1936, pp.34-35

다섯째, 통풍과 채광, 환기를 위한 장치를 제안했다. 여기에는 부엌의 능률이 도입되기 이전부터 중요시했던 위생개념이 적용되었다. "기본적으로 부엌이 음산해지는 것은 다락 때문"[142]이라 생각했으므로, 다락을 없애고 부엌을 천정고를 높일 것을 강조했다. "부엌은 음식물 조리로 여러 가지 가스가 생겨 다른 부분보다 천정이 높아야 할 것인데, 도리어 천정이 얕게 되어 통풍이나 채광으로 보아 생각할 여지가 있는 것"[143]이라는 설명을 볼 수 있다. 이를 위해서는 창의 형태와 개수도 중요했다. 창호는 "초자창(유리창)으로 하되 장소가 허락하는 한 크고 많게 하라"[144]는 설명은 채광과 통풍의 중요성을 강조한 것이다. 환기장치도 필요하다고 덧붙였는데, 「주에 대하야」 6편에 등장하는 입식화덕 위 '흡기기(吸氣器)'를 말한다.[145] 내부공기를 강제적으로 배출하는 일종의 후드 설비였다. '지붕 위까지 구멍을 뚫어 배기통을 달아 놓는다'라고 설명했으나, 그 이상의 자세한 설치법은 거론하지 않았다.

"부엌이 어두우면 음식물이나 식기를 정결하게 씻을 수가 없으니 위험한 일입니다. 광선이 들어오지 못하고 통풍이 잘 되지 아니함으로 소독이 못 되어 병균 배양을 하기에 적당한 장소가 되어버립니다. 적어도 벽의 두 면은 전부가 유리창으로 하지 아니하면 채광이나 통풍이 불완전합니다. …… 배기 설비가 없으면 음식냄새가 온 집안에 퍼지므로 대단 불쾌한 것이고 배수설비가 불완전하면 채광이 불완전한 것과 같이 병균이 발생하기 쉽게 됩니다. 배기설비로는 창을 개폐하는 것도 좋으나 창만으로는 불충분함으로 반드시 부엌천정을 지붕위까지 뚫어 배기통을 달아 놓아야 할 것입니다."**(박길룡, 「주에 대하야 5」, 『동아일보』, 1932.08.13.)**

마지막으로 선진부엌을 소개하고 적극적으로 응용하고자 했다. 입식의 부엌가구는 전통부엌에는 없던 요소였으므로 외국사례를 참고할 수밖에 없었다. 1932년 「주에 대하야」에는 개수대를 소개했는데, 이에 대해서는 "일본의 나가시(流し), 영어로 sink라는 것이니 조선말로는 적당한

142) 박길룡, 「건축가의 입장에서 온돌만은 절대 유지합시다.」, 『동아일보』, 1939.01.06

143) 박길룡, 「생활개선사안, 부엌에 대하야」, 『동아일보』, 1938.01.01.

144) 박길룡, 「주에 대하야 4」, 『동아일보』, 1932.08.12.

145) "이 화독 상부에는 철판으로 만든 흡기통이 달려서 냄새나 연기가 다른 곳에 흩어지지 않고 옥외로 빠져나가게 했다."(박길룡, 「주에 대하야 5」, 『동아일보』, 1932.08.13.)

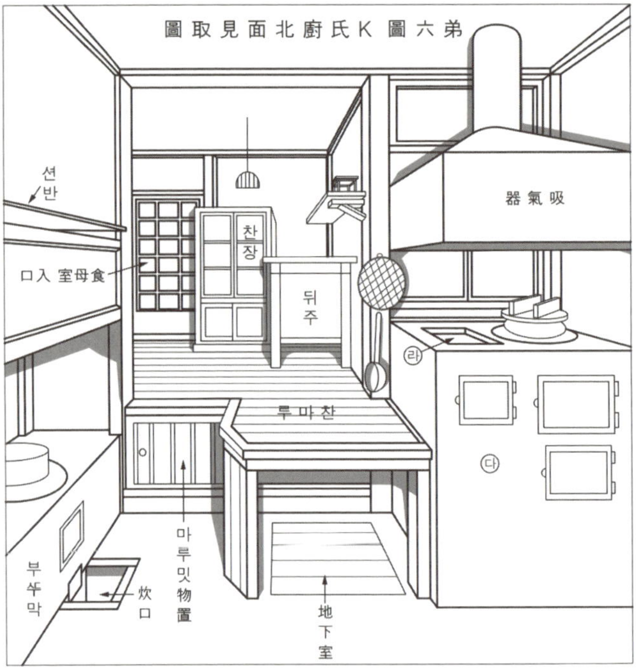

그림 2-19

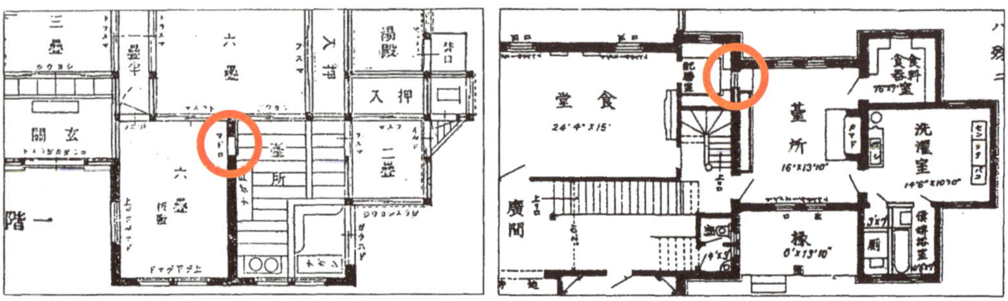

그림 2-20

그림 2-19. 「주에 대하야 6」에서 제시한 개량부엌 내부의 모습(재작도). 오른쪽 상단에 '흡기기(吸氣器)'라고 적힌 부분이 배기설비를 의미한다.

그림 2-20. 1910~20년대 일본 중류주택의 '해취'에 대한 소개 사례

명칭이 없다"[146]는 설명을 볼 수 있다. 또한 "개수대는 주방의 중심이므로 주방의 크기와 관계없이 반드시 있어야 한다"고 하여 입식부엌의 중요성을 다시 한번 강조했다.[147]

특히, 배선대 겸용으로 초자창(유리창) 달린 벽장을 둔 것은 1910년대 이후 일본에서 발달한 '해취(ハッチ, Hatch)'를 응용한 것이었다. 해취는 식사실과 부엌 사이의 음식 이동을 돕기 위한 장치를 말하며, 다이쇼기[148] 일본 중류주택을 중심으로 유행했다.[149] 1921년 일본에서 출간된 『문화적 주택의 연구(文化的住宅の研究)』에서도 해취의 이점은 "식모와 마주치지 않아 눈에 거슬리지 않는다"고 설명했을 정도로,[150] 해취가 있는 부엌이라면 당연히 식모가 일하는 부엌을 의미했다. 박길룡이 이 벽장에 대해 "주방에서 일하는 식모를 감독 혹은 명령하기에도 편리한 구조"라는 설명을 덧붙였던 것에서도 같은 의도를 읽을 수 있다.(그림 2-21)

"내방편에는 네 쪽 장지문이 되고 주방편으로 초자창(**미다지**)이 있어 벽장안에 있는 것을 내방이나 주방에서 자유로이 집어 쓰게 되었고 그뿐 아니라 내방에 있는 주부가 장지문만 열면 초자창을 통하야 주방에서 일하는 식모를 감독 혹은 명령하기에도 대단 편리하다." (**박길룡, 「주에 대하야 5」, 『동아일보』**, 1932.08.13.)

박길룡의 부엌계획은 당시 발표된 아이디어 중 가장 구체적이고 진보적이었다. 특히 부엌의 적정면적을 제시하고 기능주의를 관철했던 점은 건축가다운 면모라 할 수 있다.[151] 그러나 그것만으로 한국의 근대부엌을 완성시켰는가를 단언하기는 어렵다.

146) 박길룡, 「주에 대하야 6」, 『동아일보』, 1932.08.14.

147) 이것은 주방의 중심이 되는 것으로 주방의 대소를 물론하고 결할 수 없는 것이다."(박길룡, 「주에 대하야 6」, 『동아일보』, 1932.08.14.)

148) 大正期. 일본 다이쇼천황의 통치 기간 중의 연호이며 1912년부터 1926년까지를 말한다.

149) 山岡真澄, 丹羽和彦, 「ハッチからみたわが国近代住宅における食事関連諸室の性格とその変容」, 『日本建築学会計画論文集』, 538, 2000, pp.77-83

150) "식모가 취식용의 기물(器物)을 운반하거나 배선할 적에, 일일이 차노마(茶の間)안에 들어오지 않고도 가족의 누군가가 선반(棚) 에서 손쉽게 기물을 출입시키는 것이 가능하며, 손님과 식사를 할 때 식모가 별도로 복장을 고쳐 입지 않고 복도 혹은 부엌에서 직접 꺼내오는 것이 가능하므로, 실내에서는 어느 하나 눈에 거슬리는 일이 없다."(山岡真澄, 丹羽和彦, 앞의 책, pp.77~79)

151) "주방은 우리의 생활을 지원할 식품을 취급하는 중대한 장소라기보다는 기능이다."(박길룡, 『재래식 주가개선에 대하야. 제1편』, 1933, p.22)

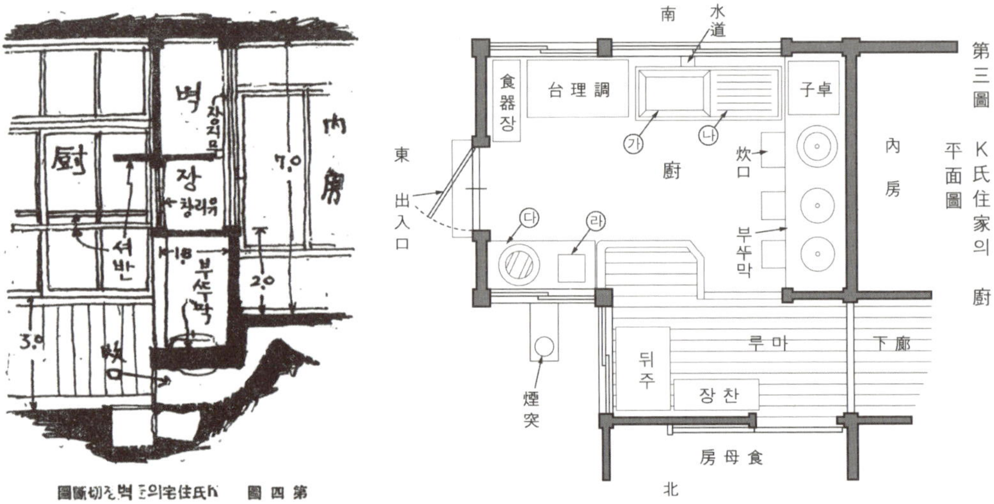

그림 2-21

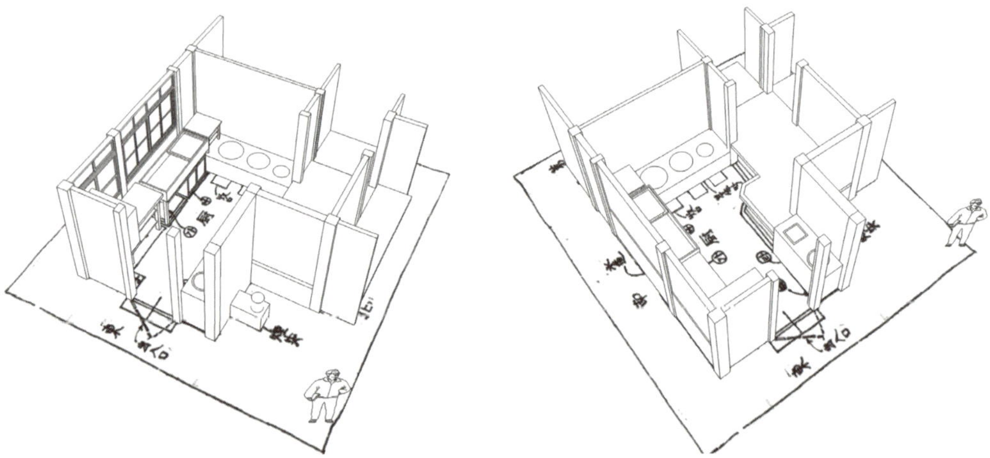

그림 2-22

그림 2-21. 안방과 부엌 사이에 음식을 주고받을 수 있는 '유리창 달린 벽장'(좌). 'K씨 부엌'의 평면도(우, 재작도). 벽장은 단면도와 글을 통해서만 알 수 있고, 평면도에는 표시되어 있지 않다. 이와 동일한 장치를 1936년 『여성』 제1권 1호에서도 설명한 바 있는데, 1936년의 부엌계획은 아궁이 없이 화덕만 배치한 완전 입식부엌이었다.

그림 2-22. 박길룡의 「주에 대하야」 중 K씨 주택의 부엌을 스케치업 모델링 한 모습

크게 다음의 두 가지 이유를 들 수 있다. 첫째 박길룡의 아이디어는 당시 일본 사회에 소개된 개량부엌과 상당히 유사했다. 「소액수입자 주택시안(少額收入者住宅試安)」[152]에서 "재래식을 포기하고 일식 주택 양식에 조선인의 생활양식을 조금 도입하는 것이 빠른 길"이라 밝힌 것을 통해서도 일본 부엌을 접목시키려 했던 상황을 읽을 수 있다. 또한 「주에 대하야」의 첫 회 기고문에서 함흥지방의 정지간을 두고 "기능이 분화하지 않은 원시시대의 주거"에 비유한 것도 1918년 『주택(住宅)』의 「부엌연구호」에 게재된 사토 고이치(佐藤功一)의 표현과 일부 중첩된다.[153] 개수대를 설명하면서 일본의 나가시(流し)를 직접 인용한 것에서 이미 짐작할 수 있지만, 실제로 1932년 「주에 대하야」와 1936년 「새살림의 부엌은 이렇게 했으면」에 제시한 것과 비슷한 그림을 1931년 일본의 가사 교과서와 1936년 1월 『주택(住宅)』에서 찾아볼 수 있다.

둘째 「주에 대하야」의 실현성 여부를 장담할 수 없다. 「주에 대하야」 5편에서 "작년 봄 경성부 S동에 계획한 K씨의 주택이며 한일절충식 주택이며 준공 후 부엌을 설비해 준 것"[154]이라 했으므로, 이에 따르면 'K씨 부엌'은 1932년에 실존했던 부엌으로 보아야 마땅하다. 1930년을 전후로 한 박길룡의 주택설계 중에서 찾아본다면, 「주에 대하여」에 나온 K씨 주택이란 1932년 11월 『실생활』에 실렸던 「개량소주택의 일례(6)」일 가능성이 높다. 대략적인 연대와 경성부 S동, 건축주가 K씨라는 점, 식모방과 안방 및 찬마루의 배치가 일치한다. 그러나 K씨 부엌은 남향이었던데 비해 「개량소주택의 일례(6)」의 부엌은 북서쪽에 배치되어 있는 점이 결정적으로 다르다.

또한 여기에 아궁이는 그려져 있지만 입식화덕은 표기되지 않았다는 차이점도 들 수 있다. 단순히 도면상의 표기 누락이라고 볼 수도 있겠지만, 다른 주택작품에서도 부엌 평면에 입식화덕을 표기한 사례는 찾

152) "조선식 주택의 개선은 재래식을 개량해서 행하기보다 재래식을 포기해버리고 화식(和式)주택의 양식에 조선인의 생활양식으로부터 도출한 수법을 조금씩 도입하는 것이 빠른 길이며 또 당연하다는 것이 필자의 결론이다." (박길룡, 「소액수입자 주택시안(少額收入者住宅試安)」, 연도미상, 자필원고)

153) "아주 먼 옛날, 어쨌든 가족제도의 아래에서 살아온 원시시대부터 생각해보면, 그 시대에는 주가라고 해도 단지 하나의 방 밖에 없었다. 그 한 방이 거간과 부엌과 변소 세 부분으로 나뉘어 있었던 것이다." (佐藤功一, 『住宅』 3(2), 1918)

154) "필자가 작년 봄에 K씨의 부탁을 받아 府S동에 건축하는 동씨의 주택을 설계했었는데, 준공 후 그 주택의 주방설비를 해준 일이 있었다." (박길룡, 「주에 대하야 5」, 『동아일보』, 1932.08.13.)

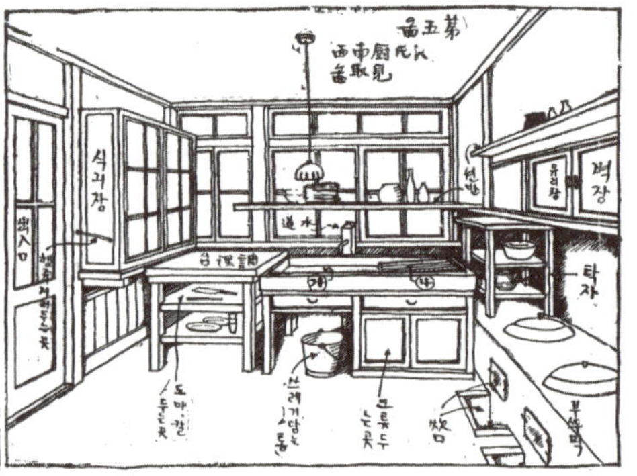

그림 2-23

그림 2-24

그림 2-23. 일본『중등교육 가사신교과서(中等教育 家事新教科書)』에 실린 개량 부엌(좌, 1931. 9), 박길룡의 개량부엌 (우,「주에 대하야 4」,『동아일보』, 1932.08.12.)

그림 2-24.『住宅』1936년 2월호에 소개된 개량부엌(좌), 1936년 4월에 발표한 박길룡의 부엌개량안(우)

을 수 없었다. 입식화덕은 「주에 대하야」 이외에 1936년 『여성』, 1937년 『재래식 주가개선에 대하야. 제2편』에서도 등장하지만, 구체적인 설비나 설치 방법을 찾을 수 없다. 박길룡은 「주에 대하야」의 내용과 그림 일부를 『재래식 주가개선에 대하야. 제1편』에 다시 한번 실었는데, 여기에서는 'K씨의 주택'이란 설명이 없고 '개선한 주(廚)의 일례'라고 바꾸어 기재했다. 「주에 대하야」에 등장하는 K씨 부엌은 실존 사례였다기보다 박길룡의 이상적 부엌으로 보아야 할 것이며, 일본의 개량부엌에 한국식을 절충한 형태였다.

이를 두고 식민지하의 시대적 한계였다고 정리할 수도 있겠으나, 한편으로는 주택개량문제에 대한 박길룡의 태도 변화를 읽을 수 있는 일면이기도 하다. 박길룡은 주택개량에 외래양식을 결부시키는 과제를 두고 1930년대 초반의 짧은 기간 동안 상반된 입장을 보였다. 1930년 9월 조선일보에 기고한 「유행성의 소위 문화주택」에서 "썩기 쉬운 다다미나 비, 바람을 완전히 막을 수 없는 창호와 벽 등 일본식을 가미하는 것은 개선이 아닌 개악(改惡)이다"[155] 라고 말했던 것에 비한다면 불과 2~3년 사이의 큰 변화였다.

박길룡은 온돌에 대해서는 강한 애착을 보였던 반면, 부엌구조는 비교적 쉽게 해체될 수 있다고 보았다. 1932년 K씨 주택의 부엌과 달리 1936년과 1937년의 개량부엌 계획안에서는 아궁이의 의존도를 낮췄다. 부엌이 담당했던 난방 기능은 전부 함실아궁이로 분리하고, 주요 열원은 입식화덕으로 바꾼다는 최종적인 결론을 확인할 수 있다.

이러한 행보는 능률이라는 이름으로 수용된 근대적 효율성을 공간화하기 위한 박길룡의 분명한 노력이었다. 전통적 온돌문화와 위생적이고 편리한 조리문화를 절충한 해법이기도 했다. 특히 부엌에서의 취사와 난방을 분리하자는 주장은 당시의 관점에서 볼 때 과히 혁신적 제안이

155) "일본 사람의 생활방법은 일본 사람 자신으로 이것을 버리려고 노력한다. 주가(住家)를 말하면 물방울만 떨어져도 속으로 스며서 썩고 먼지는 전부 밑에 처져 쌓이는 병균배양소인 『다다미』, 어린아이 손가락으로도 부숴버릴 수 있고 바람과 비를 완전하게 막을 수 없는 창호와 벽. 이것은 일본 사람 자신도 버리려 하고 지금 많이 버리어 왔다. 일본 사람 자신이 오랫동안 가지고 있던 자기의 애착에도 불구하고 버리어 감에 대하야 이것을 좇아가는 것은, 즉 다른 사람이 못쓰게 되야 버리는 것을 취하는 것은 개선(改善)이라고 할 수 없는 것이다. 개악(改惡)이라고나 할는지."(박길룡, 「유행성의 소위 문화주택(完)」, 『조선일보』, 1930.9.22.)

그림 2-25

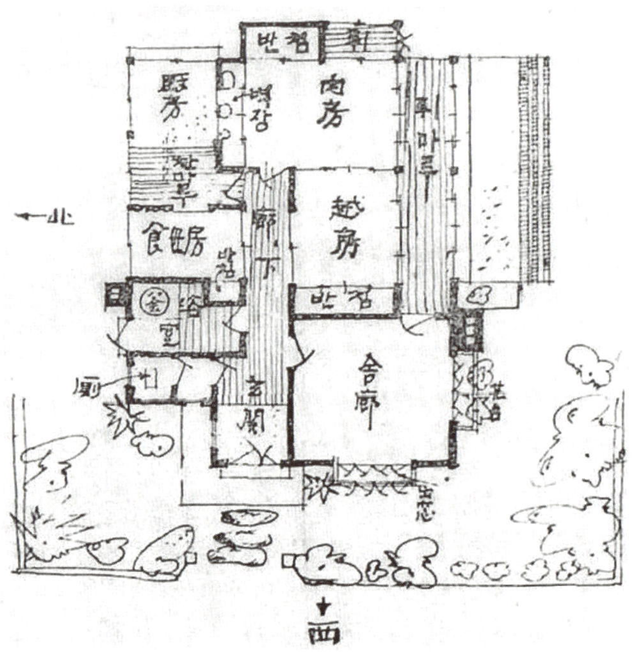

그림 2-26

그림 2-25. 광주 양림동 이장우 가옥의 부엌과 툇마루 사이에서 해취와 비슷한 사례를 볼 수 있다. 맨 오른쪽 사진의 작은 유리창이 음식을 건네는 창구이다. 그러나 박길룡이 제시한 그림과 같이 안방과 부엌을 직접 연결하는 구조는 아니었고, 부엌에서 툇마루로 음식을 건네 받아 다시 방으로 옮기기 위한 장치인 것을 알 수 있다. 식모가 일하는 부엌에서 안방으로 난 유리창을 통해 직접 음식을 건넨다는 것은 아직까지 시기상조의 문화였다. (도연정 촬영. 2018. 04. 25.)

그림 2-26. 「개량소주택의 일례(6)」(『실생활』, 1932.11)

었음에 틀림없다. 그러나 이 경우 동선이 다시 연장되어 능률의 개념이 크게 흐트러진다는 사실을 지적하지 않을 수 없다. 주택개량운동에서 박길룡의 업적은 뛰어났지만, 부엌계획에 적용한 능률성은 모호함의 여지를 남겼다.

능률과 입식화

앞서 살펴본 바와 같이 부엌개량론에는 여러 가지 담론이 혼재했다. 기본적으로는 근대적 가정담론이었으며, 부엌은 여성의 가정 내 역할과 임무를 강조하는 공간적 도구로 부각되었다. 또한 생활개선운동이나 생활의 과학화·합리화 현상에서 비롯한 근면·성실이나 근검·절약의 개념도 부엌의 능률과 뒤섞여 언급되었다.

그러나 동선 도해를 바탕으로 하는 도면이나 글 등을 볼 때, 당대의 지식인들이 과학적 관리법이나 서구 근대부엌의 동향을 직간접적으로 접했을 가능성도 높다. 대표적 사례로 박길룡의 1933년 『재래식 주가개선에 대하야. 제1편』에서 개성지방과 평양지방 가옥의 부엌과 각 방, 장독대를 오가는 동선을 분석한 도해를 들 수 있다. "통행선이 길어지면 거주행동은 비능률적이 되고, 이것을 정리하는 방식으로 주택의 능률이 개선될 수 있다"고 설명한 부분이다. 그림 2-27에서 '통행선'은 오늘날의 개념으로 동선을 의미한다.

"제 팔, 구, 십, 십일, 십이도에 가는 점선은 주가 각 부분의 연락관계를 표시한 것이니 즉 통행선이고 굵은 점선은 도로(옥외)에서 옥내에 들어오는 옥외, 옥내의 연락관계를 표시한 것이다. 제 팔, 구, 십도(第八, 九, 十圖)는 중정식가구이니 통행선이 각 부 옥외인 중정에 있음으로 불편하고 이 통행선의 연장이 길게 되므로 거주행동이 비능률적이다." (박길룡, 『재래식 주가개선에 대하야. 제1편』, 1933, 四-五)

비슷한 사례로 건축가 김종량의 부인 조계은의 안에서도 같은 개념을 찾아볼 있다. 조계은은 개량부엌에서 '광-도마-선반-설거질대-솥-그

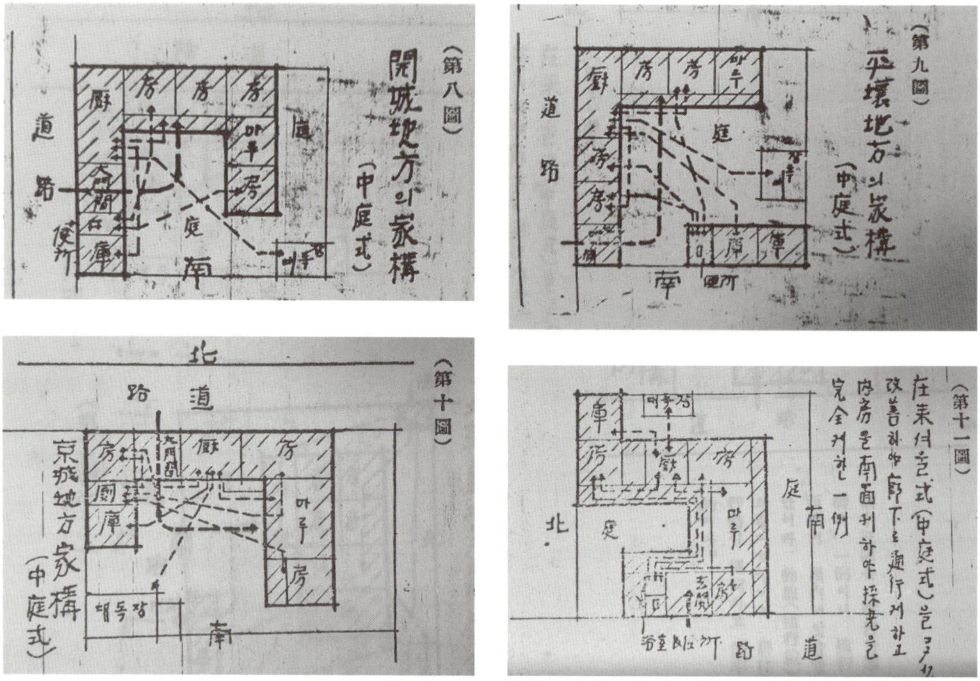

그림 2-27

그림 2-27. 재래주택의 불합리한 공간사용이 부엌에서 시작되며, 얽히고설킨 동선을 정렬하여 이를 개선할 수 있다고 설명한 박길룡의 도해. 굵은 점선은 외부에서 집 내부로 들어오는 동선이며, 가는 점선은 내부의 동선이다. 다만 박길룡은 동선이란 명칭 대신 '통행선'이라 호칭했다.

릇-상보는 선반-식당'의 순서에 따라 동선이 간결해진다는 점을 강조했다. 식재료를 부엌에 들여오는 순서부터 조리까지 과정을 동선으로 표시한 것이다.

"먼저 바깥에서나 광에서 재료를 갖다가(**고기는 냉장고에 둘 것**) 도마와 설거질하거나 대 위에 있는 선반에서 쟁개비나 기타 기구를 갖다가 설거질대에서 씻어서 도마에 썰어서 솥에 끓여 찬장이나 그릇두는 광에서 그릇을 내서 상보는 선반에서 차리어서 식당으로 가져가게 되었습니다."(**조계은, 「설거질대와 상 차리는 선반」, 『新家庭』 1(8), 1933, p.15)**

한편 경기여상 교장인 송옥선은 동선도를 직접 그리지는 않았지만, 문에서부터 아궁이, 냉장고 등에 이르는 순서에 맞춘 부엌 도면을 제시하였고 일의 순서를 강조했다. "바닥은 콘크리트로 바꾸고, 요리하기 합리적 기구를 발명하여 사용하자"고 했는데, 능률을 위해 설비 투자의 필요성을 강조한 부분은 앞서 설명했던 미스미의 동작개념과 유사하다. 이화여전 가사과 학장이었던 방신영도 이와 비슷한 주장을 펼쳤다.

"수도, 화덕 등 주위에는 콩크리트로 할 것입니다. 요리기구는 합리한 기구들이 발명되는 시대에 잇어서 가게가 허락하는 한에서 이동하여 사용할 것입니다.(**송옥선, 「다섯가지 개선」, 『新家庭』 1(8), 1933, p.17)**

"이상에 말씀한 것이 <u>한번 설비할 때에는 경비가 많이 드는 듯 하지마는 부엌에서 활동하기에 주부의 시간과 노력의 경제가 되고</u> 또는 위생적이고도 편리하며 이에 따라서 마땅히 해야 할 일들이 원만히 다할 수 있게 되는 까닭에, 오히려 <u>한때 많이 들었다고 느껴진 경비에 비해서 몇 배 이상 능률의 효과</u>를 내게 되는 것입니다." **(방신영, 「생활개선사안, 부엌일의 능률」, 『동아일보』, 1938.01.08.)**

이화여전 교수인 김메불은 부엌의 위치 및 채광과 환기를 중시한 개량부엌을 제안했는데, 함께 제시한 그림은 부엌개량론에서 찾아볼 수 있는 그림 중 가장 서구적이었다. 김메불은 주로 위생과 관련한 유리창, 콘크리트 바닥, 배수설비 등을 설명했지만, 능률이라는 요점은 동일했

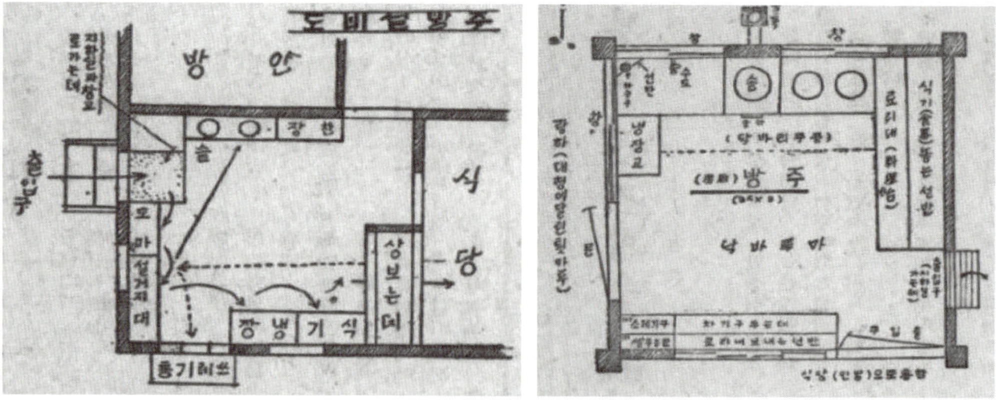

그림 2-28

그림 2-29

그림 2-28. 조계은의 신식 주방안(좌), 송옥선의 재래식 부엌 개량안(우)(1933)

그림 2-29. 김메불의 부엌 개량안(1933)

다. '많은 걸음을 걷지 않고도 편하게 일할 수 있어야 하며, 시간의 경제가 되게 할 것'이라는 문장도 '가사노동의 합리화' 원칙을 연상시킨다.

"위치. 집 전면에 두는 대신 후면에 두면 출입구에서 마주 들여다 보이는 폐가 없을 것이고 저장실과 연락이 있게 할 것이며 방위는 동이나 남을 택하는 것이 좋을 것 같으며 북창을 두어 여름에 서늘하게 할 것입니다. 채광과 환기. 광선이 적게 비치어 들고 공기가 잘 통하지 않어서 습기가 있으면 해충이 자라나게 됩니다. 그러므로 유리창을 동과 북이나 서와 남이나 두 편에 두어 한서(寒暑)를 조절하는 동시에 실내의 공기 유통과 광선이 비치어 드는 것을 완전하게 할 것입니다. 주방바닥은 콩크리트로 하여 습기가 적게 하고 자주 물로 닦어내서 청결하게 할 것입니다. 벽 주위도 콩크리트로 해서 썩지 않게 할 것입니다. 설비. 급수와 배수설비가 주방간에 있어서 자유로 물을 쓸수 있게 할 것이며 편리한 조리대를 두어 많은 걸음을 걷지 않게 하고 찬 만드는 방이나 선반을 두어야 하겠으며 주방에서 사용하는 기구는 다 주방안에 두도록 하여 시간의 경제가 되게 할 것입니다."(김메불, 「위치, 채광, 환기에 주의하라」, 『新家庭』 1(8), 1933, pp.20-21)

그러나 이러한 접점에도 불구하고 부엌개량론의 능률은 그 대상과 방법을 어느 하나로 좁히지 못했다. 일본 부엌개량운동의 초기 행보에서 보였던 능률과도 같은 현상이었다. 부엌의 담당자가 주부인가 식모인가가 불분명한 상황에서의 능률이란 실천력이 부족했다. 부엌개량론이 식모폐지론과 함께 전개되었던 것에도 불구하고, 건축가의 개량부엌에서 자연스럽게 식모를 연결시키는 현상은 이상과 현실의 괴리를 가장 여실히 드러낸다.[156] 아무리 부엌개량을 논의한다 해도 현실적으로 식모의 부엌이라면, 간극은 좀처럼 좁혀지기 힘들었다.

특히 부엌 아궁이 문제에서의 능률은 이율배반적이었다. 박길룡을 포함한 여성 지식인들도 취사와 난방을 분리하여 함실아궁이로 대체하자고 주장했지만, 그렇게 되면 작업동선이 다시 연장되어 오히려 비능률적이었다. 사실상 모든 함실아궁이에 불을 때기 위해 방마다 돌아다녀야 하는 수고가 발생하지만, 오직 함실아궁이의 경제적 이점만 강조할 뿐이었다. 능률의 이중성과 모순은 언제나 담론의 이면에 가려졌다.

156) "현실에서 부엌은 주부보다 '식모'의 공간이었으며, 그러한 탓에 부엌개량론은 일정한 제한성 속에서 제기되고 있었다고 보인다." (김혜경, 앞의 책, 2006, p.265)

그림 2-30

그림 2-31

그림 2-32

그림 2-33

그림 2-30. 1931년에 촬영된 상류가정의 부엌
그림 2-31. 1937년 촬영된 중류가정의 식기
그림 2-32. 1930년대 중반 중류 민가의 부엌
그림 2-33. 1930년대 하류 어촌 가정의 부엌

"방에 솥을 달아걸지 않고 방은 전혀 함실을 만들었고, 구들을 잘 놔서 그런지 해종일 이공탄만 넣어두면 방이 식지를 않습니다. 밥은 가스에도 하고 구공탄에도 하는데 밥해먹기가 여간 재미있지 않습니다. 우리는 아이들이 너무 장난꾼들이니까 사람이 필요하지 그러치 않으면 사람도 필요치 않습니다. 우선 사람을 하나 줄일 수 있으니 그것만 해도 여간한 경제가 아닙니다." (**「생활개선실천보 주방개량안 정남수씨댁 부엌」**, **『동아일보』**, 1939.01.07.)

능률은 1920~30년대의 '과학화', '합리화'라는 구호와 명확한 구분 없이 사용되었으며, 자주적 근대화와 식민 지배의 목적을 구분할 수 없는 애매한 생활개선운동 속에서 남용되었다. 결과적으로 부엌개량론이 전개되었던 20년이 넘는 시간에도 불구하고 이상적 부엌은 잡지 속 그림에만 존재했다. 해방 이후에도 한국 부엌은 한동안 전통부엌과 크게 다를 것 없는 상태에 머물렀으며, 1960~70년대에서야 본격적인 변모를 꾀할 수 있었다.

능률성의 정체를 지적하면서 부엌개량론의 역사적 가치를 모두 부정하려는 것은 아니다. 부엌의 중요성을 공론화하고 사회적 논의로 끌어올렸다는 의의는 분명하다. 그러나 근대부엌의 효율성을 수용하는 과정에서 '능률'의 모호함을 발견할 수 있으며, 이는 일제강점기 부엌개량론의 양면성이라 부르지 않을 수 없다. 새로운 부엌을 만들고자 하는 운동이 적극적으로 전개되지 못했던 것은 실천적 의지보다 담론적 수단이 앞섰기 때문이기도 하다. 부엌개량론은 실질적 성과를 이루지 못한 채 '능률과 입식화'라는 과제를 다음 세대로 전가했다.

03
부엌 근대화 프로젝트

해방과 전쟁 이후의 부엌개량은 국가 주도로 이어졌다. '주택은 생활을 담는 그릇'이란 말과 함께 주택개량은 가정개량을 목표했고, 부엌은 그중 가장 실천적 수단이었다. 능률적 부엌 만들기에는 우선적으로 서구식 가사노동의 합리화 원칙이 적용되기 시작했다. 아파트 건설이 본격화되면서 부엌의 입식화도 단기간에 달성될 수 있었다. 농촌 부엌에서는 일시적으로 공동부엌의 형태가 도입되었으나 한국 주거에 보편적으로 수용된 것은 아니었다. 한국 근대부엌의 일차적인 모델은 아파트 부엌을 중심으로 성립되었다. 그러나 국가 주도의 부엌 근대화 사업은 한국 주거와 식생활 문화의 오랜 전통을 돌아볼 여유를 갖지 못했다.

부녀국과 '주생활의 합리화'

해방과 한국 전쟁 이후 한국 사회의 주거담론은 국가재건과 맞물려 전개되었다. 국가재건사업은 생활환경의 물리적 복구와 더불어 의식주 개량과 같은 일상적 생활혁신운동을 추진했다. 생활개량이 곧 가정개량이며 나아가 사회개조로 이어진다는 매커니즘은 앞서 살펴본 가정담론이나 생활개선운동과 크게 다르지 않았다. 좋은 가정이 모여 좋은 나라를 이룬다는 생각은 자연스럽게 이어졌으며, "주택은 생활을 담는 그릇"[1]이란 문구나 "생활의 합리화, 과학화, 간소화"와 같은 슬로건도 똑같이 반복되었다.[2] 1959년부터 대한주택영단[3]이 발간했던 『주택』의 초기 행보에서 '생활양식을 개선하기 위해 주택을 개량해야 하고, 주택이 개선됨으로써 식생활, 의생활이 개선될 수 있다'는 의지를 읽을 수 있다.

"우리 한국 사람은 현재 어떠한 집에서 살고 있는가? 건축양식으로 본다면, 1)전통국식(傳統國式) 집에 살고 있는 분, 2)적산집이라고 해서 일본사람들이 살다가 나간 집, 다시 말하자면 일본식 집에 살고 있는 분, 3)순양식 집에서 살고 있는 분, 4)개량식이라고 할는지 문화주택이라고 할는지 한국식과 서양식 혹은 일부 외국식을 기미한 식의 집에 사는 분. …… 이러한 주택생활을 어떻게 개량하는가 하는 문제는 머리말에서도 언급한 바와 같이 용이한 문제는 아니나 반드시 해결해야 할 문제이기 때문에, …… 그러나 <u>주택이 개선됨으로서 식생활, 의생활이 따라서 개선될 수 있다는 것을 다시 강조하는 바이다.</u>" **(김윤기, 「주택개량에 대하여 2」, 『주택』 2, pp.12~14)**

초대 대통령 이승만은 1950년 8월 담화문을 통해 "이번 전쟁을 기회로 신생활운동을 전개하자"는 성명을 발표했다.[4] 신생활운동의 정의에 대

1) "한편 주택은 인생의 그릇이요, 생활의 용기라고 한다."(김윤기, 「창간사」, 『주택』 창간호, 1959, p.4)

2) 1950년대 신생활운동의 '생활의 합리화, 과학화, 간소화'이라는 슬로건은 이승만 정권의 전후 재건 전략과 일상 동원 전략을 보여줄 뿐 아니라, 남한의 근대국가 형성에서 가정이 어떤 역할을 부여받았는지 잘 보여준다. (김은경, 「1950년대 신생활운동 연구」, 『여성과 역사』 11, 2009, p.205)

3) 1941년 5월 설립된 '일본주택영단'을 기초로 하여 같은 해 7월 '조선주택영단(朝鮮住宅營團)'이 설립되었고, 1948년 대한민국정부 수립과 함께 '대한주택영단'으로 개칭되었다. 1962년 1월 20일 『대한주택공사법』이 제정되면서, 1962년 7월 1일자로 종전의 대한주택영단의 모든 권리의무를 승계하여 '대한주택공사'가 설립되었다.(대한주택공사, 『21세기 대한주택공사의 발전방향』, 대한주택공사, 1998, pp.5~8)

4) 「이승만 대통령 담화문」, 대통령비서실, 1950. 08.25. 국가기록원 AA0000595

해서는 시기와 주체 등 연구자별로 해석의 차이가 있지만,[5] 1950년대의 신생활운동은 분명히 정부 주도의 국민생활 개조운동이었다. 본래 해방 직후 민간주도로 시작되었으나 이승만 정권 수립 후 범국민적 생활운동으로 확대되었다.

그리고 그 전개과정에서는 부녀국의 활동이 두드러졌다. 부녀국은 1946년 9월 미군정 민주주의 개혁의 일환인 「부인국(婦人局)설치령」(미군정 법령 107호, 1946.9.14.)의 공포에 따른 기관이었으며, 법령에 따라 "조선부인의 사회, 경제, 정치 및 문화적 개선에 관하여 군정장관에게 진언(進言)하는 것을 직능 및 업무의 하나"로 삼았다.[6] 1949년에는 부녀국 산하에 생활개선과를 신설했고, 생활개선과는 1955년 2월 '생활과'로 개칭하여 신생활운동 업무를 관장했다. 1956년 국무회의록에는 "신생활운동을 위해 가정주부들을 모아서 좀 가르쳤으면 좋겠다"라는 대통령 지시를 찾아볼 수 있다.[7] 1940년대 가정담론이 황국신민을 길러내는 군국의 어머니를 강조했다면, 1950년대의 신생활운동은 가정개조를 선도하는 신(新)현모양처를 소환했다.

부녀국은 신생활운동의 일환으로 매년 2회에 걸친 국민생활합리화 강조주간을 실시했고, '신생활특수모범부락'의 설치 및 운영, 의례 규범, 한국잠정영양규정 등을 제정했다.[8] 1954년 부녀국은 「국민생활 합리화의 3대 목표」를 발표했으며, 첫째 도의확립[9], 둘째 건설부흥, 셋째 과학생활이란 항목으로 구성되었다. 여기서 과학생활을 다시 다섯 개로 나누었는데, 인습타파, 보건후생, 의생활의 합리화, 식생활의 합리화, 주생

5) 김은경(2009)은 신생활운동을 '1950년대 이승만 정부에 의해 추진된 국가재건과 근대화 사업'이라 정의한 반면(김은경, 앞의 글, 2009, p.2013), 임종명(2012)는 해방 직후 남한 엘리트들의 민족주의적 의제에서 추동되어 1946년 중반부터 미군정 국가기구가 참가하여 국가·사회적으로 추진되기 시작했다고 보았다.(임종명, 「해방공간과 신생활운동」, 『역사문제연구』 (27), 2012, pp.224-225); 양동숙(2010)은 대한부인회의 신생활운동을 주요대상으로 분석하여 1948~50년까지 '관민융합'의 운동이었다고 정의했다.(양동숙, 「대한부인회 결성과 활동연구(1948-1950)」, 『한국학논총』 (34), 2010, pp.1172-1179)

6) 부녀국 설치의 정치적 배경과 의미 등에 대해서는 다음의 논문을 참고할 수 있다. 정현미, 『대한민국 제1공화국의 여성정책연구』, 이화여대 박사학위논문, 2004; 황정미, 「해방 후 초기 국가기구의 형성과 여성(1946-1960) - 부녀국을 중심으로」, 『한국학보』 28, 2002

7) "가정주부들을 모아서 좀 가르쳤으면 좋겠다. 가정을 항상 청결하게 해야 한다. 신생활운동은 가정을 깨끗하게 하는 데서 시작해야 한다."(총무처, 『제99회 국무회의록』, 1956)

8) 이임하, 『계집은 어떻게 여성이 되었나』, 서해문집, 2004, pp.49-50

9) '도의'는 사회적 도덕심을 고취시키는 차원 이상의 것으로 전후 한국 사회에서 많이 제창되었다. 1950~60년대의 도의는 '윤리' 일반으로 포장되어 강조되었으며, 국민국가의 형성과 정치적 동원을 위한 언설이라고 할 수 있다. (김은경, 「한국전쟁 후 재건윤리로서의 '전통론'과 여성」, 『아시아여성연구』 45(2), 2006, pp.12-13)

표 3-1. 국민생활 합리화의 3대 목표(부녀국, 1959)

국민생활의 합리화		
도의확립	건설부흥	과학생활
인격완성 공민훈련 정신무장 평등관념 풍속쇄신	창의존중 자원개발 기술연마 협동일치 내핍생활	인습타파 보건후생 의생활의 합리화 식생활의 합리화 주생활의 합리화

그림 3-1

그림 3-1. 부녀국 기관지 『새살림』 표지와 같은 호에 실린 부녀국 초대 국장 고봉경과 고문 헬렌 닉슨 (1947년 1권 2호)

활의 합리화라 명명했다. '의생활의 합리화'에 있어서는 의복 간소화와 국산품 애용, 한복 개량과 양장의 상용화, 신생활복의 착용 등을 강조했으며, '식생활의 합리화'는 백미 절약과 혼·분식 장려, 영양적 식단과 음식 위생을 장려한다는 목표를 내세웠다.[10]

'주생활의 합리화'에 있어서는 근대 주거담론의 원점으로 돌아간 듯 다시 위생문제가 전면에 부상했다. 부녀국이 발행한 『새살림』[11]에서 "국가의 운명은 국민의 보건에 의해 좌우된다"[12]고 언급할 정도로 위생문제는 시급한 사안이었다. 특히 부엌은 식·주(食·住)생활에 모두 관계되는 것이므로 위생적 개선이 더욱 강조될 수 밖에 없었다.

신생활운동 아래에서 부엌개량은 일제강점기 부엌개량론에서 강조했던 여성책임과 계몽론을 계승했다. "한국 부엌은 과학적이지 못하며, 부엌을 바꾸면 주부가 평생 부엌에서 보내는 시간을 아껴 교양과 여가시간에 활용할 수 있다"는 논리도, "부엌이 고통스러운 노동의 장소가 아니라 주부들이 흥미와 쾌락을 가질 수 있는 연구실이며 실습실이 되도록 하자"는 주장도 어딘가 낯설지 않았다. 부엌을 개량하면 여성도 행복해질 수 있다는 생각은 언제나 정설처럼 받아들여졌다.

"과학이 극도로 발달되어 전기와 가스를 이용하여 각양각색의 음식들을 조리하며 세탁과 다림질도 기계 혼자서 해 낼 수 있는 오늘날 홀로 우리나라만이 오랜 시일의 생활 경험과 단지 습관적으로 하는 암중모색적(暗中模索的)인 방법으로 살어 왔고 또 현재도 그렇게 살아가고 있기 때문에 수많은 여성들이 남성들의 노예라기보다도 오히려 부엌의 노예로서 한참 즐기어야 할 시기의 태반의 시간을 아니 전 생애를 부엌에서 왔다 갔다 하는 낭비와 세탁과 밥 짓기로 보내는 비극적인 운명을 되풀이하고 있는 현상이 아닐까요. 그러므로 이제 나는 여성들이 교양 시간을 가질 수 없기 때문에 이에 따르는 퇴보와 향상없는 불행의 근원은 부엌으로부터 해결지을 수 있다고 보아 가장 적은 시간과 노력으로 최대의 성과를 올리는 동시에 부엌은 어데까지나 주부들의 흥미와 쾌락을 가지고 연구할 수 있는 연구실이며 실습실이 될 수 있어야 할 것입니다." **(부녀국, 『새살림』 제7호)**

10) 김은경, 앞의 글, 2009, pp.211-224

11) 『새살림』은 1947년 1월부터 1949년 7월까지 총 12호가 발행되었고, 한국전쟁으로 인해 잠시 중단되었다가, 1954년부터 격월호로 각 지방에 배부되었다. (보건사회부, 『부녀행정 40년사』, 1987, p.75)

12) 신영석, 「동양적 침체성과 우리 생활의 새 원리」, 『새살림』, 1958년 1월호, p.91

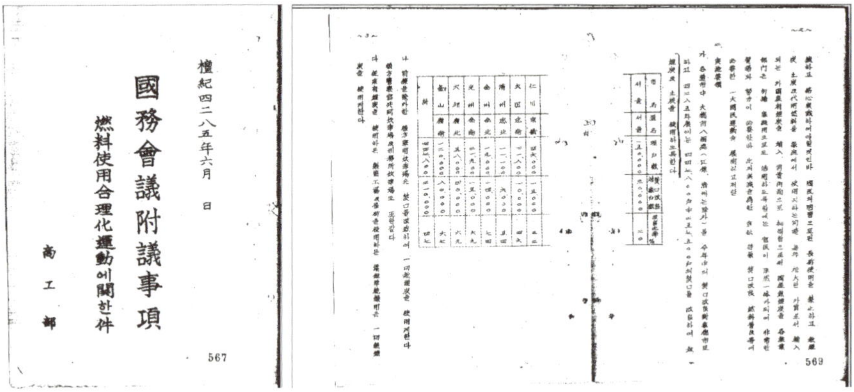

그림 3-2

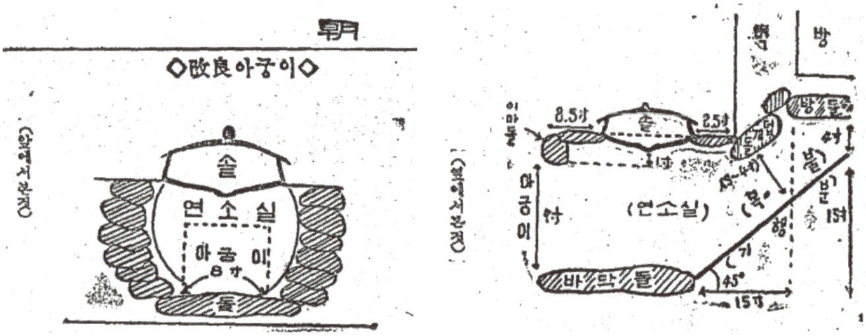

그림 3-3

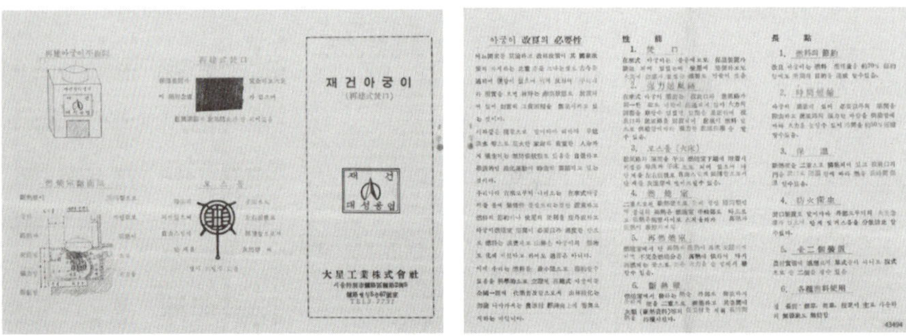

그림 3-4

그림 3-2. 『국무회의부의사항 연료합리화운동에 관한 건』(상공부, 1952). 전국 8개 도시별 분구 개량 사업과 목표치가 기록되어 있다.

그림 3-3. 1959년 조선일보에 소개된 개량아궁이

그림 3-4. ㈜대성공업주식회사의 '재건아궁이' 리플렛

임산자원보호와 아궁이 개량

"생활의 합리화"라는 거창한 슬로건과 달리, 실질적으로 1950년대의 부엌개량은 아궁이 개량사업에 머물렀다. 나무를 주요 땔감으로 쓰는 상황에서 임산자원을 보호하는 일이 시급했기 때문이다. 1950년 대통령 비서실에 기록된 「벌목금지와 토탄사용에 대하여」에 따르면, 당시 대통령 이승만은 "신국가, 신생활을 창시하는 초대에 있어서 화목(火木)으로 음식을 익히고 방을 덥게 하는 연료를 석탄이나 토탄으로 쓰지 않고는 생활개량이 영영 무망할 것"이라고 하면서, "공유지나 사유지의 수목을 하나라도 베는 자는 범법으로 다스릴 것"이라 언명했다.[13]
그러나 아궁이의 주요 연료를 땔감에서 석탄으로 바꾸는 과정은 그리 간단하지 않았다. 땔감과 석탄의 가격 차이도 있었지만, 안전성을 보장할 수 없다는 점이 더 큰 문제였다. 1950년대의 기술력으로는 무연탄에서 나오는 일산화탄소 가스를 완벽히 처리할 수 없었다. 1960년대까지도 연탄가스 중독은 제1종·제2종 전염병을 모두 합친 발생률 및 사망률보다 높았을 정도였다.[14]

"(**김홍수**) 특히 조림산업에 대해 비평이 심했어요. 어느 사람이 말하기를 조립사업예산을 농가의 연탄 아궁이를 설치하는데 쓰는 것이 좋겠다고 말했습니다. (**정과장**) 거, 일리가 있어요. 뗄 게 없으니까 할 수 없이 나무를 베거든요. (**김차관**) 거참 그러나 그것도 계획을 해봤으나 연탄을 계속해서 구입할 수 있을 농촌 구매력이 생길때 까진 불가능하다고 봅니다. (**박찬부**) 무연탄을 때기 전에 온돌의 개량이 필요하다고 봐요. 지금 상태로 연탄을 태다간 다 질식해 죽고 말 거에요."(**「농촌계몽을 마치고 나서 좌담회」**, **『동아일보』**, 1961.02.06.)

이러한 이유로 인해 아궁이 개량사업은 연료를 대체하는 일보다 분구를 개량하는 사업에 집중되었다. 불이 잘 꺼지지 않고 연기와 그을음을 줄일 수 있는 개량아궁이를 보급하는 것으로, 땔감에 소모되는 나무를 조금이라도 줄일 수 있는 방편을 모색했다. 1959년 9월 한 신문기사에

13) 김은경, 앞의 글, 2009, pp.225-226
14) 김인달·윤덕로, 『일산화탄소 중독』, 신의학총서간행회, 1969, pp.114-119

따르면 개량아궁이의 장점으로 "재래식 아궁이에 사용되는 연료를 8분의 1로 줄일 수 있다"는 설명을 볼 수 있다.

"개량아궁이의 이점:(ㄱ)연료는 재래식 아궁이의 8분지 1로 절약된다. (ㄴ)불이 내지 않고 방이 빨리 식지 않는다. (ㄷ)불이 잘 들고 물이 빨리 끓고 방이 쉽게 덥는다. (ㄹ)재료를 구하기 쉽고 손쉽게 만들 수 있다."(「**개량아궁이: 연료가 많이 절약, 빨리 더웁고 잘 안식고**」, 『**조선일보**』, 1959.09.20.)

정부는 1952년부터 「연료사용의 합리화 운동」을 실시하고 연료소비를 통제하기 위한 분구 개량사업을 추진했다. 1952년 7월 1일부터 8개 대도시에 장작을 반입하는 행위를 금지했고, 후방의 군용 취사장 및 국방부, 내무부 경찰관 공동취사장에 개량분구를 의무적으로 설치하도록 지시했다.[15] 당초 분구 개량 목표는 47%였는데, 강원도와 경상남도의 『도세일람』에 따르면, 1956년 말을 기준으로 강원도는 계획대상 58,300호 중 54,454호의 분구를 개량하여 93%를 달성했고, 경상남도는 155,600개를 개량하여 130%의 실적을 달성했다는 기록을 볼 수 있다.[16] 정부는 1959년 신문보도를 통해 전국 27개 도시, 무연탄 아궁이 17만 개를 개량한다는 목표를 밝히기도 했다.[17] 개량아궁이 보급은 1960년대에도 계속되었으며, 이후 본격적인 국가재건사업의 물결을 타고 '재건아궁이'라는 명칭의 제품이 보급되기도 했다.[18]

가정교도원과 부엌개량

1950~60년대에 정부는 '농촌의 의식주 생활 및 보건 위생 등의 생활 합리화'를 위한 목적으로 '가정교도원'을 파견했다. 가정교도원은 1950

15) 총무처, 「연료사용합리화운동에 관한 건」, 『국무회의상정안건철』, 1952

16) 김은경, 앞의 글, 2009, p.226

17) "아궁이 개량 등 산림녹화책 토의"(『동아일보』, 1958.10. 27), "무연탄 아궁이 17만개를 개량"(『경향신문』, 1959.01.30.), "전국 27개 도시에 분구 개량을 추진"(『경향신문』, 1959.03.30.)

18) 국립민속박물관에서 소장하고 있는 '재건아궁이' 리플렛은 정확한 제작연도를 알 수 없으나, 리플렛에 표기된 '대성공업주식회사'가 1965년 창립되었던 점을 감안하면 이 리플렛은 1960년대 후반에서 1970년대 초반에 만들어진 것으로 추정할 수 있다.

년대 후반 농사원의 발족과 함께 만든 제도로서, 이후 '생활지도사'로 개칭되었다.[19] 주로 농촌 주부를 대상으로 한 계몽과 생활지도를 담당했으며, 초기에는 두 개 군에 한 명씩이었으나 1964년부터 각 군에 한 명씩 배치하는 등 제도를 확대했다. 부엌개량도 가정교도원의 주요 업무 중 하나였는데, 이와 관련한 이들의 활동은 1959년 「개량부엌 만들기」라는 제목의 홍보영화에 잘 나타나 있다.

"나는 교도원으로서 부엌개량에 대한 신념을 갖고, 철수집을 찾아가 부엌개량에 관해 설득했습니다. 이날도 철수 어머니의 모습은 몹시 피로해 보였으며, 아궁이에서 자아내는 연기는 몇 번이나 눈물을 짜내야 하는 형편이었습니다. 철수 어머니는 나를 보자 반가이 맞아 주었습니다. 그러나 부뚜막에 흐트러진 음식물에는 무서운 병균을 옮기는 파리와 쥐가 언제나 노리고 있었습니다."(**「개량부엌 만들기」, 국립영화제작소**, 1959)

영화에 등장하는 한국 부엌은 '무서운 병균을 옮기는 파리와 쥐'가 득실거리는 공간이었다. 이곳을 방문한 어느 가정교도원이 아궁이 개량, 조리대 및 설거지통과 찬장 제작을 안내하는 것으로 영화가 시작된다. 가정교도원의 지도하에 남편과 주부가 부엌가구를 직접 제작하고 아궁이를 개량하는 내용이 주된 줄거리였다.

"먼저 돌을 항아리 모양으로 쌓아 적은 아궁이 문을 달고, 솥의 높이는 바닥에서 8치 정도 높이로 하며, 분행기의 경사는 45도로 합니다. 사흘이 지난 후였습니다. 철수 아버지는 내가 설명한 대로 아궁이를 개량했습니다. <u>아궁이에 반듯한 문을 메단 철수 아버지와 어머니는 흡족해진 얼굴로, 불날 염려와 눈물 자를 일을 잊어질 것을 생각하니 기뻐진다고 말했습니다. 뿐만 아니라 무엇보다 연료가 절약되며 방을 오래 더웁게 할 수 있는 것이 중요합니다.</u> 조리대는 벽쪽에 허리높이로 만들어 세우면 서서 요리를 할 수 있습니다. 이 조리대는 가장 간단하면서도 기본적인 것으로 폭은 석자 반, 높이는 두자 내지로 하면 됩니다. 이 조리대로서 아쉬운 대로 쓸 수는 있으나, 돈에 여유가 있는 대로 차츰 더 쓸모있게 꾸며갈 수 있습니다. …… 더 나아가서는 물독을 언제나 손쉽게 쓸 수 있도록 조리대 옆에 받침대를 세우고 올려놓으면 손쉽게 일할 수 있으며 항아리는 반드시 뚜껑을 만들어 덮어야 합니다. 물항아리에서 직접 물을

19) 장미경, 「개발 국가 시기, 새마을 운동 부녀 지도자의 정체성의 정치」, 『사회 과학 연구』 16, 2008, p.177

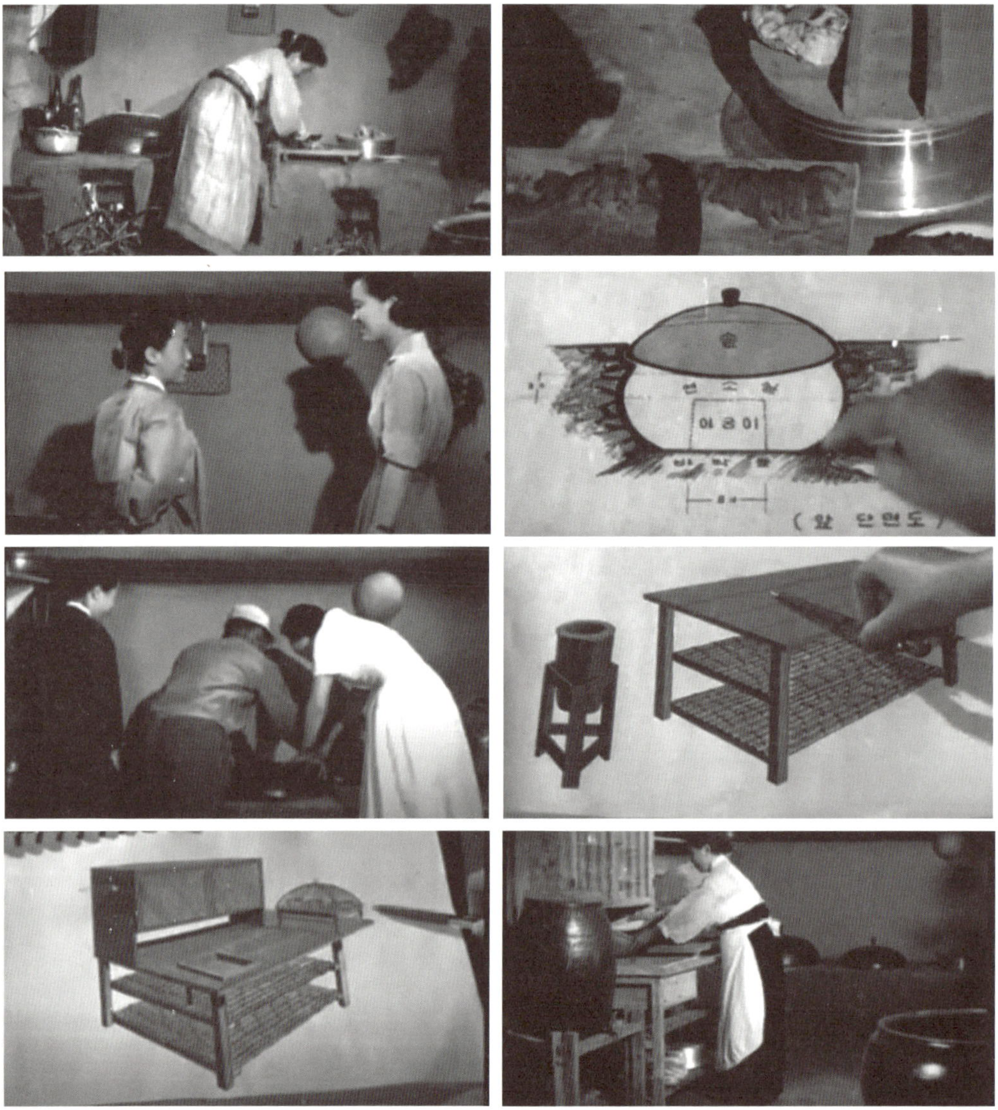

그림 3-5

그림 3-5. 「개량부엌 만들기」(1959)

퍼내는 것보다 나무나 쇠로 만든 수도꼭지를 해 달면은 항아리 속의 물은 항상 깨끗하게 쓸 수 있습니다. 다음은 조리대를 더 넓게 사용하기 위한 방법으로서 경첩을 단 보조대를 만들어 달면은 밥상을 올려놓기도 하며, 때에 따라서는 많은 음식물을 올려놓기도 합니다. 이 보조대는 한자 반의 폭으로 널판을 경첩으로 달아서 겹치고 펼 수 있도록 한 것입니다. 먼저의 조리대에 설거지통을 짜넣어서 손쉽게 허리를 펴고 일할 수 있는 이 설거지통은 세멘트를 쓰거나 양철로 만들 수 있습니다. 설거지한 물은 아래로 빠져나가게 한 개의 구멍을 뚫어서 설거지 통 아래 구멍과 연결하고, 조리대 아래로 흘러내린 물은 벽 밖으로 빠져나가게 하수도를 만들면은 설거지한 물을 일일이 밖으로 버리는 수고를 덜게 됩니다. 한편 이 설거지통은 조리대에만 설치하는 것이 아니라 장소에 따라서 벽쪽에 마련해놓고 쓸 수도 있습니다. 조리대가 끝난 후 우리는 찬장을 만들기로 했습니다. 세로 석자, 가로 한 자의 이 선반은 사과 궤짝 두 개면은 손쉽게 만들 수 있습니다. 위와 뒤를 판자로 막아 좀 더 쓸모있게 만든 이 찬장은 아쉬운 대로 쓸수는 있지만 이것으로 무서운 병을 옮기는 파리와 쥐를 막을 수는 없습니다. 그러나 이와 같이 망사문을 만들어 달면 찬장안에 든 음식을 깨끗이 간수할 수 있습니다. 이 간단한 찬장만으로 부뚜막이나 여러 곳에 흐트러져 있는 음식과 그릇을 깨끗하게 정돈해 놓을 수 있습니다."(**「개량부엌 만들기」, 국립영화제작소, 1959**)

이 홍보영화에서는 아궁이를 개량하면 연기와 그을음 발생을 줄이고 땔감을 아낄 수 있을 뿐 아니라, 편리하고 위생적인 입식의 작업환경을 만들 수 있다는 점을 강조했다. 조리대는 목재로 만든 작업대 정도의 간단한 것에서부터 그릇 건조대로도 쓸 수 있도록 여기에 대나무판을 다는 것, 혹은 한쪽에 구멍을 내고 설거지통을 다는 것까지 단계별로 다양하게 제안했다. 조리대에서 물을 사용하는 방법으로는 큰 독을 조리대 옆에 올려놓고 항아리 아래에 수도꼭지를 다는 방법을 권장했는데, "이 정도의 개량만으로도 깔끔하고 편리한 부엌이 될 수 있다"고 끝을 맺는다. "우선 급한대로 바꾸고 형편에 따라 더욱 편리하게 바꾸자"는 교도원의 내레이션을 통해 당시 부엌개량사업의 임시방편적 성격을 짐작할 수 있다.

영화의 마지막에서 한 가지 더 주목할 점은 영화 속 등장하는 인물의 복장 변화이다. 개량 전의 부엌에서는 낡고 허름한 옷을 입고 등장했던 '철수 어머니'였는데, 부엌 개량과정에 동참하면서부터는 깔끔한 검정한복으로 바꿔 입었다가, 모든 공사가 끝난 다음에는 흰 저고리와 검은 치마에 새하얀 앞치마를 두른 모습으로 등장한다. 바로 '사는 환경이 달라지면 그 안의 사람도 달라진다'는 구호가 해방 이후의 신생활운동에도 그대로 적용된 것을 보여준다. 가정교도원은 이 대목에서 '교도한 보람'을 언급했다. 1950년대 부엌개량의 궁극적 목표는 가정생활의 개량이었다.

"철수네 부엌은 이렇게 알뜰하고 간편한 부엌으로 개량되었습니다. 우리 눈에는 띄지 않으나 부엌에서 달라진 중요한 것이 있습니다. 부엌에서 일하는 철수 어머니의 흐뭇해진 마음입니다. 나는 교도하고 나오는 길에 철수네 집에 오랜만에 들렀습니다. 마음껏 반가이 맞아주는 철수 어머니의 웃음 띤 얼굴에서 나는 나의 신념이 마음속 깊이 느껴지며 교도한 보람을 느꼈습니다. 철수 아버지께서는 요즘 깨끗한 밥상을 받으면 한층 입맛을 돋군다는 것입니다. 그리고 철수 어머니는 전날 부엌에 들어갈려면 먼저 짜증부터 나던 부엌이 이젠 이렇게 알뜰한 정이 들었다고 기쁨을 감추지 못했습니다. 그러나 그것이 전부가 아니었습니다. 이 싼값으로 개량된 부엌은 그 후 동네부인들의 큰 화젯거리가 되었던 것입니다."(**「개량부엌 만들기」, 국립영화제작소**, 1959)

국가재건과 능률적 부엌

능률화와 표준화

5.16 군사정부의 국가재건최고회의는 1961년 6월 12일 「재건국민운동에 관한 법률」을 제정하고, 최고회의 직속의 재건국민운동본부와 각 시도 지부를 설치했다. 이 운동의 법률상 정의는 "전 국민이 단결하여 반공 이념을 확고히 하고 신생활체제를 확립하며 청신한 기풍을 배양하여 새로운 민주공화국의 굳건한 토대를 이룩하기 위한 정신운동"[20]이었다. 국가발전을 위한 대대적인 국민동원 전략이었다.

재건국민운동은 제3공화국 출범과 함께 문자 그대로의 국민운동으로 전환되었다. 1964년 7월 「재건국민운동본부 폐지에 관한 법률」이 국회에서 통과되었고, 같은 8월 사단법인 재건국민운동본부가 발족되어 1975년 12월 폐지에 이르기까지 마을금고운동 등 교육 및 지도사업을 펼쳤다. 이후 새마을운동 또한 재건국민운동의 기본틀 속에 확대·전개되었다.[21]

이에 따라 표준 간소복, 혼·분식 장려, 부엌과 변소개량과 같은 의식주 개선사업 등도 더욱 박차를 가했다. 국민생활개조를 통해 국가 근대화를 앞당기고자 했던 정부의 의지는 관련정책의 표어에서도 찾아볼 수 있다. 일제강점기의 주택개량론이나 생활개선운동에서 보았던 '생활의 합리화', '과학화', '능률화', '간소화', '환경정화', '정서순화' 등의 용어도 반복적으로 등장했다.

1960년대 이후의 부엌개량은 범국가적 차원으로 한층 격상되었다. 대통령이 직접 여성지를 통해 "부엌생활의 근대화"를 촉구하는 글을 싣는가 하면, 신식 주방에서 손수 음식을 만드는 영부인의 모습이 홍보되기

---

20) 『재건국민운동에관한법률』 제2조(재건국민운동의 정의), 1961.6.11.

21) "제3공화국 출범과 함께 재건국민운동을 문자 그대로의 국민운동으로 전환시키고자, 1964년 7월 재건국민운동본부 폐지에 관한 법률이 국회에서 통과되었다. 동년 8월에 사단법인 재건국민운동본부가 발족되어 마을금고운동 등 교육 및 지도사업을 계속하다가 1975년 12월에 해산되었다. 1960년대의 재건국민운동과 1970년대 새마을운동의 동원체제를 비교해보면, 새마을운동은 1960년대의 재건국민운동의 기본 틀을 유지하면서 지역수준을 4단계에서 5단계로 확대하고 행정기관과 유관기관을 보다 긴밀한 협조체제로 발전시킨 것을 알 수 있다." (신현옥, 『국가개발정책과 농촌지역 여성조직에 관한 연구』, 연세대학교 박사학위논문, 1999, p.48)

그림 3-6

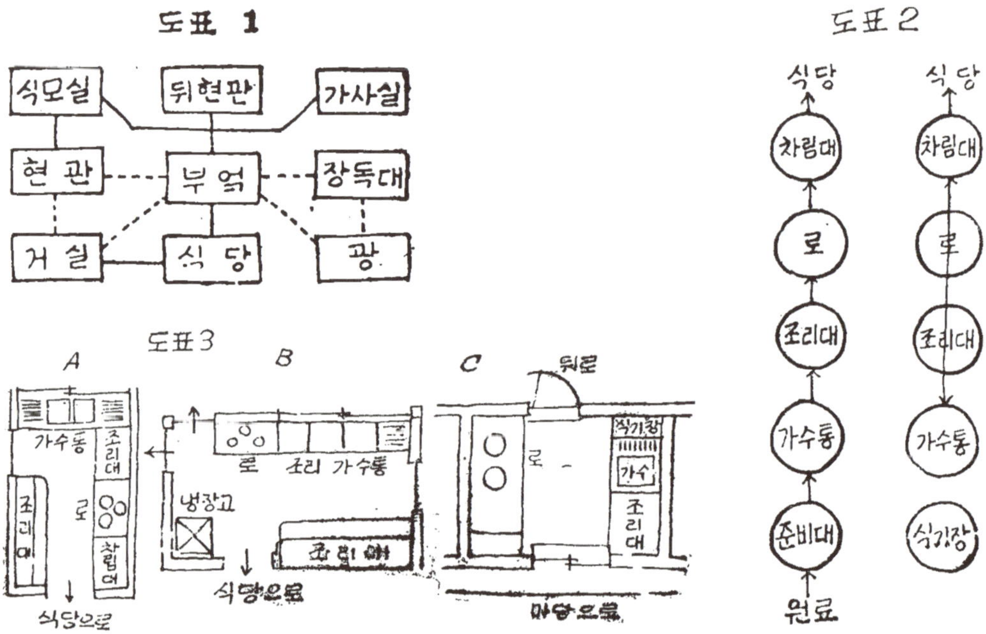

그림 3-7

그림 3-6. "주방에서의 육영수 여사" (정부기록사진집, 1966.11.19.)

그림 3-7. 정인국의 '부엌의 기능적 공간관계와 동선개념'

도 했다. 부엌 근대화는 국가 근대화 프로젝트의 일환이 되었으며, 정부와 학계는 적극적으로 능률화·표준화의 방법론을 모색하기 시작했다.[22]

"새해를 맞는 가정주부에게 드리는 글. …… 현금의 우리나라 주부를 위해서는 그에 앞서 '부엌생활의 근대화'가 무엇보다 먼저 서둘러져야 할 일이라고 생각합니다. …… 조국은 지금 근대화를 향해 숨 가쁘게 줄달음치고 있습니다. 비록 고달픈 살림살이더라도 내일을 바라보는 현모양처가 됨으로써 미더운 주춧돌이 되어 주시기를 바라마지 않습니다." **(박정희, 『주부생활』, 1966년 1월호)**

초기의 사례로 1955년 정인국이 『새가정』에 기고한 글을 살펴본다. 박길룡의 부엌개량안 이후 남성 건축가로서는 드물게 부엌계획을 제안했다. 기본적인 주장은 앞서 부엌개량론에서 언급되었던 내용과 대동소이하지만, 부엌과 타 주거공간의 유기적 연결이나 동작·동선 개념을 강조한 것은 건축가로서의 분석적 면모였다. 거실, 식당, 장독대 등 부엌과 연결된 공간을 도식화했고, 식재료의 수급부터 식탁까지의 조리과정에 대해 순서를 들어 설명했다. 부엌가구의 배치에 따라 다르게 꾸밀 수 있는 세 가지의 유형을 소개하기도 했다.

그러나 역시 가장 두드러진 원칙은 부엌의 입식화였다. "움직이는 자세(動姿勢)에서의 불안정 자세를 없애야 하며, 양식 부엌에서와 같이 서거나 의자에 앉은 자세를 기본으로 할 것"이란 설명이 그러하다. 설거지할 때와 밥 지을 때의 동작을 비교하여 작업대의 높낮이를 맞추어야 하며, 부뚜막과 바닥의 높이를 조절할 것 등을 주장했다.

"도표4에 있는 바와 같이 우리들 부엌에서 흔히 일어나는 자세들이며, 그 도표 아래에 그린 것은 아궁이 앞에서 불 땔 때, 부뚜막에서 설거질을 할 때 생기는 자세다. 이것은 그 위에 그림과 같이 선 안정자세로 완전히 작업할 수 있도록, 또는 의자에 걸쳐앉은 자세로 완전히 일할 수 있도록 그 작업면 높이를 통일해야 한다." **(정인국, 「부엌과 주부생활」, 『새가정』, 1955, p.36)**

22) 국사편찬위원회, 『20세기여성, 전통과 근대의 교차로에 서다』, 두산동아, 2007, p.204

그림 3-8

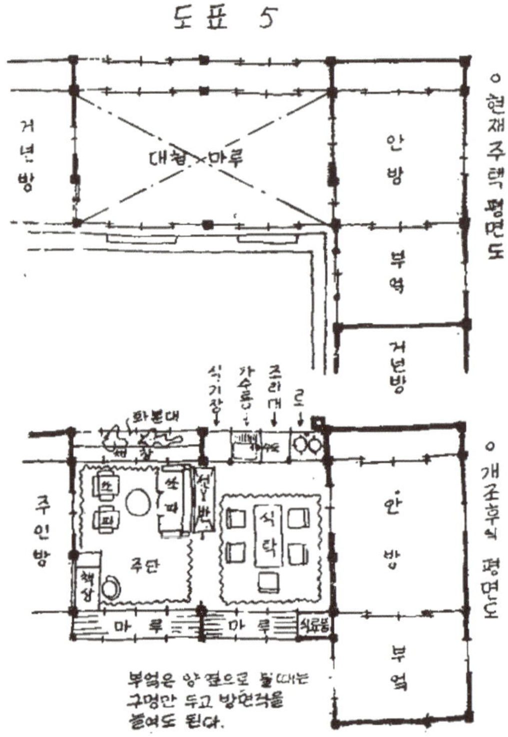

그림 3-9

그림 3-8. 정인국의 '양식 부엌에서의 자세와 안정된 한식 부엌에서의 자세'

그림 3-9. 정인국의 '부엌 개조 전·후의 평면도'

이러한 설명을 종합하여 정인국은 글의 결론부에 새로운 부엌을 제시했다. 자택의 평면을 바꾼다는 가정하에 구상한 계획안이었으며, 재래부엌은 그냥 두고 대청 위에 또 다른 부엌을 만드는 방법을 제안했다. 재래식 부엌을 입식화하는 것이 구조적으로 힘들다면 신식 설비의 부엌을 별도로 만들자는 주장이었다. 현대식 생활방식에서는 대청마루의 용도가 크지 않으므로 대청을 '구미식 리빙룸(Living room)'으로 바꾸고 반을 나누어 식당으로 쓰도록 했는데, 거실과 식당 한켠에 조리설비를 갖춘 일종의 '리빙 다이닝 키친(Living Dining Kitchen)'으로 볼 수 있다.

"우리집은 성북동 기슭에 한식주택이다. 이 주택은 위에 모든 불합리한 점을 완전히 다 가지고 있는 표준(?) 주택이다. 이 집을 개조하여 위에 불합리점을 없애고 비교적 살기 편한 집으로 만들어 볼려는 꿈이 '도표5'와 같은 것이다. …… 우리들 집의 대청마루라는 것은 본래 궁전건축의 정청(政廳)으로 쓰던 마루방을 그대로 주택에 도입하여 만든 것인데, 실제 주택에 있어서는 그리 큰 이용률을 가지고 있지 못한 것이다. 이것을 구미식 주택의 기본이 되는 'Living Rooms'같이 쓰게 고안하고, 그 한 옆에 식당을 두고 그 맞은 편 벽에 부치어 조리설비를 하고 쓰지 않을 때는 덧문을 닫아 두면 외양도 흉하지 않다. 사생활이 사회생활에서 차지하고 있는 비중이 점차로 얕아가는데 따라서 식사시간은 귀중한 단란의 시간이다. 그러므로 식당과 거실은 동격으로 취급하여 설계해야 한다." (정인국, 「부엌과 주부생활」, 『새가정』, 1955, p.42)

부엌을 마루와 하나의 공간에 꾸민다는 것은 1950년대의 상황으로도 상당히 과감한 제안이었다. 정인국은 가족의 식사시간을 제대로 보장해주고 "식당과 거실을 동격으로 취급해야 한다"고 보았다. 그림 3-9를 보면 식기장, 가스대, 조리대, 로(爐, 가열대)로 구성되는 간단한 부엌을 식당 한편에 마련했고, 식당과 거실을 나란히 배치한 것을 볼 수 있다. 그러나 안방 옆에 본래 있었던 부엌의 활용이나 처리 방법에 대해서는 언급하지 않았으므로, 현실적인 대책으로 볼 수는 없다. 정인국이 언급한 바와 같이 "비교적 살기 편한 집으로 만들어 볼려는 꿈"에 가까웠다. 무조건적 입식화보다 부엌일의 순서를 고려해야 한다는 생각은 근대적이었으나 본격적인 능률화 연구의 산물로 보기는 어렵다.

한국 부엌개량에 대한 실질적 연구는 1960년대 가정학과를 중심으로 일어났다. 한 논문에 등장하는 '미국식 능률부엌(Efficient Kitchen)'[23]이란 표현을 통해 본격적인 '가사노동의 합리화 연구'로 나아가는 양상을 짐작할 수 있다. 1960~1970년대 대한가정학회와 이화학보 등에 게재된 학술논문을 살펴보면,[24] 공통적으로 능률, 합리화, 적정면적, 관리율, 과학적 설비 등이 주요 주제로 부상하는 것을 볼 수 있다. 대한주택영단(대한주택공사)의 『주택』지에도 역대 대한가정학회장이었던 조기홍(1, 2대), 주월영(7~9대), 현기순(10, 11대), 송옥선(14대) 등의 기고를 쉽게 찾아볼 수 있다. 학계를 중심으로 한 가사노동의 능률화 및 표준화 연구는 한국 부엌의 근대화 프로젝트를 이론적으로 뒷받침했다.

재래부엌에서 일어나는 동작과 동선의 분석, 일의 양과 시간, 부엌을 개조하기 전과 후의 시간 차이를 계산하는 등, 부엌개량이 능률향상에 미치는 결과를 수치화하려는 연구도 증가하기 시작했다. 대표적 사례로 1967년 『주택』 20호에 실린 장명욱의 연구를 들 수 있다. 기본적으로 재래부엌의 기존 동선을 분석했고, 불필요하고 늘어진 움직임을 단축시키는 방향으로 한국 부엌의 문제점을 개선할 수 있다고 보았다. 앞으로의 "부엌은 가정의 심장, 위생적이고 능률적인 가사처리를 할 수 있도록 합리화해야 한다"는 짧은 문장에서도 가정과 위생, 능률 등 근대부엌에 투영된 가치관을 모두 읽어낼 수 있다.[25]

장명욱(1967)은 부엌 내부의 동선은 물론, 부엌에서 각 방에 이르는 동선상에 존재하는 단차(段差)도 주부능률을 저해하는 전체적인 요인으로 분석했다. 여러 문턱을 넘어 대청까지 올라갔다 되돌아오는 방식, 신을 벗었다가 다시 신는데 드는 에너지가 그냥 평면을 걸어 다니는 것보다 2배의 칼로리를 소모한다고 계산했다.[26] 그 외에도 부뚜막에서의 조리

23) "미국에서는 매년 새로운 형의 자동차가 출현하여 바꾸어지는 것과 같이, 부엌도 '능률부엌(Efficient Kitchen)'이라 하여 시설배치를 표준화시켜 생활의 합리화를 도모하고 있다." (박정순, 「합리적인 가사노동에 관한 연구」, 『안동교육대학논문집』, 1968, p.5)

24) 대한가정학회가 설립된 것은 1947년이었으나 1959년부터 학회지를 발간했고, 이화여대는 1953년 가정학보 1호를 발간했다.

25) "집안을 관리하는 가사의 대부분이 부엌에서 이루어지고 가족의 건강을 유지하는데 주역할을 하는 식품이 여기에서 취급되기 때문에 부엌은 가정의 심장이라고 말할 수 있다. 따라서 부엌이 위생적이고 능률적으로 가사처리를 할 수 있게 되어있다는 것은 주부에게 체력으로나 정신적으로 여유를 가질 수 있게 한다. 또 이러한 마음의 여유는 가족을 이해하고 낭비 없는 생활을 할 수 있는 주부의 지식과 교양을 향상시키는데 선용될 것이다."(장명욱, 「부엌의 개량」, 『주택』 20, 대한주택영단, 1967, p.95)

26) 장명욱, 앞의 글, 1967, p.96

행위, 장독대와의 거리, 물을 길어오고 내다 버리는 횟수 등에 따른 에너지를 수치화했고, 이를 개선했을 시 계산되는 이점을 비교·분석했다. 예를 들면 "부엌에는 수도 사용이 가능한 개수대를 달고, 바닥 높이를 마루와 같게 하고, 부뚜막의 높이를 주부의 키에 맞추고, 배선대 밑에 쌀을 두며, 장을 장독대에서 조금씩 덜어다 쓰는 습관으로 바꾼다면, 하루 156.18 칼로리의 에너지를 줄일 수 있다"는 계산 결과 등이다. 걷는 거리로는 "하루 십 리만큼 걷는 거리를 줄이는 효과가 있으며, 만약 부엌에서 방으로 상을 나르는 식사방식까지 개선한다면 에너지를 더 많이 줄일 수 있다"는 설명도 덧붙였다.

"우리나라 재래식 부엌의 작업대 배치는(서울) 병렬형이 대부분인데 이것은 작업시 부뚜막과 조리대 간을 180도 회전하는 일이 많으므로 에너지 소모도 많지만 감각적으로도 피로하고 동선의 길이와 시간도 많이 소모된다. 걸어가다가 180도 회전하는 동작일 경우에는 2.90Cal/min인데 비해 90도 회전하는 동작에는 2.73Cal/min이다. 근소한 차이 같지만 Cal수의 차이와 감각적인 면이 겹쳐서 피로가 많아지고 일이 복잡해진다. …… 위와 같은 조건으로 개량한 결과 하루 3회의 식사준비와 설거지에 요하는 에너지 소모의 차이는 156.18Cal였다. 이만한 열량을 보통의 걸음거리로 걷는 열량으로 환산하면 다음과 같은 거리를 걷게 된다. …… ㄴ형은 넓은 부엌 한 모퉁이를 이용할 때 대단히 능률적이다. 주로 ㄷ형은 좁은 부엌에 유리한 배치법이다. 그러므로 주택의 구조에 따라 알맞게 선택하여 배치하면 좋다. …… 이상과 같은 결과로 보아 부엌 작업대의 배치는 ㄴ형이나 ㄷ형이 좋다."(장명욱, 「부엌의 개량」, 『주택』 20, 1967, pp.97-98)

전술한 바와 같이 부엌의 효율성을 동선 다이어그램으로 설명하는 방식은 20세기 이후 부엌계획의 공통점이었다. 그림 3-11에서도 '부엌-대청-장독대'를 거점으로 삼아 가사노동의 주요 동선을 표현한 것을 볼 수 있는데, 집안 전체로 늘어져 있는 부엌 동선을 가급적 내부로 집약시킬 것을 의미한다. 부엌 안으로 집중시킨 동선은 '순환작업공간'을 연상시키며, 서구 근대부엌을 지배했던 '가사노동의 합리화' 원칙이 한국 부엌에 본격적으로 적용되는 상황을 보여준다.

그러나 에너지 계산이라는 '과학적' 방법이 동원되었다 해도, 이것이 어

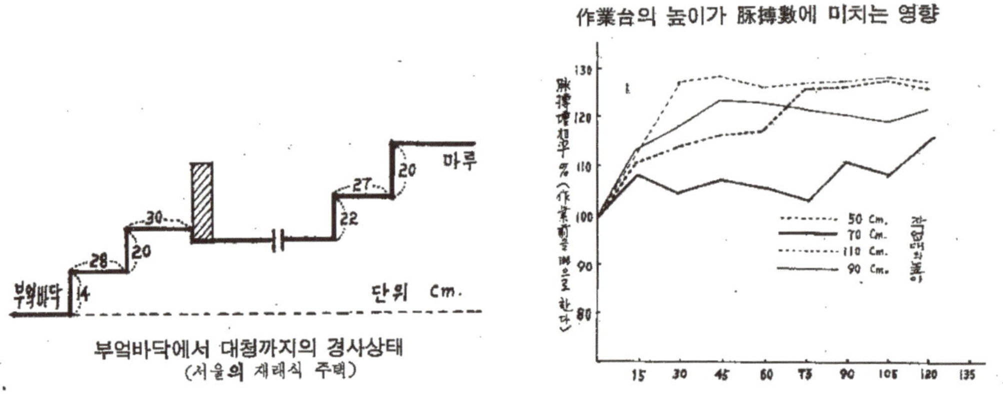

그림 3-10

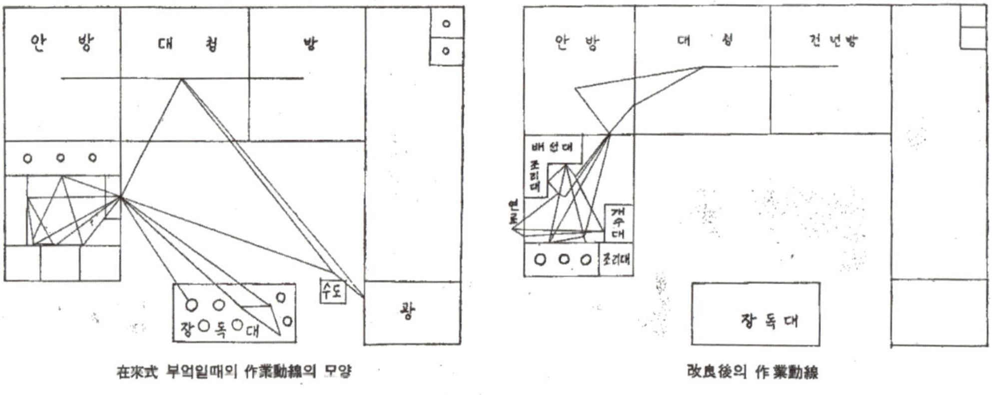

그림 3-11

그림 3-10. 장명욱이 설명한 재래부엌과 대청까지의 단차(좌), 작업대의 높이에 따른 효율성(우)

그림 3-11. 장명욱이 제시한 '개량 후의 작업동선'. 개량 전의 동선(좌)에 비해 개량 후 동선(우)이 부엌 내부로 집약되는 장점을 설명했다.

느 정도의 실효성이었는지는 불확실하다. 가사노동의 합리화에 따라 성립한 서구 근대부엌이 숫자상의 분석에 의존했던 것과 동일한 한계를 보였기 때문이다. 하지만 가사노동을 과학적으로 계산하여 모든 가정의 부엌사용방식을 표준화하고 효율화할 수 있다는 주장은 이후로도 아무런 비판없이 받아들여졌다.

오랫동안 지지부진했던 한국 부엌개량의 속도를 감안할 때, 이러한 연구방법론이 매우 적극적인 대책으로 비추어졌던 것은 분명하다. 가사노동의 정도를 수치화하고 그 값을 줄이는 방향으로 부엌이 개량될 수 있다고 믿는 생각은 1960년대 주부층으로 확산되었다.

대표적 사례로 1960년대 주부층에 큰 인기를 끌었던 『현대여성생활전서』[27]의 제11권 「주택편」을 보면, 가사노동의 능률성이나 합리성, 사회화, 설비의 기능화 등을 강조하는 내용이 반복적으로 등장한다. 같은 시기의 신문에서도 "부엌의 동선만 개선해도 주부는 하루에 십 리는 덜 걷게 되는 셈이니, 간단한 계산으로만 보아도 확실히 부엌은 편리해질 수 있다"[28]는 주장을 확인할 수 있다. 주부가 일하기에 가장 적합한 '수치'를 찾아내는 것에서 부엌의 능률화가 시작된다는 확신은 더욱 커졌으며,[29] 도면상의 다이어그램이 실제적 편리성과 일치한다는 믿음도 깊어졌다. 부엌계획의 기준은 수치와 동선으로 표현되는 능률에 더욱 의존하게 되었다.

도시주택과 입식부엌

1960~70년대 도시주택의 부엌에서는 주로 개량아궁이와 시멘트에 흰색 타일을 붙여 만든 입식 개수대를 사용했다. 명칭도 제각각이어서, 연구자에 따라 '과도기적 입식부엌, 준 입식부엌, 절충식 입식부엌'[30], '과

27) 『현대여성생활전서』는 1960년 여원사에서 출간한 총 15권 시리즈였으며, 목록은 다음과 같다. 제1권 건강, 제2권 미용, 제3권 취미, 제4권 요리, 제5권 육아, 제6권 복장(상), 제7권 복장(하), 제8권 예절, 제9권 서한, 제10권 가정, 제11권 주택, 제12권 편물, 제13권 수예, 제14권 영양, 제15권 부도(婦道).

28) 「주부와 주택의 개선」, 『동아일보』, 1963.06.17.

29) 국사편찬위원회, 앞의 책, 2007, p.205

30) 함한희, 앞의 책, 2005, pp.46-47

그림 3-12

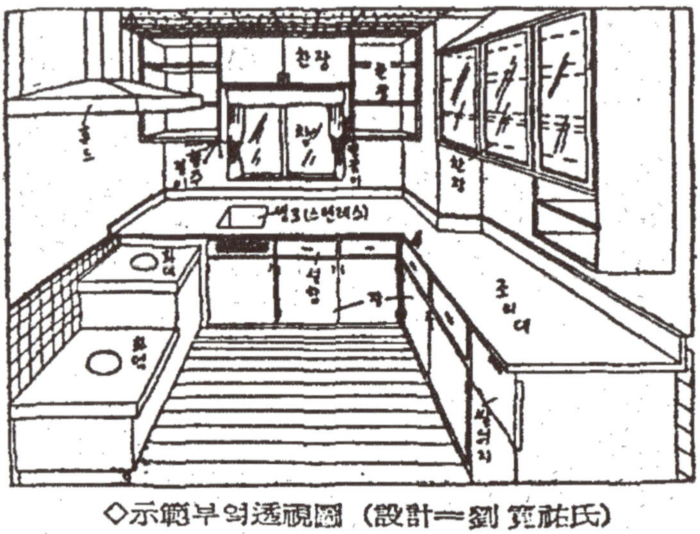

그림 3-13

그림 3-12. 1960년대 도시주택의 부엌 모습

그림 3-13. 1962년 식생활개선센터에 전시된 시범부엌의 실내투시도

도기의 부엌'[31] 등 서로 다르게 지칭한다. 이름만큼이나 다양했던 이 시기의 부엌을 한국의 근대부엌이라 정의하기는 어렵다. 다만 입식화를 갈망하는 길고 지루한 임시방편에 불과했다.

연료 개선이나 수도 보급이 원활하지 않은 상황에서 부엌일은 여전히 불편했다. 서울시의 수도 보급률은 1963년에 56%에 머물렀으므로, 주부들은 수돗가에서 식재료를 씻어서 부엌으로 나르고, 물도 대부분 길어와 사용했다.[32] 물론 점차 연탄을 사용하게 되면서 땔감을 쓸 때보다는 연기와 냄새가 개선되는 효과도 있었다.[33] 그러나 연탄아궁이는 연료만 달라졌을 뿐 취사와 난방을 겸하는 구조를 본질적으로 바꾼 것이 아니었으므로, 바닥 높이는 여전히 낮았고 주부들은 아궁이와 곤로를 번갈아 가며 불편한 자세로 일했다.

한국의 주택 상황은 1970년대까지도 지역과 양식, 소득수준에 따라 수준 격차가 심각했다. 특히 부엌은 미처 능률성을 고민할 여유도 없이 위생 상태부터 시급히 개선해야 할 경우도 많았다. 1973년 불량주택 부엌을 조사한 한 연구에 따르면, 부엌에 제대로 된 선반도 없이 사과 궤짝을 수납용으로 사용하고 출입구와 부뚜막을 겸하는 구조가 대부분이었다는 기록을 찾을 수 있다.[34] 정부의 부엌 근대화 사업이 도시주택을 기준으로 전개될 수 밖에 없었던 것은, 도시 중산층이 가장 현실성 있는 추진계층으로 간주되었기 때문이다.

1960년대 신문을 살펴보면 도시 주부층을 중심으로 능률적인 부엌에 대한 관심이 확산되는 양상을 볼 수 있다. 1962년 5월 국민운동본부 부녀과는 「합리적인 시범부엌」이라는 이름으로 식생활개선센터에 실제 크기의 개량부엌을 전시했다.[35] 식생활개선센터는 국민식생활 개선이라는 계몽 성격의 행사였으나, 이곳에 설치된 시범부엌은 근대화된 식생활을 가장 가시적으로 보여줄 수 있는 장치로 기획되었다. 이 부엌은 당시 돈으로 24만 환 정도의 예산으로 계획할 수 있는 모델이었는데,[36] 화덕 2

31) 전남일 외, 『한국주거의 미시사』, 돌베개, 2009, p.304

32) 함한희, 앞의 책, 2005, pp.48-49

33) 함한희, 앞의 책, 2005, p.39

34) 손혜영·박혜정, 「불량주택 부엌의 물품고에 대한 연구」, 『부학』 7, 연세대, 1974, pp.83-85

35) 「누구나 꾸며놓고 싶은 합리적인 시범부엌」, 『조선일보』, 1962.06.06.

36) "시범부엌의 공사비, (ㄱ)화덕2개 2만환, (ㄴ)찬장과 카운터(조리대) 16만환, (ㄷ)천장 3만환, (ㄹ)칠 5천환, (ㅁ)싱크 2만5천환(스탠레스 일 경우)" (「누구나 꾸며놓고 싶은 합리적인 시범부엌」, 『조선일보』, 1962.06.06.)

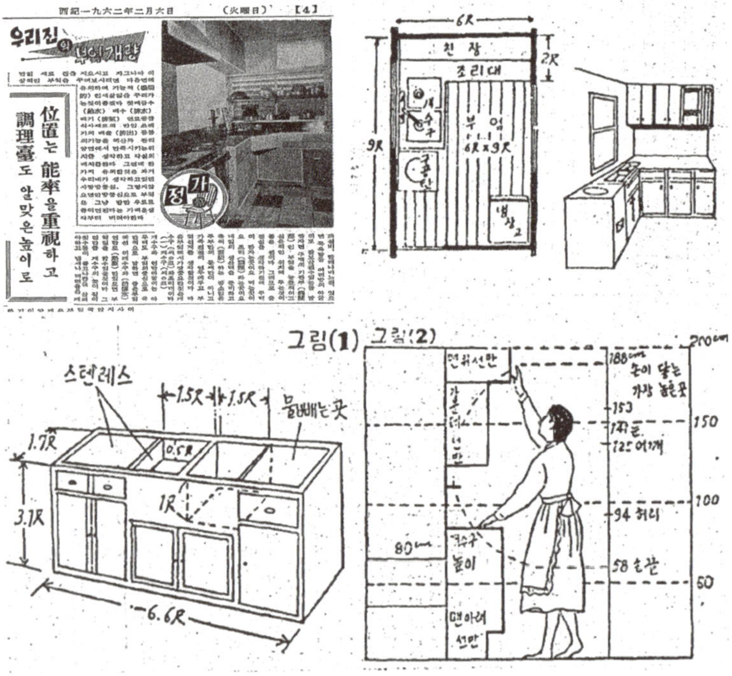

그림 3-14

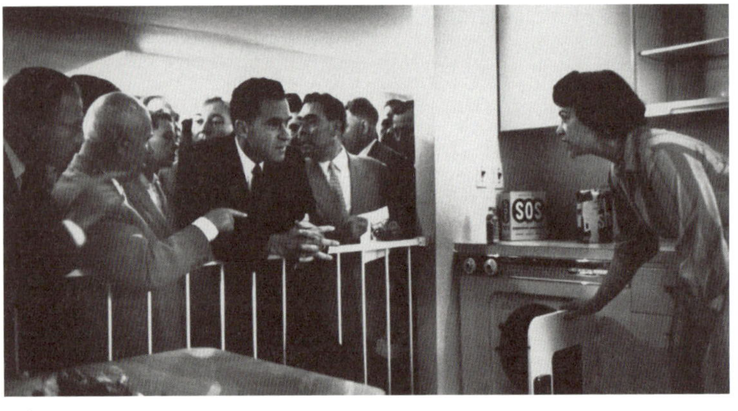

그림 3-15

그림 3-14. 순서에 맞는 작업대의 배치와 싱크대 규격에 대해 소개한 기사(조선일보, 1962)

그림 3-15. 키친 디베이트. 1959년 7월 24일 모스크바에서 열린 무역 박람회에서 리처드 닉슨 부통령과 흐루쇼프 서기장이 부엌을 두고 벌인 설전은 오늘날 '부엌 논쟁(Kitchen Debate)'으로 회자되기도 한다. 부엌 근대화는 자국민의 생활수준을 반영하는 척도로 상정되었다.

개, 찬장과 카운터, 스테인리스스틸 싱크대가 있는 구성이었다. "누구나 꾸며놓고 싶은 합리적인 시범부엌"이라는 제목에서도 '가사노동의 합리화' 라는 원칙이 중첩된다.

"그런데 센터 식장에서 가장 이채로운 것은 역시 보면 어느 주부나 자기집 부엌도 이렇게 꾸며놓고 싶은 '시범부엌'이다. 부엌의 크기는 2명, 화덕 2개, 위에는 '후드'를 마련하여 연탄 '까스'와 음식냄새를 빼내는 환기장치를 하고 '스탠레스'로 '싱크(**개수구**)'를 했다. '싱크' 아래에 만든 장은 바닥을 '씨멘트'로 해서 김치항아리 등을 넣게 하고(**문 위에 세로 창살을 하여 공기의 유통을 시킴**) '싱크' 위 왼쪽엔 주걱걸이용 못을 댓개, 그 아래엔 행주걸이 막대기를 서너 개, 그 아래엔 긴 나무에서 길쭉한 구멍을 뚫어 (**칼크기**) 칼꽂이를 만들었다. 옆으로 꺾여선 꽤 큼직한 '카운터'(**조리대**)를 꾸미고 그 아래에 쌀뒤주를 장 모양 함께 붙여서 짰는데 속엔 함석을 사용하여 습기를 방지하게 되었다. 천장은 '텍스' 부엌바닥은 '타일'을 깔았다."(**연세대건축사무소장 유관우, 「누구나 꾸며놓고 싶은 합리적인 시범부엌」, 『조선일보』**, 1962.06.06.)

그 외에 "부엌 작업대를 주부의 키에 맞추고 머리 위로 팔 닿는 위치까지 고려하여 부엌을 설계해야 한다"던가, 개수대, 가열대, 조리대를 일체화시킨 '유니트 키친'을 소개하는 글도 신문에 자주 등장했다.[37] 상을 들고 부엌과 방을 오가는 방식이 비능률적이라는 점도 반복적으로 강조되었으며, 만약 주부가 가급적 한 자리에 서서 일할 수 있다면 하루 걸음걸이를 1킬로미터에서 십분의 일로 줄일 수 있다는 설명도 이어졌다.[38] 부엌의 능률성과 동작의 수치화 논의는 더 이상 학계에만 머물지 않고 일반 대중에게도 확산되었다.

이러한 부엌 근대화가 적극적으로 추진될 수 있었던 것은 '부엌 수준이 국민의 생활표준을 반영한다'는 인식을 자극한 결과로도 볼 수 있다.

37) "부엌살림을 입식으로 하기 위한 '유니트·키친' 시설을 많이 권장하는데, 안방과 부엌의 연락을 위한 아랫목 해취설치(쪽문), 부엌 바닥을 마루로 해서 툇마루와 연결시켜 일일이 신발을 벗고 신고하지 않게 되면 깨끗한 환경이 마련된다."(이인희, 동덕여대 교수, 「새해 새살림 설계 의식주: 우선 부엌을 개량·상하수도 고쳐 동선 줄여야」; 『동아일보』, 1963.01.01.), "편리한 부엌이란 부엌의 설비가 일순서에 따라 배치되고 개수통, 부뚜막, 조리대, 상보기대 등의 높이는 일하는 사람의 키에 알맞게 일치되어 있어야 하며……" (주월영, 「부엌조건과 생활개선」, 『동아일보』, 1960.04.09.)

38) "부엌은 조리대와 찬장, 연료대가 따로 떨어져 있던 것을 한자리에 서서 일할 수 있게끔 연동을 이룸으로써 종래의 부엌이 세끼 식사를 마련하기 위해 1키로 이상 걸어야 했던 것을 1/10로 줄일 수 있다." (「주부들의 생활요령, 집수리 증축」, 『동아일보』, 1967.06.08.), "부엌과 방 사이에 신을 벗었다 신었다 하고 수도가 부엌까지 들어와있지 않다거나 하여 서서 왔다 갔다 낭비하는 시간이 많아 비능률적이다." (「서울의 주부생활」, 『경향신문』, 1968.06.24.)

1959년 모스크바에서 열린 미국무역박람회에서 닉슨 부통령과 소련의 흐루쇼푸 서기장이 벌였던 논쟁처럼, 근대화된 부엌은 곧 근대화된 국민 생활을 상징하는 선전도구로도 유용했다. 이른바 '부엌 논쟁(Kitchen debate)'[39]은 국제적으로도 회자되었던 일종의 사건이었으며, 냉전 시대의 팽평한 긴장감과 경쟁심을 가장 일상적 공간으로 투영시켰다. 부엌이 전통적 모습을 탈피하고 근대적 위상을 갖춘다는 것은, 전근대적 주거질서를 극복하고 비로소 정상적 생활궤도에 들어선다는 여러 가지 선진적 의미를 내포했다. 부엌 근대화는 순수하게 가사노동의 편리성을 추구하는 것 이상을 의미했으며, 하나의 시대 과제였다.

부엌의 능률성은 경제개발기 한국 사회가 추구했던 근면, 성실, 경제, 절약 등의 가치에도 부합했다. '잘 살아보세'의 구호 속에는 나와 내 가족을 위한 생활개량이라는 의지도 중첩되었을 것이다. 더욱이 능률이라는 단어에 담긴 근면성실과 이에 앞장설 주체로서 주부라는 인식은 해방 이전부터 이미 정착한 개념이었다. 능률적 부엌을 만들 수 있다면 주부의 일도 편해지고 가족도 행복해질 수 있다는 논리는 이전 시대의 주장을 이어받았다. 주부는 능률적 부엌 만들기를 소망했으며, 서구식 입식부엌을 갖추려는 열망은 나날이 높아져갔다.

새마을운동과 농촌부엌개량

농촌부엌의 상황은 도시부엌보다 열악했다. 1980년대 초반만 해도 부엌 안에 직접 수도를 설치한 경우가 드물었고, 하수도 시설도 원활하지 않아서 부엌에서 사용한 물은 일일이 마당으로 내다 버려야 했다. 입식의 조리대나 개수대가 별로 없었으므로 부뚜막이나 바닥에 쪼그리고 앉아

39) 1959년 7월 24일 무역 박람회에 참석하기 위해 소비에트 연방의 수도 모스크바를 방문한 리처드 닉슨 미국 부통령이 박람회장에서 소련 서기장 니키타 흐루쇼프와 설전을 벌인 일화를 말한다. 닉슨이 모스크바의 박람회장에서 흐루쇼프 서기장을 만났을 때, 흐루쇼프는 전시된 부엌가전을 가리키며 닉슨에게 '미국의 노동자들이 이런 사치품을 살 수 는 없을 것'이라고 말하자, 닉슨이 '이런 가전은 미국 가정의 흔한 풍경'이라고 응수했다. 냉전시대의 세계 2대 초강대국 사이에 일어난 가장 유명한 순간 중 하나로 회자되는 사건이다. 다음의 책을 참고할 수 있다. Ruth Oldenziel & Karin Zachmann, *Cold War Kitchen: Americanization, Technology and European Users,* The MIT Press, 2009

불편하게 일했다.[40] 이러한 상황에서 새마을운동은 농촌부엌의 근대화에 가장 직접적 계기가 되었다. 1970~80년대 새마을운동의 목표는 농촌경제발전을 통한 소득 증대, 도농 간 격차 해소를 통한 사회통합과 국가안보확보 및 경제발전이었다. 1972년 당시 내무부 장관이었던 김현옥이 『신동아』와의 인터뷰에서 "새마을운동은 박 태통령의 집념이자 경륜이므로, 오랜 인습에 젖은 농촌은 환경구조의 개혁이 비롯되어야 정신개조가 있고 이런 개혁 없이 증산은 가능할 수 없다"고 말한 것에서도 드러난다.[41] 여기서 '환경구조'란 농촌사회의 생산 시스템이자 주거환경을 의미했다. 농촌주택개량사업은 새마을운동의 핵심사업이었으며, 크게 지붕개량, 부엌개량, 농촌표준주택설계 등으로 추진되었다.[42]

"농촌의 주택개량은 부엌부터 시작하라는 말이 있듯이 부엌의 개량은 농촌생활을 개선 향상시키는데 중요한 뜻을 가지고 있습니다. 부엌은 주부가 하루 중 많은 시간 동안 일하는 곳이므로 주부의 건강과 작업능률을 높여야 한다는 점에 착안, 농촌생활에 알맞은 설비와 그 배치, 채광, 환기 등에 유의하고 위생적인 식품관리를 할 수 있도록 개선되어야 합니다."**(새마을기술봉사단 편찬, 『새마을기술교본 새마을 운동:부엌개량·변소개량』, 1981)**

1973년 발표된 '새마을운동 모형'(그림 3-18)에 따르면, 새마을운동은 농촌환경을 개선하여 농민의 태도변화를 유도한다는 방침이었던 것을 알 수 있다. 그러나 그만큼 급진적 측면도 컸다. 새마을운동을 시작한 1970년부터 1977년까지는 주로 지붕 개량을 위주로 시행되었으나,[43] 성

40) 〈표〉농촌지역의 부엌 시설(한국기독교사회문제 연구원, 『한국의 가난한 여성에 관한 연구』, 1983, p.184)

시설내용	없다(%)	있다(%)
집 안에 우물(펌프, 수도)	17.48	82.52
부엌에 수도	88.11	11.88
부엌에 하수도	96.50	3.50
입식 조리대	83.92	16.08
부엌과 방 사이의 문	93.16	60.84
연탄 난방	74.83	25.17
석유곤로	28.67	71.33

41) 정연주 외, 「르뽀: 새마을운동」, 『신동아』, 1972년 7월호, p.181

42) 서울대 행정대학원장이자 「새마을운동이론발전연구 위원회」 위원장이었던 박동서 교수가 제시한 '새마을운동의 모형'에 따르면 '환경개선이 곧 태도변화'로 이어진다는 새마을운동의 방법론을 확인할 수 있다. 농촌주택개량은 정신개조를 위한 첫 번째 단계를 표방했다. 다음의 논문을 참조할 수 있다. 박동서, 「새마을운동의 목적」, 『행정논총』11(2), 1973, pp.14-15

43) "지금까지 중점을 두어온 지붕개량사업을 1977년까지 완료. 주택개량사업을 점차적으로 확대 추진." (내무주 농촌주택개량과, 『민족의 대역사』, 내무부, 1978, p.149)

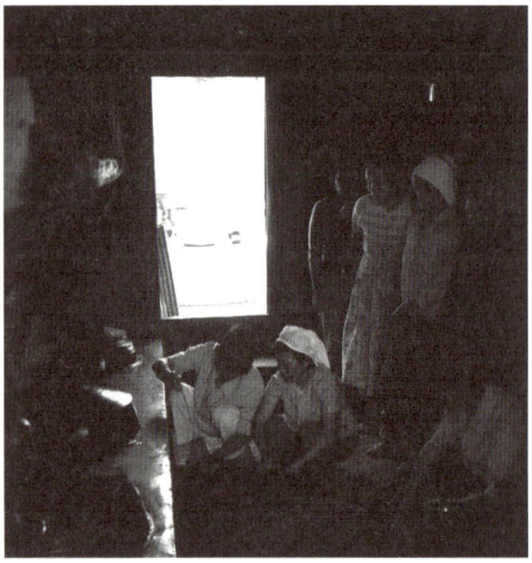

그림 3-16

그림 3-17

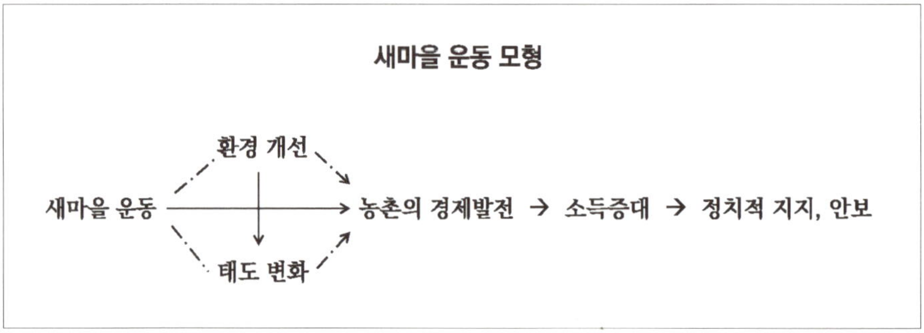

그림 3-18

표 3-2. 새마을운동 관련사업 「조리대 및 개수대 설치현황」(보건사회부, 1981)

년도	조리대 설치(가구)	개수대 설치(가구)
1976	688,680	653,616
1977	823,413	938,747
1978	471,770	467,646
1979	422,513	387,520
1980	218,052	289,472
1981.06	331,045	320,850

그림 3-16. 새마을운동 부엌 아궁이 개량교육 현장(1974)
그림 3-17. 새마을운동 부엌개량 대상의 현장 사진(1973)
그림 3-18. 새마을운동의 모형(박동서, 1973)

급한 사업진행으로 인해 농민의 원성을 사기도 했다.[44] 내무부와 건설부는 1972년부터 매해 '농촌표준주택설계안'을 발표하여 적극적인 환경개선정책을 이어갔으나, 실제 주민상황을 무시한 일방적인 강행이었다는 평가를 피할 수 없었다.

농촌의 부엌개량 사업은 1976년부터 시작되었다. 초기에는 조리대와 개수대를 설치해 주는 소극적 사업이었으나, 1980년대부터는 아궁이 개량과 같은 입식화 공사를 적극적으로 추진했다. 1970년대 중반부터 농촌 부엌의 입식가구를 보급한 내역을 보면, 1980년대에 가까워질수록 설치 건수가 줄어드는 것을 볼 수 있다. 1976년부터 1981년의 사이에 일차적인 개수대 설치 사업이 어느 정도 목표치에 달했다는 것을 의미한다. 부엌개량사업은 1981년 「농어촌주거환경개선사업」, 1983년 「농가주거환경개선사업」의 주요항목으로 편성되었다.

그러나 농촌부엌의 근대화는 도시주택의 입식부엌과 같은 이론적 접근으로만 완성되기 어려웠다. 농촌표준주택설계를 통해 집집마다 근대적 설비의 부엌을 대량으로 보급하고자 했으나, 표준설계도는 농촌가정의 부엌 사용실태를 소화하지 못했다. 더군다나 일방적이고 천편일률적인 개량 추진 방식도 문제점 중 하나였다.[45] 먼저 부엌의 표준면적을 너무 작게 책정했다는 점을 들 수 있다. 농번기에는 많은 식사를 준비해야 해서 기본적으로 부엌이 넓어야 했지만, 표준주택에서 제시한 면적은 이를 감당할 수 없을 정도로 협소했다. 1981년 새마을기술봉사단의 부엌개량 지침에서는 "부엌이 너무 크면 동선이 길어져서 비능률적이 된다"는 설명을 볼 수 있는데, 이는 도시주택과 같은 기준을 적용한 데 따른 오류였다.

특히 부엌을 평면 뒤쪽으로 배치하여 마당과 단절된다는 점이 가장 불편했다. 농촌의 부엌은 쇠죽을 쑤거나 농작물의 건조 및 손질 작업을

44) "공무원들이 농가를 돌아다니면서 초가지붕을 강제로 벗기고 다니는 바람에 농민들은 억지로 지붕개량을 할 수밖에 없었다."(박진도·한도현, 「새마을운동과 유신체제 박정희 정권의 농촌 새마을운동을 중심으로」, 『역사비평』 47, 1999, p.62)

45) "그러니까 박정희 대통령 시절이었지. 나라에서 부엌을 개량하라고 지시가 내려왔는데, 그때 고치라고 한 것이 연탄아궁이 놓는 것과 부엌벽에 타일을 붙이라는 거였지. 보다시피 찬장 아래 저 부뚜막(개량부뚜막)과 그 주변 벽의 타일은 전부 그때 해놓은 거지. 우리 집 말고 동네 사람 모두 부엌을 그렇게 했는걸. 그러니까 읍에서, 지금의 공무원이라고 하는 사람들이 와서 검사를 하고 갔어. 나라에서 돈을 대준 것도 아니고 그냥 각 집에서 돈을 들여 하라고 하더군. 검사를 한다는데 안 할 수 있나. 그리 발라놔봐야 일하는 건 똑같지 뭐……" (전남일 외, 앞의책, 2009, p.173)

표 3-3. 부엌개량상의 유의점(새마을기술봉사단, 1981)

	항목	부엌개량상의 유의점
1	부엌의 위치	부엌의 위치는 식품고, 연료창고, 우물, 세탁장 및 장독대 등과 가까운 거리에 있어야 주부의 동선이 짧아져서 편리하고 힘을 덜어준다.
2	부엌의 크기	부엌의 크기는 재래식 부엌에서 그 예를 보는 바와 같이 너무 크면 오히려 동선이 길어져서 비능률적이 되므로 적당한 크기로 해야 하며, 보통 가로 2.4m, 세로 2.4m정도를 표준으로 한다.
3	부엌의 설비와 배치	부엌 안의 설비는 부뚜막 외에 개수대, 조리대, 붙박이 찬장, 선반, 물통 등을 고루 갖추고 그 배치는 조리의 순서에 따르되 물통, 개수대, 조리대 등의 순서로 배치하는 것이 하나의 방법이 된다.
4	부뚜막 개수대 조리대 등의 높이	부뚜막의 높이는 사용하는 땔감에 따라 좌우되며, 현재의 상황으로 보아 낮게 됨이 불가피하나 개수대, 조리대 등의 높이는 80~85㎝로 함이 작업 능률상 효과적이다.
5	붙박이 찬장	붙박이 찬장의 높이는 바닥에서 1.5m 높이에 붙여대는 것이 좋으며, 유리문을 만들어 단다. 유리문으로 하지 않을 때에는 적어도 망사창(나이론 망사 등)을 단다. 붙박이 찬장 안에 일상적으로 많이 쓰는 그릇 등은 손이 닿기 쉬운 부분에 두고 별반 많이 쓰이지 않는 것은 높은 부분에 두게 되므로 선반 간막이를 한다.
6	개수통과 배수	개수통 밑에는 반드시 오지토관으로서 배수관을 설치하여 개숫물을 매번 밖에 나가 버리는 수고를 없애도록 한다.
7	부엌 바닥	먼지가 나지 않고 청소하기 쉽도록 콘크리트 바닥으로 한다.
8	창과 환기구멍	밝고 위생적인 분위기에서 일할 수 있도록 창을 낸다. 부엌은 특히 환기가 필요한 곳이므로 천정 가까이 높은 벽 부분에 가급적 서로 맞은 편 벽에 한쌍의 환기 구멍을 내고 여기에 비바람을 막으며 환기가 촉진되게 살의 폭이 넓고 비스듬하게 붙여댄 살창(속칭 갸라리)을 붙인다.
9	굴뚝과 아궁이	불이 내서 부엌안에 연기가 차거나 그을음이 생기지 않도록 굴뚝을 높이고 동시에 아궁이는 불이 잘 들도록 개선한다.
10	부뚜막	부뚜막은 깨끗이 닦아낼 수 있도록 적어도 시멘트 몰탈로 바른다.

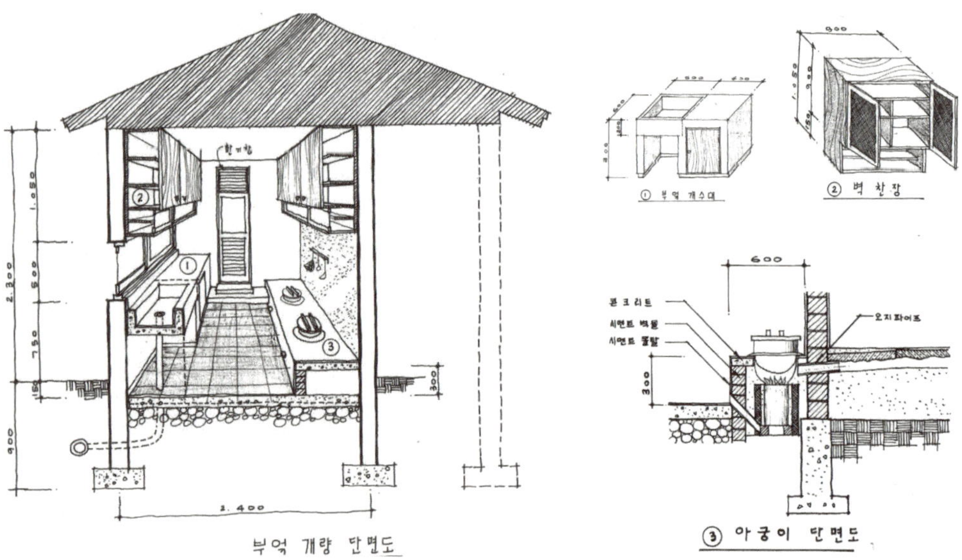

그림 3-19

그림 3-19. 새마을운동 지도서에 실린 부엌개량 지침(새마을기술봉사단, 1981)

위해 반드시 마당과 연결되어 있어야 하는데도, 미관상의 이유로 부엌을 마당 뒤편의 보이지 않는 곳으로 이동시킨 것이었다. 농촌 주부의 입장에서 볼 때 농촌주택표준설계도의 부엌은 '비능률적'이었다.

농가의 가사노동은 생산소득과 직결되는 만큼, 여기에는 도시와 다른 방식의 접근이 필요했다. 청장년층이 도시로 나가게 되면서 농사일과 가사노동에 대한 농촌주부의 이중부담이 이전보다 높아졌다는 상황도 고려하지 않을 수 없었다. 이러한 분석에 따라 도입된 것이 새마을운동의 '공동취사장'이었으며, 같은 취지로 '공동탁아소'를 열기도 했다.[46] 농촌가정의 식생활 패턴이 농한기와 농번기에 크게 달라진다는 특수성을 고려한 방침이었다.

새마을운동의 '생산성 증대'라는 목표에서 볼 때, 공동취사장은 개별 가정의 부엌을 개량하는 것보다 더욱 즉각적인 성과를 기대할 수 있었다. 비록 공동취사장이 '부엌개량사업'이라는 타이틀로 진행된 것은 아니었지만, 가사노동의 합리화를 표방했다는 점이 다음의 글을 통해서도 드러난다.

> "농촌의 부엌은 도시에서처럼 단순한 가족의 식사를 마련하는데 그치는 것이 아니라 농번기가 되면 인부들에게 식사를 제공해야 하는 일종의 부수적인 농사일과 연관해야 한다. <u>넓은 부엌은 농번기나 잔치를 치를 때는 편리하나 농한기에는 불필요하게 되어 동선이 길뿐만 아니라 겨울에는 추워서 좋지 않다.</u> …… 농가생활향상의 절대적인 요소인 소득을 증대시키기 위해서는 능력있는 농가가족은 모두 연중 쉬지 않는 효율적인 노동배분을 지향해야 하며, 연중 바빠진 <u>농가주부는 시간의 부족을 가사노동의 합리화에서 찾아야 한다.</u>"(**보건사회부, 『여성과 새마을 운동』**, 1981, p.89, p.167)

공동취사장은 농번기에만 운영되었으며 '영양개선의 집'이라고도 불렸다. 각 가정 단위로 식사준비를 하는 것보다 훨씬 경제적이라는 장점도 부각되었다.[47] 1971년 전국 78개소를 설치하는 것으로 시작하여 점차

46) 1981년 농촌진흥청 조사에 따르면, 농번기 어린이 보호 실태는 '가족이 보살핀다'(35%), '어머니가 데리고 일한다'(41%), '이웃에 맡긴다'(4%), '집에 혼자둔다'(20%)였다. 새마을운동 시작 전인 1963년부터 농촌진흥청은 농번기 유아원을 설치 운영했으나, 새마을운동을 계기로 더욱 본격화했으며 이후 새마을 유치원 설립의 토대가 되었다.(보건사회부, 앞의 책, 1981, pp.118-119)

47) "각 가정단위로 식사를 준비하는데 매끼마다 8천 6백원이 드는데 비해 공동주방에서 조리를 하는 경우 6천5백원이 들어 2천 1백원씩을 절약할 수 있다는 계산이다. 이런 공동취사제도는 당초 농협이 구상을 해서 지난 73년부터 전국 각 지방 부락에 권장을 해오고 있다 설비를 갖추는데 40만원이 들면 그 절반을 지원해준다." (「농촌 새 풍속도 - 모내기 공동취사장」, 『경향신문』, 1977. 06.09.)

그림 3-20

그림 3-21

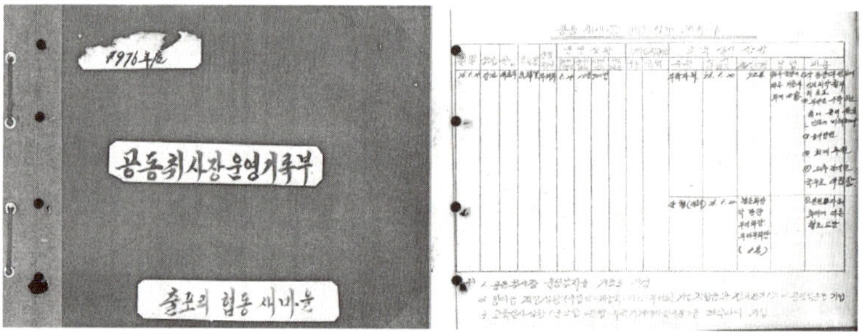

그림 3-22

그림 3-20. 새마을운동 자료에 실린 공동취사장의 모습(전라북도 나포면, 1972)

그림 3-21. 공동취사장 사례

그림 3-22. 출포리 협동 새마을의 『공동취사장 운영기록부』(1976년 5월 작성). 공동취사장을 이용하는 총 식사인원은 700명이었으며, 운영주체는 부녀회, 운영인원은 10명이었음이 기재되어 있다. 이 외에 공동취사장 시설·집기를 관리하는 『공동취사장 집기 보관대장』과 일일 식재료비를 기록한 『공동취사장 운영일지』기록을 볼 수 있다.

전국 농촌으로 확대되었고,[48] 1973년부터는 설비에 드는 비용의 절반을 지원해 주기도 했다. 그러나 기본적으로 마을의 규모에 따라 설비 수준과 운영방식의 차이가 컸다. 원칙적으로는 새마을 부녀회 등급을 기준으로 시범부녀회가 연 50일, 우수부녀회는 연 30일로 운영했으며, 기초부녀회만 있는 마을은 설치 대상에서 제외시켰다.[49] 공동취사장이라 할지라도 가스와 시멘트 개수대 등 입식부엌을 갖춘 사례도 있었고, 혹은 한뎃부엌을 지어놓고 논두렁에서 식사하는 경우 등 다양한 형태로 운영되었다.

농촌에서 공동취사장이 가능했던 것은 도시에 비해 전통적 농경사회의 문화가 남아있었기 때문으로도 볼 수 있다. 앞서 살펴보았던 19세기 서구 공동부엌을 떠올릴 수 있으며, 가사노동의 공동수행방식을 도입했다는 점이 공통적 특징이다. 그러나 그들이 종교나 이상적 신념을 공유한 공동체 집단에 국한되었던 것과 마찬가지로, 새마을운동의 공동취사장도 특정한 시기·특수한 목적에 한정되었음을 주목해야 한다. 공동취사장은 어디까지나 농번기 임시시설이었으며, 한국 주거문화의 보편적 부엌 유형으로 수용된 것은 아니었다.

48) "이 같은 공동취사장은 이미 71년에 78개소, 올해 30개소가 설치됐고, 내년에 30개소 등 모두 183개소가 설치되는데 진흥청은 오는 81년까지는 전국 자연부락에 모두 설치할 계획이다."(「진흥청, 농촌공동취사장 설치」, 『동아일보』, 1972.12.26.)

49) 〈표4_새마을 부녀회 운영기준〉 (보건사회부, 앞의 책, 1981, p.50)

그림 3-23

그림 3-24

그림 3-25

그림 3-23. 일본 2DK의 다이닝 키친(좌), 1957년 일본 공단주택 하스네 단지(蓮根団地)에 설치된 인조석 물갈기 개수대(우)

그림 3-24. 선웨이브제(製) 공단1호형 개수대(좌), 하루미 단지(晴海団地)에 설치된 스테인리스스틸 싱크대(우, 1958년형 복원품)

그림 3-25. 1974년 한국의 수출용 싱크대

스테인리스스틸 싱크대

1960년대 후반 싱크대 홍보가 시작되었던 사실과 달리, 실제로 아파트에 싱크대가 보급된 것은 1970년대부터였다. 대한주택공사는 1960년 이전부터 국민주택에 싱크대 설치를 시도했지만 좀처럼 성사되지 못했다. 입주민들이 싱크대보다 재래식 부엌과 커다란 설거지통을 고수했다는 기록을 찾을 수 있으며,[50] 일부 외인주택에서만 싱크대 설치를 추진했다. 하지만 지금과 같은 형태의 제품은 아니었으며, 1960년대에는 스테인리스스틸 싱크대를 대량생산할 만한 국내 기술력도 부족했다.

1960년 말 대한주택공사는 이태원 외인주택 건설 당시 주택에 철판을 용접하여 만든 틀에 사기로 도금한 싱크대를 설치했는데, 표면처리가 미숙했기 때문에 질감이 좋지 않았다.[51] 하부에 찌꺼기 제거기가 부착되어 외국인 입주자들로부터 호평을 받는 정도의 성과를 거두는데 그쳤다.[52] 주택공사가 서구식 입식생활을 염두에 두고 설계했던 1962년 마포아파트의 부엌에도 처음부터 싱크대를 설치했던 것은 아니었다.

스테인리스스틸은 미국에서 발명된 신소재였으며, 대략 1920~40년대 일본에 먼저 알려졌다.[53] 1950년대의 일본에서도 스테인리스스틸 싱크대는 '신시대 주택의 특징'으로 상징될 정도의 고가품이었는데, 초창기에는 작업자가 일일이 수작업으로 용접하는 등 가격이 일반 개수대[54]의 5배가 넘었다. 싱크대의 생산과 보급에 앞섰던 것은 일본의 선웨이브사(社)였으며, 1956년 프레스 기술을 적용한 '일체가공형 싱크(一体絞り型シンク)' 제품을 발표했다.[55] 1955년 일본주택공단이 도입한 입식의 개수대는

50) 대한주택공사, 『대한주택공사 20년사』, 대한주택공사, 1979, p.402

51) 대한주택공사, 앞의 책, 1979, p.402

52) 대한주택공사, 앞의 책, 1979, p.402

53) 일본 건축잡지인 『新建築』의 1925~1944년 사이 기사에서는 스테인리스스틸 소재로 나가시(개수대)를 만든 사례가 2건 확인되었다. (柳田伸幸 외, 「戦後の建築雑誌並びに'特許庁データベース'に紹介されたステンレス流しの特性について」, 『日本建築学会計画論文集』 75(651), 2010, p.1261)

54) 일본식 나가시다이(流し台)를 말한다.

55) 1945년~1967년 사이에 싱크대 산업에 관계했던 회사는 선웨이브사 이외에도 총 8개 회사가 있었으며, (주)松下電器産業, (주)早川電器, (주)日立化成, (주)クリナップ, (주)ナスステンレス, (주)日本エナメル, (주)日東ステンレス工業, (주) 東海シンク였다. (柳田伸幸、藤谷陽悦、内田青蔵、安野彰, 「一体絞り型シンク'の開発過程による研究(3)」, 『日本建築学会大会学術概要講演集』, 2008, pp.1-4)

본래 인조석 물갈기로 만든 제품이었으나, 1958년 하루미 단지의 공단 주택(晴海団地公團住宅)에서 최초로 선웨이브의 스테인리스스틸 싱크대를 채택했다. 선웨이브는 싱크대의 양산공정을 더욱 개발하여 1967년 6월 공장제 양산 특허를 등록했고, 점차 일본의 일반 가정에서도 스텐리스스틸 싱크대를 들여놓기 시작했다.[56]

1970년대에 들면서 한국의 부엌가구 업체도 일본의 싱크대 생산기술을 배워왔다.[57] 당초 부엌가구 시장은 싱크볼(sink bowl) 생산 위주였으나, 오리표, 거북표, 백곰표 등의 스테인리스스틸 상판 제조업과 한샘 공업, 보루네오, 코리아 하이답프 등의 부엌용 가구 생산업체 등으로 확장되었다.[58] 1970년대 초 신문 광고에서는 'OO표'와 같은 브랜드의 주방가구 제품의 유행을 확인할 수 있다.[59] 한샘의 경우 가정학 분야에서 추진하고 있었던 가사노동의 능률화·표준화 연구와 협업하기도 했으며, 부엌가구 시장에는 한국 주부의 신체조건에 맞춘 디자인을 선전하는 상품들이 속속 등장했다.[60, 61]

스테인리스스틸 싱크대는 1970년대 초부터 민간아파트에서 도입되기 시작했다. 주공아파트의 경우 1975년부터 추진하기 시작하여, 1977년 잠실주공아파트는 싱크대뿐만 아니라 조리대, 가스대, 찬장 등 모든

56) 柳田伸幸 외, 앞의 글, 2008, p.2

57) "싱크라는 단어 자체가 수입된 말 아니오. 지금은 누구나 다 알지만 결과적으로 70년대가 돼서 그나마 싱크대라는 단어를 내가 토착화시킨 셈인데, 좌우간 기능괴 용도는 설거지통이니까 무조건 그림을 그려주고 만들라고 했더니 역시 소문난 기술자야. 엇비슷하게 만들어내요. 그러다가 제조업을 제대로 하려면 대량으로 찍어내야 되겠단 말이오. 그래서 일본에 '선 웨이브'라는 최고의 싱크대 전문회사가 있는데 찾아갔지요. 거기서 눈도장을 찍어 와서는 내가 직접 공장 레이아웃을 하고 금형도 발주하고 유압기계 프레스도 만들어 시작을 한 거요."("오리표 싱크는 이렇게 만들어졌다. -박유재 에넥스 회장", Jtbc. 2006.09.01. http://jtbcgolf.joins.com/news/news_view.asp?ns1=14879&page=&news_type=21&mode=&txt_search=%B9%DA%C0%AF%C0%E7&a12=search (접속일: 2014.11.14.))

58) 김양록, 『부엌가구 마케팅전략 사례연구』, 한양대학교 석사학위논문, 2001, p.15

59) 시중에는 세칭 싱크일체가 상품화되어 있어 주부의 환심을 끌고 있다." (「일손을 덜어주는 '입식부엌'」, 동아일보, 1971.09.10.); "싱크대 광고에서 보듯 'OO표 ㄷ자 싱크'를 그대로 살 수 는 없고 동네 목공소에서 보다 싼값으로 짜기로 했다."(「새해 새살림」, 『동아일보』, 1972.01.13.)

60) "한샘은 1970년에 설립된 회사로, …… 부엌가구 회사들이 하나둘 생겨난 것도 70년대부터이다. 그러나 당시의 거북표, 오리표, 백조표 등의 씽크업체가 단순한 스테인레스 상판만을 고급한데 반해, 이미 회사 이름을 정하는 데서 한발 앞서, 한샘은 창업 당시부터 고급 멜라민 상판으로 승부를 걸며 차별화된 이미지를 만들어 나갔다."(김광일, 『(주)한샘의 경영사례 연구』, 동국대학교 석사학위논문, 2001, pp.87-88)

61) 연세대학교 윤복자 교수는 1981년부터 2000년까지 20년간 ㈜한샘 연구비 수혜 프로젝트를 진행했다. 주요 연구 사례로 「부엌 작업대와 수납장의 표준치수 설정을 위한 연구」(1982-86), 「농촌 부엌 개선 및 표준화 연구」(1989-91), 「사회계층별 주생활 실태와 소비자 행동 예측 모델 개발」(1993-94), 『부엌총서: 한국 부엌의 역사』(1993-2000)를 들 수 있다. (윤복자, 『한국 부엌 문화의 변천과 전망: 은퇴기념 공개강좌』, 연세대학교생활과학연구소, 1999, p.4)

부엌설비를 갖출 수 있도록 추진했다.[62] 1974년 주공아파트 실태조사에 따르면, 서울 임대아파트 중 41.4%가 내부구조를 개량했으며, 그중 60.2%가 싱크대로 바꾼 것으로 조사되었다.[63] 1970년대 싱크대의 인기는 점점 높아져, 아파트는 물론 단독주택의 부엌 개조에도 확산되기 시작했다.

이에 따른 결과로서 1970년대에 들어 부엌의 입식화율이 급증하는 양상을 확인할 수 있다. 1950년대부터 1980년까지 한국 부엌의 입식화 비율을 조사한 선행연구에 따르면, 서울을 기준으로 1960년대 입식화율은 17.7%였으나 1970년대 초반 60.9%, 1970년대 중반 94.3%로 빠른 증가세를 보였다. 전국의 범위로는 1960년대 7.8%에서 1970년대 후반 55.2%였던 것으로 드러나,[64] 서울 수도권을 중심으로 한 부엌의 입식화가 가장 빠르게 달성되었던 것을 알 수 있다. 시기적으로 아파트 건설이 활발했던 때와 일치하며, 결과적으로 아파트 부엌을 중심으로 한 성과였음이 입증된다. 아파트 건설과 함께 온돌난방 기술도 발달하게 되었으므로, 취사와 난방의 기술적 분리도 유리했기 때문이다. 그러나 부엌의 입식화가 빠른 속도로 진행되었던 것과 달리, '부엌의 내실화'라는 또 다른 과제가 남아있었다.

연탄온수보일러와 부엌

한국 부엌은 전통적으로 부뚜막과 아궁이라는 취난겸용(炊暖兼用)의 구조였다. 아궁이의 깊이 때문에 바닥 마감도 낮게 만들 수밖에 없었고, 부엌의 위치도 자유롭지 못했다. 부엌은 항상 온돌방 옆에 바로 부속되어야 했기 때문이다. 바닥 높이가 낮다는 것 때문에 부엌은 다른 주거공간과 항상 '다르게' 취급되었다. 1950년대 무연탄이 보급된 이후에도

62) 대한주택공사, 앞의 책, 1979, p.403

63) "임대아파트 부엌설비에 있어 현재 설비로 만족하는 입주자가 서울 13.9%, 부산·대구 54.7%, 기타 도시 58.2%로 전체 73.5%가 씽크대로 교체를 희망하고 있으나 서울은 매우 높은 편이다."(대한주택공사 주택연구소, 『74년 건설 아파트입주자 실태조사』, 대한주택공사 주택연구소, 1974, p.30)

64) 함상우, 『아파트 거주자의 주거공간 이용에 관한 연구』, 서울대학교 석사학위논문, 1986, p.12

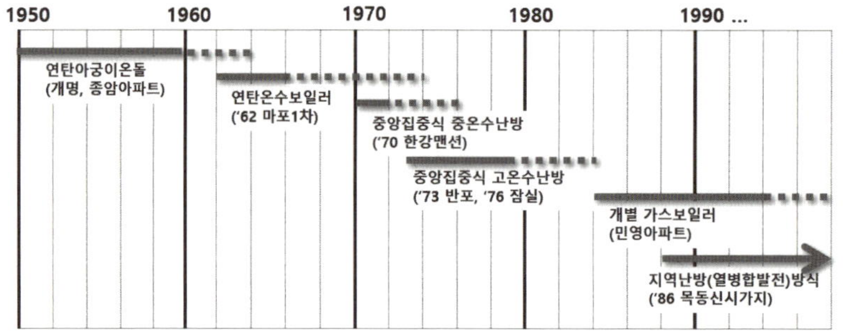

그림 3-26

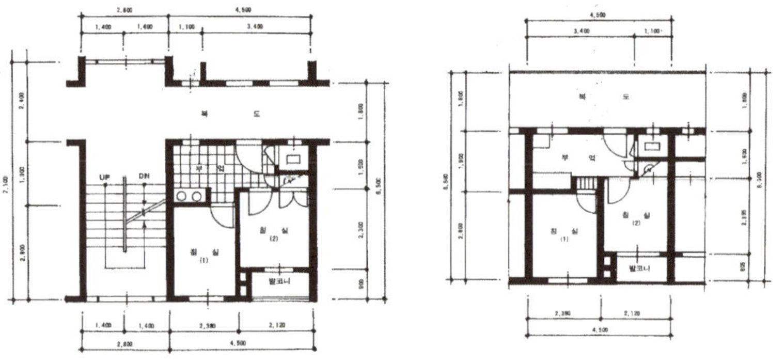

그림 3-27

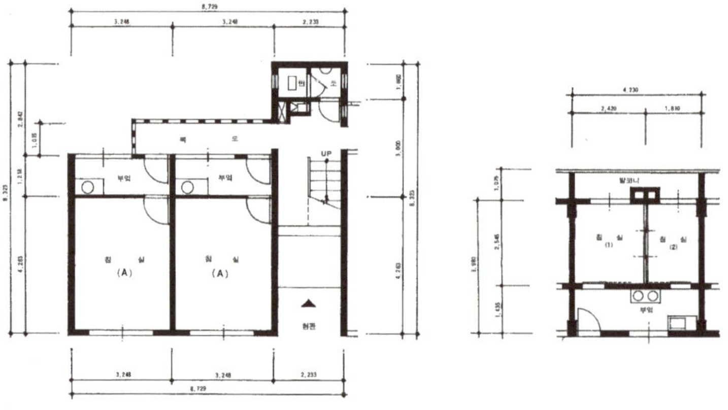

그림 3-28

그림 3-26. 아파트 난방 연료 및 방식의 변천

그림 3-27. 현관과 부엌을 같이 계획한 사례. 홍제동 아파트 8평(좌, 1965), 홍제동·돈암동 아파트 8평(우, 1965)

그림 3-28. 현관과 부엌을 같이 계획한 사례. 도화동 노무자 아파트 8평(좌, 1963), 이화아파트 8평(우, 1964)

사실상 1960년대 대부분의 아파트가 연탄아궁이온돌을 유지했으므로, 아파트의 부엌이라고 해도 전통적 모습을 완전히 탈피했다고 보기는 어려웠다.

연탄아궁이온돌은 임산연료 대신 연탄의 열기로 난방하는 방식을 말한다. 땔감보다 연기와 그을음을 덜 발생시키는 연탄을 사용할 수 있고, 구들 아래 공기를 데워 바닥을 덥히고 아궁이 위에는 솥도 걸 수 있는 부뚜막 구조였다. 1962년 마포1차 아파트에서 연탄온수보일러를 최초로 도입했지만 2년 뒤 마포2차 아파트를 건설할 때는 다시 연탄아궁이온돌로 회귀하게 되었다. 당시의 기술력으로는 보일러 생산량이 아파트 건설 보급을 따라가지 못했고, 연탄 소모량과 가격이 소득수준에 비해 높은 편이어서 세간의 외면을 받았다.[65]

이러한 상황에서 마포1차 아파트의 난방 방식은 처음부터 과감한 시도였던 것을 알 수 있다. 연탄온수보일러는 보일러 상부에 연탄을 넣고 40~60℃의 온수를 만들어 각 방의 판넬 코일과 방열기에 공급하고 물을 재가열하여 순환하는 방식을 말한다. 연탄아궁이의 열기로 직접 방을 데우는 방식에서 벗어날 수 있었기 때문에, 부엌을 취사 중심으로 전용할 수 있다는 장점이 있다. 그러나 마포1차 아파트 입주 당시에는 연탄가스중독의 위험을 걱정하는 여론이 높았고, 결국 현장소장이 하룻밤을 지내면서 안전성을 직접 입증했다는 일화도 유명하다.[66]

1960~70년대 아파트에서도 연탄온수보일러 설치에 대해서는 보수적이었다. 주공아파트의 경우 1981년까지 일부 사례를 제외하고는 대부분 연탄아궁이온돌을 고수했다.[67] 이에 먼저 변화를 보인 쪽은 민영아파트였으며, 이 경우는 사업 초기부터 석유를 사용한 중앙난방방식을 추진했다. 반면 주공아파트에서 연탄온수보일러 방식을 본격적으로 도입하기 시작한 것은 1981년부터였고, 1983년에서야 연탄아궁이온돌 방식을 완전히 중단했다.[68]

65) 대한주택공사, 『대한주택공사 삼십년사』, 대한주택공사, 1992, p.328
66) 대한주택공사, 앞의 책, 1979, p.390
67) 공동주택연구회, 『한국공동주택계획의 역사』, 세진사, 1999, p.355
68) 공동주택연구회, 앞의 책, 1999, p.355

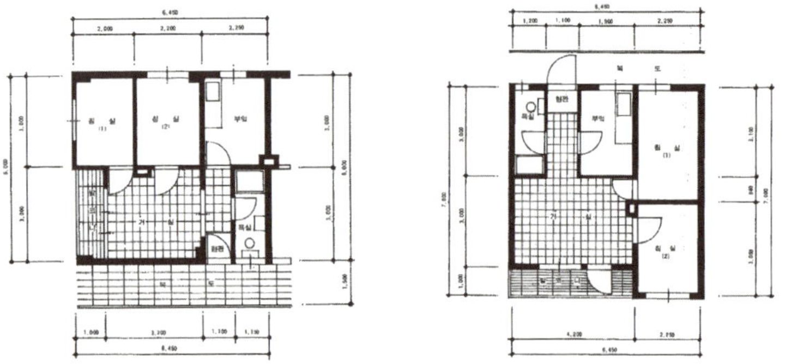

그림 3-29

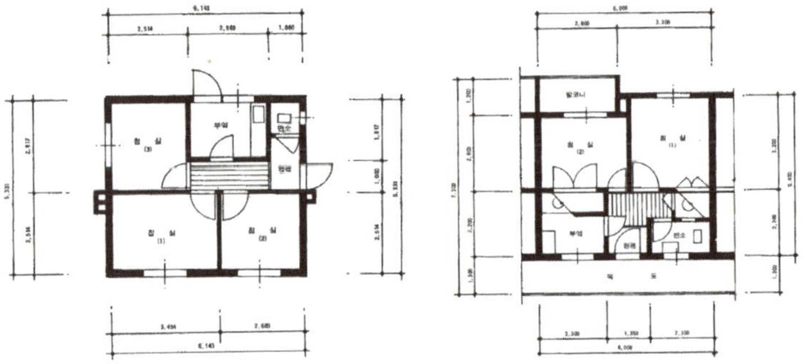

그림 3-30

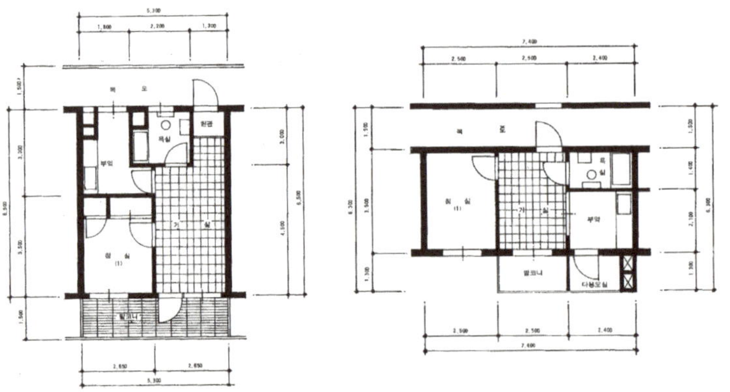

그림 3-31

그림 3-29. 정동 아파트 15평의 두 사례(1964)
그림 3-30. 동대문 아파트(좌, 1965), 연희동 아파트(우, 1966)
그림 3-31. 마포1차 아파트(1962)의 9평형(좌), 10평형(우)

아파트 온돌난방 방식과 부엌 변화의 관련성은 부엌이 전통적인 반외부공간에서 내부공간으로 편입되는 중요한 단서가 된다. 취사와 난방이 분리되지 않았던 시절, 1960년대 대부분의 아파트 부엌은 현관과 거실 사이의 어중간한 영역으로 존재했다. 부엌과 방, 마루 사이는 항상 문으로 구분되었고, 부엌을 지나야 비로소 신발을 벗고 들어오는 구성도 있었다. 면적이 작다면 현관과 부엌을 아예 합쳐서 사용하기도 했다. 도화동(1963)·이화동(1964)·돈암동(1965)·홍제동 아파트(1965)의 경우를 대표적 예로 들 수 있다.(그림 3-27, 3-28)

1964년의 정동 아파트 15평의 부엌은 현관과 분리되어 있었지만, 거실·방과도 차별된 공간이었다.(그림 3-29) 동대문(1965)·연희동 아파트(1966)의 경우도 현관을 들어서서 방에 이르는 짧은 마루칸과 부엌 사이에 문을 설치한 것을 볼 수 있다.(그림 3-30) 15평 내외의 크지 않은 아파트에서도 부엌 출입을 위해서는 신발을 신고 또 벗고, 문을 열고 닫고 등의 번거로운 동작들을 반복해야 했던 것을 알 수 있다. 옛날처럼 높은 문턱을 넘고 돌계단을 오르락거리는 정도의 고단하고 긴 동선은 아니었지만 능률적 부엌이라 부르기도 어려웠다.

만약 부엌의 능률성이 완성되는 데 있어 기존의 부엌 아궁이 구조가 큰 제약이었다고만 본다면, 온돌 기술이 해결되는 순간 이러한 비능률성도 동시에 사라졌어야 함이 옳다. 전통부엌의 고질적 문제였던 '낮은 바닥 높이'가 해결될 수 있으므로, 부엌과 거실 등 다른 주거공간을 연결하기에 훨씬 수월해지기 때문이다. 이러한 과정을 '부엌의 내실화(內室化)'라고 부른다. 지금까지 추종했던 능률성 원칙에 따르자면, 입식화 다음의 순서로는 당연히 이 단계여야 했다.

그러나 아파트 부엌의 취사·난방 분리 이후에도 부엌은 한동안 반외부공간으로 존재했다. 취사·난방의 분리를 가장 먼저 추진했던 마포1차 아파트(그림 3-31)를 떠올릴 필요가 있다. 연탄온수보일러가 최초로 도입되었고 부엌에서 아궁이는 사라졌지만 내실화는 크게 관찰되지 않는다. 현관에서 신을 벗고 들어와도 부엌에서는 다시 슬리퍼를 신고 들어갔으며 부엌 바닥재료도 거실과는 달랐다. 신발을 신고 벗는 행위는 명백한 공간 구분을 암시했다. 부엌에서 거실로, 안방으로 상을 나르는 동선도 합리적이거나 능률적이지 못했다. 마포1차 아파트에서의 부엌도 여전히 방, 거실과 다르게 취급되었으며, 고립된 작업장이었다.[69]

이에 대해서는 두 가지 해석이 가능하다. 첫째 아파트는 전통주택의 형식을 벗어난 것이었다 할지라도 부엌은 여전히 다른 주거영역과 구분해야 한다고 인식했을 가능성이다. 부엌의 내실화는 기술적 문제를 극복하는 것 이상의 문화적 용인을 필요로 했다. 1992년 대한주택공사가 펴낸 『대한주택공사 30년사』에서는 마포1차 아파트의 난방방식 개선에 대해 "연탄아궁이에서 연탄보일러로의 변경은 이제까지 폐쇄적으로 계획되던 부엌공간이 개방적으로 계획되는 방식으로 일반화되었다"[70]로 평가했지만, 이것은 결과론적 해석에 불과하다. 뒤에서 살펴볼 내용이지만, 부엌의 내실화가 완성되기까지는 기술 빌딜로만 풀이할 수 없는 전통적 공간인식이 크게 작용했다.

둘째, 부엌이 안방과 '불'을 공유할 필요성이 사라지면서 다른 방식으로의 시공을 중시했을 가능성이다. 이른바 '불' 중심에서 '물' 중심의 설비 변화를 말한다.[71] 전통주택에서 부엌이 반드시 온돌방 옆에 자리해야 했던 것처럼, 아파트 부엌은 급배수 설비의 측면에서 화장실과 가까이 자리해야 했다. 가사노동의 합리화보다는 '설비의 합리화'를 먼저 채택한 것이다. 아파트 부엌은 서구식 입식부엌을 갖추면서 근대화를 완성해가는 듯 보였지만, 능률적 사용방식을 이내 완성하지는 못했다. 오히려 아파트라는 서구식 주거형태 속에서, 한국 주거의 전통성과 근대성은 부엌을 중심으로 충돌하기 시작했다.

69) "마포아파트는 보일러 방식이긴 했지만, 여전히 부엌은 폐쇄적인 공간으로 거실이랑 분리된 전통적 구성방식에서 크게 벗어나지 못했다."(장림종·박진희, 『대한민국 아파트 발굴사』, 효형출판, 2009, p.40)

70) 대한주택공사, 앞의 책, 1992, p.267

71) "또 부엌은 불과 물을 사용하는 것을 의식하여 배관의 낭비가 없도록 욕실, 화장실 등 물을 사용하는 장소와의 관련성을 고려하여 배치해야 한다."(이광노 외, 앞의 책, 1998, p.41)

다용도실의 등장과 장독대 없애기 운동

한국 전통부엌의 공간적 범위는 부엌과 마당, 장독대 등 부속 공간까지 포함했다. 그중에도 장독대는 가장 넓은 면적을 차지하고 또 근대적 생활에 맞지 않다는 이유로 폐지해야 한다는 목소리가 높았다. 그러나 박길룡의 말처럼 한국 식생활문화에서 장독대를 완전히 없앨 수는 없었으므로, 이를 처리할 적절한 구실을 찾아야 했다. 오랜 시간을 지나고 장독대 폐지는 1960~70년대 아파트 부엌 만들기에서 다시 두드러졌다.[72] 능률적 부엌을 만들기 위해서는 한국적 식생활 문화를 아파트 주거양식에 맞춘다는 또 다른 합리화 과정이 필요했다.

아파트 건설이 본격화되기 전, 1950년대 공동주택 계획에서는 장독대 수용에 대해 비교적 관대한 편이었다. 1958년 대한주택영단의 부흥주택의 도면에서도 '장독대'라는 명칭을 볼 수 있다. 3층 연립형 부흥주택에서는 현관을 기준으로 왼쪽에 변소, 오른쪽에 장독대를 두었는데, 바닥으로부터 60cm정도 높이로 난간이나 울타리를 치고 그 안에 독과 항아리를 두는 방식이었다.[73]

1958년 「보건사회부 주최 제1회 전국주택설계」의 당선작에도 장독대를 찾아볼 수 있다. 연립주택 부문의 3등 당선작(안영배, 송종석)에 대한 설명에 따르면 "주부를 위한 창고와 장독대로부터 연락이 잘된 부엌"[74]을 우선적 장점으로 강조했다. 3부 아파트 부문에서도 2등(이규재)과 3등 당선작(송종석) 모두 각 주호별 남쪽의 장독대를 장점으로 꼽았다.[75] 아파트 건설을 주도했던 대한주택공사의 입장에서는 1960년대까지도 장독대 문제를 상당히 고민했던 것으로 보인다. 비록 계획안에 불과했지만,

72) "특히 아파트에서 차지하는 장독대 폐지도 여기에서 실천할 수 있으며 또한 미관상 좋지 못한 항아리나 독이 "베란다"에 놓여 있지 않고 살 수 있으리라고 본다. … 집집마다 간장공장 김치공장이라는 말을 할 수 있을 정도로 장독대에 여러 항아리와 독을 준비하는 것은 옳은 것은 아닌 듯하다." (현기순, 「아파트에 있어서의 식생활의 간소화」, 『주택』 22, 1968, pp.89-90)

73) 박철수, 『거주 박물지』, 도서출판 집, 2017, pp.94-95

74) 대한건축학회, 「4291년 보건사회부주최 제1회 전국주택설계」, 『건축』 3, 1958, p.39

75) "목욕실, 장독대가 각 주거단위마다 독립되어 있어서 안옥한 감을 준다.(2등 이규재)", "명랑한 부엌을 두기 위하여 남쪽에 배치했고 장독과의 연락이 잘 되어서 주부의 활동이 편하도록 했다. 옥상에는 공동세탁장과 '빨래 너리터'가 있으며 언제나 이용하기 쉬워서 환영을 받을 수 있으며 특히 각 방의 채광과 통풍이 좋아서 주거단위의 독립성을 강조했다. (아파트 부문 3등 송종석)" (대한건축학회, 앞의 글, 1958, p.40)

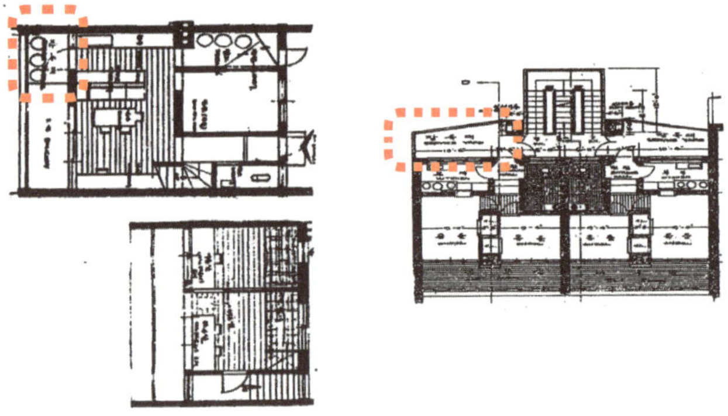

그림 3-32

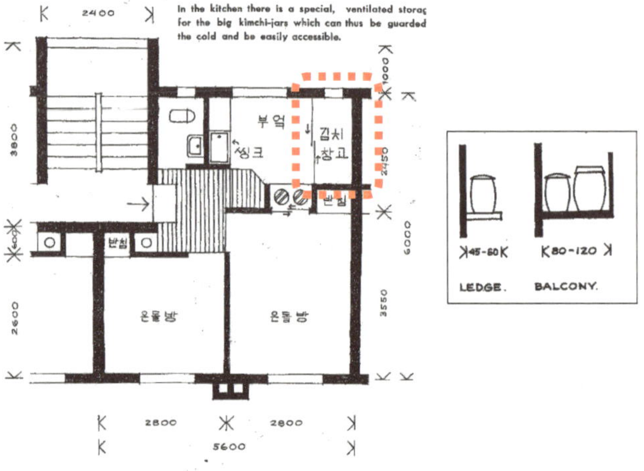

그림 3-33

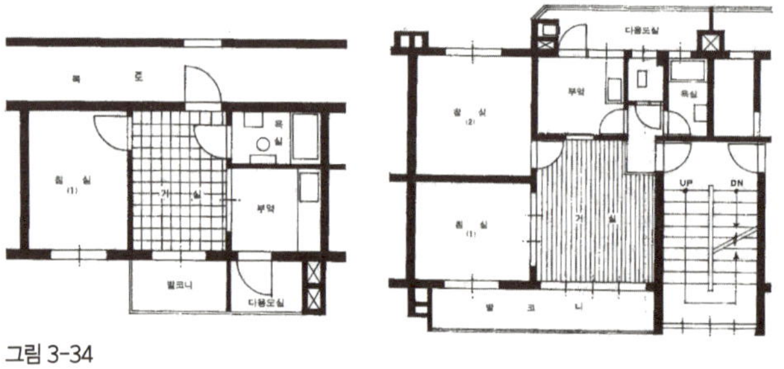

그림 3-34

그림 3-32. 연립주택 부문 3등 당선작(좌, 안영배, 송종석), 아파트 부문 2등 당선작(우, 이규재)(1958)

그림 3-33. 김치창고를 제안한 아파트 계획안 사례(1967)

그림 3-34. 전면 발코니에 다용도실을 설치한 마포1차 아파트의 9평형(좌, 1962), 부엌을 북측에 두고 후면 발코니에 다용도실을 설치한 마포2차 16평형(우, 1964)

1967년 『주택』지의 한 기고에서는 한국 식생활 문화를 고려한 '김치창고'를 제안하기도 했다.[76]

그러나 실제로 아파트에서 장독대 공간은 별도로 마련되지 못했고, 대신 다용도실이 등장했다. 1962년 마포1차 아파트에서부터는 거실 옆, 부엌 앞쪽의 발코니에 '다용도실'이 등장하는 것을 볼 수 있다. 대단지 중심의 아파트 건설을 본격화하면서부터 아예 장독대를 없애는 방법을 택한 것이다.

요즘의 관점에 따른다면 다용도실을 세탁실 용도로도 인식할 수 있겠으나, 1960~70년대 아파트에서 빨래는 주로 욕실을 이용했다. 세탁기가 한국 시장에 출시된 것이 1969년이었으므로, 다용도실은 세탁기보다도 앞서 등장했다. 1971년 대한주택공사의 『아파트 실태조사-서울지구』에서도 '세탁장소로 욕실을 사용한다'고 응답한 사례가 전체 74.57%로 조사되었다. 예외적으로 시민아파트의 경우 욕실(4%), 부엌(7%)에서 빨래를 한다고 대답했는데, 이를 제외하고 나머지 아파트의 90% 이상이 욕실에서 빨래한다고 답했다. 주공아파트 98%, 공무원아파트 92%, 상가아파트 96%, 중산층 아파트 92%로 조사되었던 것을 보면,[77] 당연히 1960년대 아파트의 세탁공간은 욕실이었고 다용도실은 부엌일을 보조하기 위해 마련되었던 것을 확인할 수 있다.[78]

그런데 마포2차 아파트의 다용도실은 거실 반대편의 후면 발코니 위치로 이동하는 변화를 볼 수 있다. 기본적으로 복도형에서 계단식으로 주동 설계가 바뀌게 되는 상황도 큰 배경으로 작용했다. 복도형 아파트에서는 각 세대의 발코니를 거실 쪽에만 낼 수 있었지만, 계단형 아파트에서는 전·후면의 발코니 설치가 모두 가능했기 때문이다. 후면 발코니 쪽에 마련된 다용도실은 자칫 아파트 미관을 해치거나 행여 외부로 노출될 수 있는 전통적 가사방식을 가릴 수 있는 묘안이기도 했다. 서구

---

76) "부엌에는 특별히 통풍장치를 했고, 사람이 왕래할 수 있게 만든 김치창고가 있다." (클라우스 부락크, 「67년도의 새 아파트」, 『주택』, 1967, p.51)

77) 대한주택공사 주택연구소, 『아파트 실태조사- 서울지구』, 대한주택공사, 1971, p.45

78) "부엌의 연장공간인 다용도실은 우리나라 현대 주택계획에 존재하는 아주 중요한 특징이다. 김치와 장 같은 전통음식을 담그려면 넓은 작업공간에서 뜰을 많이 써야 하는데, 부엌이 내부공간이 되고 싱크대가 도입되면서 그런 작업을 하기가 어려워졌다. 그래서 다용도실을 만들어 마당에서 하던 일을 실내로 들인 것이다."(전남일, 「부엌의 혁명」, 『한국건축개념사전』, 동녘, 2013, P.456)

식 입식부엌에 모두 수용할 수 없는 방식이 하나의 부속 공간으로 불거져 나왔으며, '다용도'라는 적당한 명칭으로 조건부 수용되었다. 1970년대에는 다용도실을 별도로 구획하는 방식도 있었지만 후면 발코니쪽에 설치하는 사례도 점점 증가했다.[79]

1960년대의 다용도실은 부엌 부속 공간을 전면 또는 후면 발코니 중 어느 곳에 둘 것인가라기보다 그 존재를 인정할 것인가의 문제였다. 후면 발코니가 있다고 모두 다용도실을 계획하는 것은 아니었기 때문이다. 1967년 정릉·문화촌 아파트를 예로 들면, 후면 발코니 위치에 다용도실이 있는 세대도 있었지만 반대의 경우도 많았다. 입식부엌은 아파트 사업이 표방한 서구식 생활의 주요 장치였으므로, 빠른 목표 달성을 위해서는 그에 속하지 않는 나머지를 처리할 합리적 이유를 찾아야 했다.

1968년 연초부터 서울시가 추진한 '장독대 없애기 운동'이 대표적 사례였다. 이 캠페인의 목적이 아파트 건설을 촉진하기 위해서였다는 점에 주목할 필요가 있다.[80] 새로운 주택 형태와 전통적 생활문화를 서서히 조화시켜가겠다는 것보다 생활방식 자체를 아파트에 맞추겠다는 일방적인 주거문화정책을 보여준다.

"9일 金서울시장은 금년에 대규모에 간장 된장 공장을 육성, 장독대를 차츰 없애는 방향으로 이끌어나가겠다고 밝혔다. 김 시장은 이 장독대 없애기 운동을 3년 계획으로 전개, 금년에는 4천 내지 4천5백만 원의 시비(市費)를 투자하겠다고 말했다."(**「장독대 없애기 운동 전개」, 『동아일보』**, 1968.01.09.)

"또한 金서울시장은 된장, 간장을 규격화해서 아파트에 공급, 아파트 안에 있는 장독대를 없애기로 했으며, 어린이 놀이터와 생활지도계몽센터를 만들어 빈민생활을 막겠다고 했다." (**「중급시민에 아파트」, 『매일경제』**, 1969.05.06.)

"그러나 급격히 변화하는 시대에 사는 우리들은 격렬한 생존경쟁에서 승리하기 위하여서는 장독대의 낭만에만 집착할 수 없다. '생활의 합리화'와 '과학화'를 이룩하기 위하여 과감하게 '장독대 없애기

79) 또한 1990년대 이후에는 대부분의 다용도실이 후면 발코니에 설치되는 것으로 일반화되었다. (공동주택연구회, 앞의 책, 1999, pp.375-376)

80) 주영하, 『서울의 근현대 음식』, 서울특별시 시사편찬위원회, 2014, pp.203~204

운동'에 우리 모두 앞장설 때가 온 것이다." (**문방흠(농개공 총재), 「의견. 장독대 없애기 운동」, 매일경제** 1970.11.16.)

1969년 서울시가 제작한 「식생활 이야기: 장독대 없애기」라는 홍보영화는 장독대를 먼저 없앤 주인공 주부가 그의 집에 놀러 온 친구에게 '지저분한 장독대를 없앤 선견지명'을 설명하는 이야기였다. 두 친구의 대화 뒤에는 "장을 담그는 문화로 생활의 능률이 떨어지고, 돈과 비용이 많이 들어 비경제적인 것도 단점, 자칫 관리를 잘못하면 이내 구더기가 생기는 것도 문제라는 등"의 내레이션이 등장한다. 장독대를 없애면 장류 구매가 촉진될 것이며 주부는 힘들게 장을 담그지 않아도 된다는 선전도 이어졌다.

"그렇습니다. 우리도 이제는 재래식의 식생활에서 벗어날 필요가 있지 않겠습니까. 문화가 향상되려면 우선 의식주부터 개선해 나가야 할 것입니다. 우리네 생활 수준이 높아진 것만은 사실입니다만, 그것은 주로 입는 옷이나 사는 집에서만 뚜렷이 나타나고 있는 일이지, 식생활에있어서는 아직도 발전되지 못하고 있습니다. 이러한 모습을 벗기 위해서 품질좋고 영양가 높은 식품이 시중에 많이 생산, 공급되고 있습니다. 간장만 하더래도 지난 한 해 동안 전체 수요량의 50% 이상이 공장 제품으로 공급되었고, 된장이 약 20%, 고추장이 약 10% 공급되었으며, 그 용기도 가벼운 플라스틱 제품 등으로 편리한 대로 쓰실 수 있도록 마련되어 있습니다. 이러한 장류는 오늘도 철저한 품질관리 상태하에서 대량으로 생산되고 있습니다. 이러한 대량생산으로 가격을 싸게 해서 금년에는 간장을 70% 가량 공급할 계획이며, 된장과 고추장은 각각 50%씩 공급함으로써 1970년에는 모든 가정이 공장제품을 쓸 수 있도록 할 계획입니다. 다만 김치가 좀 문제가 됩니다만, 현재 시에서 착수 단계에 있는 소채단지와 김치공장을 직접 연결시켜 보다 싼 값으로 일반 시민에게 공급될 수 있도록 추진 중에 있으며, 김치공장은 가급적으로 연내에 설치할 계획입니다." (**「식생활 이야기: 작동대 없애기」, 국립영화제작소**, 1969)

장독대 없애기 운동에 맞추어 서울시는 장류의 공장화를 적극적으로 장려했다. 장류의 공장제 대량생산이 필요하다는 주장이 등장한 것은 1950년대 중반부터였지만,[81] 1970년대에도 김치와 간장, 된장을 사서 먹

81) "이것도 가정주부에 관한 것인데, 어때, 우리나라에도 외국과 같이 식료품 회사의 대기업화가 요청되고 있지 않나. 가령 된장공장이라든가 김장공장이라든가 혹은 고추장공장이라든가 하는 공장이 기업화되

그림 3-35

그림 3-35. 「식생활 이야기: 장독대 없애기」(1969). 장독대 없애기 운동의 홍보 영화. 집에서 직접 장을 담는 활동은 비경제적·비위생적이므로 마땅히 청산해야 할 구습이며, 공장생산제품을 이용하는 것을 선진적 생활 문화로 설명했다.

는 일상은 쉽게 정착하지 못한 상황이었다. 가격이나 맛보다 '구더기 된장', '색소 고추장' 등 시장에서 파는 식품이 안전하지 못하다는 인식도 컸다.[82] 1970년 새해 첫날의 신문기고에서 건축가 김중업은 "모든 음식의 캔틴화로 장독대 등이 없어지게 될 것"이라고 기대했지만,[83] 전통적 저장발효식품의 공장화·상품화가 익숙해진 것은 비교적 최근의 일이었다. 가사노동의 사회화 관점에서 볼 때 식생활 분야의 산업화 속도는 기성복의 대량생산과 같은 의생활 분야보다 훨씬 느렸다.[84] 한국 식생활 문화의 보수성을 보여준다.

아파트에서 장독대 문제는 주로 도시미관을 저해한다는 이유로 공격받았지만,[85] 동시에 주거 평면이 고유의 음식 문화를 수용하지 못한다는 비판으로부터도 자유롭지 못했다.[86] 대한주택공사도 스스로 평가했듯이 1960년대 아파트 발코니는 "사실상의 장독대 역할" 밖에 하지 못했다.[87] 장독대 없애기 운동에도 불구하고 아파트는 물론 주택에서도 한동안 장독대 문화를 유지했다. 1971년 대한주택공사의 『아파트 실태조사』에

어서 주부들은 일일이 시일과 많은 경비를 들이지 않고 수시로 사서 먹을 수 있도록 말이지. 그러면 시간의 절약과 경비의 절약을 꽤 할 수 있을텐데." (「새해의 생활설계를 위하여: 본사 사회부기자 희망 좌담회」, 『경향신문』, 1955.01.01.); "식료품공업이 발달하지 못하고 가정주부는 식생활해결에 필요이상의 노력을 소모하고 있는 것이다. 어느 가정에서도 사용하는 된장이나 간장이나 김치같은 것은 그 거대한 소비량으로 보아 능히 공장생산으로 상품화 할 수 있는 것을, 집집마다 원료를 사다가 만들어 먹기 때문에, 그 생산이 대규모 기업화단계에 들어서지 못하고 있다."(「상품경제확립과 가족제도개선, 『동아일보』, 1956.11.29.)

82) "서울시의 이 같은 조치는 요즘 각 시장에서 고추장과 된장을 포장도 하지 않은 채 덜어 팔고 있어 된장에 구더기가 들끓고 고추장에는 유해색소를 넣어 색을 내는 등 시민들의 건강을 해치고 있어서 취해진 것이다."(「고추장·된장 5백g 단위로 포장해서 팔도록」, 『경향신문』, 1970.02.26.)

83) "김장, 간장 담그기 등이 기피되어 모든 음식이 '캔틴'화 될 것인데 그러면 장독대 등이 없어지게 될 것이다."(김중업, 「주(住)」, 『매일경제』, 1970.01.01.)

84) 1990년대까지만 해도 된장·고추장·김치 등의 저장식품을 구매하는 경향은 높지 않았으며, 특히 김치의 구매율을 채 5%도 되지 않았다. 그중에서도 간장은 약 20%정도로 비교적 많이 구입하는 편이었지만, 김치의 경우 특히 보수적으로 나타났다. 우경옥(1990)의 조사에서 김치 구매율은 2%에 불과했으며, 김귀란(1991)은 1.6%으로 분석했다. (우경옥, 「식생활 관련된 가사노동의 실태 및 가치인식에 관한 연구」, 연세대 석사학위논문, 1990; 김귀란, 「식생활과 관련된 가사노동의 사회화 실태 및 미래전망에 관한 연구」, 연세대학교 석사학위논문, 1991)

85) "P양은 현재 마포아파트 4층에 살고 있다. 그런데 문제는 장독대. 장독대는 '베란다'에 마련하여 있고 빨래도 '베란다'에서 말리고 있는데 미관상 좋지 않아 달리 방법을 생각하고 있는 중이다."(「아파트 생활, 좋은점과 나쁜점」, 『동아일보』, 1963.03.28.)

86) "그러나 아파트는 독립주택에 비해 결함이 많다. 첫째로 뜰이 없다는 것이다. …… 더구나 우리나라는 고래의 풍습으로, 장독대, 김장독, 온돌문제 등으로 일상생활과 생활태도에 구애를 받고 있다.", (「온돌과 아파트의 장단점, 차츰 서양화하는 구조. 처치곤란한 건 역시 장독대와 변소」, 『동아일보』, 1962.11.01.)

87) "그러나 내부공간을 연장시키고 입주자가 외부 자연을 만끽할 수 있도록 설치한 발코니는 사실상 너무 좁아 장독대 역할 밖에 못하도록 만든 것은 입주자들의 생활관습을 과소평가한 탓이었다." (대한주택공사, 앞의 책, 1979, p.361)

그림 3-36

그림 3-37

그림 3-36. 여의도 시범아파트 준공 시찰(1971). 대통령이 가리키는 오른쪽 아래를 보면 각 세대마다 장독대를 둘 수 있는 공간이 따로 마련된 것을 볼 수 있다. 그러나 한때의 시도에 불과했으며, 이후 아파트 설계에서 장독대 공간은 공식적으로 마련되지 못했다.

그림 3-37. 1973년 준공된 반포주공1단지에는 오늘날에도 볕이 잘 드는 남쪽 거실 발코니 난간에 매달린 장독대를 볼 수 있다.

따르면, 조사대상 아파트의 약 83%가 햇볕이 잘 드는 발코니에 장독을 두었다고 응답했고, 대·중·소의 크기를 모두 합해서 평균 6.8~9.4개씩 있는 것으로 드러났다.[88] 1970년대 후반 한국 주택의 장독대 수요를 조사한 연구에서도 '도시 내 단독주거에서 독의 수는 가구당 평균 12~14개, 한강맨션의 경우도 세대당 평균 6개의 독을 두었다'는 분석을 볼 수 있다.[89]

아파트 전면 발코니에 장독들을 나란히 둔 모습은 1980년대까지도 그리 낯설지 않았다.[90] 발코니가 없는 아파트 세대에서는 궁여지책으로 창문 밖에 장독대용 가설물을 설치하기도 했으므로, 이런 상황은 미관상 문제를 떠나 위험하기까지 했다. 아파트 공동정원에 독을 파묻기도 하고 공용옥상에 장독대를 두는 사례도 있었다. 장을 푸려면 부엌에서 거실로, 발코니로, 옥상으로 걸음을 반복해야 했고, 결과적으로 가사노동의 동선은 한없이 연장되는 이상한 일상이 당분간 지속되었다. 장독대를 무리하게 없애려 했던 방침이 도리어 아파트 부엌의 효율성을 저하시킨 셈이었다.[91] 단지 도면상에서 '장독대'라는 표기만 사라졌을 뿐, 한국인의 생활방식을 직시하지 못한 형식적 개선에 지나지 않았다. 서울시가 장독대 없애기 운동을 추진했던 같은 해 8월의 동아일보 기사는 이를 "과도기의 엉거주춤"이라 꼬집었다.

"장독대 없애기 운동이 있었다. 이건 아파트 생활이라는 새로운 주택생활이 시작되면서 겪게 된 고민의 해소운동이었다. 그러나 장독대는 없어질 수가 없었다. 기본식품이 공업화하고 대량 시판되는 현상은 반가왔으나 한때 풀찌꺼기로 만든 간장이 아우성을 냈듯이 허다한 위생적인 위험이 따르고 있다. …… 입식부엌으로 뜯어고친다 해도 취사난방을 분리시키지 못하고 있는게 한국의 부엌이며, 수세식을 만들었다가 오히려 재래식으로 뜯어고치게 되는 것이 우리의 변소들이다. 이 모든 과도기적 엉거주춤은 모든 주택혁명의 핵심이 되는 난방배수시설을 해결하기 전에 겉으로부터의 외형만의 주택혁명을 시도했기 때문이다."(「의식주 23년 어떻게 달라졌나」, 『동아일보』, 1968.08.15.)

88) 대한주택공사, 앞의 책, 1971, pp.46~47

89) 최덕경, 『주거양식과 장독대에 관한 연구』, 수도여자사범대학 석사학위논문, 1977, p.73

90) 함상우, 앞의 논문, 1986, p.52

91) "건축하는 이들이 APT나 도시형 주택에서 무슨 근거로 장독대를 무시했는지를 여기서 논할 곳이 아니지만, 건축가의 주력이 여성이었다면 양상은 다를 것이다."(최덕경, 앞의 논문, 1977, p.73)

1960~70년대 아파트 건설은 단지 주택의 외관을 바꾸는 목적 이상을 추구했다. 마포아파트 건설에 대한 대한주택공사의 소고에서 "사람이 집을 만들지만 일단 지어놓은 집은 도리어 사람을 만든다"[92]라는 문구가 이를 증명한다. 1960년대 말 1970년대 초의 장독대 문제는 아파트 부엌의 맹목적인 서구화 경향을 보여주었다. 부엌은 서구적 주생활 추구의 가장 가시적이고 적극적인 공간으로 주목받았고, 빠른 기간 안에 변모할 수 있었다. 결과적으로 '서서 일하는 동작'에 맞는 효율성을 추구할 수는 있었으나, 나머지는 적절히 가려지거나 의도적으로 무시되었다. 관 주도의 급진적 주거정책은 한국 부엌의 뿌리 깊은 생활문화를 되돌아볼 여유를 갖지 못했다.

아파트 부엌과 한국 근대부엌

서구식 입식부엌 만들기가 사회적 합의를 얻을 수 있었던 것은 "주택개량은 곧 생활개량"이라는 경제개발기 주거정책론의 영향이 컸다. 더욱이 아파트는 단독주택보다 수도, 가스 등 인프라를 갖추기에 유리한 조건이었으므로, 부엌도 단기간에 어엿한 외관을 이룰 수 있었다. 아파트 부엌은 상품적 부엌을 대표하는 모델이 되었고 점차 단독주택에서도 이를 모방하기 시작했다.

1960~70년대 아파트 부엌은 적어도 외형적으로는 한국의 근대부엌을 완성해가는 것처럼 보였다. 그러나 아직까지 한국 주거에 외래의 부엌 모델을 넣어놓은 것이었을 뿐 '한국적' 근대부엌이 성립했다고 보기 어렵다. 이 장에서 고찰한 바에 따르면, 아파트 부엌의 형성과정에는 다음 두 가지의 한계점이 관찰된다.

첫째 능률적 동선을 완성하지 못했다. 현관문을 열고 들어오면 모두 내부공간이 되는 아파트였다 할지라도, 부엌은 다시 문을 열고 슬리퍼를 신고 들어가야 하는 반외부공간이었다. 가사노동의 합리화 원칙에 따르

92) 대한주택공사, 앞의 책, 1979, p.360

자면 부엌의 입식화 다음으로는 내실화가 적극적으로 검토되었어야 했지만 그렇지 못했다. 부엌에서 거실이나 방으로 오가는 거리를 줄이는 것보다는 설비의 합리화가 더욱 중요했기 때문이었으며, 따라서 입식화 이후에도 부엌은 여전히 거실과 시각적·공간적으로 단절된 채로 남아 있었다. 내실화의 속도가 입식화만큼 빠르지 못했다는 점은 1970년대 한국 부엌이 목표한 능률도 주체나 대상이 모호한 수준에 머물렀음을 입증한다. '가사노동의 합리화'는 꾸준히 추구한 목표였으나, 부엌의 위치나 능률적 공간 연결에 있어 적극적인 변화는 감지할 수 없었다.

부엌의 근대화는 국가가 요구한 근대적 가정의 상징과도 같았다. 그러나 실제 주부의 입장에서 부엌을 얼마나 편리하게 바꿀 수 있는가보다는 명목상의 능률적 부엌이 반복되었다. 경제개발기에 들어 '근대, 능률, 입식, 합리'라는 생각은 '전통, 비능률, 좌식, 비합리'라는 양단의 구도를 형성했다. 아파트에서는 식생활 문화와 부엌 사용의 입식화를 목표했으며 그에 맞지 않는 행태라면 전체를 버릴 것을 강요받았다.

아파트 부엌 만들기는 한국 부엌에 대한 전통적 사용방식이나 공간인식에 대한 고려가 충분하지 못했음을 인정하지 않을 수 없다. 부엌의 입식화로 인해 분명히 편리해진 점도 있었지만, 가사노동의 합리화 원칙만으로 한국 부엌을 모두 수용할 수는 없었다. 그 나머지의 공간은 다용도실이나 베란다와 같은 어중간한 명칭에 담겨, 집 안 어딘가 적당한 장소를 찾아 방황하기 시작했다. 장독대를 발코니에 두거나, 김장이나 제사 등 많은 음식을 만들 때는 거실에 자리를 펴기도 했으므로, 부엌 동선이 단축되었다고 보기 어려웠다. 한동안은 이론적으로도 현실적으로도 매듭짓지 못한 미완성의 능률이 연출되었지만, 아무도 이를 직시하지 못했다.

둘째 1960~70년대 아파트 부엌은 서구 근대부엌의 근본적 한계를 한국 주거에 그대로 이식했다. '최소면적의 최대효율' 원칙을 무비판적으로 수용했고, 결과적으로는 한국적 식생활 문화와 조율되지 못한 상태에 머물렀다. 당시 부엌계획의 중점은 입식화에 맞추어졌고 궁극적으로는 서양식 부엌 만들기였기 때문이다.

그림 3-38

그림 3-38. 온수단지 연립주택 부엌의 내부(1978). 한국 근대부엌은 아파트 부엌을 중심으로 일차적인 표준 모델을 형성했고, 국민주택 등 국가 주도의 다른 주거사업에도 적극적으로 도입되었다. 부엌의 근대화는 근대적 가정의 상징으로 인식되었으며, 빠른 속도의 입식화 달성에 초점을 맞추었다. 이 과정에서 한국의 부엌계획은 '근대와 전통, 입식과 좌식, 능률과 비능률'이라는 양단의 구도를 형성했고, 주거공간을 바라보는 인식도 같은 개념을 지향했다.

특히 부엌과 식사 장소를 연결하는 문제에서 결정적인 모순을 발생시켰다. 서구식의 해법을 따라 능률적 동선을 부엌 내부에서 정리하는 것에만 집중했기 때문이다. 부엌이 다른 주거공간과 가지는 긴밀한 관련성에 대해서는 능률의 관점을 적용하지 않았다는 점에서, 능률은 분명한 이중성을 보였다. 부엌이 주거 평면 전체에 영향을 미칠 수 있다는 가능성은 애초에 포함되지 않았다. 한국적 근대부엌이 성립하기까지는 최종적으로 부엌과 식사공간을 연결하는 능률성이 완성될 때를 기다려야 했다.

04
거실, 식당, 부엌

근대부엌의 '한국적' 면모는 아파트 부엌의 성립 이후 일어났다. 거실, 식당, 부엌의 관계가 최종적으로 조율되는 단계를 말한다. 전통적인 한국 주거에서 오로지 식사를 위해서만 분화된 방은 없었으며, 상이 놓인 방이 곧 식당이 되었다. 식당은 전통적인 주거 개념에 없었던 공간이었지만, 서구의 근대부엌을 한국 주거에 수용하는 과정에서 중심적 역할을 담당했다. 다이닝 키친을 거쳐 오늘날과 같은 리빙 다이닝 키친이 형성되기까지는 1970년대의 짧지만 분명한 과도기가 존재했다. LDK는 근대부엌의 능률과 거실의 위계를 절충한 산물이었다.

상 차리는 능률과 침식분리

배선 동선과 부엌의 능률

"될 수 있으면 부엌 가까운 데 식당을 만들면 이상적이나 그렇지 못하면 찬간을 식당으로 이용하도록 하고 그럴 가망이 없는 가정은 당분간 안방과 부엌 사이에 문이 달리면 편하지만 문도 없는 경우에는 한 자 가량 사각형으로라도 담벽을 뚫어서 식기 기타를 통할 수 있도록 밑창문을 해달면 주부의 방에 오르내리는 수효가 적게 됩니다. 이러한 사소한 곳에 머리를 써서 우선 자기가 사용하는 부엌을 간편하게 할 것입니다."(「주방을 어떻게 개선할까」, 『경향신문』, 1950.02.05.)

"부엌에서 상을 보아 방으로 들여간 후 저물도록 숭늉을 뜬다, 국을 뜬다 하고 드나들어야 하며, …… 이 번거로움을 해소하기 위해서는 안방과 부엌 사이에 조그만 문을 만드는 것이 좋을 것이다." (「주거생활의 개선」, 『경향신문』, 1961.09.18.)

1950~60년대 한옥에서는 부엌과 안방 사이에 작은 문이 달린 모습을 쉽게 볼 수 있다. 이것은 일제강점기 부엌개량론에서부터 부엌의 연락 관계를 살피려는 하나의 강구책으로 등장했으며,[1] 근대기 도시한옥의 특징이기도 하다.[2] 다음 기사에 나오는 '해취'라는 말은 배식구와 같은 작은 구멍을 말하는데, 앞서 언급했던 박길룡의 '초자창(유리창)의 벽장' 처럼 음식을 주고받는 창구를 의미한다. 모두 상 차리는 편리성을 도모한 장치였다.

"안방과 부엌의 연락을 위한 아랫목 해취 설치, 부엌바닥을 마루로 해서 툇마루와 연결시켜 일일이 신발을 벗고 신고 하지 않게 한다면, 수고를 덜게 되는 동시에 깨끗한 환경도 마련된다." (「새해 새살림 설계, 의식주」, 『동아일보』, 1963.01.01.)

---

1) "방과 부엌 사이에 문이 하나 있었으면 합니다. 그러나 흔히는 방이 좁고 또 부뚜막도 좁고 문을 연대야 그리고 다니기는 좀 어려울듯하니 바람벽 중간에다가 창이라도 하나 내었으면 어떨까요."(「우리의 부엌과 마루를 이상적으로 고치자면」, 『동아일보』, 1935.01.04.)

2) 조선시대 양반가 주택에서는 식사하는 안방과 부엌 사이 벽을 뚫어 작은 문을 다는 경우가 없었다. 경복궁 소주방(燒廚房)에서 부엌과 옆방 사이에 이러한 문을 설치한 것을 볼 수 있지만, 소주방의 부엌 옆방은 일상의 거주공간이 아닌 배선을 위한 작업장이었으므로 양반가의 안방과 같은 위계의 공간으로 볼 수 없다. 한옥에서 부엌과 안방을 직접 연결하는 문이 유행한 것은 적어도 근대 이후의 일로 추정할 수 있다.

"다 설비한 후 부엌이 붙은 안방 쪽과 마루방 쪽에 조그만 문을 해달면 마당을 거치지 않고도 안방서 마루방으로 갈 수도 있고, 마루방은 식당 겸용으로 써도 좋다." (「**생활 아이디어 부엌개량**」, 『**경향신문**』, 1970.05.28.)

그러나 이러한 임시방편은 궁극적인 해결책이 되지 못했다. 이 문을 통해 들어오는 냄새도 문제였지만 연탄가스나 추락사고 등의 문제도 심각했다. "부엌으로 통하는 문 사이로 아이가 끓는 솥에 빠졌다"는 끔찍한 사건기사를 1970년대 신문에서도 종종 찾아볼 수 있다.[3] 이러한 이유로 1970년대 중반부터는 부엌과 안방 사이의 문을 없애자는 의견이 등장하기도 했다.

"부엌과 방 사이에는 문을 두지 말고 부엌은 환기가 잘 되도록 하자." (「**따뜻한 실내난방을**」, 『**매일경제**』, 1973.11.21.)

"부엌과 방 사이 문은 봉해버리고 굴뚝은 지붕보다 1m 이상 높게 만들자." (「**겨울철의 사신 부르는 연탄가스 중독**」, 『**동아일보**』, 1974.10.01.)

"부엌을 통한 가스 오염. 부엌과 방의 통로는 철저하게 막는 것이 안전하다." (「**싸늘해진 날씨따라 다시 고개드는 연탄가스 중독**」, 『**경향신문**』, 1976.10.07.)

1950~60년대 가정에서는 대부분 안방에 상을 차리고 먹었지만, 집이 크거나 식구가 많고 웃어른을 모시고 사는 경우라면 부엌에서 상을 차려 각 방으로 들고 가야 했다. 이러한 상황에서 부엌일의 능률을 도모하자면 식사공간을 부엌과 가까운 장소로 독립시키는 방법이 최선책이었다. 부엌과 안방 사이에 벽을 뚫어 문을 만드는 방법이 위험했다면, 부엌 가까이에 식사 장소를 마련하여 배선 동선을 조금이라도 효율화하고자 했다.

3) "부엌으로 통하는 방문을 열고 나가다 떨어져 방문 앞 아궁이로 떨어져"(「엄마 교회 간 새 한 살 아기 부엌 추락사」, 『동아일보』, 1971.09.27.), "발을 헛디뎌 끓는 물 솥에 빠져 5살 꼬마 숨져"(『동아일보』, 1978.01.04.)

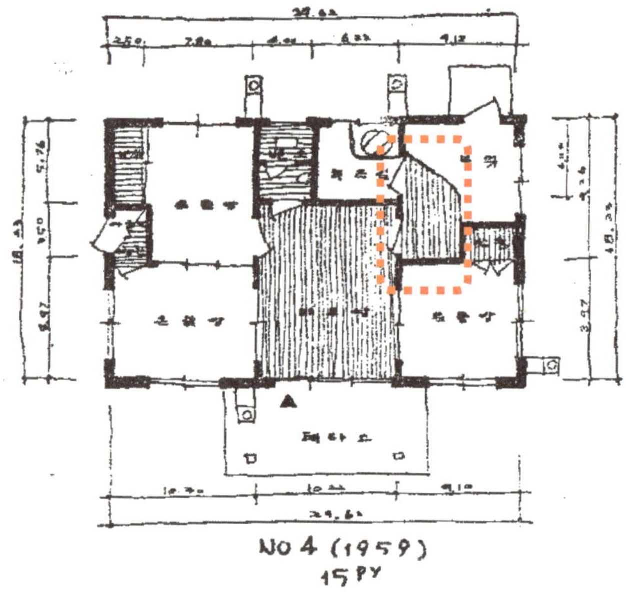

그림 4-1

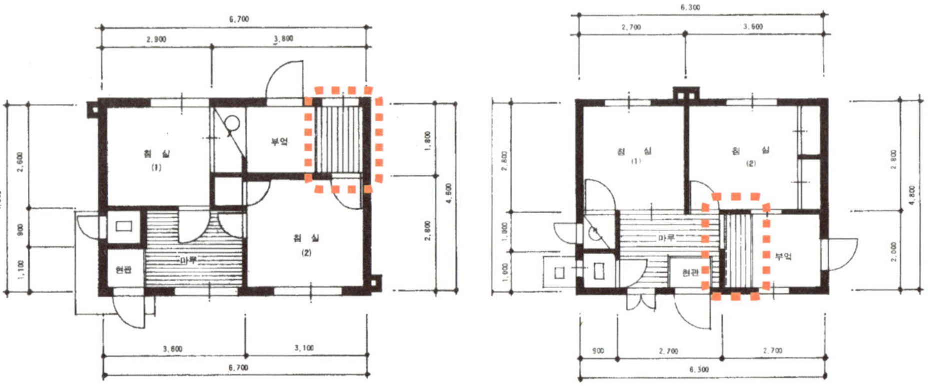

그림 4-2

그림 4-1. 1959년 국민주택 표준설계 15평형(『주택』, 1964)

그림 4-2. 1950년대 국민주택의 찬마루. 휘경동 재건주택(좌, 1954), 이문동·불광동·답십리 재건주택(우, 1956)

식사 장소를 한곳으로 통일하자는 주장은 일제강점기 부엌개량론에서도 자주 등장하던 바였다. 하지만 가사노동의 절감을 목표했다기보다는 전통적 식사방식을 낭비적 행태라 보았던 생활개선운동의 영향이 컸다. 한 자리에 가족이 모두 모여앉아 밥을 먹게 되면 절약 생활을 실천할 수 있다는 이유를 내세웠다. '일본제'를 본받아 각 방으로 상을 나르는 관습을 고치자는 주장도 볼 수 있다.

"밥 먹는 방식은 대체로 일본제가 좋겠다. 밥이나 반찬이 커다란 그릇에 떠다놓고 한집안 식구가 남녀노소없이 한 밥상을 대해 앉아 자기먹고 싶은 대로 알맞게 덜어먹을 것."(**최현배, 「조선민족 갱생의 도 61」, 『동아일보』**, 1926.12.19.)

"가족이 한 상에 식사할 일. 어른 따로, 아이 따로, 남정네 따로, 부인네 따로 쌈이나 한듯이 이 구석 저 구석 둘러 앉아 먹습니다. 무슨 맥적은 짓입니까. 온 식구가 한 상에 둘러앉아 재미있게 이야기들을 하면서 식사를 하는 것이 얼마나 즐거운 일입니까. 이리하면 소화도 얼마가 더 잘 될 것입니다."(**김용배, 「가정개량에 관한 의견. 五」, 『동아일보』**, 1927.01.05.)

"무엇보다 식사의 번잡과 차별입니다. 이것저것 쓸데없이 벌려놓는 것과 시아버지, 시어머니, 남편 할 것 없이 각각 차별하여 상을 보아야 하는 것이 큰 고통입니다. 그럼으로 영양있는 것 한 두가지로 온 집안이 한결같이 한자리에서 단란하게 식사를 해야 할 것입니다." (**신형숙, 「생활부인남녀 교제문제와 여자각계방면의견」, 『동아일보』**, 1930.04.06.)

1930년대 부엌개량론에 등장했던 '찬마루'는 배선 동선의 단축과 식사 공간 단일화를 위한 방편이었다. 찬마루는 부엌 한편에 마련한 툇마루 형식의 작은 마루 공간을 말하며, 박길룡의 「주에 대하야」에서도 같은 명칭을 확인할 수 있다. 찬마루의 큰 장점은 부엌 부뚜막과 바닥 여기저기에 음식을 널어놓지 않고 한 곳에서 상을 볼 수 있어 편리하고 위생적이라는 점이었다. "재래부엌에는 배선대가 없다"[4]는 단점을 들어 "부

4) "재래부엌의 제일 불편한 점을 몇가지 들어서 말한다면 다음과 같습니다. …… 사. 의식을 만들어놓을 배선대가 없는 것. …… 배선대는 음식을 만들어서 놓는 곳입니다. 이것은 반드시 있어야만 할 필요가 있는 것입니다. 상을 보아서 놓는데도 대단히 편리합니다." (방신영, 「생활개선사안: 부엌일의 능률」, 『동아일보』, 1938.01.08.)

엌에서 방으로 통하는 쪽에 적당히 마루를 붙이고 음식조리와 상 보는 일을 할 수 있는 찬마루"[5]를 만들고자 했다. 이곳을 조금 넓게 만들면 식사공간으로도 쓸 수 있다는 장점도 내세웠다.

하지만 현실적으로 찬마루가 가족의 식당으로 사용되었다고 보기는 어렵다. 1930~40년 도시한옥에서 찬마루를 설치한 사례는 여럿 찾아볼 수 있지만 주로 배선대나 하인의 식사 때에 이용되던 공간이었다. 가족이 모여 식사하는 경우라면 반드시 부엌 옆 안방에서 먹었고, 여름철에는 대청에서 먹기도 했다. 도시한옥의 찬마루는 부엌과 안방을 연결하는 통로로써 유용했다.

찬마루는 1950~60년대 정부가 대량 보급을 목적으로 건설했던 국민주택에서 다시 등장했다.[6] 대표적 사례로 1959년 국민주택 표준설계 15평형(그림 4-1)을 보면 부엌과 마루방 사이에 넓은 툇마루 같은 공간을 덧붙인 것을 볼 수 있다. 안방과 부엌 사이의 작은 문이 갖는 결점을 보완하면서도, 서민가정에서 일종의 식당을 도입하려 했던 시도였다. 1964년 『주택』의 한 기고문에서 1959년형 평면이 "침식분리를 시도했다"는 대목을 찾을 수 있다.

> "제4차 과정에 접어들면서 공사주택평면의 발전면모를 보여준 평면이 No.4이다. 당시의 사회발전과 더불어 주택의 규모내용이 충실해지기 시작한 증좌인 것 같다. 서민주택규모로서 적지않은 15평에 현관을 두지 않고 남쪽 '테라스'에서 출입케 한 점, 침식분리를 시도한데다 내용의 현대화로서 목욕실까지 들어 문화주택의 면모를 표시한 것이다." **(김지태, 「해방후 공사주택평면발달과정」, 『주택』 12, 1964, p.46)**

침식분리형의 시도와 실패

침식분리는 문자 그대로 '잠자는 공간(寢)과 밥 먹는 장소(食)'를 분리한다는 뜻이다. 오늘날에는 식침분리라는 용어가 더 익숙한 편이지만

5) 안예례, 「부엌 연기와 재티의 란무장: 우선 부엌부터 고치자」, 『동아일보』, 1935.01.01.
6) 단독주택형의 연립단지로 계획된 이 주택들은 '국민주택, 재건주택, 부흥주택, 희망주택' 등의 이름으로 불렸으나, 모두 전후 복구과정의 주택난 해결을 위한 같은 목적의 주택이었다. 본 연구에서는 '국민주택'으로 통칭한다.

1960년대부터 '침식분리', '식침분리'라는 단어를 함께 사용하기 시작했다.[7] 침식분리의 개념이 강조되기 시작한 것은 좌식의 온돌주거문화를 개선하자는 의도를 내포했다. 한 방에서 '먹고, 자고'의 행위가 공존하는 기거 방식을 전근대적이라 보았기 때문이다. 침식분리는 서구식 입식생활을 강조한 다른 표현이었다.

"근래에 현대주택은 그 기능면에서 침식분리의 한계가 분명해야 한다고 주장을 한다. 그 주장을 인식하나 서민의 생활면의 경제적 향상과 아울러 생활양식도 좌식에서 입식으로 바꿔질 때 변화한 생활공간은 용이하게 가질 수 있는 것이다. …… 이 문제는 사회발전과 국민소득의 향상으로 침식분리가 된 주택공간을 마련하게 될 것임은 예측할 수 있다. 따라서 공사주택 평면구성면에서도 최근 주택 여론화한 정적인 좌식생활에서 동적인 입식생활 및 침식분리를 위한 주생활기능론에 주목하여 그런 방향으로 움직이고 있는 것이다."(**김지태, 「해방후 공사주택평면발달과정」, 『주택』 12, 1964, p.45**)

대표적 사례로 1963년의 리빙 키친(Living Kitchen)을 들 수 있다. 1963년 국민주택 표준주택설계 15평형(그림 4-3)을 보면, 부엌과 거실이 하나의 통합된 공간을 이루고 있다. 마치 오늘날의 아파트 평면과도 유사하다고 보아도 무방할 정도였으며, 불과 한 해 전의 마포1차 아파트 부엌과 비교하면 상당히 개방된 형태인 것을 볼 수 있다.

여기에 대한 설명은 1966년 대한주택공사의 보고서에 기록되었는데, "리빙 키친을 만들어 식침분리를 도모했다"는 계획 의도를 확인할 수 있다. 1964년 『주택』에서도 "부엌이 방, 마루와 분리된 것은 부엌일을 하인에게 맡겨두었던 방식에서 기인한 것이므로, 새로운 주거형식에 적합한 리빙 키친을 계획했다"는 분석이 있었다.[8] 부엌을 새롭게 하여 "현대 여성들의 사회적 진출 또는 부엌의 합리화 및 활동성을 중시한 평면"이라는 해석도 주목된다. 이 표준설계도는 1963년 종암동, 불광동, 북가좌동, 장위동 등 국민주택 건설에 도입되었는데, 좀 더 작은 평수에 적용하여 장위동 국민주택 11평형, 수유동과 대구 내당동의 국민주택 12평형(그림 4-4)에도 리빙 키친을 마련했다.[9]

7) 이 책에서는 니시야마 우조의 「식침분리론(食寢分離論)」과 구분하기 위해 한국의 사례에 대해서는 '침식분리'로 명기했다.

8) 김지태, 「해방후 공사주택평면발달과정」, 『주택』 12, 1964, p.47

9) 대한주택공사, 『대한주택공사주택단지총람 1954-1970』, 1979, pp.252-253

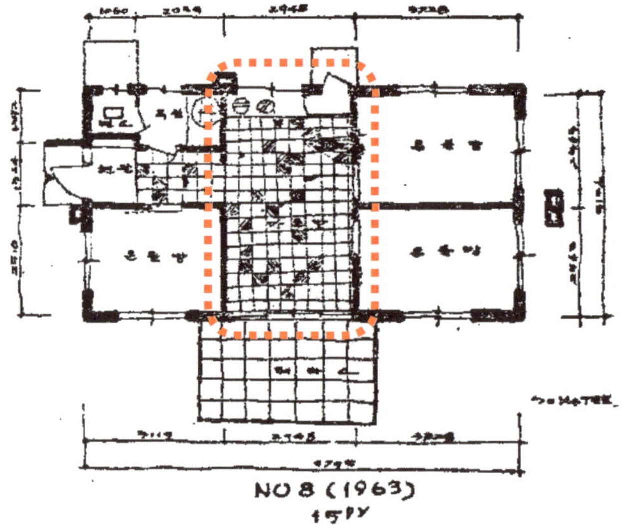

그림 4-3

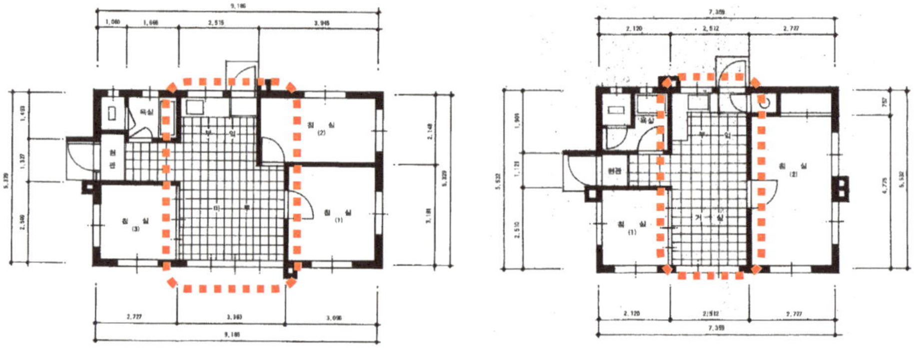

그림 4-4

그림 4-3. 1963년 국민주택 표준설계 15평형(『주택』, 1964)

그림 4-4. 1963년 표준설계도면에 따라 건설한 국민주택 사례. 종암동·불광동·북가좌동·장위동·수유리(좌), 수유동·내당동(대구)(우)

"재래식 안방이란 관념을 없애고 부엌에 마루방 북쪽에 칸막이 없이 설치하는 동시에 부엌바닥과 마루바닥을 동일하게 하므로서 소위 Living Kitchen을 만들어 식침분리를 도모하며 주부의 노고를 덜게 함." **(대한주택공사, 『한국주택현황』, 1966, p.138)**

"공사주택평면발전과정에서 새로운 계기가 되었고 사회의 주택여론을 환기케 한 '리빙킷칭'을 둔 1963년도 공사주택평면들인 것이다. …… 부엌과 방 또는 마루와 분리된 것은 과거에 부엌일이 하인에게 맡겨졌던 상류계급주택에서 연유한 것임을 단언할 수 있다. 그러면 왜 '리빙킷칭'이 최근 새로운 주거형식에 채택케 되었느냐? 그 이유 중에서 주된 것은 고용인의 문제와 현대여성들의 사회적 진출 또는 여성들은 부엌의 합리화 및 활동성의 중시를 주장해온 데 있을 것이다. 이 평면에서 주거생활의 현대화를 위해 생활기능 구성면에 많은 노고와 발전이 있었음을 보여준 것이다."**(김지태, 「해방후 공사주택평면발달과정」, 『주택』 2, 1964, p.47)**

그러나 대한주택공사의 야심찬 기대와 달리 63년형 표준설계는 이후 지속적으로 채택되지 못했다. "방안에 취기(臭氣)가 스며든다"는 입주민의 반발이 커서, 결국 64년형부터 부엌과 마루방 사이에 파티션을 두고 해취(hatch)를 만들어주는 구성으로 바꾸었다고 기록되어 있다.[10] 또한 1965년의 소고에 따르면, '63년형 표준설계의 리빙 키친이 우리 식생활 양식에 맞지 않았다'는 분석도 볼 수 있다.[11] 그 외에도 부엌설비가 발달하지 못해 석탄의 유해가스가 발생하는 점, 온돌설비의 문제, 마지막으로 겨울철 대부분 안방에서 생활하는 방식 등의 이유가 당시 대한주택공사가 분석한 실패 원인이었다. 1960년대의 한국 주거문화에서 아직 부엌과 마루방은 감히 한 공간에 공존할 수 없다는 인식이 컸으며, 리빙 키친은 "시기상조라는 현실" 앞에 좌절될 수밖에 없었다.

"우리나라도 63년도 국민주택표준설계에서 혁신적으로 'Living Kitchen' 양식을 취하여 평면구성의 근대화에 대한 의욕적인 경향을 나타내었었다. 그러나 다음과 같은 점이 검토되어 64년도부터 'Living Kitchen' 양식이 폐지되지 않을 수 없는 현실에 부닥쳤다. 첫째, 식생활양식이 리빙 키친 양식에 부적합

10) "64년형: 63년형이 방안에 취기가 스며들므로 부엌과 마루방 사이에 파티션을 두고 '핫치'를 만들어 유효하게 쓰게 함."(대한주택공사, 『한국주택현황』, 대한주택공사, 1966, p.136)

11) 조영무, 「공영주택설계분석시도」, 『주택』 15, 1965, p.53

하다. 둘째 부엌설비가 비기계화(非機械化)된 상태이며, 연료로서 유해깨스를 발산시키는 석탄을 사용하고 있다. 셋째 온돌의 아궁이 설비. 넷째 동한기에는 대부분 온돌방에서 생활한다. 'Living Kitchen' 양식은 우리나라 사회적 요인 때문에 시기상조라는 현실 앞에 후퇴하지 않을 수 없었다는 것은 설계자로서 안타까움을 금할 수 없다. 단란한 생활공간으로서 가족 간의 대화와 공동작업의 장소가 제거당한 것이다."(조영무, 「공영주택설계분석시도」, 『주택』 15, 1965, p.53)

다이닝 키친의 등장

2DK와 식침분리론

63년형 국민주택 표준설계는 당시에도 "대담한 시도"[12]라 평가할 정도로 큰 기대를 담은 계획안이었다. 그런데 이 계획의 배경에서 "일본의 다이닝 키친"을 언급한 점에 주목할 필요가 있다.[13] 여기에서 다이닝 키친이란 일본 근대주거사에서 유명한 '2DK'를 말한다. DK, 즉 식당 겸 부엌이 가장 특징이 되는데, 일본식 표기법으로 'nDK'라고 한다. 방의 개수에 따라 2DK, 1DK 등으로 나뉘며, 거실(L)은 따로 마련하지 않았다. 이른바 '전후의 일본주택을 일순간에 변화시킨 발명품'이라 평가할 정도로 주목받은 평면유형이었다.[14]

2DK의 탄생은 일본의 건축학자 니시야마 우조(西山夘三, 1911~1994)의 연구로 거슬러 올라간다. 니시야마는 교토제국대학원 재학 당시 오사카, 나고야 등 도시 노동자 주택을 조사했는데, 이 과정에서 '매우 좁은 노동자 주택에서도 식당을 주(主)침실공간과 분리하여 사용하고 있다'는 점에 주목했다. 좁은 주거공간에서도 식·침을 분리하면 생활의 질을 높일 수 있다는 사실을 발견한 것이었다.

니시야마는 구체적 사례로 1941년에 조사한 가와사키시 노동자 주거지를 예로 들었는데, 모두 다다미 6첩과 4첩 반의 방 2개짜리 작은 주택들이었다.[15] 니시야마는 조사대상이었던 총 46개 가구가 비록 6첩짜리 방에서 잠은 비좁게 잘지라도 4첩 반짜리 방 하나를 식당으로 독립시켜 사용하고 있다는 점에 집중했다. 이를 통해 "이불 먼지가 날리는 방 안에서 식사하는 행위를 위생적으로 개선할 수 있고 생활의 질을 높일

12) 김지태, 앞의 글, 1964, pp.45-46

13) "1957년 일본주택공단의 「공단주택 모듈러 코디네이션」의 설계사례를 보면, 기존의 평면구성의 개념에 대한 새로운 변화를 강조하고 다량생산을 목적으로 하는 주택설계에 혁신의 전환기를 예시하고 있다. 일본의 평면구성의 특성은 부엌설비의 기계화와 식생활 개선으로 '다이닝 키친' 양식을 취하고 있으며, 위생설비를 비롯한 서비스 부분을 'Core'화 하고 있을뿐더러 수장(收藏)부분을 두며 일반적으로 생활동선이 자연스러우며 전체적으로 개방적인 느낌이 있으며 생활기능공간의 공용에 의한 공간감을 높이고 있다." (조영무, 앞의 글, 1965, p.5)

14) 北川圭子, 『ダイニング·キッチンはこうして誕生した』, 技報堂出版, 2002, 序文

15) 다다미 한 장을 1첩이라고 하는데, 1첩의 면적은 지역마다 차이가 있다. 에도(근세 도쿄)를 기준으로 1첩 면적은 약 1.55㎡이며, 교토 기준으로는 약 1.82㎡이다. 따라서 6첩짜리 방은 약 9.3~10.92㎡, 4첩 반짜리는 약 6.97~8.19㎡가 된다.

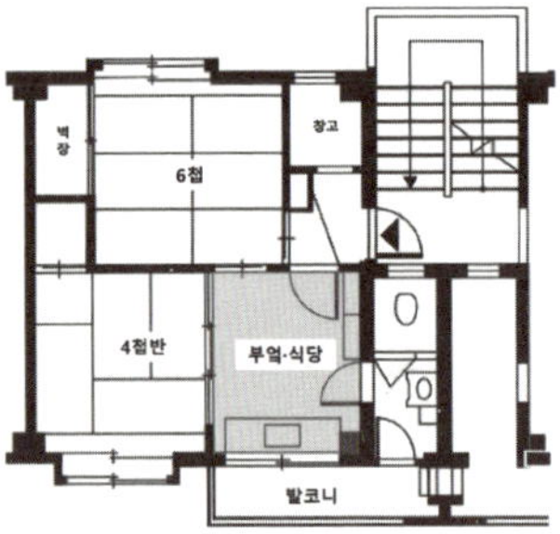

그림 4-5

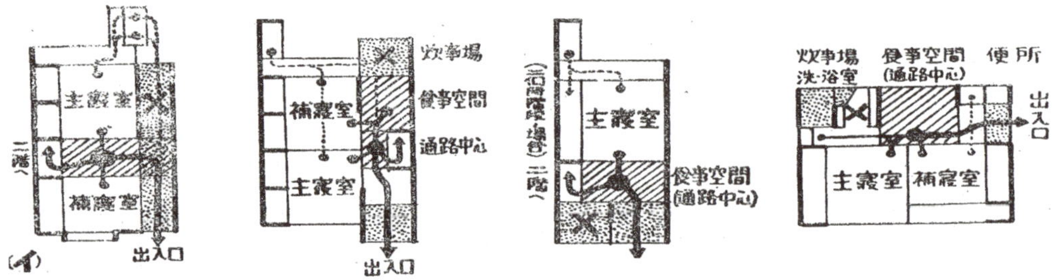

그림 4-6

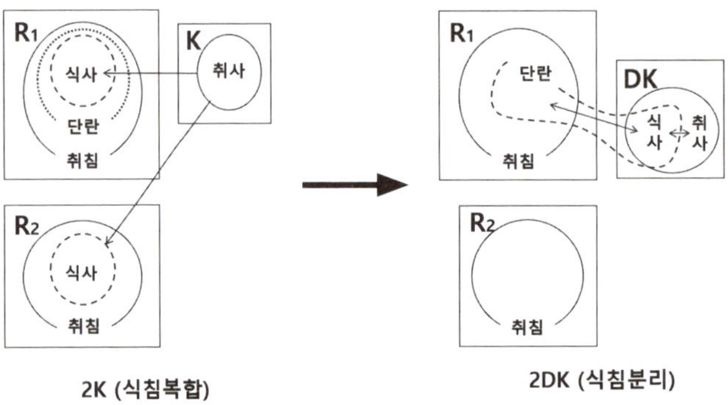

그림 4-7

그림 4-5. 공영51C형(公營51C型, 1951)

그림 4-6. 니시야마 우조의 「서민주택의 식침분리 유형」. 좌측부터 (1)구도시의 3단토오리도마형주택(3段通土間型住宅), (2)오사카의 2단형주택(2段型住宅), (3)나고야의 2열2단형주택(2列2段型住宅), (4)신(新)식침분리주택(食寢分離住宅)

그림 4-7. 2DK 구성에서 식침분리의 원칙을 설명한 니시야마의 다이어그램(재작도). 식침이 복합된 2K 형식에서 방의 식사기능을 분리하여 2DK로 바꾸면, 좁은 공간에서도 주거의 질을 높일 수 있다는 설명이다.

수 있다"는 주장의 근거로 삼았다. 아울러 조리하는 곳과 식탁의 거리를 단축하여 식사준비에 걸리는 시간을 아낄 수도 있고, 만약 가족이 서로 다른 시간에 식사를 하는 경우에도 유동적으로 대응할 수 있다는 장점도 내세웠다.[16] 이때의 조사내용을 1942년 일본건축학회 논문으로 발표한 것이 「주거공간의 용도 구성에 있어서의 식침분리론(住居空間の用途構成に於ける食寝分離論)」이었으며, 약칭 「식침분리론」이라 통용된다.

당시 일본 건축계는 도시주거의 새로운 평면형 창출을 위해 노력하던 때였는데, 그 해답을 주로 중상류층 주택의 사례에서 찾으려 하고 있었다. 이에 대하여 「식침분리론」은 반대로 전통적 서민주거공간에서 새로운 도시주거 아이디어를 도출한다는 발상의 전환을 보여주었다. 공간이 협소한 도시주택에서도 면적 배분을 잘 고려하면 식·침을 분리할 수 있고, 최소한의 면적이라도 식당을 따로 분리하는 편이 생활의 질을 떨어뜨리지 않는다는 주장이다.[17] 니시야마는 이듬해 생활실태조사를 통해 식침분리론을 확인했고 이를 주택계획에 실현하고자 했으나 패전으로 인해 중도에 그치고 말았다.

「식침분리론」은 제2차 세계대전 이후 일본주택공단의 공영주택 개발을 통해 본격적으로 주택계획에 반영되었다. 공영주택 표준설계위원회에 소속된 동경대 요시다케 야스미(吉武泰水)와 스즈키 시게부미(鈴木成文) 등은 니시야마의 식침분리론을 'DK(Dining Kitchen)'로 구현했다.[18] 이들은 첫째 소주택에서도 침실은 2개로 확보할 것, 둘째 식침분리가 가능하도록 부엌은 적어도 조식을 먹을 수 있는 면적을 확보할 것, 셋째 발코니나 목욕, 세탁이 가능한 장소, 창고, 수세변소 등 생활을 지원하는 부분을 중시할 것을 평면계획의 기본지침으로 제시했다.[19] 이리하여 1951년 '공영51C형(公營51C型)'이 탄생했는데, '공단2DK(公団2DK)'라 이름 붙여 1955년 일본주택공단 표준형으로 채택되었다.

전후의 일본주거계획은 '주양식의 의자화'를 추구했으며, 의자화(椅子化)

---

16) 일본건축학회, 대한주택공사 주택연구소 옮김, 『집합주택계획연구사』, 대한주택공사 주택연구소, 1993, p.32

17) 西山夘三, 『住居空間の用途構成に於ける食寝分離論 』, 『日本建築学会 論文集』 25, 1942, pp.154-155

18) 内田青蔵, 앞의 책, 1999 p.217

19) 内田青蔵, 앞의 책, 1999, pp.217~220

란 한국 주거문화에서 자주 거론되었던 입식화(立式化)와 같다. 2DK의 다이닝 키친은 서구식 입식생활을 상징하는 장치였다. 이를 반영하듯 향이 가장 좋은 남쪽에 식당 겸 부엌을 배치했으며, 식탁도 입주 시에 같이 마련해 주었다. 당시 일본 사회에서도 식탁은 상당한 고가의 양풍 가구였는데, 이를 공단 측에서 미리 제공하고 입주자는 의자만 구입하여 쓸 수 있도록 했다.[20] 앞서 살펴본 바와 같이 1950년대 고가의 설비였던 스테인리스스틸 싱크대를 1958년 처음으로 공단주택에 도입한 것도 이러한 서구화 전략의 일환이었다. 다이닝 키친은 입식·능률·식침분리라는 여러 가지 목표를 한 번에 충족할 수 있는 묘책으로 부상했고, 2DK는 일본 주거문화의 새로운 형태를 확립시켰다.[21]

불완전한 다이닝 키친

전통적 한국 주거공간에서 식당은 존재하지 않았다. 일제강점기와 해방 이후의 주거담론에서도 식사공간에 대한 필요성이 꾸준히 제기되었지만 좀처럼 실현되지 못한 이유는 그만큼 익숙하지 않았던 탓이기도 하다. 1960년대까지도 아파트에 식당을 계획한 경우는 외인아파트뿐이었다. 그러나 앞서 살펴본 1963년형 국민주택표준설계처럼 부엌과 식당을 합치거나 거실과 식당을 합친다는 계획이 전혀 검토되지 않았던 것은 아니었다. 1962년 마포1차 아파트 계획을 두고 대한주택공사가 밝힌 바와 같이, "거실을 식당과 겸할 수 있다"는 설명을 통해서도 식당 공간의 필요성을 인지했던 것을 알 수 있다.

"62년형 마포임대아파트의 평면구조 – 주택공사가 이제까지 해온 사업 중 가장 규모가 크고 공사주택이 이것을 계기로 평면에서 입체화하기 시작했다는데 큰 의의가 있다. …… 두 침실은 완전히 분리되어 독립성을 가질 수 있으며, <u>Living room은 Dining space로도 겸용이 된다."</u> **(대한주택공사, 『한국주택현황』, 대한주택공사, 1966, pp.138-139)**

20) 日本住宅公団, 『日本住宅公団10年史』, 日本住宅公団, 1965, p.137
21) 日本住宅公団, 앞의 책, 1965, p.138

실제로 식당을 가장 필요로 했던 것은 주부층이었다. 1970년대 중반의 한 연구결과를 보면 주부들은 주로 '부엌 내에 식당' 혹은 '독립된 식당'이 필요하다고 응답했다.[22] 전통한옥처럼 어른이 계신 각 방으로 상을 나르는 생활은 사라졌다 할지라도, 거실이나 안방에 상을 펴고 차리는 일상이 변함없이 유지되었기 때문이다. 주부의 입장에서는 되도록이면 식당을 부엌과 가까운 곳에 만들거나, 혹은 한 공간에 만드는 방향을 훨씬 선호했을 것이다.

아파트에서 식당이 도입되기 이전부터 일반 가정에 식탁의 수요가 형성되기 시작했다는 점이 이를 증명한다. 1972년의 한 연구에 따르면 당시 조사대상 가구의 11%가 1966년~70년 사이에 식탁을 구입한 것으로 나타났다.[23] 다만 이때의 식탁이 가족의 일상적 식사공간으로 전용되었는지에 대해서는 확신할 수 없으며, 부엌 내부에 식탁을 들여놓고 간이 식사공간으로 쓰거나 보조작업대로 쓰는 경우까지 포함한 수요를 의미했다.

그런데 본래 부엌이란 생선을 다듬고 야채를 씻고 볶는 등 요리작업에 의해 쉽게 더러워질 수 있는 공간이다. 엄밀히 말해 다이닝 키친은 이러한 모순이 결합된 장소와 같다.[24] 1960년대 주부층에 큰 인기를 끌었던 『현대여성생활전서』에서 설명한 다이닝 키친도 '취사작업을 통해 더러워질 수 있으나 가족 간의 식사라면 용인할 수 있고, 가능하다면 별도의 식사실이 필요할 것'으로 설명한 것을 찾을 수 있다. 리빙 키친이 된다면 거실 공간을 쾌적하게 유지하기가 어려우므로, 현실적으로 다이닝 키친이 우리나라 주택 상황에는 적합하다는 내용이었다.

"다이닝 키친(Dining Kitchen). 리빙 키친과 비슷하지만 다른 점은 다이닝 키친에서는 가족의 식사 및 단란이 여기에서 행해지기는 하지만, 또 하나의 별도로 쌀롱의 역할을 하는 거실의 스페이스 또는 응접

---

22) 이상업(1976)의 조사에 따르면, 도시 주부의 경우 과반수 이상이 '부엌과 식당을 합치는 방식'을 희망했다. 부엌 내 식당(54.44%), 거실 내 식당(0.9%), 부엌 겸 거실 겸 식당(0%), 각각 독립(32.73%), 기타(1.62%)의 결과를 볼 수 있다. (이상업, 『도시주부들의 주택기호성에 관한 연구』, 숙명여대 석사학위논문, 1976, p.30)

23) 김종인, 「가구이용면에서 본 생활공간의 계획」, 『건축』 16(5), 1972, p.4

24) 渡辺光雄, 『窓を開けなくなった日本人』, 社団法人農山漁村文化協会, 2008, p.110

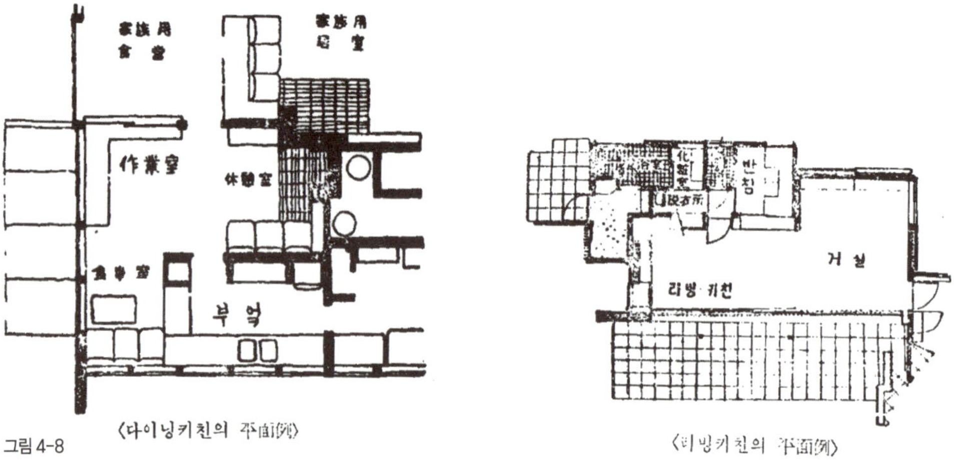

그림 4-8

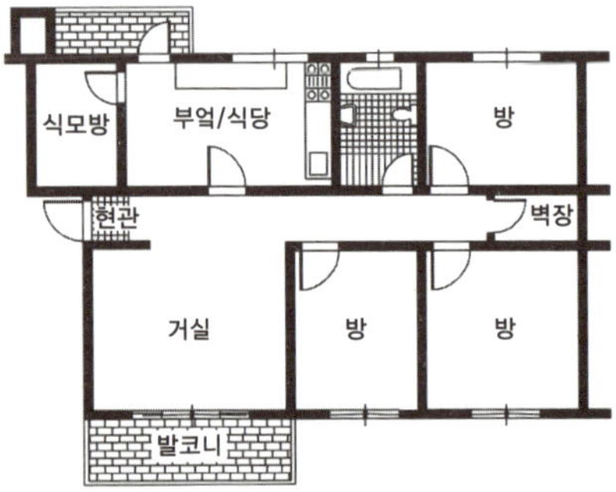

그림 4-9

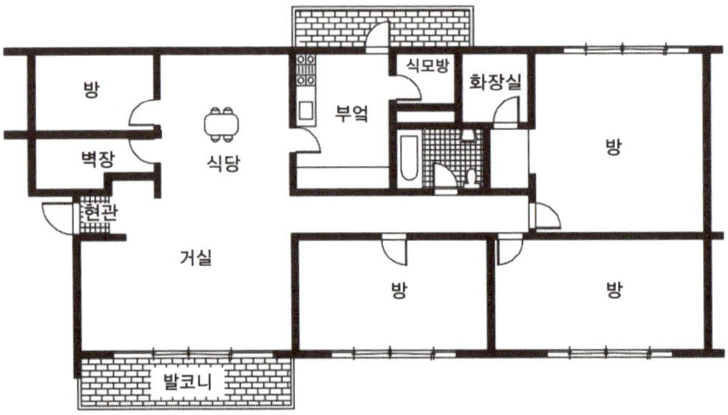

그림 4-10

그림 4-8. 1960년 『현대여성생활전서』에 소개된 다이닝 키친과 리빙 키친

그림 4-9. 한강맨션아파트 32평(1970). 부엌 겸 식당을 크게 구성했고, 거실과 사이에는 목재 여닫이문을 달았다.

그림 4-10. 한강맨션아파트 55평(1970). 식당과 부엌을 분리하여 계획했고, 부엌에는 목재 여닫이문을 달아 분절시켰으나 식당은 거실에 개방된 것을 볼 수 있다.

실이 있다는 점입니다. …… 그러니까 취사작업을 하는 사이에 개수기 밑이 더럽더라도 또는 가족이 많아서 식기 수가 많기 때문에 식사 후가 좀 지저분하여도 가족만이면 마음을 쓸 필요 없이 지나갑니다. 리빙 키친의 경우와 같이 취사를 단란케하는 거실속에 합치더라도 노력으로 경제를 카버하는 즉 장만하는 데 어느 정도 밑준비가 필요한 식생활을 하는 경우에는 아무래도 완전히 깨끗한 환경은 유지하지 못합니다. 이러한 점으로 볼 때 우리나라의 경제사정이나 또는 식생활의 양상으로 보나 완전히 가공된 수준 높은 식생활이 스무스하게 진행되기는 당분간 바라기 곤란하니 장차에 있어서도 리빙 키친보다 다이닝 키친의 형이 많이 쓰일 것입니다." (**여원사, 『현대여성생활전서. 11권 주택』, 여원사출판부**, 1960, pp.138-139)

대한주택공사의 아파트를 기준으로 볼 때, 다이닝 키친은 1970년 한강맨션아파트부터 시작되었다. 한강맨션아파트는 최초로 온돌방을 전부 없애고 중앙공급식 중온수 방식을 채택했었으며, 중앙 공급실 보일러에서 데운 물이 각 세대의 방에 놓인 방열기(라디에이터)로 공급되어 공기를 데우는 방식이었다. 라디에이터 난방은 1962년 마포1차 아파트에서 처음 시도했지만 활성화되지 못했고, 시간이 지나 한강맨션아파트에서 다시 추진한 것이었다.[25] 아파트 건설을 통해 서구적 입식생활문화를 정착시킨다는 방침을 표방했다.[26] 다이닝 키친은 그때까지 꾸준히 논의되었던 침식분리의 문제를 해결할 수 있을뿐더러, 배선 동선이 단축되는 능률적 부엌을 만드는 방법이기도 했다. 이에 더하여 1963년에 리빙 키친이 실패했던 경험과 일본의 2DK가 성공한 사례를 참고했을 가능성도 간과할 수 없다.

그러나 이때의 다이닝 키친이 온전한 식당으로 기능했는지에 대해서는 다시 질문해보아야 한다. 부엌까지는 난방이 되지 않아서 상당히 추웠고, 식탁은 주부나 자녀들이 따로 간단하게 밥을 먹을 때에나 주로 사용했던 기억을 떠올릴 수 있다. 가족이 모두 같이 식사하는 경우는 주로 안방이나 거실에 상을 차렸다. 손님을 접대하거나 제사, 생일 같은 가족 행사도 마찬가지였다.[27]

25) 임승업, 「한강맨션아파트 계획의 언저리」, 『주택』 20, 1970, p.62

26) 공동주택연구회, 앞의 책, 1999, pp.352-353

27) 1970년대의 아파트 부엌이 입식화된 이후에도 대부분 식탁을 놓을 공간이 없었거나, 식탁이 있는 경우도 안방이나 거실에서 상을 차리고 먹는 쪽을 선호했다. (윤택림, 「해방 이후 한국부엌의 변화와 여성의 일 -서울지역을 중심으로-」, 『가족과문화』 16(3), 2004, p.16)

그림 4-11

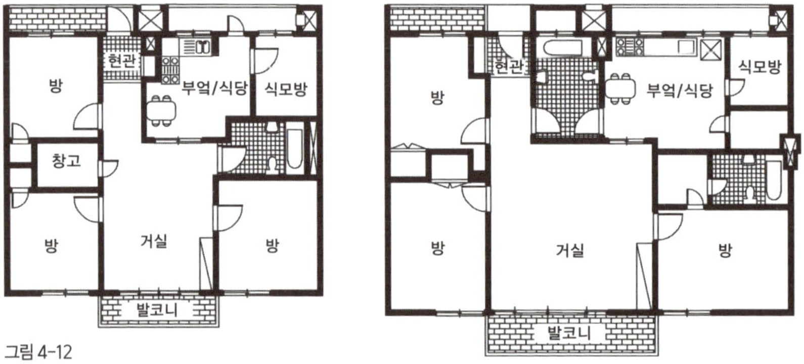

그림 4-12

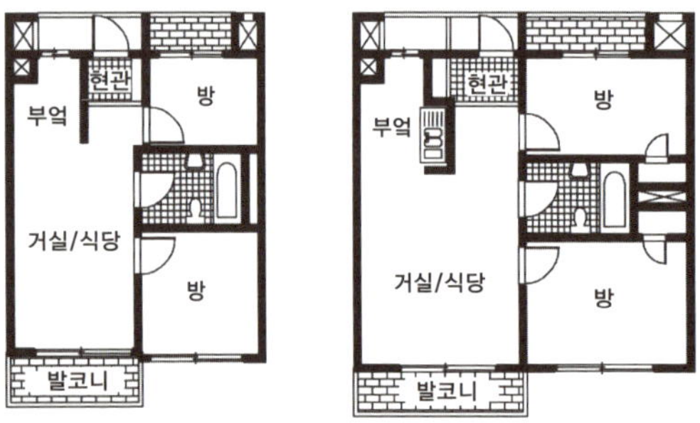

그림 4-13

그림 4-11. 1970년 여의도 시범아파트 입주자 모집공고. 분양공고에는 18평, 24평이 아닌 15평, 20평으로 소개되었다.

그림 4-12. 여의도 시범아파트 36평(좌, 1971), 48평(우, 1971)

그림 4-13. 여의도 시범아파트 18형(좌, 1971), 24평(우, 1971)

그런데 같은 한강맨션에서도 37평 이상이라면 다이닝 키친을 두지 않은 것을 볼 수 있다. 한강맨션 55평(그림 4-10)은 거실 쪽에 식당을 두고 부엌과의 사이에 문을 달아 구획했다. 한강맨션 건설에 대한 『주택』의 한 기고에서는 "37평 이상에서는 생활격식을 높이기 위해 다이닝 스페이스를 거실과 연락되도록 부엌 밖에 마련했다"는 설명을 볼 수 있다.[28] 식당이 부엌에 편입되는 것보다 거실 쪽에 두는 방법을 더 선호했음을 의미한다.

식당을 다이닝 키친의 형태로 계획한 평면형을 L+DK라 정의한다면, 식당을 거실 쪽에 둔 평면형은 LD+K로 구분할 수 있다. 그리고 1970년대 초의 아파트에서 이 두 가지 유형이 마치 혼동된 것처럼 보이는 양상은 거실과 부엌이 식당에 대해 서로 친연성을 주장하는 상황과 같다. 다이닝 키친이 부엌의 능률을 위한 근대적 현상이었다면, 식탁을 거실에 두려는 경향은 마루에 상을 차렸던 식사관습과 유사하다.

실제로 1970년대 아파트에서는 식탁을 부엌이 아니라 마루에 둔 경우도 많았다. 1971년 대한주택공사의 『아파트 실태조사』에 따르면, 조사대상 아파트 전체 중 27%가 입식식탁을 사용한다고 대답했지만 식탁을 둔 위치가 서로 달랐다. 식탁을 부엌에 둔 경우가 38.94%였고 마루에 둔 경우가 26.31%였으며, 그 외 방(8.42%), 기타(16.84%)의 응답도 있었다.[29] 상가아파트와 맨션아파트는 비교적 식탁사용이 높은 편이었는데, 식탁을 사용한다고 대답한 상가아파트 20가구 중 50%가 식탁을 거실에 둔다고 대답했고, 부엌에 둔 경우는 25%였다.[30]

그런데 식탁의 유무와는 상관없이 부엌 영역이 두꺼운 목재문으로 구획되어 있었다는 점에 주목할 필요가 있다. 1970년대 초의 L+DK와 LD+K도 모두 부엌을 단절된 공간으로 인식했다는 점에서 1960년대의 L+K와 크게 다르지 않았다.[31]

28) 임승업, 앞의 글, 1970, p.61

29) 대한주택공사 주택연구소, 앞의 책, 1971, pp.48-49

30) "단독주택의 경우는 80년대 중반까지도 입식식탁과 좌식밥상을 반반 정도의 비율로 사용하고 있던 것으로 조사되었는데, 입식부엌이 83.5%나 보급되었던 상황임을 감안한다면, 입식부엌을 갖추고서도 여전히 밥상을 사용하는 가정이 꽤 많았던 것을 알 수 있다."(전남일 외, 앞의 책, 2009, p.243)

31) "1970년대 아파트 평면에서 눈에 띄는 것은 부엌의 격리이다. 부엌은 거실을 포함한 다른 주거공간과 벽으로 철저하게 구분되어 있다. 이러한 부엌에서 이루어지는 주부의 노동은 가족들의 일상사와 철저히 분리될 수밖에 없다. 주부는 고립된 부엌에서 가족의 식사를 준비하고, 나머지 가족은 부엌과는 단

이러한 양상은 1971년 여의도 시범아파트에서도 비슷하게 나타난다. 여의도 시범아파트는 한강맨션아파트에 이어 국내에서 두 번째로 중앙공급식 난방을 설치한 사례였다. 48평형의 대형평수를 계획했고, '최초로 설치된 엘리베이터'와 '각종 최신시설'로 서울시의 '모범을 보인다'는 전략을 선보였던 아파트였다.[32]

평면을 살펴보면, 36·48평형의 부엌은 모두 다이닝 키친의 형태였으며 거실과 사이에 슬라이딩 도어를 설치한 것이 확인된다. 한강맨션처럼 두꺼운 목재문은 아니지만 다이닝 키친과 거실 사이에 어느 정도의 물리적 구획이 필요했음을 보여준다.(그림 4-12)

그런데 같은 단지에서도 18평과 24평은 거실, 식당, 부엌을 통합한 평면으로 계획했다는 점이 특징적이다. 1970년 분양 광고에는 도면상에 식탁이 그려져 있었던 것을 보면, 이 공간의 계획 의도는 처음부터 '리빙 다이닝 키친(Living Dining Kitchen)'이었던 것을 알 수 있다. 이는 좁은 면적을 해결하기 위한 방편의 하나였을 뿐 아직 소수의 사례에 불과했다. 63년형 국민주택 표준설계의 리빙 키친과 비슷한 시도로 볼 수 있으며, '시범'아파트라는 실험적 성격이 컸다. 1970년대 아파트 중 평수가 작은 경우는 부엌과 거실을 통합하는 구성을 취했더라도 식탁을 사용하지 않는 경우가 더 많았다.[33]

1970년대 초에는 다이닝 키친이 있다고 해도 식탁보다는 거실이나 안방에서 상을 펴는 방식을 훨씬 선호했다. 심지어 1980년 반포·한강민영·여의도 아파트 등 5개 아파트를 대상으로 한 조사연구에서도 아침과 저녁 식사를 한 장소에서 행하지 않는다는 결과를 보여주었다.[34] '식당은 정규적인 식사가 이루어지는 장소'[35]라는 정의에 따르자면, 1970년대 다이닝 키친은 아직 불완전한 상태에 머물렀다.

절된 거실에서 신문을 읽고 TV를 본다. 부엌과 거실의 시각적, 공간적 단절은 당시 가족 내에서 주부 혹은 주부의 작업이 가졌던 격리된 위상을 보여준다."(최윤경, 『7개 키워드로 읽는 사회와 건축공간』, Spacetime, 2003, p.10)

32) 진유라, 『1970년대 서울의 시범아파트에 관한 연구』, 서울시립대학교 석사학위논문, 2007, p.40

33) 윤택림, 앞의 글, 2004, p.16

34) 이훈, 「주거평면 구성에 따른 공간활용상태의 고찰」, 『건축』 24(6), pp.13-14

35) 주영하, 「食口論: 현대 한국사회에서의 음식관습」, 『정신문화연구』 25(1), 2002, p.18-19

다이닝 키친의 점진적 개방과 LDK의 형성

1970년대에는 강남 개발이 본격화되었다. 중산층을 대상으로 대단지 아파트가 연이어 건설되었고, 건설공법과 설비기술에서도 새로운 시도가 이어졌다. 대표적 사례로 1973년 반포주공1단지는 한강아파트와 여의도 시범아파트 건설의 연장선에서 기획된 사업이었다.[36] 1971년 '남서울아파트'라는 가칭으로 모집한 분양광고에서는 반포아파트를 '호화 맨션 아파트'라 선전하기도 했다.[37, 38] 당시 최초로 고온수 중앙난방을 도입하면서 현관과 욕실, 발코니를 제외한 모든 실내 바닥을 난방하는 등 시설과 설비 면에서 많은 공을 들였다.

이때부터는 부엌과 거실 사이의 물리적 경계가 이전보다 유연해지는 양상을 볼 수 있다. 그러나 완전히 개방되려는 경향보다는 어느 정도의 경계를 유지하려는 구성에 가까웠다. 부엌 영역과 거실을 공간적으로 구분하면서도 일정한 시각적 소통의 필요성이 발생한 것을 의미한다. 한강맨션의 경우처럼 다이닝 키친에 완전히 목재문을 단 경우가 있는가 하면, 별도의 문을 두지 않고 아치 형태의 크고 넓은 개구부를 만들어 반개방의 형태를 취하는 등 다양해지기 시작한 것이다. 일반 가정에서 거실과 다이닝 키친 사이에 커튼이나 아코디언식 접이문을 다는 방법이 유행했던 것도 1970년대 중반의 일이었다.[39]

다이닝 키친의 다양한 경계 변화는 1976년 잠실주공5단지 사례에서도 찾아볼 수 있다. 34평에서는 부엌문을 달지 않은 대신 부엌을 거실에서 보이지 않는 모퉁이에 배치하고 식당을 기준으로 자연스럽게 공간적 분할을 꾀한 것도 볼 수 있다. 부엌문을 열고 닫는 불편함을 개선하면서

36) 장성수, 『1960~1970년대 한국 아파트의 변천에 관한 연구』, 서울대학교 박사학위논문, 1994, p.140

37) "주택공사는 경부 고속도로 입구인 서울 영등포구 반포동의 16만 7000평의 매립지에 3천 3백 가구의 호화 '맨션·아파트'를 건설키로 했다." (『중앙일보』, 1971.7.1.)

38) '맨션'이라는 용어는 1960년대 중반에 유행하기 시작하여 중상류층 시민을 대상으로 한 당시 아파트 건설에 상업적·경쟁적으로 사용되었다.(진유라, 앞의 논문, 2007, p.23)

39) "식탁이나 거실을 부엌과 분리시키고 싶을 때 쓰이는 비닐 스크리인은 1평방미터에 6천원 정도" (『동아일보』, 1975.10.21.)

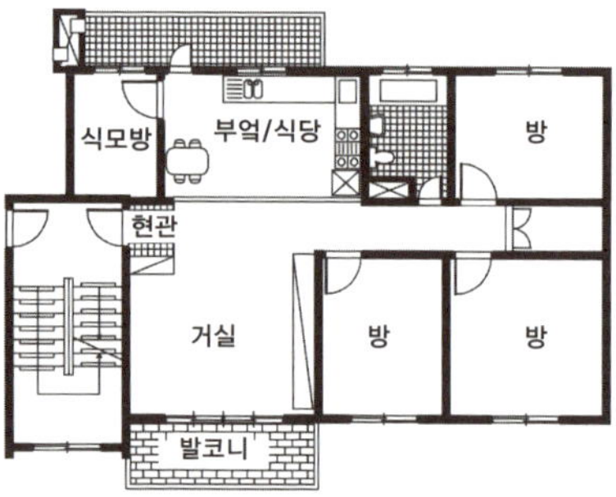

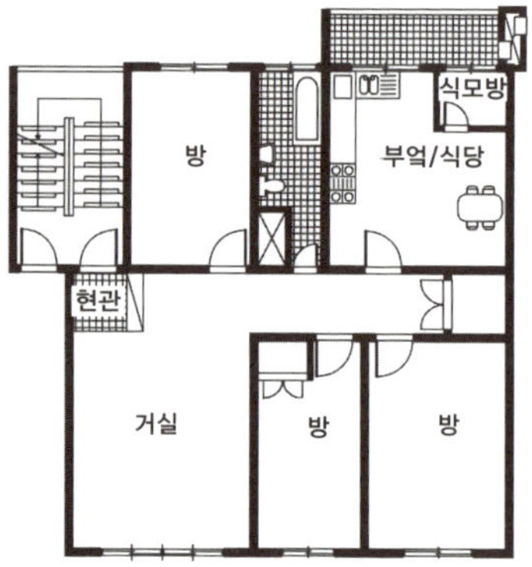

그림 4-14

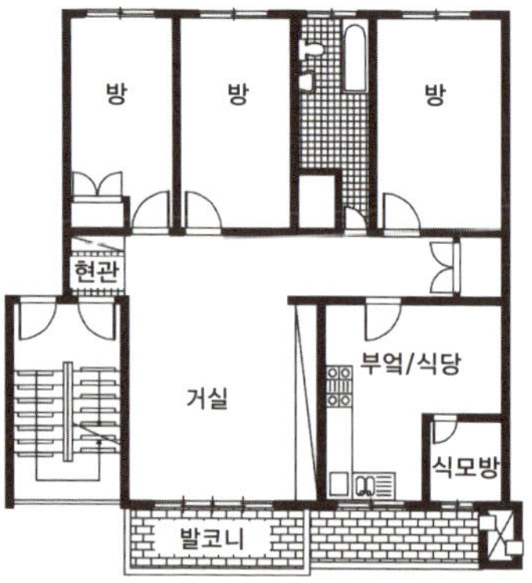

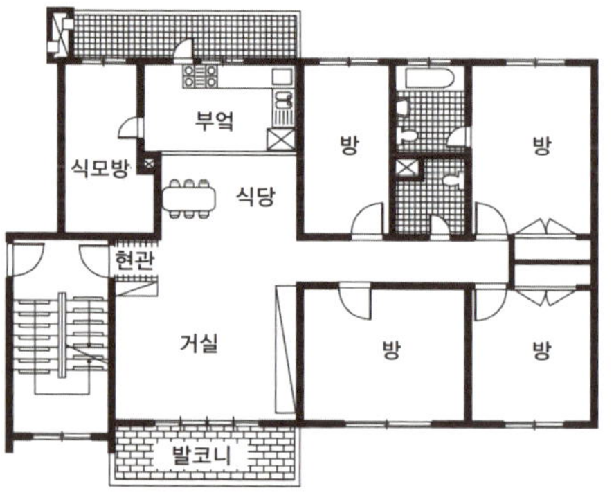

그림 4-15

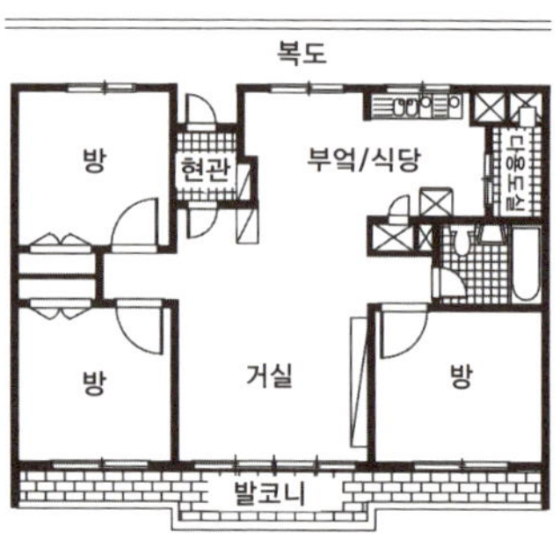

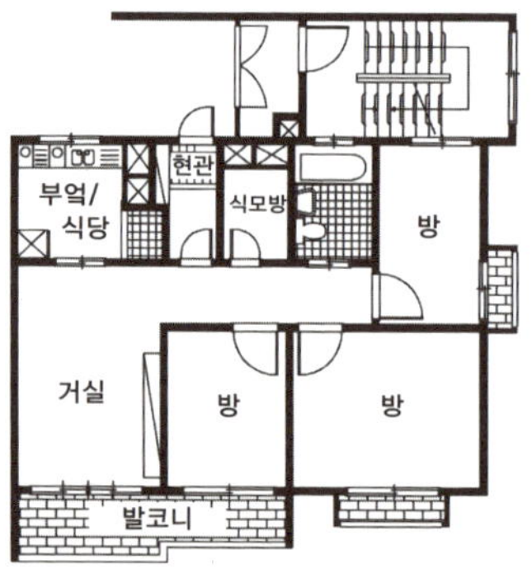

그림 4-16

그림 4-14. 반포주공1단지(1973)의 32평형(좌), 36평B형(우). 36평형은 다이닝 키친에 목재 문을 달았지만, 32평의 경우는 다이닝 키친과 거실 사이 천정에 아치를 만들고 커튼 등을 사용해 반개방의 형태로 구획한 것을 볼 수 있다.

그림 4-15. 반포주공1단지(1973)의 36평A형(좌), 42평형(우). 36평형은 다이닝 키친을 목재 문으로 구획한 것에 반해, 42평형은 부엌과 식당을 반개방 형태로 구분시켰다.

그림 4-16. 잠실주공5단지(1976)의 34평형(좌), 35평형(우). 34평은 다이닝 키친이 있지만, 부엌 영역만 거실에서 자연스럽게 가려진다. 반면 35평은 다이닝 키친에 미닫이문을 달았다.

도 부엌이 거실 쪽으로 노출되는 상황을 자연스럽게 피할 수 있는 구성이었다. 그러나 35평의 경우는 또 달라서, 같은 단지의 비슷한 평수에서도 다이닝 키친의 경계 구성이 유동적인 상태임을 드러낸다.(그림 4-16)

1970년대 중반의 아파트 부엌은 먼저 시각적으로 거실과 연결성을 도모했고, 점진적으로 거실과 공간적 통합을 꾀하기 시작했다. 마포1차 아파트를 기준으로 다시 생각해 보면, 취사와 난방이 분리된 이후 부엌과 거실 사이의 경계가 유연해지기까지 십여 년 넘게 걸린 것을 알 수 있다. 1970년대의 아파트 부엌은 내실화를 완성시켜가는 과도기적 특징을 보인다.

이러한 경향은 1980년대에 가까워질수록 더욱 빨라져서, 점차 부엌은 거실에 완전히 개방되는 형태가 되었다.[40] 1978년 둔촌주공아파트(그림 4-17)를 보면 시각적으로 부엌, 식당, 거실이 통합된 구성이 된 것을 볼 수 있다. 1980년대 초 개포, 문정, 고덕 주공아파트도 그러하며, 1980년대 중반의 고덕, 구로 주공아파트도 동일한 구성을 취했다. 1980년대 아파트의 다이닝 키친과 거실 사이에는 이제 문으로도, 창으로도 경계를 두지 않게 되었으며, 시각적·공간적으로 개방된 LDK(리빙 다이닝 키친)을 이루게 되었다.[41]

이 책에서 다루는 LDK는 거실(L), 식당(D), 부엌(K) 간의 물리적 경계가 모두 사라졌음을 강조한 용어이다. 앞서 부엌과 거실 사이에 문이 있는 경우를 L+K 혹은 LD+K와 같이 표기했던 것처럼, 각각의 사이에 문이 전혀 없는 형태를 LDK로 정의했다.[42] 문을 닫으면 거실에서 전혀 내부를 볼 수 없었던 1970년대의 다이닝 키친과는 분명한 차이를 보인다.

그렇다면 1970년대 초반의 L+DK와 LD+K는 식당의 '위치'에 대한 실험이라기보다 부엌과 거실의 '경계'를 어떻게 설정할 것인가의 고민에 가깝다. 거실과 부엌 사이를 목재 여닫이문으로 구획했던 1960년대의 L+K를 지나 1970년대 초반 식탁이 도입된 L+DK와 LD+K라는 과도기를 거치면, 1980년대의 LDK가 등장한다. 한국적 근대부엌의 최종 정착

40) 권이철, 『중산층 아파트의 특성에 관한 연구』, 서울시립대 석사학위논문, 2016, p.49

41) 최윤경, 앞의 책, 2003, p.104

42) 『건축계획』에서는 이 같은 형태를 'L·D·K'라는 용어로 정의했지만, 거실, 식당, 부엌사이에 서로 물리적 경계가 없이 한 공간에 통합되어 있다는 의미는 동일하다. (이광노 외, 앞의 책, 1998, p.63)

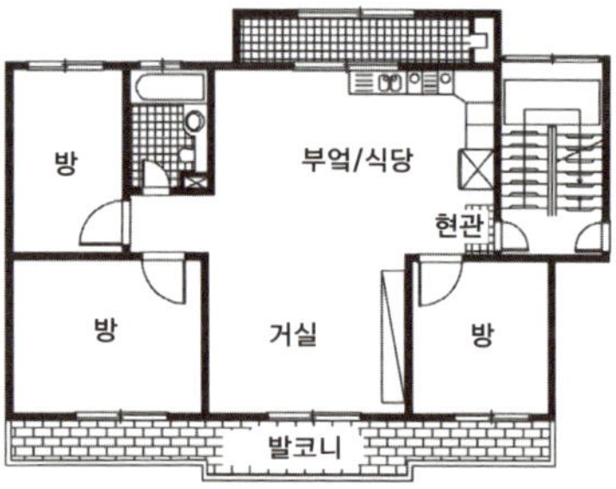

그림 4-17

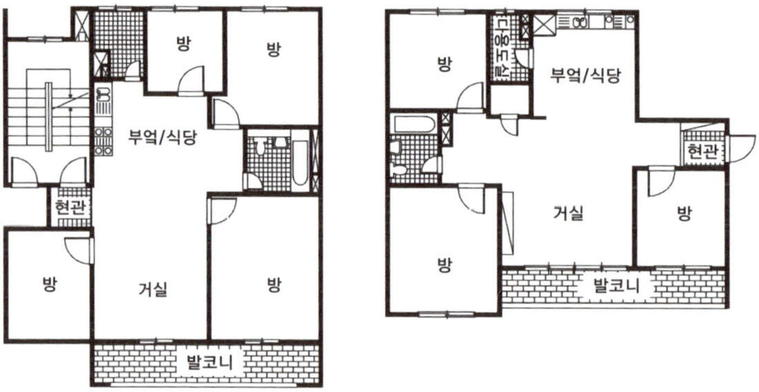

그림 4-18

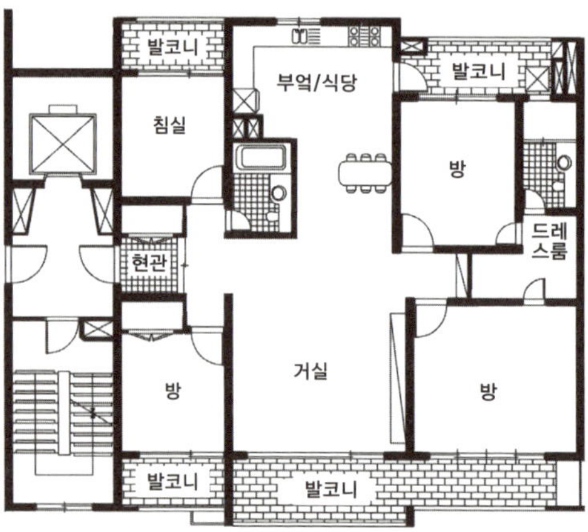

그림 4-19

그림 4-17. 둔촌주공아파트(1978)의 25평형

그림 4-18. 고덕주공아파트(1983)의 27평형(좌), 구로주공아파트(1986)의 27평형(우)

그림 4-19. 서초동 삼성래미안(2001)의 44평형. 부엌-식당-거실이 같은 축에 위치하고 그 사이에 물리적 경계가 없이 LDK를 이루었다. LDK는 1980년대 아파트에 보편화된 이후 현재까지 채택되고 있다.

점이라 부를 수 있다.

물론 이러한 현상은 시기적으로 온수온돌보일러의 보급·확산과 맞물려 있기도 하다. 다만 난방기술의 발달은 그동안 부엌과 거실 사이의 개방적 공간감에 대한 욕구를 해소시킨 부차적인 요인으로 해석되어야 한다. 부엌에서 취사와 난방을 분리하는 기술은 이미 1960년대에도 가능했지만, 부엌의 내실화나 개방화로 바로 이어지지 못했던 것을 상기할 필요가 있다. 1963년 리빙 키친의 회고를 다시 떠올려본다면, 한국 주거문화에서 부엌을 거실에 개방시키는 문제는 기술적 뒷받침보다 문화적 공간인식을 먼저 극복해야 하는 과제였던 것을 알 수 있다. 부엌을 다른 주거공간과 적극적으로 연결해야 할 필요성이 받아들여지기까지는 생각보다 시간이 필요했다.

식모방의 소멸과 부엌의 개방화

1960년대 말 서울 상류층의 식모 고용률은 90%이었고 중하층의 경우도 29%에 달했다.[43] 1970년대 초에도 웬만한 중산층 가정에서는 식모를 고용했다.[44] 식모를 두는 일이 구습이라는 비판은 이미 오래전부터 제기되었지만, 한옥에서 아파트라는 새로운 주거환경으로 바뀐 뒤에도 식모층은 한동안 존재했다. 1970년대 아파트에서는 30평형대만 되어도 식모방이 있을 정도였다. 식모방은 부엌 바로 옆 겨우 잠만 잘 수 있을 정도의 작은 방이거나 심지어 창문이 없는 경우도 많았다.[45]

식모는 같은 집에 함께 살지만 가족이 아닌 타인이었다. 부엌이 '식모의 공간'이라는 인식이 존재하는 한 부엌을 '가족의 공간'과 구분하려는 경향도 지속될 수 밖에 없었다. 1970년대 아파트 평면을 다시 살펴보면 식모방이 있는 세대평면에서는 다이닝 키친과 거실을 단절시키는 현상이 훨씬 뚜렷했다는 점을 확인할 수 있다. 반대로 말해 식모방이 없는

43) 김분옥·장명욱, 「우리나라 주부의 부엌관리율」, 『가족과 환경』 61, 1968, pp.960-961
44) 전남일, 『집: 집의 공간과 풍경은 어떻게 달라져 왔을까』, 돌베개, 2015, p.276
45) 박철수, 앞의 책, 2017, p.116

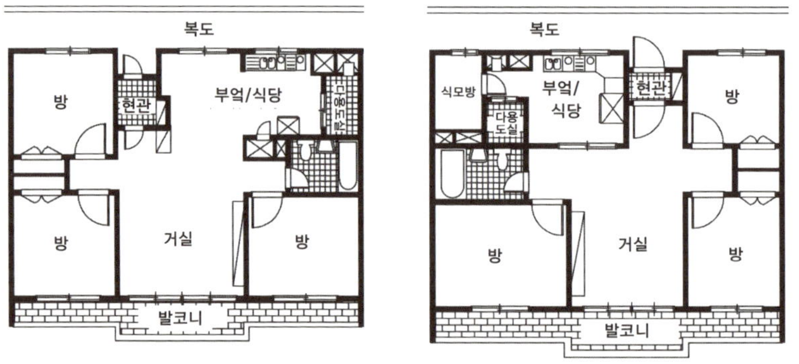

그림 4-20

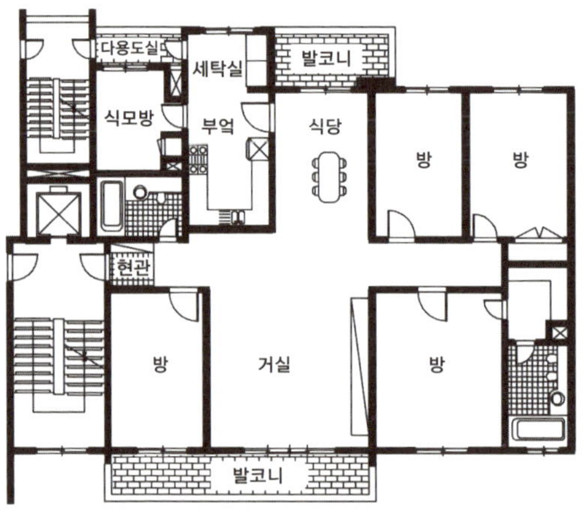

그림 4-21

그림 4-20. 잠실주공5단지의 34평형(좌)과 36평형(우). 식모방이 있는 36평은 부엌/식당과 거실 사이의 문으로 경계를 구분했지만, 식모방이 없는 34평형은 부엌/식당이 거실에 개방되어 있다.

그림 4-21. 압구정현대아파트(1차, 1976)의 52평형. 식모방이 있는 대형평수의 아파트에는 부엌과 식당 사이의 경계가 목재문으로 뚜렷하다는 특징을 볼 수 있다.

평면에서는 다이닝 키친의 물리적 경계가 비교적 유연했다.

식모층이 사라지기 시작한 것은 1970년대 후반으로 볼 수 있다. 이 시절 식모들은 공장 노동자나 버스 안내양 등으로 전향했고, 어느덧 시간제 파출부가 그 자리를 대신했다. 이에 따라 아파트 평면에서 식모방이란 명칭도 점차 사라지게 되었다. 1970년대 중반부터 1980년대까지, 식모방의 소멸과 다이닝 키친의 경계 변화는 시기적 연관성을 보인다.

먼저 1976년 잠실주공5단지 사례를 보면, 36평형에는 식모방이 있지만 34평에는 없다. 단 2평의 면적 차이였지만 실질적으로 식모방이 필요없어졌음을 보여준다. 그리고 식모방이 있는 36평형과는 달리 식모방이 없는 34평형은 다이닝 키친의 경계도 사라졌다는 특징을 볼 수 있다.

반면 대형평수의 경우에는 여전히 식모방도 있었고 부엌의 물리적 경계도 굳건했다. 대표적 사례로 1976년 압구정현대아파트(1차) 52평형을 보면 식모방이 있으면서 부엌을 거실에서 완전히 단절시킨 점이 확인된다. 더욱이 부엌은 다이닝 키친도 아니고 식당과 엄격히 구분된 취사 전용의 공간이었다. 부엌의 문과 벽은 그 안에서 일하는 식모를 그 밖에서 식사하는 가족과 구분하는 장치일 수도 있었다.

식모방은 1970년대 말부터 '가정부방'이란 명칭으로 바뀌었다가 1980년대가 되면 대부분 자취를 감추었다.[46] 기존의 식모방을 다용도실로 전향하는 사례도 생겨났다. 1970년대에는 30평형대에서도 식모방을 찾아볼 수 있었지만, 1980년대 중반에는 50평대 이상에서나 찾을 수 있는 공간이 된다. 비슷한 50평형대를 기준으로 1986년 아시아선수촌 아파트에서는 식모방이 있었던 반면, 1988년 올림픽선수촌 아파트에서는 식모방을 찾아볼 수 없다. 다이닝 키친에 문·벽을 구획하는 방식도 식모방이 있는 경우와 없는 경우의 차이가 극명했다. 올림픽선수촌 아파트는 64평(복층)으로 더 큰 평수였지만, 식모방도 없었고 다이닝 키친과 거실 사이를 나누는 어떠한 문도 없었다. 이 두 사례는 시기적으로 2년 차이에 불과하지만, 1980년대를 넘어서면서 LDK화가 상당히 빠른 속도로 전개되었다는 것을 보여준다.

46) 최재필, 「공간구문론을 사용한 국내아파트 단위주호 평면의 시계열적 분석」, 『대한건축학회논문집』 12(7), 1996, pp.15-28

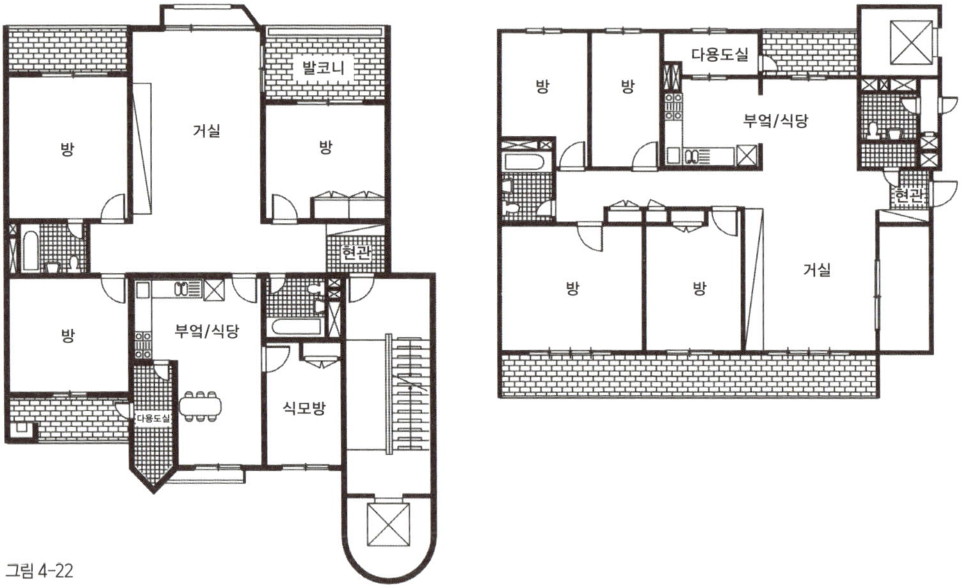

그림 4-22

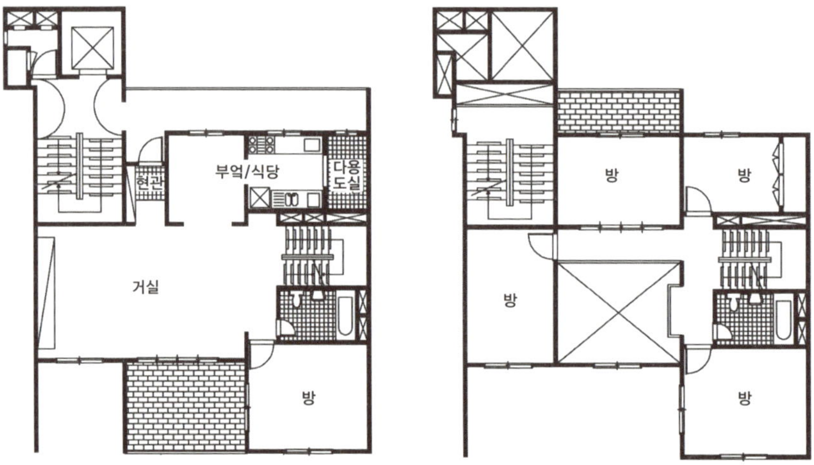

그림 4-23

그림 4-22. 아시아선수촌 아파트(1986)의 57평형(좌)과 올림픽선수촌 아파트(1988)의 52평형(우). 50평형대의 대형평수에서도 식모방이 있는 경우와 없는 경우를 비교하면, 다이닝 키친의 경계 변화를 확인할 수 있다.

그림 4-23. 올림픽선수촌아파트(1988)의 64평 복층형(좌로부터 하층, 상층). 1980년대 말에는 60평이 넘는 대형평수에서도 식모방은 없고, 거실과 식당, 부엌 사이에 벽이나 문이 완전히 없는 형태로 정착한 것을 확인할 수 있다.

식모방의 소멸과 LDK화의 관계는 아파트 평면형식을 분석한 선행연구의 결과와도 일치한다. 1966년부터 2002년까지 서울지역 아파트의 단위주호를 공간구문론(Space Syntax)으로 분석한 연구[47]에서는 3LDK 계단실형 아파트에서 다이닝 키친의 상대적 공간심도가 낮아지는 현상을 밝혔다. 상대적 공간심도는 공간의 깊이(depth) 개념이므로, 이것이 높다는 것은 어느 공간이 '깊숙이' 위치한다는 것을 말한다. 따라서 상대적 공간심도가 낮아진다는 것은 다이닝 키친이 과거 거실에서 가려진 영역에서 점차 외부로 드러나게 된다는 것을 의미한다.
다이닝 키친으로 대표되는 1970년대의 아파트 부엌은 '식모가 위치하는 폐쇄된 기능 공간에서 벗어나 가족의 공간'을 표방하기 시작했다.[48] 고용인을 배제하고 오롯이 우리 가족만의 집이 된다면 부엌과 식당, 거실 사이의 경계에 대해서는 얼마든지 관대해질 수 있었다.

LDK의 능률과 위계

1960년대 아파트 부엌과 거실은 서로 단절된 L+K형이었고, 1970년대 초반에는 L+DK, 혹은 LD+K가 되었다가 1970년대 말 1980년대초부터 LDK로 정착했다.[49] L+DK는 1970년부터 시작되었으나 LDK로의 이행까지 채 십 년이 걸리지 않았음을 알 수 있다. 또한 1980년대 이후의 LDK는 지금까지 큰 변화없이 한국 아파트에 보편적으로 적용되고 있다. 김수암 외(1992)의 연구는 1960년대부터 1980년대까지 주공아파트의 평면을 특징별로 유형화했는데, 이를 연도별 그래프로 재구성하면 1978~79년을 기점으로 LDK의 보급률이 급증하는 것을 확인할 수 있다. 이것이 한국적인 특징이 된다는 것은 우리보다 다이닝 키친을 먼저

47) 최재필, 「국내 아파트 단위주호 평면의 공간분석 -1966~2002년의 서울지역 아파트를 대상으로-」, 『대한건축학회논문집 계획계』 20(6), 2004, pp.155-164

48) 최재필, 앞의 글, 2004, pp.162-163

49) 시대별로 공적공간의 구성을 검토해보면, 60년대의 경우 35㎡ 이하는 대개 K의 구성, 40~80㎡는 LK의 구성을 보였으며, 70년대는 55㎡ 이하가 K 또는 LK의 구성을 보였다. 60㎡ 이상은 DK, LDK 구성으로 나타났지만 75㎡ 이상에서 70년대 초반에 LD형태가 나타나며, 80년대에는 40㎡ 이하는 DK, 40㎡ 이상은 LDK구성으로 나타난다. (김수암·박용환, 「집합주택 단위평면 유형의 고정화 현상에 관한 연구 - 공공아파트를 중심으로 -」, 『대한건축학회논문집 계획계』 8(6), 1992, p.81)

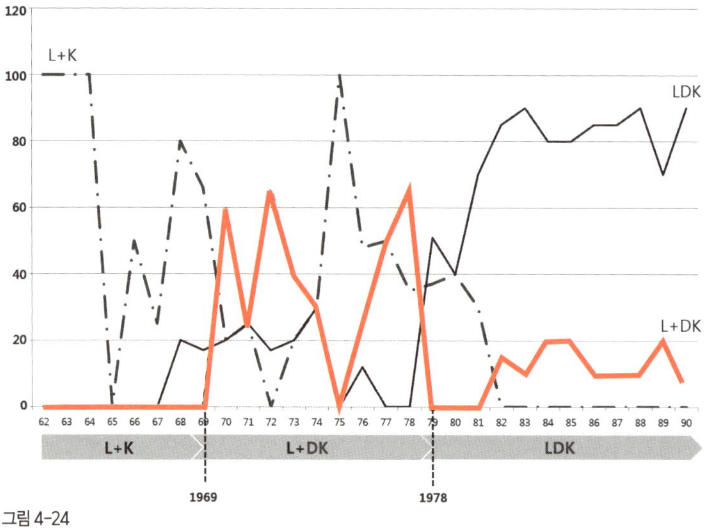

그림 4-24

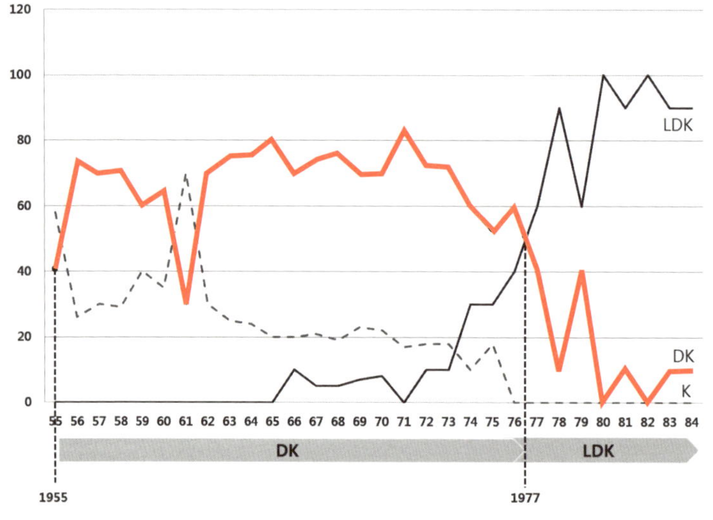

그림 4-25

그림 4-24. 대한주택공사 아파트의 평면 유형별 변화를 나타낸 다이어그램: L+DK 유형은 약 1970년경부터 등장하여 1978년경에 급감했다. 반면 LDK의 보급률은 L+DK가 하락하는 시점에 급상승하기 시작하여 1990년대까지 지속되는 것을 볼 수 있다.

그림 4-25. 일본공영주택의 평면 유형별 변화를 나타낸 다이어그램: DK는 1955년부터 1977년까지 지속적으로 건설되었으나 같은 해를 기점으로 LDK 보급률에 역전되는 양상을 볼 수 있다. LDK는 1980년경부터 보편화되었지만, 그 이전에는 약 20년 동안 DK 보급률이 월등히 우세했다.

도입했던 일본과의 비교를 통해 증명할 수 있다.(그림 4-24, 25)

전후(戰後) 일본 공영주택의 평면유형을 조사한 키타우라 카호루 등(2002)에 따르면, 1955년에 등장한 nDK 유형이 1975년까지 지속적으로 건설되었고 1970년대 후반에 이르러서야 LDK형이 등장했다.[50] LDK의 보급률이 1977년을 기점으로 높아질 때까지, DK는 공영주택의 기본타입으로서 20년 넘게 유지되었던 것으로 나타난다.

일본의 경우 LDK의 증가 현상은 일본의 공영주택 평면에 본격적으로 거실(L)을 도입한 결과로 해석할 수 있다. 거실은 당시의 「공사실 분리(公私室分離)」의 개념에서 발생했는데, 공사실 분리란 1958~1960년경 일본 공단주택의 평면개발 연구에 매진했던 이시카와 키요시(市川清志, 1917~1986)와 스즈키 시게부미(鈴木成文, 1927~2010) 등이 주창한 '주거의 공적 영역과 사적 영역의 분리'를 말한다. 가족 단란의 기능을 충실히 수행할 수 있는 독립된 공적공간으로서 거실(L)을 도입하자는 주장이었다. 거실의 도입은 일본 주거공간의 질적 향상을 의미했다. 제2차 세계대전 이후의 '최소한의 주거' 개념에서 벗어날 필요성과 새롭게 등장한 화이트칼라 층의 요구에 상응하는 주택 연구의 결과였다.[51] 그러나 1973년 오일쇼크와 같이 고도성장 가도에 타격을 받게 되면서 바로 실현되지는 못했고, 1970년대 후반부터 실행할 수 있었다.

여기서 주목할 점은 LDK가 보편화되는데 걸린 시간의 차이이다. 우리의 경우 공사 아파트 초기부터 거실을 계획했고 다이닝 키친은 얼마 되지 않아 LDK로 이행해버렸던 것에 반해, 일본 주거문화에서는 별도의 거실이 없이 DK만으로 공실(公室)을 사용하는 방식이 처음부터 오랫동안 큰 거부감 없이 수용되었다. 이러한 현상은 거실에 대한 공간적 인식, 그리고 부엌과 식당을 합치는 사용방식에 대한 한·일 간의 문화적 차이를 보여준다.

앞서 언급한 바와 같이 니시야마 우조의 식침분리론은 이미 서민생활에 있었던 식사문화를 응용한 것이었다. 일본은 근세 서민의 주거문화에서 부엌과 식사공간을 통합하는 형식이 존재했으며, 부엌에서 밥을

50) 北浦かほる·辻野増枝, 『台所空間学事典』, 障国社, 2002, p.110

51) 일본건축학회, 대한주택공사 주택연구소 옮김, 앞의 책, 1993, pp. 30-41

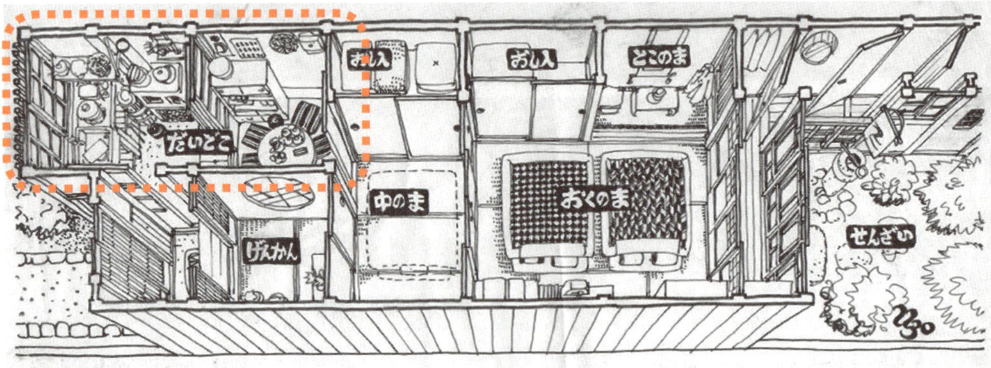

그림 4-26

그림 4-27

그림 4-26. 메이지기 나가야(長屋)에 대한 니시야마 우조의 스케치. 부엌과 식사 공간이 연결되어 있고 이 둘을 합쳐 '부엌(だいどこ)'이라 표기한 것을 볼 수 있다.

그림 4-27. 공단 2DK의 다이닝 키친 모습(일본주택공단, 1965)

먹는 행위에 대한 반감이 비교적 적었다고 볼 수 있다. 물론 1955년 당시 일본주택공단도 2DK라는 형태가 입주민의 생활에 자연스럽게 받아들여질 것인가에 대한 우려를 전혀 하지 않았던 것은 아니다. 공단 측에서 식탁을 미리 구입해 준 것도 그들의 빠른 적응을 돕기 위한 방편이었다.[52] 다이닝 키친의 확산은 정부의 적극적인 추진전략도 큰 바탕이 되었지만, 본래 일본의 전통적 공간인식과도 무관하지 않다.

반면 한국 주거문화에서는 전통적으로 온돌, 마루, 부엌이라는 구분이 뚜렷했다. 한국 전통주택에서는 오로지 식사를 위해 분화한 공간은 없었으며, 상이 놓인 방이 곧 식사시간 동안의 식당이었다. 가족이 함께 하는 식사는 항상 방, 마루와 같은 '고급의 공간'에서 행했다. 마루가 없는 초가삼간에서도 부엌이 아닌 방에 상을 차렸다. 상류주택에는 찬간(밥청)이라 불리는 곳도 있었으나, 간혹 아랫사람이 식사할 때 쓰기는 했어도 일상적인 것은 아니었다.[53] 1930~40년대 도시한옥에서 볼 수 있는 찬방이나 찬마루도 상차림에 편리하도록 고안된 장치였다.

한국의 전통적 공간인식에 따르자면 부엌은 식사 장소가 될 수 없었다. 따라서 1970년대 한국 아파트에 다이닝 키친을 도입했다고 해도 부엌에서 밥을 먹는 일상이 곧바로 받아들여지기는 어려웠을 것이다. 더군다나 온돌기술이 완벽하지 않았던 상황이라면 난방 문제 때문에라도 부엌에서의 식사를 부정할 이유는 충분했다. 1970년대 중반까지도 부엌에는 바닥난방이 되지 않아서 방보다 추웠다. 겉으로 보기에는 스텐리스스틸 싱크대를 완비한 서구식 부엌의 모습이었지만, 일상의 식사를 수용할 정도의 위계를 형성하기까지는 별도의 시간이 필요했다.

반면 거실의 위계는 처음부터 부엌과 달랐다. 거실이란 명칭은 전통주거문화에 없던 것이었으며, 처음에는 리빙룸(Living room)의 번역어로 등장했다.[54] 1960~70년대 아파트에서 거실과 마루라는 명칭을 혼용했던

---

52) "그러나 이렇게 채용한 다이닝 키친이 과연 다이닝 키친으로서 사용될 수 있을 것인가에 대해서는, 공단으로서도 상당히 위험을 감수했던 것임은 사실이었다. 식사실로 사용되는 공간을 지켜주기 위해서, 2DK에서는 식사전용의 식탁을 설치해 준 것도 그러한 우려를 반영한 조치였다."(日本住宅公団、앞의 책, 1965, p.137)

53) 주남철, 「한국의 전통적 식생활공간」, 『한국식문화학회지』 2(2), 1987, p.178

54) "단란은 거실(living room)과 식당에서 이루어지는데, 이곳에서 접객을 맞이하기도 한다."(「이상주택의 시안」, 『동아일보』, 1958.07.18), "우리나라도 近年에 와서 마루방을 사용하는 것이 활발하여 가고 있으나 아직도 美國이나 外國의 Living room과 같이 화려한 感을 느낄 때는 별로 없어도"(장기호, 「마루방 生活」, 『주택』 3, 1960, p.77)

것을 본다면, 거실은 처음부터 마루처럼 인식되었을 가능성이 크다.[55] 1970년대 마포아파트 주민을 대상으로 거실에 대한 명칭을 조사한 연구에 따르면, 1971년 1차 조사에서는 거실을 '마루, 거실, 응접실, 마루방, 큰방, 가운데 방, 현관방, 바깥방' 의 순서로 부르는 것으로 드러났다.[56] 그런데 1978년 2차 조사에서는 '큰방, 가운데 방'이라는 호칭이 소멸하고 거실이라고 부르는 경우가 13%에서 21%로 증가했는데, 오히려 마루라고 부르는 경우가 25%에서 39%로 증가했던 것에서도 알 수 있다. 실제로는 '마루'라는 명칭이 더 익숙했을 정도로 거실은 처음부터 마루의 지위를 이어받아 성립했다.

한국 전통주택에서 마루는 높은 위계의 공간이었다.[57] 따라서 만약 전통적으로 방에서 행하던 식사를 집 안 어딘가 별도의 장소로 옮겨야 할 경우, 부엌보다 거실이 선호되었을 것은 낭연하다. 다이닝 키친이 근대부엌의 능률적 측면에서 꼭 필요했다면, 가능한 한 거실과 결부시키는 방법으로 공간적 위계를 보장하고자 했다. 다시 말해 식사공간에 있어 부엌의 능률과 거실의 위계를 둘 다 충족시키고 싶었음을 의미한다.[58] LDK는 '거실에 개방된 다이닝 키친'을 선택한 결과였다.

L+K에서 L+DK 및 LD+K를 지나 LDK로 안착하는 과정에는 한국 주거와 부엌의 근대와 전통을 절충시켰던, 짧지만 분명한 과도기가 존재한다. 오늘날 한국의 LDK는 이러한 독특한 단계를 통해 성립되었으며, 한국적 특징을 담은 부엌사용방식이자 주거공간 형태로 유지되고 있음을 알 수 있다.

그리고 이 과정에서 식당의 역할이 주목된다. 식당은 한국 주거에서 전통적으로 존재하지 않았던 공간이었음에도 불구하고, 거실과 부엌의 중

55) 거실은 형태적인 면에서 도시 한옥의 마당이 내부화된 것에 가깝지만, 기능적 면에서 전통주거의 대청이 현대화되었다는 의미도 담고 있다. 다음의 두 논문을 대표로 비교할 수 있다. 최재필, 「중정에서 거실로 -아파트 대량생산에 있어서의 거주성 확보를 위한 시험적 고찰-」, 『주택도시』 51, 1990, pp.52-64; 전봉희, 권용찬, 「원형적 공간요소로 본 한국주택 평면형식의 통시적 고찰」, 『대한건축학회논문집계획계』, 24(7), 2008, pp.181-192

56) 김종인, 「마루·대청의 의미와 변용」, 『한국주거학회지』 창간호, 1990, p.32

57) "한국 주택의 마루는 공간 형식상으로는 뜬바닥식 건축과 연결되어 있지만, 생활상의 기능과 공간적 의미를 살펴보면 신성 공간의 성격이 강하다." (전봉희, 권용찬, 『한옥과 한국주택의 역사』, 동녁, 2012, p.96)

58) 도연정, 전봉희, 「한국 아파트 평면에서 LDK 형성과정의 특징 -1962년~1988년 대한주택공사 아파트 사례를 중심으로-」, 『대한건축학회논문집계획계』, 33(9), pp.61-70

간에서 전통적 위계와 근대적 능률을 모두 만족시킬 수 있는 위치를 찾아갔다. LDK의 정착 이후 비로소 온전한 의미의 침식분리도 완성될 수 있었으므로, 한국 근대부엌의 성립은 우리 주거의 가장 큰 부분을 변화시킨 것과 같다.

05
한국 근대부엌과 현대 생활

LDK는 한국적 근대부엌으로 정착했지만, '분리와 통합'이라는 이중적 과제에 봉착했다. 미래의 부엌으로서 가족형 부엌을 논의하는 것은 아직까지 불완전하며, 대면형 부엌이라는 이름짓기에만 의존하는 현실이다. 근대부엌은 효율성을 기반으로 성립되었지만, 효율성과 합리화의 명제가 언제나 '참'을 만들었다고 볼 수 없다. 근대부엌을 이룬 것이 가사노동의 합리화였다면, 근대를 넘어선 '새로운 부엌'의 가능성은 가사노동의 '비합리화'에서 찾을 수 있다.

부엌의 거실화

LDK 이후 부엌과 거실의 경계가 모호해지면서 부엌을 거실처럼 꾸미고자 하는 욕구는 점점 높아졌다. 수입 대리석과 화려한 소재의 부엌 가구, 해외 유명 가전을 빌트인(built-in)해 놓은 부엌이 고급 아파트의 상징 중 하나로 인식되며, 모델하우스의 인테리어에서 가장 공을 들이는 공간도 부엌이 되었다. 1970~80년대의 부엌이 '주방'이라는 명칭으로 전통부엌과의 차별성을 강조했다면, 1990년대 이후는 '시스템 키친'이라는 세련된 호칭을 붙여[1] 주택의 상품적 가치를 포장하는 수단으로까지 부상했다. 부엌의 장식성과 가족 공간으로서의 변모를 압축하여, 이른바 '부엌의 거실화'라 부른다.[2]

그런데 흥미롭게도 LDK의 개방감이나 부엌의 거실화가 도리어 거주자의 불편함을 야기한다는 연구 사례를 찾을 수 있다. 더욱이 이러한 경향이 관찰되기 시작한 시기가 1980년대 후반이라는 점도 특징적이다. 1980년대는 침식분리가 정착하고 거실 중심형 평면이 보편화되었다고 평가하는 시기이기 때문이다. 만약 LDK가 정착하자마자 또 다른 불편함이 감지되기 시작했다면, 이는 한국 근대부엌이 봉착한 그다음의 과제를 의미한다.

1987년 대한주택공사의 『공동주택 부엌·식당의 가구규격 및 적정규모 설정연구』에 따르면, 설문 응답자의 대부분이 부엌과 거실을 서로 차단하면서도 연결해야 한다는 모순된 태도를 보였다. "거실에서 부엌으로 시선 차단이 필요하다"는 응답이 62%로 나타났지만 "식당에서 부엌은 비교적 완전히 개방되게 할 것"이라는 요구도 87%로 드러났다.[3] 거실에서 부엌이 보이는 구성이 불편하긴 하지만 지금과 같은 식당과 부엌 사이의 연결성을 포기할 수도 없다는 것이다. 이에 관한 해결책으로 대한주택공사는 "부엌과 식당은 현관과 거실에서 바로 보이지 않도록 설계

1) 함한희, 앞의 책, 2005, p.73

2) "이제 부엌은 거실입니다. 우리의 생활양식이 그렇게 변화하고 있습니다. 온 가족이 함께 대화하고 일하며 즐거움을 나누는 생활공간으로 우리의 부엌은 개방되었습니다." (한샘부엌가구 광고, 1979년)

3) 대한주택공사 주택연구소, 『공동주택 부엌·식당의 가구규격 및 적정규모설정연구』, 대한주택공사, 1987, p.83

해야 하며, 필요시 시선차단이 가능하도록 평면을 구성해야 한다"고 결론지었다.[4] 다이닝 키친의 능률성은 유지하되 거실과의 애매한 거리두기를 제안한 것이었다. 궁극적으로 거실과 부엌 사이에 다시 문을 달거나 물리적인 구획을 제안하지는 못했다. 여기에는 1980년대 이후 한국 가족문화가 자녀교육 중심으로 재편되면서 부엌의 주부가 거실의 아이를 살필 수 있어야 한다는 이유도 반영되었다.[5] 유아 돌보기, 자녀놀이 및 학습지도, 가족과의 대화 등 '부엌일을 하면서 동시에 해야 하는 일'이 많은 것으로 드러났기 때문이다. 개방된 부엌은 불편했지만, 거실과의 연락관계를 유지할 필요도 절실했다.

LDK의 문제점에 대해서는 1990년대와 2000년대의 연구에서도 찾아볼 수 있다. 이희봉(1994)의 연구에서는 '한국 식생활은 냄새가 강한 음식 조리가 많고 주부들은 부엌이 남에게 노출되기를 꺼렸으며 부엌이 개방된 형태의 아파트 부엌에 불편을 느끼고 있는 것'으로 분석했다.[6] 또한 해방 이후 한국 부엌의 변화를 구술사로 분석한 윤택림(2004)의 연구에서도 주부 대부분이 LDK의 관리에 불편을 토로한다는 결과를 볼 수 있다.[7] 부엌이 늘 정돈된 상태로 있어야 하는 점에 부담을 느끼거나 부엌에서 일하는 모습을 보이기 싫다는 이유가 컸다.

이러한 상황을 볼 때 오늘날의 LDK는 '분리와 통합'이라는 이중적 요구에 직면했음을 알 수 있다.[8] 부엌은 지저분해지기 쉬운 장소임으로 거실에서 가리고자 하는 욕구가 있는 한편, 부엌에서 일하면서 거실이나 식당과 소통하려는 필요성도 여전히 높아지는 모순된 상황이다.[9] 1980년

4) 대한주택공사 주택연구소, 앞의 책, 1987, p.83

5) 부엌일을 하면서 동시에 수행해야 하는 일의 비율 중에서 '유아돌보기와 자녀놀이 및 학습지도'에 대한 항목이 가장 높게 조사되었다. (대한주택공사 주택연구소, 앞의 책, 1987, pp.96-97)

6) 이희봉 외(1994)는 1985년 이후 입주를 시작한 서울시의 30-35평 아파트 15세대 및 37평 2세대 27평 3세대를 대상으로 주부가 부엌을 사용하는 현황을 조사했는데, 주부들이 시선, 냄새 등의 문제 때문에 부엌을 분리할 필요성을 느끼고 있다고 분석했다. (이희봉, 김지은, 「한국인의 식생활 문화에 맞는 부엌공간 계획을 위한 현장연구」, 『환경과학연구』 5, 1994, pp.158-159)

7) 윤택림, 앞의 글, 2014, pp.35-36

8) "주방공간 내부를 너무 오픈시키기 보다는 가려지길 원하면서 조망적 부분에서는 개방화를 원하는 것으로 판단되며, 주방 조리공간과 다이닝 공간을 분리하는 등의 반개방형의 대면형 주방을 선호하는 성향이 반영된 것으로 판단된다." (최상준, 『최근 국내 아파트 주방 공간 리모델링 만족도에 관한 연구 - 2010년 이후 서울지역 아파트 주방 리모델링을 중심으로-』, 서울과학기술대학교 석사학위논문, 2016, 123)

9) 최연진(2001)의 연구에서는 식당에서 부엌내부가 보이지 않는 것을 원하는 경우가 50.6%로 나타났으나, 완전히 폐쇄적인 것이 아니라 가족이 쉽게 사용할 수 있고 가족과 대화하며 일할 수 있도록 개방적인 것을 원하는 경우가 과반수 이상으로 조사되었다. (최연진, 『거주자의 식생활 유형에 따른 공간계획 연구』, 연세대학교 석사학위논문, 2001, p.76)

그림 5-1

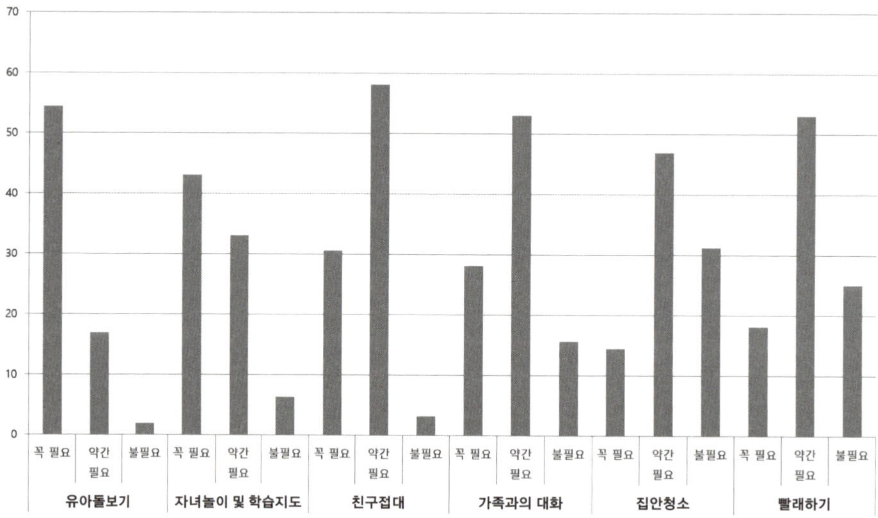

그림 5-2

그림 5-1. "이제 부엌은 거실입니다." '부엌의 거실화'를 예고한 1979년 한샘의 부엌광고 사례

그림 5-2. 부엌일을 하면서 동시에 수행할 일의 종류 및 필요성에 대한 조사(대한주택공사 주택연구소, 1987)

대 중반부터 LDK의 불편함을 밝히는 연구가 이어졌지만, 예전처럼 부엌을 다시 물리적으로 구획하는 평면형이 과감히 등장한 것도 아니었다. LDK에 내재한 능률과 위계의 절묘한 균형을 다시 무너뜨리는 형태로 회귀하는 것도 생각보다 쉽지 않았기 때문이다.

LDK의 혼란은 '부엌에서의 작업과 가족생활이 통합되어 가는 일반적인 경향과 함께 과거 부엌이 가지고 있던 공간적 격리의 현상을 답습하고 고수하려는 일종의 반작용'[10]으로 볼 수 있다. LDK가 만들어지면서 부엌의 위상이 격상된 것처럼 보이지만, 여전히 개방된 부엌을 불편하게 여기는 주거문화가 지속되고 있다는 증거이기도 하다. 특히 식생활과 관련된 가사노동의 사회화 속도가 유난히 느렸던 점을 감안한다면, 부엌을 중심으로 한 전통적 공간인식과 사용방법은 여전히 충돌하고 있을 가능성이 크다.[11]

10) 최윤경, 앞의 책, 2003, p.106

11) "한식부엌의 구조에서 비롯된 신체적 동작이나 습관들은, 주택의 물질적 형태가 그것을 강요하지 않음에도 여전히 현대식 아파트에서 재발견되는 것이다." (발레리 줄레조, 『아파트 공화국』, 후마니타스, 2007, 2014(10쇄), p.201)

그림 5-3

그림 5-3. 한샘키친 매장에 진열된 부엌가구 사례. 아일랜드 키친을 중심으로 대면형을 배치를 강조한 모델이 인기를 끌고 있다.

대면형 부엌의 의미

최근 유행하는 이른바 '대면형 부엌'은 이름 그대로 '얼굴을 마주 볼 수 있는 부엌'을 말한다. 기존의 '一자형'이나 'ㄱ자(L자)' 등에 작업대를 하나 더 연결하여 'ㄷ자'로 만들거나 섬처럼 따로 하나 더 두어서, 주부가 부엌일을 하면서도 식당, 거실에 있는 가족과 의사소통 할 수 있다는 장점을 강조하는 배치유형이다.[12]

1990년대부터 등장했던 아일랜드 키친을 대면형 부엌의 대표적 유형으로 볼 수 있다. 학술적 분류로는 대면형 부엌을 모두 아일랜드 키친의 범주에 넣고, 그 안에서 다시 섬형과 반도형을 나누기도 한다. 섬형은 아일랜드 작업대에 개수대, 메인 열원이나 보조열원을 두는 등 조합 조합을 말하며, 배선대만 섬처럼 떼어놓은 경우까지 포함하여 아일랜드 키친이라 통칭한다.[13] 이와 달리 반도형은 'ㄷ자'나 'ㄱ자' 부엌가구의 한쪽 끝에 개수대나 식탁을 하나 더 달아놓은 형태이다. 일반적으로 대면형 부엌이란 부엌에서 일하는 사람의 시선이 거실을 향할 수 있을 때를 모두 포함하는 경향이 있다. 주부가 부엌에서 거실을 등지지 않고 가족과 소통할 수 있는 부엌형이란 점이 부각되어, 가족형 부엌의 대명사로 상당한 인기를 끌었다.[14]

그러나 대면형 부엌의 실효성에 대해서는 보다 면밀한 검토가 필요하다. 많은 선행연구가 대면형 부엌을 조명했지만, 실제로 부엌에 서 있는 주부와 거실의 가족간 소통이 성립되는가에 대해서는 다이어그램 이상의 해석을 내놓지 못했다. 그림 5-4와 같이, 부엌에서의 거실로 시선이 확장될 수 있다는 그림만으로는 거실과 부엌의 상호 소통이나 가사노동의

12) 최경란, 윤선영, 「사용자 중심의 아파트 주방 디자인 방향에 관한 연구」, 『한국디자인학회 국제학술대회 논문집』, 2004. p.53

13) 최송희, 『아파트 부엌가구 배치유형에 따른 부엌사용행태와 가족친밀도』, 건국대학교 석사학위논문, 2013, p.28

14) "대면형 주방을 사용함으로써 가족간의 커뮤니케이션이 가능하고 가사협력이 용이하며 작업중에 육아를 행할 수 있다." (최경란, 윤선영, 사용자 중심의 아파트 주방 디자인 방향에 관한 연구. 한국디자인학회 국제학술대회 논문집, 2004, p.53); "식당이 가족 단란 공간으로서의 기능을 수행하기 위해서는 부엌공간과의 긴밀한 연결이 필수적이며, 이에 따라 부엌에 인접한 다용도실의 간이식당이나 카운터에 의한 간이식탁 등 부엌과의 연관성이 높은 식당의 유형이 도입되어야 한다. 일자형이나 ㄱ자형의 고정된 배치에서 벗어난 아일랜드형이나 가변형 작업대는 이러한 계획의 하나로 볼 수 있다."(김진영, 『아파트 거주자의 라이프스타일에 따른 가사작업공간 사용행태와 의식』, 건국대학교 박사학위논문, 2003, p.23)

* 주방의 가족 소통 분석

구분	활용	다이어그램	특징
A-1	대면형 싱크대	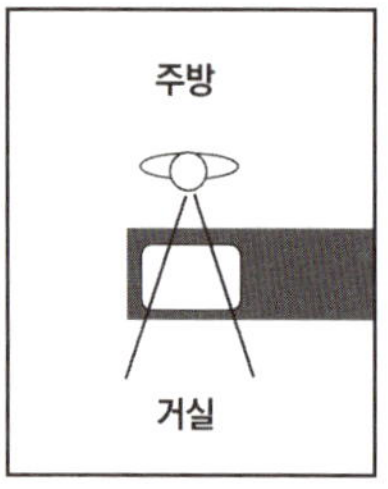	주방과 거실이 하나로 연결되고 그 사이 대면형 싱크대가 위치. 싱크대는 개수대나 조리기 혹은 둘 다가 배치되고 여기에 아일랜드 바가 함께 적용되기도 함. 싱크대에 아일랜드 바의 기능까지 적용된 경우가 더 적극적인 가족 소통의 경우로 볼 수 있음.

* 'ㄱ자' 배치형식의 연도별 구성사례

2006 ~ 2011	대면형	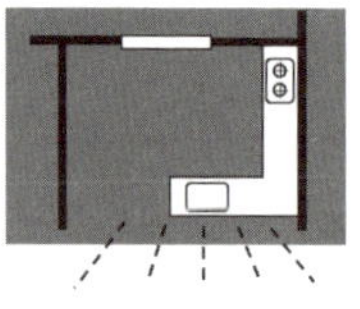 G사_2007 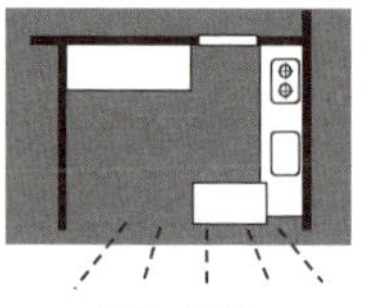 D사_2019

그림 5-4

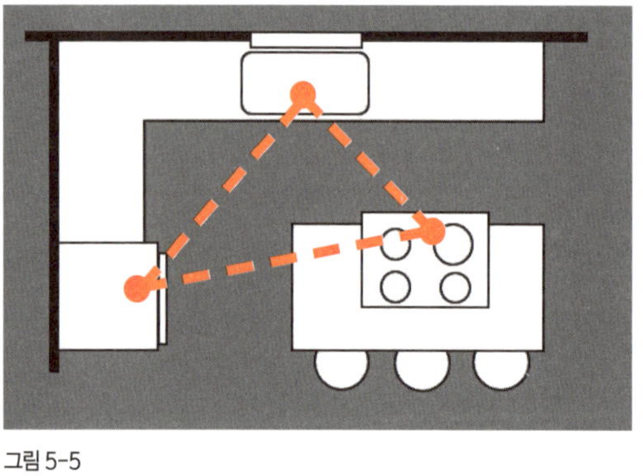

그림 5-5

그림 5-4. 대면형 부엌의 가족 소통 가능성을 제시한 연구자 사례(김혜숙, 김주연(2016), 김가연, 김지은(2015)). 대면형 부엌의 가족 소통을 강조한 다이어그램이지만 시선을 표시한 점선을 보면 부엌에서 거실로의 일방향 밖에 그리지 못한다는 것을 발견할 수 있다.

그림 5-5. 아일랜드 키친의 효율성 동선. 대면형 부엌은 이른바 가족형 부엌으로 선전되지만, 부엌일의 효율성은 오직 한 사람의 '작업 삼각형'에 맞추어져 있다.

협업 가능성을 확인하기는 충분하지 않다. 또한 대면형 구성이라고 해도 메인 가열대가 거실을 향해 배치되어 있지 않을 경우 주부의 시선이 다시 부엌 내부에만 갇히게 된다는 점도 모순적이다. 단지 아일랜크 키친이 설치되었다는 이유로 '대면(face to face)'이 일어날 것이라는 기대는 단순한 희망에 가깝다. 따라서 대면형 부엌을 미래지향적인 '가족형 부엌'으로 정의하는 것은 아직 성급하다.[15]

이러한 현실에도 불구하고 대면형 부엌의 인기는 상당히 높은 편이다. 대면형 부엌은 1990년대 후반부터 주목받기 시작하여 2000년대부터 아파트 부엌 설계에 적극적으로 도입되기 시작했다.[16] 주부층의 선호도를 조사한 선행연구에 따르면 '비록 현재 사용하고 있지는 않더라도 추후 희망한다'는 비율이 높게 조사되었다.[17] 2005년 분양된 서울시 브랜드 아파트 27개 단지를 분석한 연구에서도 주로 30~50평형대의 아파트에서 대면형 부엌을 설치했다고 드러났다. 예전에는 주로 40평형대나 50평형대 이상의 큰 평형에서 도입했지만 최근에는 20~30평형대의 작은 평수에서도 선호하는 양상을 보였다.[18]

대면형 부엌의 인기는 두 가지 의미로 해석할 수 있다. 첫 번째는 주부가 거실을 등지고 일하는 상황에 대한 거부감을 반영했다는 점이다. 부엌이 한 사람의 공간으로만 고립되지 않기를 바라는 절실함에 기반했으며, '얼굴을 마주한다'는 심리적 효과가 컸다. 가족형 부엌에 대한 기대 상승에 부응하면서도 부엌일과 육아 및 자녀지도를 동시 수행해야 하는 바쁜 생활을 겨냥한 상업적 성격이 두드러진다.

두 번째는 부엌과 식당 혹은 부엌과 거실 사이에 자연스러운 경계를 만들어줄 수 있다는 점이다.[19] 아일랜드 키친이나 'ㄷ자형'의 배치는 순수

---

15) "현대의 부엌이 개방적 부엌이 개방적 공간이 되었다는 뜻은 부엌이 가족 공동의 공간으로 변화했기보다, 위치상 다른 방이나 거실을 향해서 열려있다는 뜻이 더 큰 것 같다." (함한희, 앞의 책, 2005, p.88)

16) 정다운, 『주거문화적 배경으로 본 아파트 단위세대 주방공간의 계획특성에 관한 연구』, 연세대학교 석사학위논문, 2008, p.57

17) 2004년 서울시 및 수도권 내 아파트를 무작위로 선정한 400명의 주부를 대상으로 부엌공간 사용 행태를 분석한 강순주(2005)의 연구에 따르면, 아일랜드 형 부엌 작업대의 현재 사용률은 6.8%이지만 희망률은 49.8%을 보였다.(강순주, 「부엌 공간 사용 행태로 본 주거문화의 변화」, 『한국가정관리학회지』, 2005, p.20)

18) 최송희, 앞의 논문, 2013, p.29

19) 진애리, 『사회문화적 측면의 가치관에 따른 주방디자인 연구』, 국민대학교 석사학위논문, 2011, p.62

한 부엌 범위를 규정하기에 용이한 구성이기도 하다. 전술한 바와 같이 LDK를 다시 LD+K나 L+DK로 되돌리지 못하는 상황이라면, 적절한 시선 차단과 적당한 개방성이 필요하기 때문이다. 실제로 부엌의 리모델링을 조사한 연구에서도 대면형을 선호하는 이유로 "부엌에서 거실까지 어느 정도 개방적이되 또 한편으로는 반개방형 부엌을 꾸밀 수 있다"는 점을 꼽았다.[20] 전자의 경우가 감성적 이유에서 대중적 선호도를 반영했다면, 후자는 두 공간을 어느 정도 나누고자 하는 실질적 필요성을 충족한다.

하지만 세간의 선전처럼 대면형 부엌이 가족형 부엌이라는 점을 입증할 근거는 부족해 보인다. 사실상 식탁이나 아일랜드 키친을 가운데에 두고 가족이 서로 '마주하는 이미지'에만 의존한다고 보아도 무방하다. 최근 유행하는 광고처럼 싱크대 쪽에 서 있는 사람이 남성 모델로 바뀌었다고 해도 일하는 사람이 오직 한 명이라는 사실은 큰 변함이 없다.[21]

놀랍게도 대면형 부엌은 이미 오래전에 성립한 근대부엌의 효율성 원리를 충실히 따른 것에 불과하다. 실제로 대면형 부엌은 개수대, 조리대, 가열대의 세 꼭지점으로 이루어진 '작업 삼각형(Work Triangle)'을 그대로 적용했다. 본래 이것은 한 사람을 기준으로 효율성을 높일 수 있도록 고안된 구도이지, 애초에 부엌과 다른 주거공간의 소통을 목표로 등장하지 않았다.

따라서 소통과 협업을 강조하는 대면형 부엌이라고 해도, 일하는 사람은 단 한 명일 때가 가장 효율적이라는 모순이 발생한다. 싱크대 주위로 2명 이상이 서서 일하게 될 때 서로 부딪히고 불편해지는 것도 이 때문이다. 다만 부엌에서 주부가 홀로 외롭지 않아야 한다는 기대를 담았을 뿐, 근대부엌이 고수해 온 한 사람의 효율성 가치를 벗어나지 못했다.

20) 최상준, 『최근 국내 아파트 주방 공간 리모델링 만족도에 관한 연구 – 2010년 이후 서울지역 아파트 주방 리모델링을 중심으로』 서울과학기술대학교 석사학위논문, 2016, p.123

21) "대면형 부엌 또한 여성의 가정 내 소외현상을 줄이려는 배려로 디자인되었지만 부엌이 여성의 활동무대라는 전제에는 변함이 없다." (전남일 외, 앞의 책, 2009, p.68)

가사노동의 비합리화

'가사노동의 합리화'는 20세기 근대부엌을 견인했다. 그러나 이를 부엌에 구현하는 일은 도면상의 다이어그램에 집중되었으며, 완벽한 효율성과 합리화는 이상에 불과했다. 가사노동의 효율성에 이론적 근거를 제공한 과학적 관리법이 그러했듯이 인간 노동을 기계처럼 완벽히 통제하고 표준화하는 일은 처음부터 불가능했기 때문이다. 한국의 근대부엌은 능률과 위계를 절충한 산물로서 LDK를 만들어냈지만, 그 결과로서 한국 가사노동이 완벽한 합리화를 이루었는가에 대해서는 긍정적 결론을 내릴 수 없다.

따라서 한국 근대부엌이 넘어야 할 새로운 과제이자 미래 주거에 대한 중요한 단서로서 오늘날의 부엌을 돌아보아야 한다. LDK는 다시 '분리와 통합'의 이중적 요구에 직면했으며, 21세기형 부엌으로 선전되는 대면형 부엌도 여전히 20세기의 방법론에 갇혀있다. 언제나 한 사람의 부엌으로 존재하는 상황에서, 화려한 빌트인 가전에 둘러싸인 채 편리하지만 불편하다는 모순은 이상하리만치 반복적이다.

LDK에서 다시 부엌을 유용하게 구분할 방법을 고민하거나 진정한 가족형 부엌의 정의를 숙고해야 할 때이다. 가장 쉽게 예상할 수 있는 대책으로는 부엌의 전체나 부분을 예전처럼 분리시키는 방법을 들 수 있다. 냄새나 소음을 차단하거나 지저분한 물건을 둘 수 있는 부엌 부속 공간을 말한다. 만약 평수에 여유가 있다면 내부에 여러 가지 부속실을 둘 수 있겠지만, 국민주택 규모인 85㎡ 이하의 경우라면 전용면적을 침범하지 않을 최소한의 범위에서 찾으려 할 것이다.

그런데 이미 부엌 부속 공간은 다용도실이라는 이름으로 마련된 바 있다. 시간이 지나면서 그 명칭도 조금씩 달라져서, 요즘은 '후면 발코니', 혹은 '뒷베란다'라고 부르기도 한다. 최근에는 세탁기용 수전, 입식 개수대(세탁보울), 수납장 등을 갖춘 사례도 증가하여, 이 공간을 세탁실로 간주하는 경향도 관찰된다.

그러나 전술한 바와 같이, 본래 다용도실이 부엌 부속 공간으로 시작되었음을 잊지 않아야 한다. 확장형 발코니 실태를 조사한 선행연구에서도 거실, 안방, 부엌, 자녀방 등 각각의 발코니를 확장한 경우, 특히 부엌의 수납공간과 작업공간 부족에 대한 불편함이 크게 나타났다.[22] 후면 발코니를 확장하여 실내로 만들었더니 전보다 부엌일이 더 불편해지는 경우가 많아, 가급적 확장하지 않고 존치해야 한다는 제언도 증가했다.[23] 비록 그 명칭은 바뀌었을지 몰라도 부엌 부속 공간의 필요성까지 소멸한 것은 아니다.

하지만 부엌 부속 공간의 적극적인 확보는 회의적일 수밖에 없다. 특히 2005년 발코니 구조 변경 합법화 조치가 시행되면서부터 발코니를 언제든 확장하여 실내화할 수 있는 공간으로 보는 인식도 늘어났다. 아파트 분양 도면에는 미리 발코니를 확장한 면적으로 그려놓는 등, 전용면적을 최대한으로 늘릴 수 있다는 점을 공들여 선전하기도 한다. 가능한 한 실내 면적을 늘려 집을 넓게 쓰고자 하는 소비자 요구와 아파트 시장의 상업성이 맞닿은 결과였다.[24]

한편으로는 2000년대 초 유행했었던 '보조주방', 혹은 '보조부엌'도 생각해 볼 필요가 있다. 보조주방은 후면 발코니에 가열대나 개수대 등을 넣어 취사작업을 할 수 있는 제2의 부엌을 말한다.[25] 다용도실보다 적극적인 부엌 부속 공간을 만든 것이며, IMF 이후 아파트 시장의 경기 활성과 상품화 전략의 유행에 따라 등장했다. 1997년 말 건설경기 회복의 일환으로 1998년 분양가 자율화, 건설업체의 수요자 중심 시장이 강조되면서, 건설사들은 기존 평면과 차별화된 새로운 평면개발에 주력했다. 그중 하나로 전용면적에 포함되지 않는 발코니가 보조주방으로 개

22) 거실, 안방, 자녀방 등의 발코니 확장에 따른 불편함은 주로 세탁 후 건조공간의 부족, 수납공간의 부족, 사생활 노출 염려 등을 들었으나, 부엌의 경우 수납과 작업공간이 부족하다는 이유가 90%가 넘는 압도적 비율을 보였다.(변현미, 한정원, 「아파트 확장형 발코니에 대한 거주자 의식 및 사용실태 연구」, 『한국실내디자인학회 학술대회논문집』, 2014, pp.237-240)

23) "주방식당 발코니는 보조주방과 세탁 및 수납공간으로 사용가능하도록 그대로 존치하는 것이 바람직하다."(김선영, 오찬옥, 「아파트 발코니의 확장실태와 거주자 의식에 관한 연구」, 『한국실내디자인학회논문집』 21(2), 2012, p.162)

24) "2005년 전격 시행된 발코니 구조 변경 합법화 조치로 인해 이제는 그마저도 모두 침실이나 거실로 확장되었으니 거칠게 말하면 다용도실이 사라진 것과 다르지 않다. 다용도실은 여전히 한국인의 생활에 요긴하게 쓰이는 곳이기는 하지만 공짜로 전용면적을 늘리기 위한 욕심에 비해서는 그 필요성이 낮다고 판단한 것이다. 확장이 어려운 곳에 세탁기만 두거나 부엌 옆에 김치냉장고가 오도카니 자리하게 된 것이다. …… 늘어난 살림살이는 아무리 치워도 정돈되지 못한 채 이곳저곳 눈살을 거슬리는 풍경으로 남았다."(박철수, 앞의 책, 2017, p.148)

25) 이주희, 『아파트 보조부엌의 유형별 공간 이용실태 및 요구』, 울산대학교 박사학위논문, 2005, p.3

발되어 수요자의 주목을 받았다.[26] 후면 발코니는 부엌과 직접 연결된 위치이며, 외기에 면해 채광과 통풍·환기가 유리할 뿐만 아니라 물 사용에도 편리했으므로 보조주방이 들어가기에 가장 적합한 위치였다.

그러나 보조주방은 대형평수를 제외하고 사실상 꾸준한 인기를 끌지 못했다. 꼭 한 가지의 이유를 꼽을 수는 없지만, 발코니 확장이라는 현실적 이유가 가장 컸다. 전용면적의 확보를 중시하는 한국 아파트 문화에서 보조주방이나 후면 발코니는 언제나 순위에서 밀릴 수밖에 없었다. 아파트의 재산 수단적 가치가 우선되는 상황에서는 부엌을 보조하는 공간을 여유있게 생각하지 못했다.

2000년대 보조주방의 시설이나 설비 부족의 문제도 들 수 있다. 보조주방은 부엌 부속 공간으로 짜임새 있게 연구된 결과물이었다기보다 일시적 상품성이 더욱 짙었기 때문이다. 취사작업을 보조할 수 있도록 가열대를 설치하기도 했지만 그다지 실용적이지 못했다. 아파트 보조주방을 연구한 선행연구에 따르면, 면적이 너무 협소했거나 시설과 설비가 불충했다는 단점을 확인할 수 있다.[27] 주로 냄새나는 요리를 할 때 사용한다고 해도 '한 달에 1~2회' 혹은 '일 년에 1~2회' 정도에 불과했다.[28] 부엌 부속 공간에 대한 요구와 필요성은 인지했으나 충분한 수요와 설비를 갖추지 못했던 한계를 인정하지 않을 수 없다.

부엌은 본래 음식을 만들면서 더러워지기 쉬운 장소이다. 그러나 LDK와 부엌의 거실화에 따르자면, 한편으로 부엌의 순기능을 포기해야 하는 부작용이 발생한다. 부엌을 어지르거나 거실에 냄새·소음을 유발하는 모든 가능 요소를 줄이게 되는 것이다. 오늘날 가정에서 먹는 음식이 점점 간편한 방향을 추구하게 된 것도 이와 무관하지 않다. 사실상 부엌의 잃어버린 기능을 '집 밖의 부엌'에서 도움받고 있는 상황으로 해석할 수 있다. 각종 빌트인을 완비한 부엌이라도 가족의 식생활을 모두

26) 이창석, 『아파트 발코니 이용실태 분석에 관한 연구』, 연세대학교 석사학위논문, 2008, pp.17-18

27) 이주희, 앞의 논문, 2005, p.28

28) 보조주방에서 일상적인 식사준비와 설거지를 하는 빈도에 대해서는 조사대상 가구의 22.9%가 '거의 매일 한다'고 답했으며, 생선 굽기 및 조리기는 '일주일에 한두 번'(24.2%)이, 그리고 곰국 등의 탕류 조리(20.6%), 김치 담그기(30.3%), 특별음식 만들기(23.9%)는 '일년에 한두 번' 정도로 집계되었다. 즉 보조주방 공간을 부엌의 보조용도로 사용하는 가구는 조사대상의 20~30% 정도에 불과했으며, 그렇다고 해도 일주일에 한두번 정도 사용하는 것에 그쳤다. (이주희, 앞의 논문, 2005, p.26)

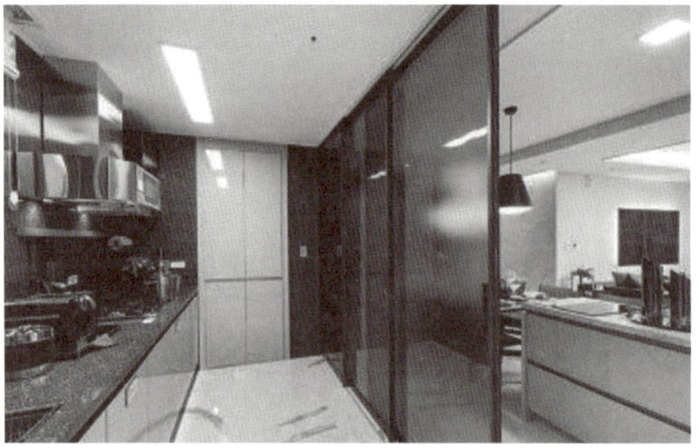

그림 5-6

그림 5-7

그림 5-6. 일원동 래미안 개포 루체하임 모델하우스 124㎡의 부엌. 식탁과 싱크대 사이에 반투명 슬라이딩 도어가 설치된 것을 볼 수 있다.(2015)

그림 5-7. 성수동 아크로 서울 포레스트 모델하우스 208㎡의 부엌. 거실에 접한 부엌은 최소한의 설비만 두었고, 진짜 요리하는 부엌은 뒤쪽으로 독립시켰다.(2017년 촬영, 2021년 입주예정)

수용하기에는 어딘가 불편한 공간이 되었음을 부인할 수 없다.

그렇다면 부엌을 부분적으로 가리는 방법도 우선적이다. 실제로 2015년 한 분양 아파트에서는 부엌과 식탁 사이에 슬라이딩 도어를 달아 싱크대 영역만 가릴 수 있도록 고안하기도 했다. 부엌이 지저분해질 수 있는 부분만 가리는 방식을 제안한 것으로, 거실이나 식당 위계에 맞추기 위해서 음식을 조리하는 '진짜' 부엌은 가리거나 감추고자 하는 요구를 보여준다. 부엌과 거실이 하나의 통합된 공간에서 충돌 없이 공존하리라는 이상향은 결국 두 공간 중 어느 하나를 극도로 약화시킬 수밖에 없다.

최근 이러한 변화에 근거할 때, 거실과 부엌 사이의 긴장감 속에서 현재 '보이지 않는 후면공간'이 발달하고 있을 가능성을 생각해 볼 수 있다. 한 공간이 공적인 역할로서 개방성을 극대화할 때 별도의 구석지고 은밀한 준비영역이 생겨날 수 있기 때문이다. 17~18세기 프랑스 귀족 계급의 주거공간이 '공적이고 형식적인 공간'을 추구하기 시작했을 때, 그 후면의 영역에서 카비네나 의상실 같은 사적이고 내밀한 공간이 발달했던 것을 떠올릴 수 있다.[29]

부엌의 거실화를 부엌의 공적기능이 강화되는 단계에 대입해 본다면, 개방된 부엌의 뒤편으로 가려지고 독립된 부엌이 발달한다는 예상도 가능하다. 이것을 '부엌의 재분화'로 정의할 때, 향후 부엌은 거실의 위계를 위협하지 않을 정도로 최소한의 부엌(K')만 남기고, 음식 조리에 온전히 충실한 부엌(K)으로 되돌아가는 형식도 발생할 수 있다. 앞서 살펴본 보조주방의 사례가 LDK-K'였다면, 진짜 부엌이 독립한 형태는 LDK'-K가 되는 것이다.

실제로 LDK'-K는 이미 고급 주상복합에서 일어나고 있는 변화이다. 2021년 입주 예정인 서울의 한 주상복합 아파트는 거실과 식당 쪽에 최소한의 부엌만을 두고 후드 설비가 갖추어진 진짜 부엌은 거실에서 보이지 않도록 배치했다. 부엌을 다른 주거공간과 다시 분리시키는 방법을 택한 것이다.

29) "구석지고 은폐된 공간으로서 카비네와 의상실이 확장되고 '일반화'된 것은 주거공간이 '공적'이고 과시적인 공간으로 발전하게 되었다는 사실에 기인한다는 것이다."(이진경, 앞의 책, 2011, pp.177~191)

물론 이 사례는 60평이 넘는 대형평수이며 일반적으로 발코니를 두기 어려운 초고층 주상복합 아파트의 특수한 경우라 일축할 수도 있다. 그러나 한국 공동주택을 연구한 선행연구에서 '대형평수의 공간구성을 소형평수에서 모방하거나 답습하는 현상'을 이미 인정한 바 있듯이,[30] LDK'-K로의 이동이 언제까지나 대형평수에 국한될 것이라 단언할 수는 없다.

흥미롭게도 LDK'-K의 가능성에서 가장 주목할 점은 지난 백 년간 근대부엌이 추구해 온 '가사노동의 합리화'를 벗어난다는 점이다. LDK로 단축된 능률적 동선이 다시 연장되기 때문이다. 부엌과 식당, 거실을 오가는 주부(혹은 누구라도)의 동선이 다시 길어지는 것은 근대부엌의 능률에 철저히 위배된다. 부엌을 다시 독립된 공간으로 되돌리는 일을 선불리 실천하지 못했던 이유가 효율성 때문이었다면, LDK'-K는 바로 그 효율성의 포기를 의미한다.

'가사노동의 합리화'가 보여준 불완전성을 인정한다면 효율성의 집착에서도 자유로워질 필요가 있다. 그 원칙이 여성의 가사노동 해방을 의미한다는 기대에서도 벗어나야 한다. 오늘날 한국 여성이 부엌에서 보내는 시간이 남성의 평균 6배가 넘는다는 최근의 통계[31]가 이를 대변한다. 프랑크푸르트 키친을 만든 마가레테 쉬테-리호츠키도 여성의 가사노동이 조금이라도 편리해질 것을 희망했지만, 궁극적으로 여성이 부엌으로부터 해방되어야 한다고 주장한 것은 아니었다. 쉬테-리호츠키조차 "건축적·공간적 변화가 반드시 성별역할분담을 와해시킨다고 보장할 수 없다"[32]는 선을 그었다.

30) 대표적 사례로 '화장실 2개 적용면적의 하향현상'을 들 수 있다. 과거 105㎡ 이상에서는 화장실을 가족용과 부부전용으로 분리하여 2개를 계획했지만 85~100㎡ 에서는 전반적으로 1개인 경우가 많았다가, 1983년경부터 85㎡ 에서도 화장실이 2개씩 마련되기 시작해서 1988년 이후는 급격하게 증가한다는 것이다. '상위계층의 좋은 평판을 받았다고 생각되는 평면을 그보다 적은 면적에 적용하려고 하는 의도'를 가리켜 '동일평면의 하향현상'이라 정의했다. (김수암, 김상호, 「우리나라 공동주택 평면의 변화경향에 관한 연구」, 『대한건축학회발표논문집』, 1993, pp.113~115)

31) 2014년 통계청 『생활시간조사』에 따르면, 20세 이상 성인이 '음식 준비'에 쓰는 평균시간은 남성 18분, 여성 1시간 19분으로 조사되었다.(기혼, 미혼, 유배우자, 이혼·사별포함) 음식준비를 포함한 '가정관리' 항목을 보면, 남성 45분, 여성은 2시간 31분이었다. 이 중에서 혼인신고 유무에 관계없이 배우자와 함께 살고있는 경우(기혼, 유배우자 포함)의 가정관리 시간은 남성 36분, 여성 3시간 14분이었으며, 여기에서 음식관리에 쓰는 시간은 남성 11분, 여성은 1시간 46분이었다. (국가통계포털, kosis.kr, 접속일 : 2020.02.20.)

32) Mary McLeod, 앞의 책, 2010, p.183

'최소면적의 최대효율'이라는 원칙에서 살펴보았듯이, 가사노동의 합리화는 언제나 한 사람의 효율성을 중심으로 작동해왔다. 본래 부엌의 효율성이 근대적 가정성에 기반했다는 사실, 그리고 가사노동의 개념적 발생과 성별역할분담의 관련성을 상기할 필요가 있다. 이제 부엌의 근대성에 가려진 공간의 본질에 주목할 때이다. 부엌의 거실화·장식화를 포기하지 못하고 공간이 아닌 가구로 부엌을 간주하는 경향도 수정되어야 한다. 향후 LDK를 넘어선 새로운 부엌을 추구하는 과정에는 오히려 전통부엌 같은 부엌의 독립성이 되살아날 수도 있다. 이것을 '가사노동의 비합리화'라고 바꾸어 부를 수 있다면, 이는 곧 근대의 반대, 전통으로의 회귀를 의미한다.

06
근대부엌의 탄생과 이면

근대부엌은 근대기의 근대적 부엌(Modern Kitchen)이다. 만약 오늘의 시대를 '현대(Contemporary)'로만 불러야 한다고 믿는 경우라면 이 책에서 다룬 근대부엌에 동의하지 않을지도 모른다. 그러나 서론에서 밝혔다시피 영어 'Modern'은 현대와 근대를 모두 담는 가치적 개념이다. 이와는 달리 'Contemporary'는 시기적 개념에 국한된다. 포스트 모더니즘을 두고 '탈근대'와 '후기 근대' 중 어느 쪽으로 번역할 것인지의 문제처럼, 근대를 어느 특정 연대로 지정할 수는 없다.

다만 하버마스가 말한 미완의 근대성, '끝나지 않은 기획으로서의 근대성'을 떠올릴 필요가 있다. '근대적'은 새로움을 의미하지만, 모든 새로운 것이 근대적인 것은 아니다. 근대적으로 새로운 것은 '집단적 기억'을 필요로 하며,[1] 근대주거를 아우르는 집단적 기억은 효율성의 등장이었다.

효율성은 산업현장에서 시작했으나 주거의 가장 기능적 부분인 부엌에 투영되었다. 그리하여 부엌은 사회라는 '밖'과 집이라는 '안' 사이의 공통분모가 되었다. 근대 산업사회의 직주분리와 성별역할분담은 가사노동과 가정성의 역설적 관계를 만들어냈지만, 효율성의 가치는 '가사노동의 합리화'라는 새로운 방법론을 구축했다. 그리고 지금까지의 근대적 부엌으로 이어진다. '합리적'이 근대사회의 참이자 선으로 인식되면서 '비합리적'인 것은 거짓이자 악이 되었으며, 비합리적 가사노동은 시·공간을 낭비하는 잘못된 생활방식처럼 받아들여지기도 했다.

가사노동의 합리화는 '가사노동의 가치화'와 다르지 않았다. 부엌의 효율성이 향상되면 그 안에 일하는 여성이 점점 편해지고 그만큼의 여유를 즐기게 되어 가정의 행복을 기할 수 있다는 논리를 표방했다. 이것을 공간적으로 풀어낸 것이 프랑크푸르트 키친으로 대표되는 서구 근대부엌의 탄생이었으며, '한 사람을 위한 최소면적의 최대효율'로 정리된다. 그러나 부엌이 이에 맞추어질수록 오직 한 명의 쳇바퀴가 멈출 수 없다는 사실은 크게 드러나지 않았고, 애써 외면했다고 해도 과언이 아니다. 여기에 또 하나, 즉 기계의 발달이 인간의 삶을 더 풍요롭게 해줄 것라는 두터운 희망도 근대부엌의 이면을 가리기에 충분했다.

1) 프레드릭 제임슨, 황정아 옮김, 앞의 책, 2020, p.26

우리의 경우 이것을 '능률'이라는 이름으로 수용했다. 한말(韓末)과 일제 강점기의 부엌개량론은 위생에서 시작했으나 능률로 일단락되었다. 그리고 그 중심에는 '여성'이 위치했다. 이 과정에서 일본의 부엌개량운동과 생활개선운동의 영향으로부터 완전히 자유로울 수도 없었다. 전통부엌과 다른 새로운 부엌을 기대하는 현상이 20세기 초 동서양의 공통적인 모습이었다고 해도 한국 근대부엌의 수용과정은 훨씬 복합적인 양상을 보인다.

1920~30년대 부엌개량론의 의의를 완전히 부정할 수는 없다. 그러나 당시의 논의만으로 근대부엌의 요건을 충족시키지 못했다는 것도 주지의 사실이다. 부엌개량론은 현실적 식모의 부엌과 이상적 현모양처의 부엌 사이에 머물렀고, 좁혀지지 않는 괴리 속에서 '능률과 입식화'라는 과제만이 이후 세대에 전가되었다.

능률적 부엌 만들기는 해방과 한국 전쟁 이후의 사회 가치에 부합했다. 능률성의 강조는 한국 사회의 전후복구와 국가재건 임무에 요구되는 근면·성실, 알뜰·절약의 정신에도 투영되었다. 부엌의 능률성은 근대적 주부 생활을 상징했으며, 한 가정의 아내와 어머니로서 성실한 국민을 키워낸다는 자긍심을 자극하기에도 충분했다. 능률과 짝을 이루었던 '입식화'의 목표에 따라 한국적 식생활 문화에 대한 정량적 연구도 활발해졌다. 학계를 중심으로 본격적인 가사노동의 합리화 연구가 이어졌으며, 이는 부엌 산업에도 영향을 미쳤다. 'ㄱ자', 'ㄷ자' 등으로 불리는 일체형 싱크대가 근대적 부엌의 상징처럼 받아들여졌고 서구식 입식부엌은 동경의 대상이 되었다.

이를 억지스럽게 끼워 맞춘 것이 1960~70년대 초의 아파트 부엌이다. 경제개발기의 대단지 아파트 건설과 서구식 입식생활을 추구했던 주거사업에 힘입어 한국 부엌은 가장 단기간에 입식화를 이룰 수 있었다. 국가 정책이 부엌의 근대화를 앞당겼다는 점도 한국 근대부엌 형성의 특징으로 꼽을 수 있다. 이 과정에서 부엌을 바라보는 근대와 전통, 입식과 좌식, 효율과 비효율, 합리와 비합리라는 이분법은 더욱 공고해질 수밖에 없었다.

이와는 반대로 부엌에 대한 전통적 공간인식이 바뀌는 현상은 생각보다 느린 속도를 유지했다. 근대부엌으로서의 '한국성'은 아파트 부엌의 성립 이후, 놀랍게도 부엌과 거실의 관계를 조율하는 과정에서 드러났다. 부엌의 능률은 전통적 공간 위계와 조금씩 충돌했으며, 이것을 뛰어넘는 데는 한국 문화만의 과도기가 존재했다. 이러한 단계를 거치는 1970년대 후반 1980년대 사이, 부엌은 식당을 중심으로 거실에 개방되는 LDK(리빙 다이닝 키친)를 이루었다. 부엌과 식사 장소를 엄격히 구분했던 전통적 흔적이 모두 사라진 것을 의미한다. 서론에서 말한 '근대적 새로움'에 따라 정의한다면, LDK는 한국의 '근대적' 부엌이다.

한국의 근대부엌은 부엌을 바꾸고자 하는 움직임이 감지된 시점부터 실현에 이르기까지 적지 않은 시간이 필요했다. 전통적 아궁이와 부뚜막 구조를 탈피하기 위해 난방기술이 뒷받침되어야 했다는 것이 지금까지 선행연구가 언급했던 이유이다. 이들도 충분한 설득력을 갖추었지만, 한국 부엌이 지금의 모습을 이루는 데에 기술의 문제만 중요했다고 단언할 수 없다. 한국 근대부엌의 성립에는 기술적 발전보다 전통적 공간인식이 결정적 동인(動因)이 되었다.

이것을 전통과 근대의 작용과 반작용이라고 부른다면, 이러한 관계는 아직도 유효하다. 이 연구에서 LDK를 한국적 근대부엌으로 정의했던 것과 마찬가지로, 앞으로의 과제는 다시 능률과 위계의 충돌, 근대와 전통의 공존, 합리와 비합리의 양면성으로 돌아가 그 해결책을 모색해야 한다. 근본적으로 부엌에서 '합리적'이라 믿어왔던 과정이 모두 '참'이었는가를 반문할 필요가 있다. 근대사회 전체의 합리성 가치에 대한 의문이기도 하다.

오늘날의 부엌은 시스템 키친, 스마트 키친, 대면형 부엌 등으로 마치 진화하고 있는 것처럼 보이지만, 여전히 백 년 전의 문법에서 크게 벗어나지 못했다. 가구의 높낮이 조절이나 IT 가전의 도입, 개폐 방법을 더 편리하게 만드는 방법 등이 최근의 부엌 설계로 거론되어도, 이미 조작된 형태와 갖추어진 구조를 벗어나지 못한 오십보백보의 '효율성'을 고수할 뿐이다. 동작과 동선의 효율성 논리에 얽매인 부엌계획은 이제 '새롭지' 않다.

그림 6-1

그림 6-1. 1927년 프랑크푸르트 키친. 서구 근대부엌이 만든 '최소면적의 최대효율' 원칙은 한국 주거에 그대로 이식되었다. 그러나 오늘날에도 전통성과 근대성은 부엌을 중심으로 끊임없이 충돌하고 있다.

오늘날 부엌에서의 효율성은 오히려 외부에 더 의존하는 경향으로 바뀌고 있다. 각종 간편식과 손질된 재료, 가전과 편리한 취사도구가 연일 시장에 쏟아져 나오고, 사람들은 이에 대한 비용을 지불하면서도 부엌에서 쓰는 시간과 노력을 줄이기를 바란다. 따라서 미래의 부엌을 만들고자 한다면, 근대와 그다음 시대의 부엌을 구분할 새로운 가치 기준을 찾아야 할 것이다.

이를 위해서는, 첫째 부엌의 계획과 역사에 대한 연구를 주거 전체의 관점으로 확장할 필요가 있다. 지금까지는 주로 부엌의 물리적 테두리 안에 머물렀다. 앞으로의 부엌계획은 'ㄱ자', 'ㄷ자' 중 어떤 배치를 택할 것인가의 문제가 아니라, 부엌이 전체 주거 평면에 미치는 영향을 함께 살펴야 한다. 지금까지 부엌이 바뀌는 과정에 따라 주거 평면은 어떤 영향을 받았는가, 앞으로 부엌의 위치나 형태가 바뀐다면 다른 실이나 내외부 공간은 어떻게 바뀔 것인가 등의 연구도 필요하다.

입식부엌의 등장부터 LDK에 이르기까지의 과정에서 볼 수 있었듯, 한국 부엌의 변화는 주거공간의 가장 큰 부분에 영향을 미쳤다. 전통적 주거개념에는 없었던 식당이 정착할 수 있었던 것도 부엌의 근대적 능률과 거실의 위계에서 비롯되었다는 점을 상기할 필요가 있다. 이는 우리의 오랜 온돌문화에서 기인한 것으로 한국 근대부엌의 가장 한국적 특징이다. 부엌을 통해 현재의 주거를 돌아볼 수 있었다면, 반대로 앞으로의 변화를 가늠할 수 있는 창구도 부엌이 될 수 있음을 입증한다.

둘째 근대부엌과 여성의 큰 연결고리를 애써 외면하지 않아야 한다. '최소면적의 최대효율'이라는 문법은 애초 작업자이자 관리자로서 한 사람의 여성을 규정했다. 부엌을 사용하는 남성 인구도 물론 늘었지만 아주 느린 속도에 지나지 않는다. '가족생활의 현실은 정치적이고 규범적인 이상으로부터 훨씬 동떨어진 실체임이 판명되었다'는 기든스의 말을 참고할 필요가 있다.[2] 한국 부엌을 남녀공동의 가사공간이라기 부르기는 아직까지 성급하다는 선행연구의 결론도 이와 일치한다.[3] 루쓰 코완, 수

2) 앤서니 기든스, 김미숙 외 공역, 앞의책, 2020, p.418

3) "현대 부엌이 가족생활의 중심이 되고, 아이와 남편이 부엌일에 쉽게 참여할 수 있는 것은 사실이다. 그러나 아직까지 남편은 생계를 위한 벌이를 하고 아내는 가사노동과 육아를 책임진다는 한국가족의 확고한 성역할 분업하에서 아무리 가전제품이 발전하고 주방이 현대화한다고 하여도 주방은 남녀가 공유하는 공간이라고 보기 힘들다." (윤택림, 앞의 글, 2014, p.38)

그림 6-2

그림 6-2. "온 가족이 즐기는 한국형 공간"이라는 선전문구의 한샘 키친바흐. '대면형 부엌은 가족형 부엌이고, 좌식은 곧 한국형'이라는 고정관념을 보여준다. 근대부엌은 효율성과 가족의 가치에 힘입어 성립했지만, 이제는 21세기적 해법을 고민해야 할 시기이다. 좌식와 입식이라는 양분법적 논리도 벗어날 필요가 있다.

잔 클라인버그, 수잔 스트라서도 지적했듯이, 가사노동으로부터 여성을 해방시킨다는 수많은 가전제품이 출현했지만 명분만큼의 성과를 거두지 못했다.[4] 부엌의 화려함과 여성의 지위 향상을 쉽게 연결시키는 해석은 근대성을 '기술 결정론'[5]에만 기준하겠다는 일방향의 시각을 보여주며, 건축으로서의 부엌에 대한 사고를 방해한다.

부엌의 여성성을 근대적 산물로 해석함으로써 가사노동의 평등화나 해방을 주장하는 것은 아니다. 부엌의 화려함을 쉽게 여성의 지위 향상과 동일시하는 사고를 우려한 것이며, 20세기적 해법을 벗어날 필요성을 주장하려 한다. 부엌이 다시 가족의 공간이 될 필요성은 인지하되, 다만 다이어그램에 의존하는 해결책에 머물러서는 안된다는 점을 강조한다. 더욱이 앞으로는 일터와 휴식터가 공존하는 주거형태로 회귀할 가능성도 염두에 두어야 할 때가 왔다.

이는 집의 기능과 의미에 대한 근원적인 질문과 같다. 부엌의 여성성이란 직주분리와 근대적 가사노동에서 비롯된 특징이기 때문이다. 근대사회의 직주분리는 집의 기능을 오로지 휴식의 장소로만 각인시켰고, 가사노동 공간은 늘 휴식터의 이미지 뒤에 가려져야 했다. 집에는 분명 누군가의 노동이 존재했지만 '집은 곧 안식처'라는 생각에 묻혀, 그 존재를 인정받지 못했다. 그러나 집은 스스로 안식처로만 존재하지 않았다. 집을 유지해온 것은 안팎으로 끊임없는 노동의 일상이었다.

셋째 부엌과 연결된 집과 가족의 의미를 상기하는 일이다. 부엌은 집의 시작이었고, 집은 가족의 공간으로 성립되었다. 부엌에 투영된 근대적 효율성도 언제나 가족을 빌미로 저력을 발휘했다. 근대부엌의 여성성도 가족의 건강과 과학적·합리적 생활을 도모한다는 정당성에 기반했다. 자본주의 산업사회의 부엌이 사적인 형태를 중심으로 발달해왔다는

4) "현대 가정에서는 주부를 도와주는 '사람'이 없기 때문에 엄마가 해야 할 일만 많아졌다. …… 한때 전형적으로 남성의 일로 여겨졌던 일들은 대부분 기계화되었다. …… 세탁기와 식기세척기 등으로 남성과 아이들, 그리고 한때 기꺼이 가사노동을 도왔던 보조노동자들의 일이 없어졌다. 따라서 비록 가사노동이 생산성이 높아지고 가사노동이 덜 힘들어졌을지라도 주부 대부분의 가사노동 시간은 변하지 않았다."(루쓰 코완, 김성희 외 공역, 앞의 책, 1997, p.230)

5) 코젤렉은 근대성의 시작을 어느 하나의 사건이나 시점으로 정확히 정의할 수는 없지만, 대부분 '기술적 발전'이 전통과 근대를 가르는 지점이나 출발선이 된다는 논리에 어쩔 수 없이 포섭된다는 점을 지적했다. 이러한 생각을 이른바 '기술 결정론'이라 부르며, 모든 사람들이 이를 비난하면서도 마음 깊숙이에서는 은밀하게 품고 있다는 점이 근대성을 정의하는 한계라 보았다.(프레드릭 제임슨, 황정아 옮김, 앞의 책, 2020, pp.167-168)

점을 상기할 필요가 있다. 산업사회의 질서가 완전히 붕괴하지 않는 한, 부엌은 집에서 당분간 유효한 면적을 차지할 것이다.

가족의 개념이 다양해지고 있는 시기라고는 하나, 집은 아직도 가족의 가치를 강조한다. 1인 가구의 증가, 외식과 식품 산업의 발달 등을 이유로 부엌이 점차 사라지게 될 것이라는 의견도 많아졌지만, 집과 부엌은 좀처럼 분리되기 어렵다. 배달음식과 간편식을 더욱 선호하게 되었다고는 하지만 '건강한 먹거리'에 대한 관심도 나날이 높아지고 있으며, '혼밥'의 시대라고 하지만 '집밥'에 대한 향수마저 포기한 것은 아니다.

물론 최근에 대안으로 등장한 임대형 공유주방이나 쉐어하우스의 부엌도 눈여겨볼 필요가 있다. 마을 공동체 단위의 '마을부엌'도 서울시에만 70여 곳 넘게 운영되고 있다.[6] 그러나 부엌을 공유하는 이유가 단지 경제적 합리성 때문만은 아닐 것이다. 그것보다는 외롭지 않게 식사할 수 있다는 장점이 더 크다. 부엌을 같이 쓰자는 현상의 바탕에는 '함께 먹는 즐거움'이 존재한다. 이시게 나오미찌(石毛直道)[7]의 정의에 따르자면 '인간은 공식(共食)하는 동물'이며 인간의 식사는 원칙적으로 혼자서 먹는 것이 아니다.[8]

그렇지만 가족이 아닌 타인과 공유하는 식생활이 모두에게 보편화될 것이라는 기대는 아직까지 성급하다. 실제로 임대형 공유주방은 회당 임대료로 운영되는 단발성 장소이며, '마을부엌'도 주로 운영위원 5~10인으로 구성되는 소규모 공동체이다.[9] 전술한 바와 같이, 과거 공동부엌의 사례는 모두 한때의 실험적 사례로만 남았고 보편적인 파급력을 갖지 못했다. 집에서 부엌이 사라지기 힘든 이유는 '부엌은 곧 집'이라는 상징성과 한국 식문화의 보수성에 있다.

이 책의 큰 줄거리는 근대와 부엌이지만 그 안에는 산업사회와 국가, 집

---

6) 서울특별시, 「서울의 마을부엌, 무엇을 의미하고 무엇을 해야 할까?」, 2018 서울식문화혁신주간 지속가능한 식생활심포지엄2 아젠다, 2018.11.14., pp.5-7

7) 이시게 나오미찌(石毛直道, 1937~)는 일본의 문화인류학자이자 민속학자이다. 주로 음식과 식사문화를 연구하여 세계 여러나라의 문화적 특징을 밝히는 연구에 큰 업적을 남겼다. 대표 저서 『食卓の文化誌』(1982), 『食事の文明論』(1982), 『食の文化地理 舌のフィールドワーク』(1995),『飲食文化論文集』(2009) 등이 있다.

8) 이시게 나오미찌, 안명수 옮김, 『식탁문명론』, 유한문화사, 2008, p.29

9) 서울특별시, 앞의 글, 2018.11.14., p.15

과 가족, 여성의 개념이 복잡하게 얽혀있다. 근대부엌은 근대사회와 효율성이라는 가치를 공유했으며, 때로는 국가가 가족생활의 근대화를 촉구하는 담론적 매개체가 되기도 했다. 또한 한국 주거는 근대부엌을 수용하는 과정을 통해 가장 한국적인 공간구성을 성립시켰다. 부엌은 주거 내 어느 공간보다 가장 활발하게 사용되는 장소이며, 부엌을 제외하고 한국 주거의 과거, 현재, 미래를 논할 수 없다.

앞장의 마지막으로 언급했던 '전통으로의 회귀'란 근대부엌 속에 존재하는 전통의 가능성을 의미한다. 아주 옛날과 같이 부뚜막 아궁이로 돌아가자는 뜻이 아니며, 입식부엌의 편리성을 완전히 부정하는 것도 아니다. 그보다는 한국 근대부엌 속에 마치 동전의 양면처럼 붙어있는 근대와 전통의 관계를 인지할 필요성을 강조한다. 합리화와 효율성에 관한 맹신에서 벗어난 비합리와 비효율의 가능성이다. 20세기 '가사노동의 합리화'는 부엌을 단기간에 변화시키는데 크게 기여했지만 한국 부엌과 주거의 문화적 특성을 고려하지 못했다.

식생활 문화는 음식을 만들고 함께 먹는 일상을 포함하는 것이며, 부엌은 전통적 식문화를 보전하고 사회와 가족을 연결하는 공간적 매개체로 존재했다. 오직 집의 한 모퉁이에 있었을 것만 같은 이 조용한 공간은 사실 지난 백 년간 집과 사회를 연결해온 가장 활발한 공간이었다. 부엌은 불에서 시작했으나 오로지 날것을 익혀 먹을 수 있게 만드는 기능으로만 진화하지 않았다. 이것이 오늘날 우리가 부엌을 다시 보아야 할 이유이다.

참고문헌

| 국내 단행본 |

고미숙, 『위생의 시대』, 북드라망, 2014

공동주택연구회, 『한국공동주택계획의 역사』, 세진사, 1999

국사편찬위원회, 『20세기 여성, 전통과 근대의 교차로에 서다』, 두산동아, 2007

김경순, 『여성과 아파트 주거환경』, 도서출판 건기원, 2003

김광언, 『한국의 부엌』, 대원사, 1997

김대년 외, 『여성의 삶과 공간환경』, 한울아카데미, 1995

김성희, 『한국여성의 가사노동과 경제활동의 역사』, 학지사, 2002

김용학, 『사회연결망 분석』, 박영사, 2011

김현숙 외, 『식민지 근대의 내면과 매체표상』, 깊은샘, 2006

김혜경, 『식민지하 근대가족의 형성과 젠더』, 창비, 2006

박용환, 『한국근대주거론』, 기문당, 2010

박철수, 『거주 박물지』, 도서출판 집, 2017

박철수, 『아파트: 공적 냉소와 사적 정열이 지배하는 사회』, 마티, 2013

여원사, 『현대여성생활전서』 제11권 주택, 여원사출판부, 1960

연구공간 수유+너머, 『신여성: 매체로 본 근대 여성 풍속사』, 한겨레신문사, 2005

이상록 외 공저, 『일상사로 보는 한국근현대사』, 책과함께, 2006

이임하, 『계집은 어떻게 여성이 되었나』, 서해문집, 2004

손세관, 『집의 시대』, 도서출판 집, 2019

윤주현, 『한국의 주택』, 통계청, 2002

이진경, 『근대적 주거공간의 탄생』, 그린비, 2011

장림종, 박진희, 『대한민국 아파트 발굴사』, 효형출판, 2009

전남일, 『집: 집의 공간과 풍경은 어떻게 달라져왔을까』, 돌베개, 2015

전남일·양세화·홍형옥, 『한국주거의 미시사』, 돌베개, 2009

전봉희·권용찬, 『한옥과 한국 주택의 역사 - 온돌과 마루와 부엌으로 본 한국 주택의 형성과 변화』, 동녘, 2012

주영하, 『서울의 근현대음식』, 서울특별시시사편찬위원회, 2014
주영하, 『한국인은 왜 이렇게 먹을까?: 식사방식으로 본 한국 음식문화사』, 휴머니스트, 2018
최윤경, 『7개 키워드로 읽은 사회와 건축공간』, Spacetime, 2003
함한희, 『부엌의 문화사』, 살림, 2005

| 국외 단행본 및 번역서 |

Catharine E. Beecher, *A Treatise on Domestic Economy,* Boston:Thomas H.Webb & Co, 1841
Catharine E. Beecher & Harriet B. Stowe, *An American Woman's Home,* Massachusetts: Applewood Books, 2008 (New York: J.B. Ford&Co., Originally published in 1869)
Charlotte Perkins Gilman, *Women and Economics: A Study of the Economic Relation Between Men and Women as a Factor in Social Evolution,* London:G.P. Putnam's Son, 1908 (Originally published in 1898)
Charlotte Perkins Gilman, *What Diantha Did,* Auckland: The Floating Press, 2010 (Originally published in 1910)
Christine Frederick, *New Housekeeping: Efficiency Studies in Home Management,* New York: Doubleday, Page& Company, 1913
Christine Frederick, *Household Engineering: Scientific management in the home,* Chicago: American School of home economics, 1925 (Originally published in 1915)
Dolores Hayden, *The Grand Domestic Revolution: A History of Feminist Designs for American Homes, Neighborhoods and Cities,* Cambridge:The MIT Press, 1982
Gwendolyn Wright, *Building the Dream: A Social History of Housing in America,* Cambridge:The MIT Press, 1983

Juliet Kinchin & Aidan O'Connor, *Counter Space: Design and the Modern Kitchen,* New York: The Museum of Modern Art, 2011

June Freeman, *The Making of the Modern Kitchen: A Cultural History,* Oxford:Berg Publishers, 2004

Kathryn Kish Sklar, *Catharine Beecher: A Study in American Domesticity,* New York:the Norton Library, 1973

Klaus Spechtenhause(ed.), *The Kitchen,* Berlin:Birkhäuser, 2006

Nancy F. Cott, *The Boards of Womanhood: "Woman's Sphere" in New England,* 1780-1835, New Haven:Yale UP, 1977

Ruth Oldenziel & Karin Zachmann, *Cold War Kitchen: Americanization, Technology and European Users,* Cambridge: The MIT Press, 2009

Ruth Schwartz Cowan, *More Work For Mother,* Basic books, 1983

Susan Strasser, *Never Done: A History of American Housework,* New York: Henry Holt and Company, 2013 (Pantheon Books, Originally published in 1982)

Susana Torre, *Women in American Architecture: A Historic and Contemporary Perspective,* New York: Whitney Library of Design, 1977

Sigfried Giedion, *Mechanization Takes Command: A Contribution to Anonymous History,* Univ Of Minnesota Press, 2014 (Oxford Press, Originally published in 1948)

古管桂子,『にっぽん台所文化史』, 雄山閣, 1991

内田青蔵,『日本の近代住宅』, 鹿島出版社, 1992

小山静子,『家庭の生成と女性の国民化』, 勁草書房, 1999

日本生活学会,『生活学: 台所の100年』, ドメス出版, 1999

山口昌伴,『台所空間学』, 建築資料研究社; 摘録版 , 2000

鈴木成文,『住まいを読む – 現代日本住居論』, (有)建築資料研究社, 1999

鈴木成文 外,『51C, 家族を含まれるハコの戦後と現在』, 平凡社, 2004

北川圭子,『ダイニング·キッチンはこうして誕生した』, 技報堂出版, 2002

渡辺光雄,『窓を開けなくなった日本人』, 社団法人農山漁村文化協会, 2008
小関孝子,『生活合理化と家庭の近代:全国友の会による「カイセン」と「婦人之友」』, 勁草書房, 2015
モリ·ハリソン, 小林裕子 譯,『台所の文化史』, 法政大学出版局, 1993
西山夘三,『日本のすまい』, 經草書房, 1975

노버트 엘리아스, 유희수 옮김,『매너의 역사 〈문명화과정〉』, 도서출판 신서원, 1995
G.D.H. 콜, 홍기빈 옮김,『로버트 오언』, 칼폴라니사회경제연구소, 2017
루쓰 코완, 김성희 외 옮김,『과학기술과 가사노동: 일이 더 많아진 주부』, 학지사, 1997
미셸 푸코, 김상운 옮김,『사회를 보호해야 한다.』, 난장, 2015
미셸 페로 편집, 전수연 옮김,『사생활의 역사, 4』, 새물결, 2002,
배형민, 박정현 옮김,『포트폴리오와 다이어그램』, 동녘, 2013
발레리 줄레조, 길혜연 옮김,『아파트 공화국』, 후마니타스, 2007, 2014(10쇄)
샤를 푸리에, 변기찬 옮김,『사랑이 넘치는 신세계 외』, 책세상, 2007
스피로 코스토프, 우동선 옮김,『아키텍트』, 효형출판, 2011
아모스 라포포트, 이규목 옮김,『주거형태와 문화』, 열화당, 1985
이시게 나오미찌, 안명수 옮김,『식탁문명론』, 유한문화사, 2008
앤서니 기든스, 김미숙 외 공역,『현대사회학』, 을유문화사, 2020
와카쿠와 미도리, 건국대학교 대학원 일본문화·언어학과 역,『황후의 초상: 쇼켄황태후의 표상과 여성의 국민화』, 소명출판, 2007
필립 아리에스, 문지영 옮김,『아동의 탄생』, 새물결, 2003
프레데릭 윈슬러 테일러, 박진우 옮김,『과학적 관리의 원칙』, 박영사, 1994
프레데릭 제임슨, 황정아 옮김,『단일한 근대성』, 창비, 2020
한스 울리히 굼브레히트, 원석영 옮김,『코젤렉의 개념사 사전 13. 근대적/근대성, 근대』, 푸른역사, 2019

| 국내 학위논문 |

권용찬, 『대량생산과 공용화로 본 한국 근대 집합주택의 전개』, 서울대학교 박사학위논문, 2013

권이철, 『중산층 아파트의 특성에 관한 연구: 한강맨션, 여의도시범, 반포주공1 아파트 단지를 중심으로』, 서울시립대학교 석사학위논문, 2016

김광일, 『(주)한샘의 경영사례 연구』, 동국대학교 석사학위논문, 2001

김귀란, 『식생활과 관련된 가사노동의 사회화 실태 및 미래전망에 관한 연구』, 연세대학교 석사학위논문, 1991

김명선, 『한말(1876-1910) 근대적 주거의식의 형성』, 서울대학교 박사학위논문, 2004

김미정, 『1920-30년대 대중매체를 통해본 근대 주거문화 수용양싱에 관한 연구』, 서울시립대학교 석사논문, 2009

김수진, 『1920-30년대 신여성담론과 상징의 구성』, 서울대학교 박사학위논문, 2005

김용범, 『한국 도시주거의 변천과정에서 나타난 주거사상의 변화에 관한 연구』, 한양대학교 석사학위논문, 2001

김진성, 『1930년대 잡지의 '가정탐방기'에 나타난 근대 주거담론에 관한 연구』, 서울시립대학교 석사학위논문, 2007

류영희, 『1920-30년대 '신가정'과 '신여성'』, 서강대학교 석사학위논문, 2006

박춘식, 『50년대 이후 단독주택의 변천에 관한 연구: 서울지역의 서민주택을 중심으로』, 홍익대학교 석사학위논문, 1986

백유진, 『가사노동 사회화와 관련변인 연구』, 동아대학교 석사학위논문, 1994

성모영, 『1960-1990년대 도시서민주택의 부엌공간 변천 - 서울시 구 도봉구의 단독주택을 중심으로-』, 명지대학교 석사학위논문, 2000

손영민, 『한국 근대도시주거 평면변천에 나타난 주거사상에 관한 연구』, 한양대학교 석사학위논문, 2008

신혜경, 『여성학적 접근방법으로 본 도시주거환경의 문제점에 관한 연구』, 서울대학교 박사학위논문, 1991

안성호 『일제강점기 속복도형 일식주택의 이식과 영향에 관한 연구』, 부산대학교 박사학위논문, 1997

우경옥, 『식생활 관련된 가사노동의 실태 및 가치인식에 관한 연구』, 연세대학교 석사학위논문, 1990

유재우, 『한국 도시단독주택의 형성과정에 나타난 평면특성-주양식의 근대화 과정을 중심으로-』, 부산대학교 박사학위논문, 2002

이경아, 『일제강점기 문화주택 개념의 수용과 전개』, 서울대학교 박사학위논문, 2006

이상업, 『도시주부들의 주택기호성에 관한 연구』, 숙명여자대학교 석사학위논문, 1976

이순희, 『연료전환에 따른 도시 주거공간의 변화과정에 관한 연구』, 한양대학교 박사학위논문, 1997

이아리, 『일제하 주변적 노동으로서 '가사사용인'의 등장과 그 존재양상』, 서울대학교 석사학위논문, 2013

이주희, 『아파트 보조부엌의 유형별 공간 이용실태 및 요구』, 울산대학교 박사학위논문, 2005

이창석, 『아파트 발코니 이용실태 분석에 관한 연구』, 연세대학교 석사학위논문, 2008

조혜영, 『한국 부엌 디자인의 역사: 근대 이후 부엌의 문화사적 의미』, 국민대학교 테크노디자인대학원 박사학위논문, 2013

최덕경, 『주거양식과 장독대에 관한 연구』, 수도여자사범대학 석사학위논문, 1977

최소영, 『생활개선논의를 통해 고찰한 한인건축가들에 의한 주택개량론 연구』, 한양대학교 석사학위논문, 2009

최연진, 『거주자의 식생활 유형에 따른 공간계획 연구』, 연세대학교 석사학위논문, 2001

함상우, 『아파트 거주자의 주거공간 이용에 관한 연구 - 부엌, 식당을 중심으로 -』 서울대학교 석사학위논문, 1986

황인환, 『우리나라 아파트 발코니 계획의 문제와 개선방안에 관한 연구: 발코니 계획관련 법제도의 개선방안을 중심으로』, 명지대학교 석사학위 논문, 1999

| 국내 학술지 논문 |

강인호, 강부성, 박광재, 박인석, 박철수, 이규인, 「우리나라 주거형식으로서 아파트 일반화 요인 분석」, 『대한건축학회논문집계획계』 13(9), 1997, pp.101-112

권보드래, 「가족과 국가의 새로운 상상력 -신소설의 여성 주인공을 중심으로-」, 『한국현대문학연구』 10, 2001, pp.21-57

김덕호, 「가내하인에서 '전기하인'으로: 남북전쟁 이후부터 1930년대까지 사회 변화와 기술변화의 관련성에 관한 시론」, 『미국학』 39(2), 2016, pp.1-42

김명선, 「1910년대 주거담론의 성격」, 『한국산학기술학회논문지』 11(2) pp.628-633

김분옥·장명욱, 「우리나라 주부의 부업 관리율」, 『가족과 환경』 6, 1968, pp.959-972

김성우, 「일본의 메이지 사상계와 '科學'이라는 용어의 성립과정」, 『한국과학사학회지』 25(2), 2003, pp.131-146

김수암, 김상호, 「우리나라 공동주택 평면의 변화경향에 관한 연구」, 『대한건축학회논문집계획계』 13(2), 1993, pp.113-117

김수암·박용환, 「집합주택 단위평면 유형의 고정화 현상에 관한 연구 - 공공아파트를 중심으로 -」, 『대한건축학회논문집 계획계』 8(6), 1992, pp.77-84

김수진, 「전통의 창안과 여성의 국민화 - 신사임당을 중심으로 -」, 『사회와역사』 80, 2008, pp.215-255

김용범, 「일제강점기 여성지에 나타난 생활개선 담론의 경향 고찰」, 『한국주거학회논문집』 22(4), 2011, pp.51-61

김우필, 최혜실, 「식민지 조선의 과학, 기술담론에 나타난 근대성 - 인문주의 대 과학주의 합리성 논의를 중심으로」, 『한민족문화연구』 34, 2010, pp.249-280

김정화, 「샬롯 퍼킨스 길먼(1860-1935)의 '급진주의' 페미니즘 - 여자만의 나라를 상상하다」, 『역사와 경계』 104, 2017, pp.39-75

김종희, 김영찬, 「1960-70년대 여성지에 나타난 근대적 주거공간 및 주거문화 담론에 관한 연구」, 『미디어, 젠더&문화』 10, 2008, pp.109-155

김지태, 「해방후 공사주택평면발달과정」, 『주택』12, 1964, pp.42-47

김현조·이강자, 「우리나라 都市, 農, 山村의 부엌 管理實態에 關한 考察 」, 『영남이공대학 논문집』 5, pp.157-165

도연정, 전봉희, 「의미연결망 분석을 통한 1920-30년대 부엌담론에 관한 연구」, 『대한건축학회논문집계획계』 32(7), 2016, pp.29-36

도연정, 전봉희, 「한국 아파트 평면에서 LDK 형성과정의 특징-1962년~1988년 대한주택공사 아파트 사례를 중심으로-」, 『대한건축학회논문집계획계』, 33(9), pp.61-70

민진영, 「지배 이데올로기로서의 '가정성'의 형성, 재현, 전유」, 『영미문학교육』 6(2), 2002, pp.267-294

박인석·강부성·박철수, 「한국 공동주택 단위평면 계획원리로서의 개방적 공간 구성」, 『대한건축학회논문집 계획계』 15(2), 1999, pp.71-82

박주원, 「푸리에에서 맑스로? 맑스에서 푸리에로: '팔랑쥬(Phalange)', 즐거운 노동공동체의 가능성과 한계」, 『한국정치학회보』 37(2), 2003, pp.149-171

박진희, 「일제하 주택 개량 담론에서 보여지는 근대성」, 『담론 201』 7(2), 2004, pp.82-108

박철수, 「1930년대 여성잡지의 '가정탐방기'에 나타난 이상적 주거공간 연구」, 『대한건축학회논문집 계획계』 22(7), 2006, pp.39-48

박치성, 정지원, 「텍스트 네트워크 분석: 사회적 인식 네트워크 분석을 통한 정책이해관계자 간 공유된 의미 파악 사례」, 『정부학연구』 19(2), 2013, pp.73-108

백혜선·박광재, 「한국 공동주택에서 다용도실의 성립과 전개」, 『대한건축학회논문집 계획계』 16(3), 2000, pp.11-20

손정희, 「길먼의 '다이앤서가 한 일': 가사노동과 여성의 위상」, 『미국소설』 16(1), 2009, pp.67-90

손혜영·박혜정, 「불량주택 부엌의 물품고에 대한 연구」, 『부학』 7, 연세대, 1974, pp.83-87

송문자, 「農村社會의 生活改善에 關한 小考 : 衣·食·住 改善과 農村生活을 中心으로 」, 『사회학연구』 4, 1965, pp.81-90

송성수, 「테일러리즘의 형성과정에 있어서 기술의 위치」, 『한국과학사학회지』 16(1), 1994, pp.66-101

송성수, 「테일러리즘의 형성과정, 1878-1901」, 『한국과학사학회지』 15(1), 1993, pp.116-121

송성수, 「역사속의 여성 엔지니어를 찾아서: 릴리언 길브레스의 사례」, 『공학교육연구』 17(3), 2014, pp.69-73

양세화, 전남일, 홍형옥, 손세관, 「개화기 이후 이상주거 담론에 나타난 주의식」, 『대한가정학회지』 44(5), 2006, pp.35-48

우동선, 「과학운동과의 관계로 본 박길룡의 주택개량론」, 『대한건축학회논문집 계획계』 17(5), 2001, pp.81-88

윤복자 외 5인, 「서울시 거주자의 부엌기기의 보유현황 및 수요예측」, 『한국주거학회논문집』 9(1), 1998, pp.87-97

윤복자, 김미희, 「평면규모 30평 및 40평 형대 아파트 거주자의 공간사용방식(1): 안방 , 거실 , 식당 , 부엌을 중심으로」, 『대한건축학회논문집계획계』 8(1), 1992, pp.25-38

윤복자, 『한국부엌의 과학적 검토와 제시』, 『가족과 환경연구』 10(1), 1972, pp.654-660

윤복자 외 4인, 「한국부엌의 변천-구석기시대부터 고려시대까지」, 『한국주거학회논문집』 5(2), 1994, pp.41-50

이란표, 「초창기 모더니즘 건축가 마가레테 쉬테-리호츠키에 관한 연구」, 『한국실내디자인학회논문집』 14(3), 2005, pp.20-27

이병철, 「주거문명의 사회사」, 『서양사론』 102, 2008, pp.125-156

이수상, 「언어네트워크 분석 방법을 활용한 학술논문의 내용분석」, 『정보관리학회지』 31(4), 2014, pp.49-68

이숙인, 「신사임당 담론의 계보학(1): 근대이전」, 『진단학보』 106, pp.1-31

이희봉, 김지은, 「한국인의 식생활 문화에 맞는 부엌공간 계획을 위한 현장연구」, 『환경과학연구』 5, 1994, pp.139-159

장명욱, 「부엌의 개량」, 『주택』 20, 1967, pp.95-102

장미경, 「개발 국가 시기, 새마을 운동 부녀 지도자의 정체성의 정치: 부녀지도자의 성공 사례 , 수기를 중심으로」, 『사회 과학 연구』 16, 2008, pp.426-461

전남일, 「'레드 빈'시대 쉬테-리호츠키의 주거 계획 개념에 대한 연구」, 『한국실내디자인학회논문집』, 2017, pp.135-144

전미경, 「1920-30년대 '모성담론'에 관한 연구 - 『신여성』에 나타난 어머니 교육을 중심으로 -」, 『한국가정과교육학회지」 17(2), 2005

조영무, 「공영주택설계분석시도」, 『주택』 15, 1965, pp.49-55

주남철, 「한국의 전통적 식생활공간」, 『한국식문화학회지』 2(2), 1987, pp.169-185

최윤정, 「'스위트 홈'에 대한 환상과 근대 아동문학에 나타난 '모성'연구」, 『한국아동문학연구』 23, 2012, pp.225-255

최윤정, 권상희, 「'빅데이터' 관련 신문기사의 의미연결망 분석」, 『사이버커뮤니케이션 학보』 31(1), 2014, pp.241-286

최재필, 「공간구문론을 사용한 국내아파트 단위주호 평면의 시계열적 분석」, 『대한건축학회논문집』 12(7), 1996, pp.15-27

최재필, 「중정에서 거실로: 아파트 대량생산에 있어서의 거주성 확보를 위한 시험적 고찰」, 『주택도시』 51, 1990, pp.52-65

함한희, 「부엌의 현대화 과정에서 나타나는 문화적 선택들」, 『정신문화연구』 25(1), 2002, pp.65-84

현원복, 「1930년대의 과학기술학진흥운동」, 『민족문화연구』 12, 고려대학교 민족문화연구소, 1997, pp.239-286

홍선영, 「한·일 근대문화 속의 〈가정〉 -1910년대 가정소설, 가정극, 가정박람회를 중심으로-」, 『일본문화학보』 22, 2004, pp.245-262

| 국외 학술지 논문 |

西山夘三, 『住居空間の用途構成に於ける食寝分離論」, 『日本建築学会 論文集」 25, 1942, pp.149-155

木村徳国, 「大正時代の住宅改良と居間中心形住宅様式の成立」, 『北海道大學工學部研究報告』 18(45), 1958, pp.1-149

柳田伸幸 외, 「戦後の建築雑誌並びに'特許庁データベース'に紹介されたステンレス流しの特性について」, 『日本建築学会計画論文集』, 2010, pp.1255-1262

柳田伸幸, 藤谷陽悦, 内田青蔵, 安野彰, 「一体絞り型シンク'の開発過程による研究(3)」, 『日本建築学会大会学術概要講演集』, 2008, pp.1-4

服部岑生, 「平面類型から見た住様 式の動向に関 する研究(1)」, 「住宅建築研 究所報』 7, 1980, pp.1-30

山本珠美, 「'生活の科学化'に関する歴史的考察」, 『生涯学習 ·社会教育学研究』 21, 1997, pp.47-55

Dolores Hayden, Two Utopian Feminist and Their Campaigns for Kitchen-less Houses", *Signs*, Vol.4 No.2, 1978, pp.274-290

Genevieve Bell & Joseph Kaye, "Designing Technology for Domestic Spaces: A Kitchen Manifesto." *Gastronomica,* Vol.2 No.2, 2002, pp. 46-62

Inoue Mariko, "Regendering Domestic Space: Modern Housing in Prewar Tokyo." *Monumenta Nipponica,* Vol.58 No.1, 2003, pp. 79-102

Joy Parr, "Introduction: Modern Kitchen, Good Home, Strong Nation." *Technology and Culture,* Vol.43 No.4, 2002, pp. 657-667

J.Shere, The Management fo the Home, *Family Friend,* 5th Series, Vol.3 No.3, 1867

Laurel D. Graham, "Domesticating Efficiency: Lillian Gilbreth's Scientific Management of Homemakers, 1924-1930." *Signs,* Vol.24 No.3, 1999, pp. 633-675

Mark Peach, "'Der Architekt Denkt, Die Hausfrau Lenkt': German Modern Architecture and the Modern Woman." *German Studies Review,* Vol.18 No.3, 1995, pp. 441-463

Mary McLeod, "'Architecture or Revolution': Taylorism, Technocracy, and Social Change." *Art Journal,* Vol.43 No.2, 1983, pp. 132-147

Mary Nolan, "'Housework Made Easy': The Taylorized Housewife in Weimar Germany's Rationalized Economy." *Feminist Studies,* Vol.16 No.3, 1990, pp. 549-577

Mauro F. Guillén, "Scientific Management's Lost Aesthetic: Architecture, Organization, and the Taylorized Beauty of the Mechanical." *Administrative Science Quarterly,* Vol.42 No.4, 1997, pp. 682-715

Nicholas Bullock, "First the Kitchen-Then the Façade." *Journal of Design History,* Vol.1 No.3/4, 1988, pp. 177-192.

| 국내·국제 학술발표대회 논문 |

도연정 · 전봉희, 「공동주택 LDK평면의 형성에서 보이는 주거문화사적 특성」, 『한국건축역사학회 추계학술발표대회 논문집』, 2014, pp.109-114

도연정, 「'근대부엌'으로 본 건축가 박길룡의 부엌계획에 관한 고찰」, 『한국건축역사학회 춘계학술발표대회 논문집』, 2019, pp.129-132

Younjung Do& BongHee Jeon, "Place-making for The Nationalization of Women: the Myth of Shin-Saimdang In the Image of Wise Mother/ Good Wife", *IASTE,* 2012

Younjung Do & BongHee Jeon, "How the LDK Has Formed in Korean Apartment Housing? -Focused on the Relevance of Traditional Korean Housing -", *APNHR,* 2015

| 신문 |

『경향신문』, 1940.01.01.~1979.12.31

『매일경제』, 1960.01.01~1979.12.31

『동아일보』, 1920.01.01.~1979.12.31

| 잡지 |

『女性』, 1936~1940

『新女性』, 1923~1934

『新家庭』, 1933~1936

『새살림』, 1947~1949

| 보고서 |

대한주택공사, 『한국주택현황』, 대한주택공사, 1966

대한주택공사, 『대한주택공사 주택단지총람 1954-1970』, 대한주택공사, 1979

대한주택공사, 『대한주택공사 주택단지총람 1971-1977』, 대한주택공사, 1981

대한주택공사, 『대한주택공사 주택단지총람 1981-82』, 대한주택공사, 1987

대한주택공사, 『대한주택공사 이십년사』, 대한주택공사, 1979
대한주택공사, 『대한주택공사 삼십년사』, 대한주택공사, 1992
대한주택공사, 『21세기 대한주택공사의 발전방향』, 대한주택공사, 1998
대한주택공사 주택연구소, 『공동주택 생산기술의 변천에 관한 연구』, 대한주택공사 주택연구소, 서울, 1995
대한주택공사 주택연구소, 『공동주택 부엌·식당의 가구규격 및 적정규모설정 연구』, 대한주택공사, 1987
대한주택공사 주택연구소, 『아파트 실태조사』, 대한주택공사, 1971
대한주택공사 주택연구소, 『74년 건설 아파트입주자 실태조사』, 대한주택공사 주택연구소, 1974
일본건축학회 저, 대한주택공사 주택연구소 역, 『집합주택계획연구사』, 대한주택공사 주택연구소, 1993
日本住宅公団, 『日本住宅公団10年史』, 日本住宅公団, 1965

| 일본 근대부엌 관련 자료 |

天野誠斎, 『臺所改良』, 博文館, 1907
住宅改良会, 『新しき住家』, 住宅改良会, 1921
住宅改良会, 『中流住宅設計図集』, 住宅改良会, 1922
住宅改良会, 『小住宅集』, 住宅改良会, 1926
住宅改良会, 『住宅』, 住宅改良会, 1916~1937 (제1권1호~제22권10호)
生活改善同盟会, 『住宅改善の方針』, 生活改善同盟会, 1920
生活改善同盟会, 『生活改善の栞』, 生活改善同盟会, 1924
生活改善同盟会, 『住宅家具の改善』, 生活改善同盟会, 1924
森口多里, 林いと子, 『文化的住宅の研究』, アルス, 1922
井上秀子, 『家庭管理』, 文光社, 1925
井上秀子, 『最新家事提要』, 文光社, 1925
京都府社會課, 『臺所改良』, 中西印合刷名會社, 1929
和辻春樹, 『生活の科学化』, 日本出版配給株式會社, 1946

| 그림 목차 및 출처 |

※출처 표시가 없는 것은 소유권이 소멸했거나 필자가 촬영, 재작도한 것입니다. 출판사와 저자의 의도와는 달리 확인하지 못했거나 출처의 오류가 있는 경우, 개정판에서 바로 잡도록 하겠습니다.

제1부

1-24. 컨베이어 벨트를 이용한 포드(Ford)의 자동차 조립 공정. *70p*

1-25. 크리스틴 프레데릭의 『New Housekeeping』에서 처음 제시한 부엌 동선에 대한 초기 다이어그램 (출처: Christine Frederick, New Housekeeping, 1923, p.53). *74p*

1-26. 부엌일에 편리한 작업대와 적절한 도구 사용의 중요성을 설명하는 사진 (출처: Christine Frederick, Household Engineering, 1925, p.32, p.165). *74p*

1-27. 크리스틴 프레데릭의 부엌 동선 다이어그램. 부엌 장비의 비효율적 배치(좌)와 효율적 배치(우) (출처: Christine Frederick, Household Engineering, 1925, pp.22-23). *76p*

1-28. 버틀러 팬트리가 있는 부엌의 계획(좌), 작은 주택의 편리한 부엌 계획(우) (출처: Christinc Frederick, Household Engineering, 1925, pp.24-25). *76p*

1-29. 바이젠호프 주택단지 중 J.J.P.오우드 주택의 부엌 (출처: Erna Meyer, Die Praktische Küche, 1930, p.27). *78p*

1-30. 1927년 프랑크푸르트 건설국 사무실에서 동료들과 마가레테 쉬테-리호츠키(좌), 프랑크푸르트 키친(우) (출처: MoMA). *80p*

1-31. 금호미술관에 전시된 프랑크푸르트 키친 (도연정 촬영, 2014.06.24.). *80p*

1-32. 「프랑크푸르트 키친(Die Frankfurter Küche)」. 1927년 프랑크푸르트 키친의 홍보 필름 (출처: Medienzentrum Frankfurt). *84p*

1-33. 전통적 부엌의 나쁜 효율성 동선(좌)과 프랑크푸르트 키친의 효율적 동선(우)를 비교한 그림 (출처: Werkbund Archive). *84p*

1-34. 미트로파 식당칸의 부엌. *84p*

1-35. 키친 프랙티컬(The Kitchen Practical, 1929) (출처: 키친 프랙티컬 팜플렛). *88p*

1-36. '순환작업공간(circular work space)'을 비교 설명한 다이어그램 (출처: Sophia Smith Collection, Smith College). *88p*

제2부

2-16. “하인두고 손해되는 것을 보라. 오년에 팔백원돈이 소모된다. 식모를 두는 손득은 어떠한가.”(출처: 「가정의 큰 문제, 우리 생활을 좌우하는 식모문제는 크다.」, 『동아일보』, 1935.10.08.). *154p*

2-17. “역사는 부엌에서 창조된다.” (출처: 「국가성쇠와 부엌관계」, 『동아일보』, 1939.02.20.). *154p*

2-18. 박길룡이 설명한 함흥지방의 정지간(좌), 경성지방의 부엌(우) (출처: 박길룡, 「주에 대하야 1」, 『동아일보』, 1932.08.08.; 박길룡, 「주에 대하야 2」, 『동아일보』, 1932.08.10.). *158p*

2-19. 「주에 대하야 6」에서 제시한 개량부엌 내부의 모습 (출처: 서울대 건축사 연구실 재작도). *162p*

2-20. 1910~20년대 일본 중류주택의 '해취'에 대한 소개 사례 (출처: 日本住宅百圖(좌, 1919), 洋建築設計製圖(우, 1926)). *162p*

2-21. 안방과 부엌 사이에 음식을 주고받을 수 있는 '유리창 달린 벽장'(좌). 'K씨 부엌'의 평면도(우) (출처: (좌)박길룡, 「주에 대하야 4」, 『동아일보』, 1932.08.14, (우) 서울대 건축사연구실 재작도). *164p*

2-22. 박길룡의 「주에 대하야」 중 K씨 주택의 부엌을 스케치업 모델링 한 모습 (출처: 도연정 작도). *164p*

2-23. 일본 『중등교육 가사신교과서(中等教育 家事新教科書)』에 실린 개량 부엌(좌, 1931. 9), 박길룡의 개량부엌(우, 「주에 대하야 4」, 1932. 8). *166p*

2-24. 『住宅』 1936년 2월호에 소개된 개량부엌(좌, 출처: 『住宅』), 1936년 4월에 발표한 박길룡의 부엌개량안(우, 출처: 「새살림의 부엌은 이렇게 하였으면」, 『여성』, 1936년 1월 창간호). *166p*

2-25. 광주 양림동 이장우 가옥의 부엌과 툇마루 사이에서 해취와 비슷한 사례를 볼 수 있다. (출처: 도연정 촬영, 2018. 04. 25.). *168p*

2-26. 「개량소주택의 일례(6)」 (출처: 『실생활』, 1932.11). *168p*

2-27. 재래주택의 불합리한 공간사용이 부엌에서 시작되며, 얽히고설킨 동선을 정렬하여 이를 개선할 수 있다고 설명한 박길룡의 도해 (출처: 박길룡, 『재래식주가개선에 대하야, 제1편』, 1933, 四-五). *170p*

2-28. 조계은의 신식 주방안(좌), 송옥선의 재래식 부엌 개량안(우)
(출처: 『新家庭 』 1(8), 1933, p.15, p.17). *172p*

2-29. 김메불의 부엌 개량안 (출처: 『新家庭』 1(8), 1933, p.21). *172p*

2-30. 1931년에 촬영된 상류가정의 부엌 (출처: 국가기록원 소장자료). *174p*

2-31. 1937년에 촬영된 중류가정의 식기 (출처: 국가기록원 소장자료). *174p*

2-32. 1930년대 중반 중류 민가의 부엌 (출처: 국가기록원 소장자료). *174p*

2-33. 1930년대 하류 어촌 가정의 부엌 (출처: 국가기록원 소장자료). *174p*

제3부

3-1. 부녀국 기관지 『새살림』 표지와 같은 호에 실린 부녀국 초대 국장 고봉경과 고문 헬렌 닉슨 (출처: 『새살림』, 1947년 1권 2호). *180p*

3-2. 『국무회의부의사항 연료합리화운동에 관한 건」 (상공부, 1952) 전국 8개 도시별 분구 개량 사업과 목표치가 기록되어 있다. (출처: 국가기록원 소장자료). *182p*

3-3. 1959년 조선일보에 소개된 개량아궁이 (출처: 「개량아궁이: 연료가 많이 절약, 빨리 더웁고 잘안식고」, 『조선일보』, 1959.09.20.). *182p*

3-4. ㈜대성공업주식회사의 '재건아궁이' 리플렛 (출처: 국립민속박물관, 1960년대 후반 추정). *182p*

3-5 「개량부엌 만들기」(1959) (출처: 국립영상자료원). *186p*

3-6. "주방에서의 육영수 여사"(1966.11.19.) (출처: 정부기록사진집). *190p*

3-7. 정인국의 '부엌의 기능적 공간관계와 동선개념' (출처: 정인국, 「부엌과 주부생활」, 『새가정』, 1955, pp.34-35). *190p*

3-8. 정인국의 '양식 부엌에서의 자세와 안정된 한식 부엌에서의 자세' (출처: 정인국, 「부엌과 주부생활」, 『새가정』, 1955, p.36). *192p*

3-9. 정인국의 '부엌 개조 전·후의 평면도' (출처: 정인국, 「부엌과 주부생활」, 『새가정』, 1955, p.37). *192p*

3-10. 장명욱이 설명한 재래부엌과 대청까지의 단차(좌), 작업대의 높이에 따른 효율성(우) (출처: 장명욱, 「부엌의 개량」, 『주택』 20, 1967, p.96). *196p*

3-11. 장명욱이 제시한 '개량 후의 작업동선' (출처: 장명욱, 「부엌의 개량」, 『주택』 20, 1967, p.97). *196p*

3-12. 1960년대 도시주택의 부엌 모습 (출처: 『주택』, 1961). *198p*

3-13. 1962년 식생활개선센터에 전시된 시범부엌의 실내투시도 (출처: 「누구나 꾸며놓고 싶은 합리적인 시범부엌」, 『조선일보』, 1962.06.06.). *198p*

3-14. 순서에 맞는 작업대의 배치와 싱크대 규격에 대해 소개한 기사 (출처: "위치는 능률을 중시하고 조리대도 알맞은 높이로", 『조선일보』, 1962.02.06.). *200p*

3-15. 키친 디베이트 (출처: Ruth Oldenziel & Karin Zachmann, Cold War Kitchen: Americanization, Technology and European Users, 2009). *200p*

3-16. 새마을운동 부엌 아궁이 개량교육 현장 (출처: 국가기록원 소장자료). *204p*

3-17. 새마을운동 부엌개량 대상의 현장 사진 (출처: 국가기록원 소장자료). *204p*

3-18. 새마을운동의 모형 (출처: 박동서, 「새마을운동의 목적」, 『행정논총』 11(2), 1973, p.15 바탕으로 재작성). *204p*

3-19. 새마을운동 지도서에 실린 부엌개량 지침 (출처: 새마을기술봉사단 편찬, 『새마을기술교본 새마을 운동:부엌개량·변소개량』, 1981, p.4). *206p*

3-20. 새마을운동 자료에 실린 공동취사장의 모습(전라북도 나포면) (출처: 국가기록원). *208p*

3-21. 공동취사장 사례 (출처: 국립민속박물관). *208p*

3-22. 출포리 협동 새마을의 『공동취사장 운영기록부』(1976년 5월 작성) (출처: 새마을운동 아카이브). *208p*

3-23. 일본 2DK의 다이닝 키친(좌), 1957년 일본 공단주택 하스네 단지(蓮根団地)에 설치된 인조석 물갈기 개수대(우). *210p*

3-24. 선웨이브製 공단1호형 개수대(좌), 하루미 단지(晴海団地)에 설치된 스테인리스스틸 싱크대(우) (출처: LIXIL 資料館). *210p*

3-25. 1974년 한국의 수출용 싱크대 (출처: 국가기록원 소장자료). *210p*

3-26. 아파트 난방 연료 및 방식의 변천 (출처: 이순희, 『연료전환에 따른 도시 주거공간의 변화과정에 관한 연구』, 한양대학교 박사학위논문, 1997, p.37의 표와 『대한주택공사 이십년사』, 1979, p.389 바탕으로 재구성). *214p*

3-27. 현관과 부엌을 같이 계획한 사례. 홍제동 아파트 8평(좌, 1965), 홍제동·돈암동 아파트 8평(우, 1965) (출처: 대한주택공사, 『대한주택공사주택단지총람 1954-1970』, p.271). *214p*

3-28. 현관과 부엌을 같이 계획한 사례. 도화동 노무자 아파트 8평(좌, 1963), 이화 아파트 8평(우, 1964) (출처: 대한주택공사, 『대한주택공사주택단지총람 1954-1970』, p.250, p.261). *214p*

3-29. 정동 아파트 15평의 두 사례 (1964) (출처: 대한주택공사, 『대한주택공사주택단지총람 1954-1970』, pp.264-265). *216p*

3-30 동대문 아파트(좌, 1965), 연희동 아파트(우, 1966) (출처: 대한주택공사, 『대한주택공사주택단지총람 1954-1970』, p.272, 275). *216p*

3-31. 마포1차 아파트(1962)의 9평형(좌), 10평형(우) (출처: 대한주택공사, 『대한주택공사주택단지총람 1954-1970』, pp.237-238). *216p*

3-32. 연립주택 부문 3등 당선작(좌, 안영배, 송종석), 아파트 부문 2등 당선작(우, 이규재) (출처: 「보건사회부 주최 제1회 전국주택설계 건축자재현상」, 『건축』, 1958, p.40). *220p*

3-33. 김치창고를 제안한 아파트 계획안 사례 (출처: 클라우스 부락크, 「67년도의 새 아파트」, 『주택』, 1967, pp.50-51). *220p*

3-34. 전면 발코니에 다용도실을 설치한 마포1차 아파트의 9평형(좌, 1962), 부엌을 북측에 두고 후면 발코니에 다용도실을 설치한 마포2차 16평형(우, 1964) (출처: 대한주택공사, 『대한주택공사주택단지총람 1954-1970』, p.238, 267). *220p*

3-35. 「식생활 이야기: 장독대 없애기」 (출처: 국가기록원 영상자료, 1969). *224p*

3-36. 여의도 시범아파트 준공 시찰 (출처: 국가기록원 소장자료). *226p*

3-37. 1973년 준공된 반포주공1단지에는 오늘날에도 볕이 잘 드는 남쪽 거실 발코니 난간에 매달린 장독대를 볼 수 있다. (출처: 도연정 촬영, 2020.03.20.). *226p*

3-38. 온수단지 연립주택 부엌의 내부(1978) (출처: 서울역사박물관). *230p*

제4부

4-1. 1959년 국민주택 표준설계 15평형 (출처: 김지태, 「해방후 공사주택평면 발달과정」, 『주택』 12, 1964, p.43). *236p*

4-2. 1950년대 국민주택의 찬마루. 휘경동 재건주택(좌, 1954), 이문동·불광동·답십리 재건주택(우, 1956) (출처: 대한주택공사, 『대한주택공사 주택단지총람 1954-1970』, pp.184-185). *236p*

4-3. 1963년 국민주택 표준설계 15평형 (출처: 김지태, 「해방후 공사주택평면 발달과정」, 『주택』 12, 1964, p.45). *240p*

4-4. 1963년 표준설계도면에 따라 건설한 국민주택 사례. 종암동·불광동·북가좌동·장위동·수유리(좌), 수유동·내당동(대구)(우) (출처: 『대한주택공사주택단지총람 1954-1970』, p.253). *240p*

4-5. 공영51C형(公營51C型, 1951). *244p*

4-6. 니시야마 우조의 「서민주택의 식침분리 유형」 (출처: 西山夘三, 『住居空間の用途構成に於ける食寢分離論』, 『日本建築学会 論文集』 25, 1942, p.150). *244p*

4-7. 2DK 구성에서 식침분리의 원칙을 설명한 니시야마의 다이어그램 (출처: 도연정 작성. 西山夘三, 『日本のすまい』, 1975, p.139을 바탕으로 재작도). *244p*

4-8. 1960년 『현대여성생활전서』에 소개된 다이닝 키친과 리빙 키친 (출처: 여원사, 『현대여성생활전서, 11권 주택』, 1960, pp.138-139). *248p*

4-9. 한강맨션아파트 32평(1970). *248p*

4-10. 한강맨션아파트 55평(1970). *248p*

4-11. 1970년 여의도 시범아파트 입주자 모집공고 (출처: 대한주택공사). *250p*

4-12. 여의도 시범아파트 36평(좌, 1971), 48평(우, 1971). *250p*

4-13. 여의도 시범아파트 18형(좌, 1971), 24평(우, 1971). *250p*

4-14. 반포주공1단지(1973)의 32평형(좌), 36평B형(우). *254p*

4-15. 반포주공1단지(1973)의 36평A형(좌), 42평형(우). *254p*

4-16. 잠실주공5단지(1976)의 34평형(좌), 35평형(우). *254p*

제5부

제6부

| 표 목차 |

제1부

제2부

제3부

부록

부록

| 일본 주택개량회 『住宅』의 목차 |

부록_표 1. 1916년부터 1937년까지 『住宅』의 목차 중 부엌 관련 (음영부분은 「부엌연구호」)

연도	권	호	연호	내용	저자명
1916	1	4	大正5	記事,台所と湯殿	浅田みか子
1918	3	1	大正7	台所研究,科学的設備を望む	池田稔
	3	1	大正7	台所研究,台所改良案	櫻井ちか子
	3	1	大正7	台所研究,台所整理法	桜田節彌
	3	2	大正7	台所研究,現代の台所虐待を排す	佐藤功一
	3	2	大正7	台所研究,初めて使ってみた日本の台所	ホームス
1919	3	4	大正8	台所設計図案懸賞当選作	
	4	6	大正8	働き易い台所	
1920	5	1	大正9	主婦として台所第一	三角錫子
	5	6	大正9	田園住宅の台所	加治悦子
	5	7	大正9	台所と玄関と窓の変遷	阪元芳雄
1921	6	3	大正10	斯の如く台所を改善すべし	戸田通直
	6	3	大正10	理想的に改善された台所	橘教順
	6	5	大正10	和風住宅の台所	三角芳太郎
	6	11	大正10	台所改善と電気化	酒井忠英
1922	7	1	大正11	二百円で出来る台所改善	細井辰雄
	7	2	大正11	使い勝手よき台所	片野柾二
	7	4	大正11	諸家の庭園,住宅観,台所の改造	野口保興
1923	8	1	大正12	台所の話	山本拙郎
	8	1	大正12	台所研究	
	8	7	大正12	台所の簡易電化	加藤英夫
1924	9	8	大正13	台所の土間を中心として	山本拙郎
	9	12	大正13	食堂室とお台所	吉田賢
1925	10	4	大正14	台所に就いて	橋口信助
	10	4	大正14	電化台所	青柳豊三
	10	4	大正14	台所に就いて	山本外三郎
	10	4	大正14	台所に対する希望	甫守ふみ
	10	4	大正14	台所の構造	石川一男
	10	4	大正14	台所雑感	吉田賢
1928	13	4	昭和3	台所	前田松陰
	13	4	昭和3	台所の給水給湯	山本拙郎
	13	4	昭和3	台所用電気器具	伊藤奎二
	13	4	昭和3	住宅の台所	徳永安喜子
	13	4	昭和3	台所設備一つ二つ	
	13	4	昭和3	台所の燃料とレンヂ	石川一男

1928	13	4	昭和3	炊事台漫語	高島司郎
	13	4	昭和3	石油を使用する台所の設備	河井文吾
1929	14	12	昭和4	衛生と実用兼備の台所	中島準吉
1931	16	4	昭和6	趣味の台所	岩村春彌
	16	12	昭和6	台所の研究,台所の設計	葛野壮一郎
	16	12	昭和6	台所の研究,組み合わせ式台所の研究	岡田孝男
	16	12	昭和6	台所の研究,整備した台所	大谷木廣
	16	12	昭和6	台所の研究,小型台所二種	西村千代子
	16	12	昭和6	台所の研究,台所を簡単に改善するには	徳永安喜子
	16	12	昭和6	台所の研究,台所には金をかけよ	鈴木仙治
	16	12	昭和6	台所の研究,多数客のための調理室	H記者
	16	12	昭和6	台所の研究,台所についての感想	中村音羽
	16	12	昭和6	台所の研究,封川居縦横談	F記者
	16	12	昭和6	台所の研究,貸家を建てる人に望みたい台所の関心	浦川ます子
1932	17	3	昭和7	改善したる住宅の話,台所家具	楊箸華泉
	17	6	昭和7	家庭欄,食品貯蔵と台所	K．W
	17	10	昭和7	研究欄,台所の寸法	
	17	10	昭和7	研究欄,台所について	都冠二
1933	18	2	昭和8	特集欄,台所の設備	葛野壮一郎
	18	2	昭和8	特集欄,台所設備の実際的手引（１）	黒木素人
	18	2	昭和8	特集欄,斯う言う台所がこんなに使いよく,便利になりました	鈴木商行
	18	2	昭和8	特集欄,改良されたる台所	エルナ・マイエル
	18	3	昭和8	研究欄,台所設備の実際的手引き（２）	黒木素人
	18	4	昭和8	研究欄,台所新設備　ローリング・テーブル	
	18	10	昭和8	台所寸話	清水一
	18	11	昭和8	一畳半の標準台所	川喜多煉七郎
	18	11	昭和8	モダンでシークな台所	編集部編
1934	19	12	昭和9	研究欄,台所の改造	岡田孝男
	19	12	昭和9	研究欄,アメリカの台所の懸賞設計から	川喜田連七郎
1935	20	4	昭和10	研究欄,最小限の台所に就いて	桑澤千代
	20	4	昭和10	趣味欄,お台所改善展	
	20	5	昭和10	研究欄,ある料亭の食堂と台所の設備　つづき	川喜田煉七郎
1937	22	2	昭和12	研究欄,台所廻りの取扱い方について	中野順次郎
	22	8	昭和12	台所生活をもっと科学的に	磯谷貞次郎
	22	10	昭和12	研究欄, 台所の設備について	野崎操一

|『住宅』 중 「부엌연구호」(1918년) |

〈1918년, 제3권 1호〉

1) 과학적 설비를 바라며 (이케다 미노루 池田稔, 공학사)

■ 일본의 부엌은 과학적이지 않다.

유명한 오쿠마 후작저(邸)의 부엌, 혹은 백작의 부엌이라고 알려진 바와 같이, 규모, 설비 등 모든 면에 비용을 많이 들여 지은 것도 있지만, 그와 달리, 일본의 일반 부엌에는 하등 과학적 설비나 일하기에 유쾌한 장치라 부를 만한 것이 전혀 없다. 이것은 일본의 부엌에 있어 가장 큰 결점이라 생각한다. 원래 단순히 부엌뿐만이 아니라, 주택의 모든 부분을 더욱 지식적으로, 더욱 과학적으로 개량하지 않으면 안된다고 믿고 있기 때문에, 본인의 사무소에 설계를 의뢰한 경우라면, 비용이 허락하는 범위에서 그 목적을 이룰 수 있도록 완벽한 형태를 만들기 위해 항상 노력한다. 특히 부엌에 대해서는 그러한 신념이 더욱 확고하다.

부엌의 일은 가능한 유쾌하게, 가능한 간단하게, 그리하여 가능한 위생적으로 처리하지 않으면 안되는 것은 물론, 그를 위해서 가능한 한 과학적 설비를 완전하게 할 필요가 있다.

■ 구조와 설비

우선 구조를 들자면, 실내는 전부 도기(陶器) 또는 벽돌로 마감한 방화벽으로 설치하는 것이 좋으며, 바닥은 콘크리트도 나쁘지 않지만, 그것으로는 따스한 감이 없다는 말도 있으므로 판자를 대는 것도 나쁘지 않다. 개수대(流し台)나 기타 기구 일체를 서서 사용할 수 있도록 하며, 그 필요에 맞출 수 있는 구조로 하는 것은 물론이다. 다음으로 설비인데, 이것은 전에도 말한 대로, 가능한 한 과학적으로 하며 급수장치는 항상 온냉 두 가지가 공급될 수 있도록 설비해야 한다. 그리고 스토브를 장치하여 그 일부분에 오븐 같은 장치를 설비하는 것도 필요하다. 또는 고기 다지는 기계, 커피콩을 가는 기계 등과 같은 것도 오늘날에는 일반 가정의 부엌에도 반드시 있어야 할 것으로 보인다. 그리고 식당이 부엌의 바로 위층에 있는 경우, 리프트를 이용하는 것도 좋다. 아무쪼록 각 위치

의 기계설비는 어떻게든 갖추어야 할 것이다.

■ 위치나 방향은 문제가 되지 않는다.

다음으로, 부엌의 위치와 방향에 대한 생각은 사람마다 다르겠지만, 나는 별로 그러한 것에 무게를 두지 않는 편이 좋다고 생각한다. 왜냐하면 이제 과학 문명이 발전하여, 그런 것에 별로 구애받지 않고도 살아갈 수 있는 지식을 갖추었기 때문이다. 북향은 춥다고 한다. 춥다면 온실장치를 하면 그만이다. 일광이 들어오지 않는 곳은 비위생적이라고 한다. 자유롭게 광선이 들어오는 곳은 좋겠지만, 시중 인가(人家)의 밀도를 생각하자면 어떠한가. 모두 이러한 사치를 누리고 살 수는 없다. 태양광선보다 위생적인 설비를 갖추도록 설치하면 종일 일광을 누리는 것과 다름없다. 우리 주택에는 거간(居間)이 필요하고, 그 확장부에 식당을 두고 그 식당의 부속물로서 부엌이 필요한 것이므로, 부엌의 위치는 이러한 본래 목적에 맞을 수만 있다면, 남향이다 서향이다 논하는 것이 크게 의미가 없다. 다만, 본인은 오늘날까지 일본의 부엌에 식모(하녀)를 위한 설비가 조금도 없다는 점이 지극히 유감이라 생각한다. 물론 식모방이란 것이 있기는 하다. 그러나 이것은 정말 잠잘 때 혹은 일이 끝난 후에 드는 방이므로 일하는 중에는 불필요한 것이다. 나는 이러한 때 정말 오분 십분의 촌시를 이용하여, 식모가 좋아하는 읽을거리를 본다던가 앞치마를 꿰맨다던지의 일이 가능하도록 부엌의 일부를 꾸미고 싶다. 이것은 귀찮은 부엌의 일에 대해 기분만이라도 식모의 흥미를 불러일으키고, 유쾌하게 일하도록 하기위해 지극히 필요한 것이라 생각한다.

■ 부엌의 문명적 향상

요약하자면, 나는 일본 부엌의 개량이 그 과학적 설비를 완성함에 따라 용이해질 수 있다고 생각하는 사람이다. 기계에 따라, 또는 최신의 용기에 따라, 현재의 번잡한 부엌의 일이 조금이라도 나아질 수 있다면, 오늘날까지 3명의 식모가 필요했던 것에서 2명으로도 수행할 수 있고, 또는 주부 혼자서도 할 수 있는 것이 되는 것이다. 주택에 있어 부엌이 결코 과학 연구소의 실험실처럼 될 필요는 없지만, 오늘의 진보한 시대를 생활하는 자로서 그 문명의 혜택을 입은 것도 모른 채 변하지 않고 옛날 방식 그대로의 불편한 부엌을 사용하는 것은 전혀 지혜롭지 못하다고 부를 수 있지 않을까. 식모가 그저 충실히 제 역할만 하면 되는 곳과 같은 부엌은 전세기의 유물에 지나지 않는다. 오늘날 우리가 요구하는 부엌은 거기에서 일하는 자가 모두 즐기면서 일할 수 있는 부엌과도 같다. 그렇게 된다면 부엌은 영구하게 문명적으로 향상할 수 있을 것이다.

2) 부엌개량안 (사쿠라이 치카코 櫻井ちか子)

■ 서양의 부엌

내가 몇해 전 구미를 여행하였을 때 아주 지체 높은 분 댁에 방문한 적이 있는데, 그중에서도 가장 느낀 바가 많았던 곳은 부엌이었다. 원래 부엌은 인간의 목숨을 부양하는 음식을 조리하는 곳이므로, 집 가운데에서도 가장 중요한 장소라 하지 않을 수 없다. 따라서 부엌의 구조법에 있어서는 시간과 수고를 들여 주의하지 않으면 안된다. 서양에서는 그 점을 잘 생각하여 정연하게 잘 만들어놓았기 때문에 일을 하는 데 있어 한층 편리하다. 거기에 비하면 일본의 부엌은 아주 비교조차 되지 않는다.

■ 일본 부엌의 결점

이야기의 순서로서, 일본의 부엌의 결점을 보자면, 제일 먼저 나가시가 낮게 달려있는 것은 아주 나쁜 점이다. 동작의 면에서 보아도, 신체를 쓸데없이 굽혔다 폈다 하는 식이 되어버리며, 시간상으로도 보아도 올렸다 내렸다 하는 것 때문에 일일 세 번의 식사를 위해서 상당히 시간을 낭비하는 것뿐만 아니라, 장마기 등에는 밑에서 지렁이나 더러운 벌레가 기어 올라오거나 하는 등 상당히 불쾌하다. 때문에, 나가시의 아래를 수납, 창고로 사용하지 않고 있으므로, 공간 사용의 측면에서 보아도 어마한 손해가 아닐 수 없다. 그리고 일본의 부엌은 선반이 상당히 작고 테이블을 두지 않기 때문에, 손님 열 명이 왔을때 반찬을 내리려 부엌 한쪽에 상을 차리려 하면 다리도 펼 수 없게 되어 버린다. 또한 평소에 바닥 아래에는 석탄이나 석유 등을 한 곳에 넣어 두고 그 위에는 시종 불을 두고 있으므로 만일 불이라도 떨어지면 여간 큰일이 아닐 수 없다. 위험한 것은 이루말할 수도 없다.

요즘의 일본 사회는 점점 진보하고 있고 서양풍의 훌륭한 응접실이나 객간이 있는 집은 많이 볼 수 있지만, 아직 부엌의 구조는 이전과 옛 방식 그대로인 경우가 많다는 것은 유감스럽다. 따라서 무엇보다도 이 부엌을 개량하는 것이야말로 오늘날 생활의 충실을 기하고 주택의 개선을 바라는 자의 가장 긴급한 의무라고 생각한다.

■ 부엌의 필요조건

나는 원래 이러한 것에 지극히 흥미를 갖고 오늘날까지 여러 가지 연구를 고안했다. 부엌개량의 필요조건이며 반드시 잊지 말아야 할 요건이라면, 위생적일 것, 편리할 것, 경제적일 것, 쾌적할 것을 들 수 있는데, 이 네 가지를 완전히 구비한 부엌을 바라는 것은 좀처럼 용이한 일이 아니다. 그러나 여러분이 어느 것 하나라도 생각해보려 할 때, 다소라도 참고가 될까 하여 내가 고안한 부엌의 구조 중 하나를 들어보겠다. 별항의 사진으로 안내하였으므로 참고해 주시기를 바란다.

■ 일물일소(一物一所)

사진은 6평에 칸을 세장(細長)하게 나누어 만든 부엌으로서, 두 부분으로 구성되어 있다. 따라서 안쪽과 바깥쪽이 어느 정도 차이가 있다. 먼저 부엌의 가장 주요한 설비인 나가시부터 말해보자면, 보시는 대로 좌측의 안쪽 3척에 나가시를 두고 있다. 이 부엌의 특징을 말하자면, 좁은 곳을 넓게 쓰는 것, 서서 일하는 것이 가능하도록 동작상 편리한 점, 도구류는 선반에 놓고, 또는 (벽에) 걸어 한눈에 볼 수 있으므로 필요한 때에 바로 취할수 있는 점 등으로, 중류가정의 부엌에는 가장 적당하다고 생각한다. 서양 속담에 "One thing has one place" 즉 일물일소(一物一所)라는 말이 있는데, 부엌처럼 세밀한 용기를 많이 두는 곳은 그러한 속담을 적절함을 실감케 한다. 결코 다른 종류의 물건을 포개어 두거나 가려 두지 않도록 주의해야만 할 것이다.

3) 부엌정리법 (사쿠라다 세츠야 櫻田節彌, 일본은행감사역 사쿠라다 스케사쿠의 부인)

보통 사람들이 부엌을 개량하고 싶어도 집을 새로 짓지 않는 이상은 안된다고 생각하여 불편하더라도 옛날 그대로 사용하는 경우가 있는데, 나는 그렇게 생각하지 않는다. 현재의 것을 위치를 바꾸거나 전혀 서양식으로 바꿀 경우에야 그렇겠지만(집을 새로 지어야겠지만), 입식(서서 움직이는 것)으로 편리하게 하던가, 기구의 정리를 잘하는 것부터 조금씩 궁리를 해보면, 별로 돈을 들이지 않고도 훌륭한 개량이 가능하다고 생각한다. 나는 만사에 이런 주의를 고수하는 입장이므로, 오늘날의 나 자신부터 훌륭하고 완전한 집을 이끌어 나가려 한다. 현재 부엌을 가능한 개량해 보고, 가능한 도구 등을 갖추어가며 이용한다면 특별히 많은 돈을 들이지 않도록 기분 좋은 생활을 할 수 있다고 생각한다. 나는 재래의 부엌에 여러 가지 방편을 더하여 개량할 생각이다. 비록 전문 건축에 대해서는 하나도 아는 바가 없지만, 부엌을 정리하는 일에 대해서는 상당한 이상을 갖고 살아왔으며, 또한 가능한 한 실행하며 살고 있다.

■ 선반을 많이 다는 일

먼저 부엌의 정리 상 가장 필요한 것은 선반이다. 선반이 적은 부엌에서는 제대로 정돈하기가 여간 어렵지 않다. 그리고 선반에는, 냄비류는 냄비류, 통류는 통류, 이런 식으로 각각 그 사용상의 목적에 따라 분류해 놓아야 한다. 또한 선반 위에 두는 것보다도 걸어두는 방식도 있으며, 늘 일정한 장소에 물건을 두어야 한다.

■ 더러워진 물건(오염물)의 두는 장소

한번 사용한 기물은 반드시 일정한 장소에 정돈하여 두는 것이 필요하다. 우리집에는 부엌에 오물만 두는 삼단의 대를 달아두었다. 사진 가장 가운데 테이블을 말한다. 그리고 남편도 나도 아이들도, 식사를 마치면 자신이 사용한 것은 남김없이 그 대위에 가져다 두도록 한다. 그렇게 하면 식모가 그것을 씻어 식기선반에 두는 것이다. 더러워진 것은 곧바로 씻어서, 다시 쓰지 못하는 일이 없도록 해야 한다.

■ 나가시는 반드시 두 개 필요

나가시는 식기를 씻는 것과 나베가마(鍋釜, 가마솥)를 씻는 것, 반드시 두 개가 필요하다. 그리고 나베가마를 씻는 쪽의 나가시는 깊게 만들고, 부엌의 안쪽에 마련해야 한다. 물을 많이 쓰는 곳을 얕은 나가시로 만들게되면, 물이 마루판 위로 스며들 수밖에 없다. 나가시는 반드시 서서 사용할 수 있는 형태로 만들어야 하며, 욕심에는 그런 나가시의 아래를 문이 달린 선반(戸棚)로 하여 쌀이나 석유 등을 넣어두는 곳으로도 만들고 싶다.

■ 성냥두는 곳과 식단장(献立帳, 식단표)

성냥을 두는 곳도 일정하게 마련해야 한다. 성냥같은 것은 너무 작은 물건들이라서 잃어버리기도 쉽지만, 특히 주의해야 할 부분이다. 그 다음으로 그날 하루 먹을 반찬이나 식단(献立)을 써서 식모에게 알려주는 것도 필요하므로, 부엌의 일부에 간단한 메모판을 걸어두는 것도 좋다. 식모가 일할 때 언제라도 그것을 보도록 하게 한다. 그렇게 하면 점심은 무엇으로 할까, 저녁은 어떻게, 내일은 어떻게, 하나하나 주부에게 물어보지 않고도 곧 알 수 있으며, 그에 따라 야채가게나 생선가게 심부름도 할 수 있으므로 상당히 편리하다.

■ 식기찬장(戸棚)

식기찬장은 안쪽(奥行き) 너무 깊지 않은 곳에(3척은 너무 깊다)두는 것이 좋고, 또 문은 밖에서 보이도록 유리로 하는 것이 좋다고 생각한다. 그리고 그중에서도 대중소의 접시, 객용, 가정용의 차완, 기타 여러 가지 종류를 모두 분류해 두어야 한다. 식기 찬장은 일본식과 서양식(和洋) 두 종류의 구별하여 두고, 커피 찻잔, 작은 사기잔이 서로 섞이는 일이 없도록 주의해야 한다.

■ 주부의 주의와 식모의 재치

이러한 것은, 식모를 잘 두면 용이하게 할 수 있는 것이지만, 아무리 정돈 잘 해두어도, 그곳에 서서 일하는 자가 순서를 모르면 아무것도 아니다. 주부는 매일 한번씩 반드시 부엌을 둘러보아야 하며, 말해둔 일을 틀리게 하지 않는지 주의하는 것이 필요하다. 부엌의 정리는 주부의 주의와 식모의 눈썰미가 일치하지 않으면 불가능한 것이다.

〈1918년, 제3권 2호〉

1) 현대의 부엌 학대를 배척한다. (사토 고이치 佐藤功一, 와세다 대학교 건축학과 주임)

■ 가족 있는 곳에 반드시 부엌 있으니

주가(住家)를 가장 간단히 구분지어 말해보자면, 거간(居間)과 부엌과 변소, 이 세 개의 부분으로 이루어져 있다. 아주 먼 옛날, 지금과 같은 가족제도가 없었던 시대는 별도로 하고, 어쨌든 가족제도의 아래서 살아온 원시시대부터 생각해 보자. 그 시대에는 주가라고 해도, 단지 하나의 방밖에 없었다. 그래도 그 한 방이 스스로가 거간과 부엌과 변호 세 개의 부분으로 나누어져 있었던 것이다. 그렇지 않으면 그 하나의 방에 부엌과 거간이 있고, 별도로 변소는 밖에 만들어져 있는 경우도 있었다. 또한 그 방을 단순히 거간으로 사용하고, 부엌과 변소는 바깥에 두는 경우도 있었다. 즉, 오늘날의 진보한 주가에 있어서도, 거간과 부엌과 변소, 이 세 개가 가장 긴요하면서 가장 엣센셜한 것이 되어 살아가고 있는 것이다.

■ 옛날에는 부엌을 중요시하였으니

근래에 들어 부엌의 문제가 시끄러워졌다. 재래 일본민가에 대해 생각해보면, 많은 민가가 남향을 면했었고 그 오른쪽 영역은 좌측에 입구가 있으며, 입구를 들어서면 큰 도마(土間)로 되어 있거나 그 도마의 한쪽 벽에 나가시가 달린 식이었다. 이들 전체가 차지하는 면적은 집 전체에 비해 크고 넓은 편이었다. 옛날에는 그 정도로까지 부엌을 중요시하였던 것이다. 이것은 시골의 농가 등을 가보면 곧 알게 된다. 그리고 나가시는 모두 높게 되어 있기 때문에, 서서도 물건을 씻거나 닦을 수 있다.

■ 북향이 좋을까 남향이 좋을까

일본 주택에서는 주로 입구를 남쪽에 두었기 때문에, 부엌은 일반적으로 북쪽에 두고 살아왔다. 왜 부엌을 북향으로 하는 것인가를 얘기해보면, 다른 방을 남향으로 한 다음의 편리에 따르기 때문이다. 농가(시골집 田舎家)에서는 마당이 있어서 그래도 괜찮지만, 그렇지 않은 집에서는 부엌을 북향으로 하면 여러 가지 폐해가 일어난다. 그렇기 때문에 부엌은 사실상 남향일수록 좋았다. 오늘날에는 어쩔 수 없이 부엌을 북향으로 하는 경향이 늘어났지만, 북향이 부엌의 성질상 좋은 것은 결코 아니다.

과연 여름이 되면, 물건이 부패하는 것을 막는 점은 북향도 좋지만, 도회지처럼 밀도가 높고 주위 공간이 부족한 장소에서는 비싼 땅값을 생각하여 부엌을 아주 좁게 만들어 놓았으므로, 일광의 공급이 충분하지 않은 실정이다. 게다가 오늘날과 같이 전염병이 유행하는 시대에 있어서는 세균학상 보아도 부엌을 남쪽에 두는 것이 위생적 필요에 응하는 방편이 될 것이며, 충분한 일광소독도 필요하다. 또한 집안일 도와주는 이들(雇い人)이 능률적으로 일할 수 있도록 하는 방법으로 보아도, 부엌에 항상 유쾌한 일광을 공급할 필요가 있다. 따라서 그리하여 부엌은 사정이 허락하는 한, 일광이 적절히 들어올 수 있는 곳을 택하지 않으면 안된다.

■ 그릇된 부엌 학대

요즘은, 부엌의 개량이 활발히 주창되는 것 같으나, 많은 사람들은 이 문제에 대해서도, 「어떻게 하면 가장 작은 부엌을 얻을까」라는 것만 고민하고 있다. 이것은 미국의 임대장옥(かしながやしき, 賃長屋式)을 보고 따라한 것이다. 뉴욕과 같이 지가가 상당히 높은 곳에서는, 모든 방의 크기를 가능한 한 정말로 필요한 면적만으로 정하지 않으면 안된다. 따라서 부엌에 있어서도 식당차의 부엌이나 기선(氣船)의 요리실 등에서 아이디어를 얻어, 작은 면적에 맞추어 넣고 있다.

그러나 일본의 경우는 그 정도로 축약할 필요는 없지만, 아직까지 부엌에 대한 일본인의 사고를 살펴보면 정말로 필요한 시설을 제대로 갖추는 것보다 오히려 자신의 취미욕(취향)을 만족시킨 다음의 과정으로 생각하는 경향이 있다. 자시키(座敷)나 서재 등은 불필요하게 큰 면적을 취해놓고 부엌만은 가능한 한 작게 하려는 경향을 말한다. 이른바 자시키나 서재에 대한 취향을 만족시키기 위해 부엌을 희생시키는 것과 같다. 이것은 나쁜 의미의 부엌 학대이며, 나는 결코 찬성할 수 없다. 전술한 바와 같이, 부엌은 주가 중에서도 가장 긴요한 부분이므로, 그러한 의미에서, 이러한 그릇된 부엌 학대에 대해 나는 반대한다. 집의 각 부분은 평등하게 분배되어야 하고, 단지 부엌만을 매정하게 깎아내어 버리듯 작게 만드는 것은 실로 생활상의 단점이라 할 수 있다. 부엌의 학대는 곧 고용인에 대한 학대이다.

■ 부엌개량의 요점

재래의 부엌은 - 게다가 시골의 농가 등에서는 - 낡은 관습 때문에, 천정(天井)을 달지 않고 보가 노출되어 있다. 더욱이 시골집 등의 상당히 넓은 부엌에서 몇백 년 묵은 것처럼 보이는 새까만 검댕이 묻은 천정이라면 다른 특별한 이유가 있어 보일지 몰라도, 오늘날 도회의 가옥과 같이 작은 건물에서 천정에 묻은 검댕을 보고 있노라면 불쾌감이 든다.

그렇기 때문에 가능하면 천정을 다는 것이 좋다. 또한 천정에는 위에서 그을음이 떨어지지 않도록 회를 칠하는 것도 좋겠다. 또한 나가시는 지금 시골의 민가에서 사용하고 있는 것처럼 높게 만들어 항상 서서 일할 수 있도록 하는 것이 가장 좋다.

2) 처음 사용해본 일본의 부엌(홈즈 여사)

■ 물건을 씻는데 뜨거운 물을 사용하지 않는 습관

지금 살고 있는 집에서는 어쨌든 서양의 것을 모방하여 만든 부엌이 있기 때문에 좋지만, 코이시가와에 살 때에는 여러모로 불편했다. 하나부터 열까지 순수하게 일본의 보통 주택 그대로였기 때문에, 일본에 온 지 얼마 되지 않았을 때는 여러 가지로 불편한 점이 당연히 많았다.

그 집의 부엌은 겨울에 정말 추웠다. 역시 북향이었기 때문이었을까. 서양의 부엌인들 북향도 있으며 서양도 있지만, 그러나 일본의 부엌의 추위는 또 각별하였다. 왜였을까. 장지 한 장으로 밖과 격리되어 있기 때문이었을까, 아니면 다른 이유가 있었기 때문일까.

아니면 따뜻한 물을 사용하지 않는 그 원인이 하나일지도 모른다. 어째서인지, 일본에서는 물건을 씻을 때 온수를 별로 쓰지 않는다. 서양에서는 접시 등을 씻을 때 대개 온수를 사용한다. 보통 기름이 남아있기 때문에 자연적으로 습관이 된 것이다.

예를 들면, 나가시의 정면에 온수가 나오는 입구와 물 입구를 나란히 두는 방식을 생각해 볼 수 있다. 그래서 접시 위에 세제를 뿌리고 그 위에 온수를 부으면, 거품이 일면서 접시 전체에 퍼진다. 그리하여 기름기를 말끔하게 닦아내는 것이다.

■ 걸어다니는 공간에서 조리하는 습관

발로 밟고 걷는 다다미 위에 바로 마루를 연결하고 자는 것이 일본식 생활인데, 부엌도 마찬가지로 역시 마루판의 바닥 위에서 여러 가지 조리를 한다. 더욱 심한 것은, 이렇게 사용한 후 그 위에서 야채를 썰거나 고기를 써는 것이다. 그러나 발로 밟고 걷는 마루는 지극히 낮으며 도마는 아무리 생각해도 더럽다. 실제적으로 말해보면, 도마에서 떨어져 마루바닥 위에 떨어지는 것도 있다. 이러한 경우 그것을 발로 밟고 걸어다니는 곳이라 생각한다면, 아깝다고 생각되어도 떨어진 순간 버려야 하는 것이다. 서양에서는 모든 일을 서서 하기 때문에, 부엌에도 별도로 요리대가 설치되어 있어서 작업대 위에서 삶거나 굽거나 하는 밑준비를 한다. 따라서 작은 도마에서 하는 것과는 달리 자른 감자 한조각 떨어뜨리지 않고도 일할 수 있다.

■ 앉아서 하는 부엌일

일본의 집은 무엇이든 앉아서 하는 것이 가능하므로, 우리의 경우 매우 불편하고 힘들다. 바닥 위에서 고기를 썰고 도마(土間)에 놓아두는 것도 불편하다. 어째서인지 신체의 자유가 없어진 기분이 든다. 나가시도 마찬가지로, 지극히 낮게 되어 있으며 물건을 씻을 때도 매번 하나하나 하지 않으면 안된다.

| 부엌 관련 신문기사 목록 |

1) 1920-30년대 『동아일보』 부엌 관련 기사

부록_표 2. 1920-30년대 동아일보 부엌 관련 기사 (3장 의미연결망 분석 관련)

번호	년월일	제목
1	19370630	하지와 장마철을 당하야 각가정에 경고(상)
2	19370701	하지와 장마철을 당하야 각가정에 경고(하)
3	19391007	행주는 위생의 열쇠
4	19390414	부엌의 개선은 행주에 있다
5	19350904	빠겟스 사용법 녹쓸어 못쓰게 하는 것은 주부의 수치
6	19351217	손터지지 안는 비결
7	19350130	불이 만히난다
8	19341122	닥쳐오는 엄동설한! 수족에 어름이 든 때의
9	19341121	어머니들의 극히 주의할 일
10	19340908	의복과 세간을 버려주는 버러지 퇴치하는 법
11	19330702	냉장고 쓰는 법, 놓는 법
12	19330313	자녀영양문제
13	19310827	양은(알루미늄)기구를 오래쓰랴면
14	19290714	식긔소독보다 먼저 행주를 깨끗게
15	19290711	장마통에 특별히 가정에서 명심할 일(3)
16	19270716	정결한 부엌은 건강의 첫거름
17	19270406	가정에 필요한 소독법의 지식(1)
18	19270331	깨끗한 부엌은 주부의 자랑거리
19	19390523	과로를 피할 수 있는 가정에서의 노동
20	19380108	생활개선사안 부엌일의 능률
21	19380429	경솔히 여길 수 없는 주부의 가정 노동
22	19360728	슬픈일 기쁜일 가지가지의 경험담
23	19350101	마루 겨울이면 무용지물 이용방도는 무엇
24	19340508	가정상식 제2 소비절약편 . 특히 주부를 중심으로
25	19280107	가정의 개량문제
26	19261101	겨울과 조선부엌
27	19240101	생활개선의 제일보고
28	19230101	주택을 여하히 개량할까
29	19210403	가정생활의 개조 긴급한 위생문제
30	19390524	과로를 피할수 있는 가정에서의 노동(2)
31	19381007	여성과 창조력
32	19381028	쓸데업시 노력드리는 가사처리의 진단(상)
33	19360101	부엌은 깨끗하게 찬깐을 따로 두자

34	19350525	돈적게 쓰고 개량할 것 몇 가지
35	19350104	우리의 부엌과 마루를 이상적으로 고치자면
36	19350101	부엌연기와 재티의 란무장 우선 부엌부터 고치자
37	19350521	명랑한 첫여름 기분에 맞추자면 방안은 어떠케 꾸밀까 (3)
38	19330905	집을 지으면서
39	19311101	최신 유행의 광축 빗나는 벽과 기둥
40	19301010	주택문제 유일한 휴양처 안락의 홈은 어떠하게 세울까
41	19281122	외국부녀가 본 조선가정의 장점과 단처(1)
42	1928102	중대시해야만 할 부엌의 위치
43	19261219	조선민족갱생의도(61)
44	19270105	가정개량에 관한 의견(5)
45	19270415	생활개량실험담 부엌은 규모있게
46	19310101	각 방면으로 제씨의 소감
47	19320808	주에 대하야 (1)
48	19320810	주에 대하야(2)
49	19320811	주에 대하야(3)
50	19320813	주에 대하야(5)
51	19320814	주에 대하야(6)
52	19350101	조선가옥개량의 일례
53	19390106	건축가 입장에서 온돌만은 절대 유지합시다
54	19390103	생활개선실천보주방의개량안
55	19390104	생활개선실천보 주방개량안 이전가사실습소 부엌
56	19390107	생활개선실천보 주방개량안 정남수씨댁 부엌
57	19380101	자아의 확충
58	19360229	당신댁의 온돌은 완전히 연소됩니까
59	19270819	가정생활과 자연과학
60	19300405	생활 부인 남녀 교제문제와 여자각계방면의견
61	19230101	신인의 요구하는 신가정
62	19400108	절름바리 생활을 청산하고 수입지출의 합리화
63	19310106	외국가정의 생활방식과 조선에 적합한 본보기(5)
64	19351008	가정의 큰문제 우리생활을 좌우하는 식모문제는 크다
65	19380114	생활개선사안 가정생활의 전화시대
66	19320908	부엌기구로 본 각국의 국민성이
67	19260429	가정과 뎐긔(일)
68	19260501	가뎡과 뎐긔(이)
69	19310326	우리주택에 대하야(8)
70	19310328	우리주택에 대하야(10)
71	19380510	긴급! 연료의 합리화!
72	19340519	풍구 안쓰고 겨를 때는 아궁이
73	19330909	연료절약코저 분구개량, 이년간 만 칠천 호 실시
74	19331017	개량온돌분구 오만개를 배급

75	19320129	온돌매구개량 울산군에서
76	19311101	삼림당국의 폭행
77	19300208	경제는 부엌으로부터
78	19270401	생활개량실험담 아궁지개량 내지 안케하기까지
79	19261015	삭전을 밧지안코 부엌을 고쳐주어
80	19210904	인축이 동거하는 정지의 제도
81	19380614	취체위생정책에서 일전 지도방침으로 전향
82	19381110	이모저모로 본 우리집
83	19350525	단연! 하인을 폐지합시다. 부엌개량하면 됩니다
84	19371113	새며누리독본(12)
85	19371106	새며누리독본(7)
86	19371202	새며누리독보(21)
87	19371104	새며누리독본(5)
88	19371105	새며누리독본(6)
89	19371116	새며누리독본(13)
90	19371123	새며누리독본(17)
91	19260119	모범할 만한 아메리카의 부인과 그의 가뎡
92	19270408	나의 가뎡의 자랑거리 온 집안이 다 일즉 이러나
93	19290308	결혼준비시대를 마지한 여자교육(1)
94	19311024	대전후의 독일녀성(2)
95	19320217	가사와 가정에도 독립정신이 필요
96	19320408	어머님의 진심은 변도에도
97	19330515	명랑한 첫 여름 기분에 맞추자면 방안은 어떠케꾸밀까(1)
98	1930608	영국에 일어난 여자는 부엌으로 운동
99	19340821	유행과 사치에 대하야
100	19340306	제복을 벗고 가정으로 도라오는 처녀들
101	19340128	가정과 모성
102	19341009	주부와 독서
103	193508007	여성시론(23) 먼저부엌으로 들어가자
104	19350314	교문을 나선 후에는 결혼준비시대
105	19350727	여성시론(18) 여성과 직업
106	19350703	여성시론(1) 남성사회촌감 (상)
107	19350418	아침 나가기 전에 저녁 준비할 것
108	19350219	교문을 나스는 재원을 차저서 중등편(4) 이화여고보
109	19351005	굉장한 독일여자의 직업전선진출
110	19381010	여성과 창조력(하)
111	19381021	건강치 못한 것은 가정파탄의 원인
112	19390330	요리표를 배부 나치스 부인운동 부엌에까지 들어가
113	19370818	민족융성의 열쇠는 여성이 잡고있다(완)
114	19390220	역사는 부엌에서 창조된다(상) 국가성쇠와 부엌관계
115	19390221	역사는 부엌에서 창조된다(하) 정치와 인연깊은 음식

2) 1940~50년대 부엌 관련 주요 기사(경향신문, 동아일보)

부록_표 3. 1940년대·50년대 신문의 부엌 관련 주요 기사 목록

년도	월	일	신문	기사 제목	내용
1947	2	16	경향	깨끗한 부뚜막에 불이 안난다	아궁이 속을 조심하고 재를 버릴 때에는 연소될 물건이 없는 장소에 버리도록 함.
	3	23	경향	부엌은 주부의 직장! 이렇게 개량해서 씁시다	부엌을 밝게. 창을 내고 종이나 유리. 물을 편히 쓰도록. 부뚜막 위에서 물일을 하지 않도록하고, 시멘트를 바름.
	7	27	경향	우리의 자각	부엌 살림살이를 반성해보자. 부엌문을 열면 악취, 연탄꺼멍, 불결, 불경제 등 문제. 식모를 축출해야 함.
	8	31	경향	주방 이야기	조선 부엌은 불편하다고 해서 양식으로 고쳐주니 양식이 또 불편하다고 다시 고쳐달라 함. 차츰 우리 손으로 개량해나가야 할 것. 주부의 간단한 서재를 겸할 수도 있음.
1948	1	4	경향	신생활을 말하는 여성좌담회	생활개선은 집 구조부터. 오늘날과 같은 구조에서는 주부의 노력만 소비될 따름 능률을 낼 수가 없음.
	10	31	경향	불조심은 주부의 손으로	화재의 원인-다리미, 아궁이, 굴뚝, 남포불, 고다쓰, 누전, 촛불누전, 성냥불, 화로불.
1949	4	1	경향	주부 없는 부엌회의	창, 아궁이, 쓰레기, 물항아리, 도마 등 위생과 불결의 문제.
1950	2	5	경향	주방을 어떻게 개선할까	주부의 시간 낭비 없애고 간소하고 효과적인 설비를 해야 함.
1954	8	8	경향	주방위생	행복과 불행의 조작을 부엌부터. 바닥에 물이 고여있지 않도록. 쓰레기, 통풍, 주방의 위생 중요.
1955	4	3	경향	부엌은 가정의 중심부	생활의 합리화를 위한 연구. 부엌은 한 집안의 심장부. 식사 영향 가족의 보건위생 등 생명의 원천. 부엌의 위치, 넓이, 채광과 조명, 선반, 환기, 건조, 배기, 기구배열과 정돈이 중요함.
1956	3	20	경향	주부는 가족건강의 책임자	식모에게만 맡겨두지 말자. 찬거리 사는데 주의할 것.
	4	15	경향	집안을 깨끗하게 가족의 건강위한 주부의 노력	부엌 청소. 쓰레기 구분. 전염병 예방. 물이 잘 내려가지 않으면 병원균의 온상이 됨.
	10	22	경향	올해의 겨울살이는?	장작 아궁이를 연탄 아궁이로 개조하려면.
1957	4	29	경향	작은 평수와 신축주택	건축가 김중업. 부엌은 조리순서에 따라 기능적으로 움직일 수 있는 조리대가 꾸며지고 주부를 번거롭히지 않고 식탁 위에 놓일 수 있는 장이 있고, 식당에서는 치레장으로 식기를 넣을 수 있도록 꾸며 봄.
	10	28	경향	주부와 열(熱)생활. 구공탄은 이렇게 사용하도록	온돌을 덥게 하고 밥까지 지어야 하는 우리 생활양식으로는 십구공탄이 가장 값싸고 좋은 연료임. 아궁이 축조. 공기 조절. 굴뚝 높이 조절할 것.
	11	17	경향	십구공탄 아궁이 만들기	기술자 없이도 충분히 축조 가능.

연도	월	일	신문	제목	내용
1958	12	14	경향	부엌에서 여인소사	부엌에서 불을 떼다 옷에 인화된 불길이 곁에 쌓여있던 나무에 붙어 화재 발생.
	12	15	경향	무연탄 가스 중독의 예방	십구공탄이 타기 시작할 때 생기는 깨스는 가장 위험. 굴뚝 없이 피우거나 부엌에서 직접 냄새를 맡지 않도록 주의함.
	7	18	동아	이상주택의 시안	한국건축가협회 회장 이천승. 가사는 주방과 세탁과 아이론 등을 위한 가사실에서 영위됨.
	12	27	동아	새해를 맞는 주부들의 할일	부엌은 찾아온 손님이나 유숙하는 친척에게 보여도 부끄럽지 않도록 청결하게 정돈. 부엌이 어지러우면 수치가 됨.
1959	1	7	경향	춥지 않은 부엌을	아침에 조반을 지으려 나가면 모두 꽁꽁 얼어붙어있어 불편함.
	1	14	경향	생활향상과 주택개조	습기차고 구부리고 일하지 않으면 안 되는 부엌구조. 오물처리 불량 등. 생활개선은 환경위생으로부터 시작.
	1	14	경향	연립식이 최적. 건축가들의 말. 비용 적게 들고 위생적	연립주택은 건축비가 적게 들 뿐 아니라 햇볕이 잘 들고 습기가 없어지며 공기가 잘 통하여 보건에 용이. 온돌, 부엌, 반침, 오물처리 등이 개량되고 있어 우리 생활에 적합. 움 속 같은 온돌이 밝고 꾸부리고 일하게 함. 주부들에게 부엌을 높여주고 비위생적인 변소로 개량할 것.
	1	15	경향	신춘여성좌담회	부엌을 안방처럼. 물, 불, 조리대를 편하게 바꾸자.
	1	16	경향	신춘여성좌담회	부엌만 개량되면 식모를 안 써도 됨. 미국의 경우 남자들이 도와주기도 함.
	1	1	동아	20대 여성의 꿈과 생활. 신춘좌담회	불편한 온돌 생활을 개선하자.
	6	8	동아	우리나라 주택문제	식(食을) 천하게 여겨 비능률적인 부엌이 타실과 격리되어 주부의 노동력을 낭비하고 있음.
	6	18	동아	현대의 주택(3) 거실 중심으로 한 양식평면이 점차 보급	구미에서는 부엌을 평면에 중심에 두기도 함.
	6	25	동아	현대의 주택(6) 부엌과 변소의 개량	난방과 취사를 겸할 경우, 난방과 취사가 무관할 경우를 달리함.
	9	3	동아	재래주택의 부엌 개조	부엌 바닥 높이. 벽체 시멘트. 타일붙임. 조리대와 찬장개조.
	11	7	동아	실내의 새로운 건축용재	방의 성질과 용도에 따라 그 분위기와 취미에 알맞은 건축재를 쓰는 것이 이상적임.
	12	12	동아	미국의 여공들	한국처럼 집의 일이 많지 않고, 밥을 짓기 위해 불을 땔 필요가 없음. 겨울이면 셋방에도 스팀. 깨스라던가 전기의 스위치만 눌러두면 식사는 간단히 마련할 수 있음.
	12	17	동아	도시생활만은 진일보	부엌에 대한 개선과 수리에 대한 문제가 논의되고 실천. 부엌과 변소의 개량 없이는 주생활이 명랑할 수 없음을 건축가나 주부들이 깨닫고 있음.

3) 1960~70년대 부엌 관련 주요 기사(경향신문, 동아일보, 매일경제)

부록_표 4. 1960년대·70년대 신문의 부엌 관련 주요 기사 목록

년도	월	일	신문	기사 제목	내용
1960	3	24	동아	농가 주택. 경제적이면서도 구조의 미를. 각자 생활에 맞는 설계	부엌 바닥이 깊고 침침해서 불쾌하고 비위생적인 것을 고쳐 짓는 것이 선결할 문제. 부엌이 깊으면 주부도 더욱 피로해짐.
	4	9	동아	현대생활과 가구 선택	손님을 접대하기 위한 응접세트와 걸상류, 식사 때 필요한 식탁류, 부엌의 찬장 등 좀 더 특이하고 좋은 가구를 마련하고 싶어지는 경향이 현저함.
	4	9	동아	부엌조건과 생활개선	가정학자 주월영. 약간의 관심으로 개량을. 명창과 능률을 살리자. 편리한 부엌이란 부엌의 설비가 일 순서에 따라 배치되고 개수통 부뚜막 조리대 상보기대 등의 높이는 일하는 사람의 키에 알맞게 일치되어 있어야 함.
	5	31	경향	효과적인 행거보오드. 그릇 정리하는데 편리	부엌 벽면 한쪽에 행거보오드 마련.
	7	1	경향	주택과 부엌개량. 일하기 편한 개수구 높이와 재료	부엌에도 반드시 상수도를 해야 함. 개수구를 알맞은 높이로 조절함.
	10	18	경향	냉장고 세탁기는 없어도. 규모있는 살림은 가족의 협력으로	좋은 가구를 갖추지 못하였어도 행주나 걸레를 깨끗이 할 줄 알고, 부엌의 설비 등 세심한 주의와 노력이 필요함.
	10	21	경향	신혼부부의 소주택	거실. 침실. 부엌 겸 식당. 변소 겸 욕실. 부엌은 서서 일할 수 있는 구공탄 부뚜막과 조리대. 찬장. 식탁. 실내의 모든 난방은 부엌 밑을 지하실 만들어서 온수보일러 장치. 각방으로 파이프를 넣어서 난방과 온수를 쓸 수 있게 함.
	11	29	동아	연탄 뚜껑	연탄이 땔감으로 부엌에 등장한 후로는 난방의 어려움이 얼만큼 해결되었고, 주부의 부엌일도 한결 간편하여진 것.
	11	30	경향	집 안의 청소를 남에게 맡길 것인가	식탁, 부엌의 찬장 등 우리의 생활양식에 맞도록 개선되어가고 있지만, 개선해야 할 점.
	12	22	동아	1960년의 여성계 식생활	실천력의 부족. 외국처럼 능률 본위와 국민 체위 향상에 중점을 두고 법률로써 국민 영양 섭취 필요량에 따라 기준을 둔 제품을 보급시켜야 함.
1961	9	5	동아	식생활을 개선하는 길	식생활 개선(밀가루 금지, 쌀 장려). 저울 온도계 등 합리적인 영약과 식품의 소비를 권장함.
	9	18	동아	주거생활의 개선	좌식에서 입식으로, 광선이 잘 들게 하고 부엌과 변소 등 고쳐야 할 점, 문턱, 채광, 환기의 중요성.
	12	2	동아	연탄가스 중독을 막자	추워도 환기해야, 연탄을 잘 사용하면 가스 중독 예방, 부엌에 음식을 꺼내두지 말 것.
1962	4	11	경향	로우코스트 주택의 설계	단순한 구조가 절약의 길, 건평을 줄여 공사비를 절약할 수 있음.
	4	28	경향	쓸모있는 부엌	경복궁에서 산업박람회 개최. 주부들의 눈을 모으는 4동의 모범주택 전시. 주택문제 중 가장 큰 문제로 되어있는 부엌개량. 부엌은 주부의 일터이자 안식처.
	5	13	경향	연료의 과학화	프로판가스의 로(爐)의 도입을 권장함.
	9	29	경향	부엌과 꽃	시인 박목월, 어두침침하고 불편하기 짝이 없는 아궁이 같은 부엌일지라도 하루해의 대부분을 보내게 되는 부엌에 꽃을 둘 수도 있음.

1962	10	27	경향	새살림에의 발돋움	「주생활전」의 이모저모. 가정학회 주체로 국민회당에서 열리고 있는 주생활 전시회가 많은 주부의 주목을 끌고 있음.
	12	15	경향	허식 버리고 실리주의로 부엌 고쳐 생활개선	식모의 존재를 높이 평가하는 주부들은 여성으로서 자격이 없음. 식모를 백년 두어야 부엌이 개량될 리 없음.
	1	20	동아	가스 중독	연탄이 부엌의 중요한 땔감으로 등장한 때부터 연탄가스 사고가 끊임없었음.
	2	3	동아	식생활 개선과 통조림	손쉽게 즉석요리로 정력과 시간 낭비 없애고 부엌살림을 늘려야 함.
	5	2	동아	주물로 난방장치 실내생활에 커다란 개혁	물 끓이고 방도 덥게 할 수 있음. 가스중독 화재의 염려없고 온도 고르고 연탄도 절약됨.
	10	15	동아	연탄가스와 집의 구조	재래주택의 부엌은 환기를 염두에 두지 않은 것. 창문은 될수록 낮게. 통풍은 잘되고 스며드는 것을 없애도록 노력함.
1963	1	1	동아	새해 새살림 설계 의식주	동덕여대 교수 이인희. 부엌을 개량하고 상하수도 고쳐 동선을 줄여야 함.
	6	17	동아	주부와 주택의 개선: 전국학생 주택문제연구 세미나에서	부엌의 동선만 개선해도 주부는 하루에 십리를 덜 걷게 되는 셈.
	9	2	동아	클로즈업되는 인간공학	사람 기능에 맞춰 기구, 환경을 합리화, 공장일에서 부엌일까지 할 수 있음.
	11	22	동아	실험주택 이모저모, 주택공사가 지은 여섯 가지 집	대한주택공사가 수유동에 여섯 가지 실험주택을 지어 봄. 지붕 위에는 기와가 없고 부엌은 마루 높이와 같이 설계한 '리빙 키친'임.
1964	3	19	동아	살림집의 미래상 신택공사 주택전의 이모저모	첫 조건은 부엌일 편하도록 난방 변소 등 개량할 점 제시함. 리빙 키친은 문제점이 많은 구조이며, 온돌방바닥 고쳐야 함.
	3	23	경향	주택, 먼저 부엌 개량부터	생활 변화에 따를 수 있게, 우리나라 주택의 개량은 부엌의 개량부터 시작되어야 함. 마루를 대청과 같은 높이로 하고 근접시킴으로써 대청과의 연결을 편리하게 해야 함. 부엌과 대청 마루 사이를 카운터로 하여 리빙 키친 형식을 만들자는 것이 63-64년도의 국민주택임.
	5	21	경향	꿈을 안겨주는 주택	건축가 안병의 주택작품전. 한식주택의 입식부엌 문제. 온돌방을 3척가량 높이는 문제
	6	15	경향	훑어본 주택사정	전국에서 137만 호 부족, 해마다 16만 호씩 지어야. 인구 자연 증가로 매년 13만 호 필요함.
	8	19	경향	마포아파트 6층에서 프로판가스 폭발	마루 밑에서 폭발되어 50센티 가량 솟아오름.
	9	16	경향	평면 부엌	마루를 깔아 평면 부엌으로 바꿈. 난방용과 취사용 구공탄 별도로 사용해야 함.
	9	19	경향	프로판가스	5년전 일본에서 수입하여 가정 취사용으로 등장한 프로판가스. 이를 사용하는 가정이 부쩍 늘었음.
	11	16	경향	아궁이 열 이용하는 난로	프로판가스 누출, 화기 폭발 사고 발생.
1965	11	6	경향	가옥구조와 주부 에너지	가옥구조와 주부 에너지. 직통로가 없는 재래식은 시간과 체력이 과잉소모됨. 생활개선은 부엌 개조부터 시작하고, ㄷ자형이 작업에 능률적임. 조리대 높이는 81센티가 되게 함.

1966	6	9	동아	부엌개량, 충북 영동군 학산면 공암리	부녀회 공동의 힘으로 부엌개량을 추진함.
	12	15	동아	주부들 유공 석공 당국자와 좌담회/부엌과 연료혁명	부엌과 연료 혁명, 주부들 유공 석공 당국자와 좌담회, 가정에 적합한 건 석유, 프로판가스, 난로 살 때는 쓰러뜨려 보고 판단할 수 있음.
	4	27	경향	생활의 이상-서울사대 청량료(寮)-개량식 부엌	노력을 절약하는 개량식 부엌. 식당 겸 응접실인 대청과 부엌 사이에는 식기 반찬을 주고 받는 창과 선반, 위층에는 편리한 찬장이 달림. 부엌에서 마루로도 통하는 도어 설치. 신을 갈아신을 필요 없이 집안에서의 생활이 가능함.
	11	19	경향	반쯤 타다 꺼지는 연탄	눈을 비비며 부엌으로 달려가 연탄 아궁이의 열어볼 때의 심정은 불안하고 초조함. 반은 버리게 되는 실정. 가격만 올려받지 말고 질도 좀 개선해야 함.
	11	28	경향	가스의 생활화, 부러운 선진국의 경우	취사와 목욕물도 일본 스위치만 틀면 점화됨.
	12	12	경향	연료 혁명, 난방과 취사	재래식 부엌 개선, 값비싸 목돈이 들어감. 취사 겸하는 오일 스토브가 인기를 끌고 있음.
1967	1	28	경향	식모 폐지론	식구 전체가 가사에 협조하는 정신으로 뒷받침되어야 함. 이것은 부엌개량에 앞서야 할 조건임.
	3	15	경향	부엌은 개량식 설계에 신경써야	취난 분리, 바닥 높이, 반침 등.
	3	25	경향	10년후의 미래상	동서로 누빌 지하철, 13가닥의 방사선 도로. 무주택자 없어지고 집집마다 가스 시설이 될 것임.
	5	8	경향	어머니는 고달프다. 한국 주부의 생활상	한국 주부의 생활상, 가정 외적인 부담까지 한몸에 짐. 가옥 가족 등 사회변화 못 따라감. 남편들은 거의 가정에 무관심. 부엌 개조로 고생을 덜어줘야 함.
	4	3	동아	주부에게 희소식. 부엌에 연탄이 불요!	(광고) 한국열공업주식회사. 만능석유풍로.
	6	8	동아	주부들의 생활요령, 집 수리 증축	부엌은 조리대와 찬장, 연료대가 따로 떨어져 있던 것을 한자리에 서서 할 수 있게끔 연동을 이룸으로써 종래의 부엌이 세 끼 식사를 마련하기 위해 1키로 이상 걸어야 했던 것을 1/10로 줄일 수 있음.
	3	2	매경	타일	실내 부엌 바닥은 모자이크를 많이 쓰고 있음.
1968	2	3	동아	부엌의 쓸모	원시와 현대와 혼합된 한국의 현황과 개선점. 난방과 취사 분리해야. 신 벗고 서서 일할 수 있게 함. 화덕. 싱크 및 조리대는 ㄷ자형으로
	10	31	동아	주택개선은 이렇게	주택개선은 이렇게. 가사노동과 가옥구조. 서울공대 건축과 주최로 열림. 일본인의 체격에 따라 일본인들의 옷 정리에 적합했던 옷장을 그대로 사용하여 불편함. 오래전부터 지적되어온 우리 가옥의 비합리성은 주부들의 동선을 쓸데없이 늘리어 피로가 가중됨.
	2	12	경향	곧 봄이. 주택	건축가 김중업. 서울 34만 채 부족. 활기 띤 설계사들. 겉모양만 보다간 공간처리가 잘 안됨.
	6	24	경향	서울의 주부생활	부엌과 방 사이에 신을 벗었다 신었다 하고 수도가 부엌까지 들어와 있지 않다거나 하여 서서 왔다 갔다 낭비하는 시간이 많은 비능률성이 문제임.
	4	16	매경	스테인레스 조리대	우리나라에서 생산되기 시작한 것은 불과 5년 남짓한데, 신흥주택이 늘어감에 따라 수요량도 매년 10~15%씩 증가. 메이커로서는 '한국 스테인레스' 등 5~6개처가 있음.

1968	5	32	매경	공간이용에 묘(妙) 살려야	부엌은 되도록 개량된 부엌으로 하고 한쪽 코너에는 좁은 공간을 최대한으로 이용하여 식당으로 겸하게 함.
	10	22	매경	너무나 벅찬 주부 생활. 본사 소비자 교육센터서 조사	식사 준비만도 하루 10리길. 70.2%가 피곤을 부미며 기상하는 일상이 벌어짐.
1969	1	1	경향	70년대에 맞을 모던 리빙의 자세	개인 정신의 현대화. 주택 생활 여건이 아무리 변해도 바쁜 현대생활에서는 주부 혼자 가사에 관한 모든 일을 하기는 어렵게 된다. 현대생활을 능률적으로 영위하려면, 가족, 특히 남자가 구습에서 벗어나 가정일을 적극 돕는 자세도 필요함.
	1	1	매경	부엌부터 개량하자	주부의 철저한 주택관리가 시급함. 외장보다 내부시설을 미화해야 함. 방의 배치를 잘하여 거실, 화장실, 목욕탕, 부엌 등의 연락선을 편하게 하니 되도록 마루를 거실로 하여 거실을 중심으로 한 생활권을 꾸미도록 개량할 것.
	3	27	매경	문화 국민의 수치. 나의 제언. 수세식생활의 시급성	식품제조 때의 쓰레기 처리 방법. 연탄을 이용함으로써 오는 유독가스나 잔회(灰)의 해결문제. 재래식 변소의 오물처리 등이 대소 허다한 점을 발견할 수 있음.
	2	13	동아	인스턴트 식품	식생활 간소화 길잡이. 75년 대중 보급이 가능할 것.
	5	29	동아	주부의 부엌일을 분석하여 합리적으로 만든 부엌	동선 개선. 동작에 무리 없고 선 채로 일할 수 있게 해야 함.
	5	29	동아	편리한 부엌살림	바닥 높여 입식으로. 조리대. 찬장 등 마련하는데도 오만 원. 주부 피로 덜지만 경비는 엄청남.
	6	20	동아	부엌은 깨끗하게	맑은 공기가 유통되고 일광이 잘 들어와야 하고 전기와 가스 시설이 갖추어져야 하고 설거지물이 잘 빠지는 하수도 등 구조의 근대화
1970	1	1	매경	주(住)	건축가 김중업. 조립식 등장으로 레디메이드. 아파트 점차 성행. 생활 도구는 모두 성형화. 연도별 스타일도 생겨, 70년대의 주생활은 큰 변동이 올 것임.
	3	20	동아	주택은 이렇게	쓸모 있고 편리한 구조. 작은 집도 넓힐 여유 두고 설계. 방 한 개 줄이더라도 큰방 마련. 부엌 바닥은 거실과 같은 높이로 바꿈. 아담한 현관 발코니 실용토록 함.
	5	1	경향	신접살림 부엌설계 서쪽으로 향한 것은 피해야	위치와 형태
	5	28	경향	생활 아이디어. 부엌 개량	담 헐어 넓히고 수도 놓아. 문턱 디딤돌 파고 지하실로도 사용할 수 있음. 노동력 훨씬 덜 들게 개선.
	8	20	경향	줄어드는 부엌시간 변해가는 주부들의 하루	25년 전보다 2시간 반 단축. TV 청취 등 취미 시간은 상대적으로 늘었음. 집 구조 등 편하게 됨. 주부의 노동시간 단축에 가장 큰 역할은 한 것은 주택 및 부엌시설개선과 연료의 변화로 볼 수 있음.
	11	21	경향	부엌에도 불어오는 연료전환	탄(炭) 부족 현상 해마다 더해가. 석유 실용적이라지만 시설비 비싸 흠. 도시의 고급아파트에선 가스가 인기. 난방보다 우선 취사용으로 유류화 정책 속에서 비춰진 올겨울의 사정.
1971	3	10	경향	부엌구조와 연탄가스 피해조사. 레일식이 가장 위험	중독사 46%가 온돌서 샌 탓. 배기 잘되게 시설 갖춰야. 시민아파트 등 부엌 좁아 더 위험함.
	9	11	매경	부엌의 개량	내부의 도장은 밝은색으로. 환기 잘되고 방과 연결 잘해야 함. 작업대는 신장의 반 정도가 적합함. 주부들의 하루 중 부엌에서 걷는 거리 1키로 이상되는 것이 문제임.
	3	16	동아	타일	부엌과 목욕탕. 화장실에 널리 이용되는 타일은 방수 작용과 긴 수명은 물론 화재와 깨끗한 위생환경에도 크게 이바지함.

1971	3	25	동아	부엌은 연탄개스 만수위	중독을 부르는 가옥구조. 아궁이 환기장치 개량 시급. 아파트 문화주택 더 위험함.
	9	10	동아	일손 덜어주는 입식부엌	바닥 높이고 싱크를 조립 설치. 주택공사에 상담자 가 증가했음.
	9	10	동아	조리대, 개수대, 벽찬장, 식탁까지 한곳에 모은 이상적인 서구부엌형태	주택센터 시범부엌
	9	27	동아	엄마 교회 간 새 한살 아기 부엌 추락사	부엌으로 통하는 방문을 열거 나가다 떨어져 방문 앞 아궁이로 떨어져.
	10	16	동아	시민 부엌 생활의 개선을 위하여. 서울특별시 시우회	일본 산요 오븐가스렌지. 시범 직수입완제품임.
1972	10	30	동아	입식부엌 어떻게 만드나	신장 맞춰 높이 조절. 좁은 공간 쓸모 있게 활용해야 함. 조리대와 찬장의 높이는 한국 여성의 키와 걸맞아야 함.
	4	20	경향	아쉬운 생활의 과학화	부엌의 경우, 계단 없이 평면으로 해야 되고 조리대의 높이도 서서 작업하기에 알맞도록 해야 하지만, 아직도 재래식 구조 그대로가 많음.
1973	3	8	동아	밝고 편하고 깨끗하게	부엌 개조는 이렇게 함. 가정부 없이도 거뜬하고, 바닥 높이 방과 같게 해야 함. 벽에 창문을 연탄 아궁이는 외부에 설치토록 함.
	3	6	동아	부엌엔 개스 가득-자동 핸들 개스 참화문	밀폐된 부엌에서 밥을 먹다 연탄개스에 중독되어 초등생 사망. 연탄 관리 부주의와 부엌구조의 불비.
	3	8	동아	부엌은 내부시설을 고가로 하는 것보다 창의 위치에 신경써야	창은 햇볕을 많이 받아들이도록 벽 중간에 길게 내고 인공환기를 위한 팬은 조리대 위에 두어야 함.
	9	27	동아	연탄개스 위험 날림 양옥	아궁이와 방을 잇는 문이 참화의 길목. 종이 등을 태워 연기 새는 곳을 확인해야 함.
	11	21	동아	연탄보일러로 바꾸려면 안방에까지 번진 유유난 타개책	연탄온수보일러. 개스 중독 위험 없음. 경유 보일러를 연탄보일러로 바꾸면 경비 절감.
	1	8	경향	식모없이 살 주택개량을	식모없이 살 주택개량을 추진해야 함.
	3	17	경향	농촌에 불어닥친 연료파동	새 산림법 강화로 낙엽 긁기까지 제동 걸자 생계 큰 타격. 지붕 아궁이 개량 비싸 엄두 못 내는 상황임.
	3	28	경향	공기오염 심한 한국의 부엌	환기장치 꼭 하고 되도록 넓게 꾸며야 함. 양옥이 더욱 심해. 주부 거의가 두통과 현기증. 주부 건강을 해쳐. 일산화탄소 가득한 문제 발생.
	3	28	경향	CO가스가 부엌 공기에 많이 섞여있어 주부들의 건강을 위협	부엌에는 반드시 환기장치를 해야 함.
	5	11	경향	식모로 인한 갖가지 문제점 유발.	시간제 가정부가 바람직함.
	9	26	경향	연탄가스화 확산의 우려	68년부터. 연탄가스에 의한 사상·사고가 산업재해의 그것을 상회하기 시작함.
	10	1	경향	부엌서 목욕중에도	서부이촌동 아파트. 부엌에서 목욕하다가 연탄가스에 중독.
	10	5	경향	연탄가스	시멘트 벽돌로 엉성하게 쌓아 만든 집. 부엌과 방이 직통으로 연결된 집일수록 연탄가스 중독 환자가 많이 발생함.

1973	10	10	경향	부엌의 주부들은 만성중독에 걸리지 않도록	부엌에서 일을 많이 하는 주부들은 만성중독에 걸리지 않도록 조치를 취하고 급성중독으로 쓰러졌을 땐 고압산소치료시설이 있는 병원을 찾아야 함.
	1	22	매경	연탄가스 중독방지요령	갈아 넣고 2시간 뒤에 자도록. 3시간 뒤엔 일산화탄소 줄어. 굴뚝 높이는 집 위 1m로. 연탄은 말린 뒤 때는 게 안전. 부엌으로 통한 문은 아예 봉해버리거나 문풍지를 발라 가스가 스며드는 틈을 없애도록 해야 함.
	2	13	매경	농어촌주택 표준설계안 A-1형	입지 구애 없이 건축. 지역 따라 지방자재 사용 가능. 양산 가능 경비 절감.
	9	27	매경	부엌개량 등 2개 사업 확정	부엌개량 등 사업에 73억 투입.
	10	6	매경	연탄 개량연소기와 사용법. 효율적인 부엌 열관리	공업진흥청. 열효율을 10% 정도 증대시킬 수 있는 개량연소기가 새로 만들어질 예정.
	11	21	매경	따뜻한 실내난방을	부엌과 방 사이에는 문을 두지 말고 부엌은 환기가 잘되도록 해야 함.
1974	4	3	경향	시민아파트 주거환경 조사결과	부실 불편이 많음. 구조 등 시설에 불만. 상하수도는 비교적 좋아. 부엌의 크기. 62.9%가 좁은 실정임.
	8	5	경향	합리적인 부엌선반	환기와 통풍이 잘되도록 널빤지 대신 파이프 선반을 이용하면 물기 있는 그릇과 음식을 놓아도 잘 마르고 냄새도 배지 않음.
	11	4	경향	에너지 절감에 희소식. 무돌방 개발	재래식보다 열소모를 막게 마루널을 설치. 스티로포일 깔고 비닐장판 설비를 함.
	11	11	경향	부엌일을 보다 수월하게	가정관리학자가 제시한 방법과 요령. 조리대는 허리보다 약간 낮게, 항상 쓰는 것은 머리 높이에 둠.
	4	4	동아	서민 연료비 60~70% 더 들어	값은 오르고 무게는 줄어들고 질은 더 나빠졌음. 아궁이를 고쳐 열관리를 철저히 해야 할 것.
	9	24	동아	가사는 혼자 손으로. 싹트는 자각	재래식 주택은 우선 부엌을 고쳐 동선 절약을 도모해야 함.
	10	1	동아	겨울철의 사신 부르는 연탄가스 중독	아궁이 방바닥을 잘 살펴야 함. 온돌틈은 완전 보수해야 함. 부엌과 방 사이 문은 봉해버리고 굴뚝은 지붕보다 1m 이상 높게 할 것.
	10	23	동아	연탄아우성-파동예방책	부엌 아궁이를 고쳐 연탄 낭비를 최대한으로 줄여야 함.
	11	27	매경	효과적 열관리	열의 90%가 문틈, 굴뚝 등으로 발산. 창문의 틈 잘 맞도록 손질. 벽재료 열전도율 낮은 것 사용. 천정 높이를 되도록 낮춰야 함.
1975	8	6	동아	부엌바닥이 얕아 주부들이 힘이 들어	김종필. 기왕에 부엌개량을 권장할 바엔 주부들의 노력을 덜기 위해 높이도 배려해야 함.
	9	24	동아	직업여성	부엌을 개량하여 누구든지 활동할 수 있는 편리한 부엌 만들어야 함.
	3	19	경향	비좁은 공간 다양하게	부엌에는 돌출부위 없는 조명. 한국의 재래식 부엌은 기능 면에서 거의 제로. 부엌은 식당과 합치고, 나아가서는 거실까지도 포함시킨 구조로 발전시켜야 할 것.
	7	9	매경	새로운 부엌 개발붐	가구상들 앞다투어 고안. 노동력 덜게 시설을 완전 자동화. 도난사고 막게 서랍도 전자식으로 함.
	10	6	매경	피로와 싸우는 주부	저녁이면 전신 노곤. 가정관리 합리화돼야. 재래식 부엌일수록 심한 상황임.

연도	월	일	신문	제목	내용
1976	4	6	동아	미래에 산다. 사라질 부엌	식사는 컴퓨터가. 주부는 조리 데이터만 알려주면 그만. 주부 일손은 더욱 한가해질 것임.
	9	18	동아	싱크대 합판과 스테인레스 품질을 확인하고 구입하도록	입식부엌에 꼭 필요한 싱크대는 **상표 등이 있으며, 품질을 확인하고 구입해야 함.
	7	24	매경	주방기구 수요 크게 늘어	소득수준 향상 등에 힘입은 결과. 해마다 20% 선 증가. 메이커 신설 아파트를 대상으로 판매전도 역할.
	10	22	매경	월동위한 주택관리	단열재 사용 열 낭비 막아. 부엌은 렌지 후드팬을 달아야 하며 환기통도 필요함.
	2	9	경향	주부들은 고통스럽다. 당국자와 소비자의 좌담회 속기록	열 손실 막는 개량 화덕도 불량품 판쳐. 방 하나에 하루 3장씩. 가스 무서워서 늘 창문 열어놔야 함. 저질연탄이 가장 큰 문제임.
	9	3	경향	아파트 쌍곡선(1) 식탁	주거혁명에 따라온 희비 단면을 찾아. 한양식의 2중주속 '깨진 소녀의 꿈'. 장농놓을 데가 없어 고민인 상황임.
	10	7	경향	싸늘해진 날씨 따라 다시 고개드는 연탄가스 중독	새 양옥에서 제일 많고, 한식 다음으로는 일본식 많음. 시멘트 블록 〉 벽돌집 〉 흙집. 온돌에 금이 나 있는 경우. 부엌에서 침입된 경우. 난로에서 누실된 경우. 온돌의 금과 부엌을 통한 가스 오염 심각. 부엌과 방의 통로는 철저하게 막는 것이 안전함.
1977	7	7	경향	전기밥솥 부엌살림의 새 이기	농촌에서도 전기밥솥을 사용해야 함.
1978	6	10	경향	농촌 새 풍속도. 주거변혁. 간이상수도	공동우물에 모터 달고 집집마다 PVC관. 부엌에 하나씩 간이수도를 설비함.
	6	12	경향	농촌 새 풍속도. 주거변혁, 입식부엌	농촌 생활에 알맞게 절충된 반 입식부엌. 농촌부녀자들에게 관심. 흰색 타일과 꽃무늬 타일로 한껏 장식함.
	7	8	경향	농촌 새 풍속도. 주거변혁. 표준설계	모양은 좋은데 농촌 살림에는 더러 불편한 데가 있음.
1979	2	5	경향	항아리 둘 곳도 없다	서구식 부엌 우리 실정에 맞게 개량되어야 함. 주부 하루 4시간 부엌일. 힘덜게 공간 활용이 바람직함. 한옥의 찬방은 작업방으로 쓰고 음식저장에 편리하고, 그러나 주택 현대화 따라 좁아져 복잡한 한식요리에 부적당함.
	3	30	경향	집단아파트 주민 41% 주거환경에 불만	부엌 만족도 27%, 거실 만족도 72%. 부엌의 조망 답답함.
	3	27	매경	아파트 내부시설 설계불합리로 기능 미비	설계 불합리로 기능 미비. 졸속공사 배치 순서 틀려 불편. 조리대 짧고 조명 등 부착 위치가 나쁨. 평수별 표준설계도 제정보급 되어야 함.
	10	16	매경	아파트 어떻게 변하고 있나	난방 방식 변화가 대표적. 70년부터 보급되기 시작한 10층 이상의 고층아파트는 중앙집중난방. 5층 이하는 현재에도 연탄과 기름 중 하나 택일. 그다음 대표격은 입식부엌. 72년 민간아파트에서 현재와 같은 싱크대 설치. 이전에는 입식 성격의 띄었으나 지금과 같은 완성품의 주택 자재와 다름.
	11	19	동아	아파트 설계부터 잘못. 안영배 교수 서울 시내 45곳 연구분석	부엌도 크긴 하지만 작업대의 길이가 짧아 주부들을 괴롭히고 있다. 작업대의 순서도 잘못. 동선 길어짐.
	12	6	동아	주부 울리는 불량연탄	연탄불을 꺼뜨리지 않으려면 하루 네 번 이상 갈아야 함.

| 찾아보기 |

ㄱ

ㄹ

ㅁ

ㅂ

ㅇ

ㅈ

ㅊ

ㅋ

ㅌ

ㅍ

ㅎ

숫자, 알파벳

오랜 시간 '건축의 한국성'에 대해 고민해왔습니다. 그것을 오직 형태에서만 찾겠다는 막연한 기대를 벗어나는데 그동안 많은 시간을 써버린 것 같습니다. 집이 건축의 시작이라면 한국 주거는 한국성을 가장 잘 보여주는 건축임을 이제 깨닫게 되었습니다. 특히 오랜 온돌문화와 결부된 만큼, 부엌은 건축의 한국성을 살피기에 가장 적합한 연구 대상이라 생각했습니다. 부엌을 통해 한국 주거의 근대성과 전통성을 살펴보았고, 그것을 구성하는 비물리적 요인들을 탐구하고 싶었습니다.

모든 연구의 시작은 지도교수님의 가르침 덕분이었습니다. 주거 연구의 중요성을 일깨워주셨고 부엌의 연구 가치에 큰 힘을 실어주신 전봉희 교수님께 감사드립니다. 한국 주택의 세 요소로 온돌, 마루, 부엌을 살피고자 했던 스승의 연구를 이어간다는 마음 한편의 바람도 수줍게 고백합니다.

부족한 박사논문이 한 권의 책으로 나오게 된 것은 모두 심원문화사업회의 후원 덕분입니다. 그동안 물심양면으로 지원해주신 심원문화사업회 이태규 이사장님, 신정환 사무장님, 격월간 와이드AR의 전진삼 발행인님께 감사드립니다. 연구의 가능성을 믿어주신 심사위원 김종헌, 박진호, 우동선, 함성호 선생님께도 존경과 감사를 전합니다. 박사논문의 심사를 맡아주셨던 최재필, 박철수, 신혜경, 전남일 교수님, 그리고 첫 출판을 도와주신 시공문화사의 김기현 대표님과 디자인·현의 심현일 대표님께 다시 한번 감사드립니다.

긴 연구를 이제 비록 느린 걸음으로 시작하고 있지만, 앞으로 연구 중에 보여드릴 성과물로 하나씩 디딤돌을 놓아 가겠습니다. 혹여 저와 같은 고민을 안고 있는 연구자가 있어 이것으로 작은 도움이 될 수 있다면 더할 나위 없이 기쁘겠습니다.

사랑하는 부모님과 남편, 아들 지원에게 언제나의 미안함과 고마움을 담아 이 책을 바칩니다.

2020년 11월

도연정

근대부엌의 탄생과 이면

제11회 심원건축학술상 수상작

심원문화사업회
이사장 이태규
사무장 신정환

ISBN 978-89-5592-440-4

초판 1쇄 인쇄 2020년 12월 10일
초판 1쇄 발행 2020년 12월 15일
초판 2쇄 발행 2024년 4월 22일

지은이 도연정
발행인 김기현
북디자인 심현일
초고교정 이중용
편집감수 전진삼

발행처 시공문화사
등 록 1993년 3월 12일
주 소 서울특별시 서대문구 독립문공원길 13 (극동프라자 5층)
전 화 02) 3147~1212, 2323
전 송 02) 3147~2626
http://www.spacetime.co.kr spacetime@korea.com

편 집 디자인·현
인 쇄 예림인쇄
제 본 (주)서정바인텍
용 지 (주)대림지업사

정가 20,000원